天然气地下储气库数值模拟技术

谭羽非　班凡生　李玉星　著

石油工业出版社

内 容 提 要

本书是在作者多年科研成果和吸收国内外理论研究基础上编写完成,系统地介绍了各种类型天然气地下储气库在建造和运行过程中的数值模拟技术。本书内容详实,既有较全面的理论分析,又有计算分析例子和各类数值计算软件的介绍,使有关理论更加生动具体,更易于读者理解。

本书可供从事天然气地下储气库工作的科研人员和技术管理人员,以及城市燃气工程、天然气工业、石化行业、能源工程及其他领域有关专业的工程技术人员、经营管理人员、科研人员阅读和使用。也可供高等院校相关专业的教师、本科学生、研究生作为教学或学习参考书。

图书在版编目(CIP)数据

天然气地下储气库数值模拟技术/谭羽非,班凡生,李玉星著. —北京:石油工业出版社,2020.1

ISBN 978 – 7 –5183 –3643 –2

Ⅰ. ①天… Ⅱ. ①谭… ②班…③李…Ⅲ. ①天然气–地下储气库–数值模拟 Ⅳ. ①TE972

中国版本图书馆 CIP 数据核字(2019)第 213822 号

出版发行:石油工业出版社

(北京安定门外安华里 2 区 1 号　100011)

网　址:www. petropub. com

编辑部:(010)64523535　图书营销中心:(010)64523633

经　销:全国新华书店

印　刷:北京中石油彩色印刷有限责任公司

2020 年 1 月第 1 版　2020 年 1 月第 1 次印刷

787×1092 毫米　开本:1/16　印张:22.5

字数:530 千字

定价:138. 00 元

前　　言

　　建造天然气地下储气库是平抑供气峰谷值波动,保障城市连续安全供气最为有效的方式之一,目前已成为天然气输配系统重要的组成部分。

　　我国天然气地下储气库工程,经过近 20 年的研究和建设,已取得了丰硕的成果,目前全国共有储气库 25 座,总库容量达 $426.76 \times 10^8 m^3$,工作气量达到 $186.46 \times 10^8 m^3$,形成调峰能力 $107 \times 10^8 m^3$,占全国天然气消费能力 3.3% ,在国内天然气调峰安全保供中发挥了重要作用。

　　随着中国天然气工业发展黄金时刻的到来,未来 10 年将是中国储气库建设发展高峰期和战略机遇期,按照规划,2020 年我国天然气消费量将达到 $3600 \times 10^8 m^3$,调峰需求量将达到 $430 \times 10^8 m^3$,可见未来地下储气库建造规模必将会随之更快的发展,不仅可以缓解沿海发达地区能源供应不足的现状,而且对于能源合理有效利用以及国民经济的可持续性发展,都将具有重要的战略意义。

　　天然气地下储气库的建设和运行过程,是一项投资巨大的工程,少则几千万美元,多则数亿美元,巨额的投资,不允许做过多的实验研究,因此数值模拟就成为研究天然气地下储气库建设和动态运行的首要手段。目前关于储气库综述性及理论研究的文章不断见有报道,但由于地下储气库既是一个独立系统,也是复杂输气系统的组成部分,不同类型地下储气库的运行过程具有复杂性和随机性,目前国内迫切需要系统地介绍各种类型地下储气库技术及数值模拟的专有文献,以拓展我国储气库科学研究的范围,并为工程实践过程提供理论依据和技术支持。

　　本书是在笔者 2007 年《天然气地下储气库技术及数值模拟》一书基础上,增加了国内外地下储气库近 10 年的研究建设案例以及作者近年来的研究成果编写完成。全书共分 9 章,分别介绍了国内外各类型地下储气库结构特点、建设现状及发展趋势,城市燃气负荷预测与调峰储气量的确定,各种类型地下储气库建造和运行关键问题及数值模拟,储气库监测及储量核实,储气库垫层气,储气库地面注采系统工艺,注采管网及优化模拟以及储气库的经济评价等。同时较系统地介绍了笔者研究成果及所开发的数值计算软件。本书还列举了大张坨地下储气库、金坛盐穴地下储气库等国内外典型储气库案例,使有关理论更加生动具体,更易于读者理解。

　　本书为我国燃气输配工程技术人员和管理干部提供一本全面理解储气库建设和研究的参考读物。既可供从事城市燃气工程、天然气工业、石化行业、能源工程及其他领域有关专业的工程技术人员、经营管理人员、科研人员阅读,也可供高等院校相关专业教师、本科学生、研究生作为教学或学习参考书。

　　本书由哈尔滨工业大学、中国石油集团工程技术研究院有限公司和中国石油大学(华东)的教研人员合作编写完成,其中第 3 章 3.5 节,第 5 章 5.1 节、5.2 节、5.3 节、5.5 节由中国石油集团工程技术研究院有限公司班凡生编写、第 8 章由中国石油大学李玉星编写,其余各章节均由哈尔滨工业大学谭羽非编写,全书由谭羽非统稿。

感谢哈尔滨工业大学的展长虹博士、林涛博士、曹琳博士、卜宪标博士、牛传凯博士、国利荣博士、宋传亮博士,很多问题是经过大家共同讨论才得以解决的。感谢哈尔滨工业大学的硕士研究生张金冬、于克成、王雪梅、牛冬茵等同学,帮助整理文稿并处理了大量计算数据。

限于编者学术水平及教学经验,书中难免有错误和不妥之处,竭诚希望读者及使用本书的师生批评指正。

编者

2019.3

目　　录

第1章 绪 论

1.1 天然气工业与地下储气库

1.1.1 天然气工业发展综述

以煤炭、石油和天然气为代表的化石能源在能源消费中的主体地位不可撼动,但其内部结构却在不断发生变化。进入 20 世纪尤其是第二次世界大战以后,石油和天然气的消费量持续增加,石油取代了煤炭成为最主要的能源。近年来,天然气以其热值高、对环境污染小和经济效益高等方面的优点,正逐渐成为接替石油的最重要和最现实的低碳能源。根据 BP 统计数据:石油占世界一次能源消费量的比重在 1973 年达到峰值(占比48.7%)后逐年降低,到2017年石油占比为 30.9%;而进入 21 世纪,世界天然气需求量以近 3% 的年均速度迅速增长,在世界能源结构的所占份额,已由 1965 年的 15.8% 上升到 2017 年的 25.1%,提高了约 10 个百分点。天然气的大力推广应用,对改善能源结构、缓解能源供需矛盾、提高环境质量起到了重要作用。

我国是世界上较早开发利用天然气的国家之一,具有较为可观的天然气剩余探明可采储量,以及至少 $10 \times 10^{12} m^3$ 的待探明可采储量,具备产量快速增长的物质基础。1999—2000 年,我国天然气产量平均增长速度每年在 7% 左右;2001—2003 年,增长幅度达 10% 左右;2004 年,产量达到 $407.7 \times 10^8 m^3$,较上年增长 17.5%,首次成为天然气净进口国;2017 年,我国天然气产量 $1487 \times 10^8 m^3$,与 2016 年相比上涨了 7.0 个百分点,增速 8.5%;预计到 2020 年,我国天然气产量将达到 $2100 \times 10^8 m^3$ 左右。

但由于受以煤为主的能源结构、能源政策以及国内天然气产消两地严重错位等因素的影响,天然气在我国大规模地开发利用起步较晚,在过去相当长时期内,我国煤炭能源所占比重为 67.7%,石油为 22.7%,水电、核电、风能、太阳能为 7%,天然气所占比重仅为 2.6%。1980—2000 年间,我国天然气消费量年均增长率为 2.8%,远低于国家 4.2% 的一次能源消费增长率。2000 年,天然气消费量为 $245 \times 10^8 m^3$,较 1980 年的 $140.6 \times 10^8 m^3$ 仅增加了 $104.4 \times 10^8 m^3$,但 2000 年后随着我国天然气资源勘探开发不断取得突破,探明储量和产量不断增加,特别是 2004 年"西气东输"管道项目以后,我国天然气工业由启动期进入快速发展期,天然气消费量以年均 16% 以上的速度增长,2016 年消费天然气 $2058 \times 10^8 m^3$,比 2015 年多 $150 \times 10^8 m^3$,2017 年天然气消费量已达到 $2404 \times 10^8 m^3$,占一次能源消费结构的比重由 2.49% 提高到 7.64%。预计 2020 年天然气消费量将达到 $3600 \times 10^8 m^3$,与 2020 年的预计年产量尚存在 $1500 \times 10^8 m^3$ 缺口,我国天然气供需矛盾将逐年加重。

"十三五"期间,我国大力开展的能源结构优化和环境污染治理,使天然气消费成为最主要的推动力,天然气已变成我国未来能源结构中,向绿色低碳化发展的主要能源。2013

年以来,国家陆续出台了《大气污染防治行动计划》《京津冀及周边地区落实大气污染防治行动计划实施细则》《能源行业加强大气污染防治工作方案》等纲领性文件。按照中华人民共和国国务院《能源发展战略行动计划(2014—2020年)》,到2020年天然气在一次能源消费中的比重将提高到10%以上。在能源结构中,天然气已逐步成为压倒石油和煤炭的"首席能源"。

在天然气需求不断增加的同时,中国天然气消费结构也逐步从初期的以工业燃料和化工为主向多元化发展。2000年以前,我国天然气消费以化工用气和工业燃料用气为主,城市燃气和发电用气仅占较少部分。随着长距离输气管道的建成投产,天然气消费区域从油气田周边地区向经济发达的中东部地区市场扩展。2014年以后,高端市场天然气消费量不断增加,用气行业也发生了根本转变,城市燃气正逐步发展成为第一大用气行业,而在京津冀鲁地区、长三角地区、珠三角地区等大气污染重点防控区,建设天然气调峰电站,使发电用气比例也大幅度增加。2017年城市燃气和发电用气占天然气年消费量的比例为51.5%,较2000年上升29.7个百分点。

截至2017年底,我国31个省(市、自治区)337个地级行政单位中,超过300个地级市不同程度地使用上了天然气。2017年我国天然气消费量$2399 \times 10^8 m^3$,相比于2016年增加了$352 \times 10^8 m^3$,增长率为17.8%,天然气消费量占全国能源消费总量的6.9%,较上一年增加1个百分点。

伴随着消费结构的转变,天然气消费区域也开始从生产基地大规模地向中、东南部地区拓展,覆盖区域日益广阔。其中华北、华中、西南、环渤海、珠三角、长三角地区用气量约占全国的80%。就地区而言,东南沿海已经成为我国天然气的主要消费区。根据中华人民共和国国家发展和改革委员会能源研究所预测,2020年长江三角洲、环渤海、东南沿海和中南地区的天然气需求量将超过全国总需求量的70%。届时长江三角洲地区天然气需求量将占全国天然气总需求量的16%~18%,是未来我国最大的天然气需求中心;环渤海地区天然气需求量将占全国天然气总需求量的14%~16%,形成以城市清洁型和工业型为主、兼有发电型的天然气消费市场;东南沿海地区天然气需求量将占全国天然气总需求量的15%~17%,将由目前以工业型和发电型为主的天然气市场转变为以城市燃气为主、工业和发电为辅的天然气消费市场;中南地区天然气需求量将占全国天然气总需求量的13%~15%,是未来我国天然气需求增长最快的地区,形成以工业为主、城市燃气次之、发电为辅的天然气消费市场。

随着世界一次能源结构的变化和我国能源工业的快速发展,天然气工程已成为关系到国家能源结构、城市基础设施的重要项目,是我国投资大、涉及范围广的重要规划内容。加快开发利用天然气、提高天然气在能源消费中的比重、优化能源结构、保护环境是坚持可持续发展的重要举措。

1.1.2　建设地下储气库的意义

天然气运输和消费体系不同于其他燃料,有自身的特殊性。一方面,在天然气供应和消费之间存在时间不均衡的固有矛盾,如年不均衡性、月不均衡性、日不均衡性,气量相差可以达到10~20倍。另一方面,为保证安全可靠连续的供气,还需要应对意外事故、战争等进行战略储备。随着天然气国际贸易和边远气田的开发,输气的距离和运时的增加,最近几年天然气这种供、产、销矛盾有加剧的趋势。为解决天然气供需之间的不均衡性,必须在天然气供应及消费之间建立储存的桥梁,以解决天然气的供销不均衡性的矛盾。

20 世纪,燃气工业的一项主要技术成就是利用开采后的枯竭油气田、地下含水层、含盐岩层或废矿井来建造天然气地下储气库,在用气高峰,由储气设施补充供给,在用气低谷,将供气源的剩余气体在储气库中储存起来,用以最大限度地满足城市用气,保证供气稳定可靠,削峰填谷,平抑供气峰值波动,优化供气系统。目前,建造地下储气库是对城市用天然气进行季节性调峰的最合理、有效的方式之一。

20 世纪 80 年代中期,苏联每年城市用气中,夏季用气量最低时只为管输气量的 74%;而在冬季,耗气量最大,超过管输气量的 33% ~ 58%。2000 年,这种不均衡性比 1985 年增大 1 倍多。在其他国家中,这种不均衡现象也呈不断加剧的趋势。如法国 1987 年月高低耗气量之比为 5∶1,到 2003 年达到 14∶1。

天然气的广泛应用,使中国天然气储备不均衡的现象也日益突出。经济发达的东部沿海地区及需要冬季采暖的华北、东北地区的储备相对不足,中西部地区虽储备较为充足,但消费增长过快,部分城市甚至高达 20% 的年增长率,所以"气荒"现象席卷全国各地,继北京市和广州市之后,西安市、重庆市和郑州市等不缺气源的城市也相继出现天然气供应紧张局面。2004年冬季,北京市天然气耗气量最高达到夏季的 14 倍;2017 年,华北地区冬季最高用气量与夏季最低用气量之比为 8.9∶1,环渤海地区受天气气候环境及用气结构因素影响,用气峰谷差极高,近 5 年天然气用户消费数据统计结果表明,天然气季节峰谷差最高达 12∶1,平均为10.3∶1。用气量如此大的变化,仅靠输气系统本身是无法满足的,必须建有可靠的天然气商业储备体系,特别是用于季节性调峰的大型地下储气库,以达到平稳供气的目的。图 1.1 是2017 年北京市天然气用气量月不均匀系数图(月不均匀系数 = 该月平均日用气量/全年平均日用气量),可以看出仍存在较大的冬夏季峰谷差。

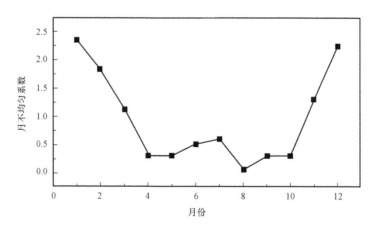

图 1.1 2017 年北京市天然气用气量月不均匀系数图

随着我国的"西气东输"工程的正式运行,为保障长距离天然气输送管道工程的供气安全,满足长江三角洲地区及沿线用户不均匀用气,实现平稳调峰,同时保证在发生突发事件时能连续供气,必须在"西气东输"工程沿线建设调峰储气设施。纵观世界天然气发达的国家,最常见的方法是,建设与长输管线、用户市场相配套的天然气地下储气库,从而经济有效地保障供气安全。可见在长江三角洲地区建设地下储气库,保证长输管线的高效、平稳运行,是"西气东输"工程的一项必不可少的配套工程。

目前,在中国环渤海地区已经建设运行的两大地下储气库库群,在该地区天然气供需产业链中很好地发挥了削峰填谷、平稳安全供气的重要作用。已运行的板桥地下储气库群的6座地下储气库和华北地下储气库群的3座地下储气库,冬季调峰供气规模占当年天然气消费比例最高达到34.4%,平均达到30.2%;高峰期日调峰供气量占到高峰日天然气消费量的37.6%~50.6%。就该地区而言,地下储气库调峰供气规模比例、高峰期日调峰供气量占高峰日天然气消费量比例的调峰能力均达到或超过天然气利用发达国家水平。地下储气库在环渤海地区天然气供需产业链中发挥了其他任何调峰方式都无法替代的重要作用。

截至2017年底,我国地下储气库已形成工作气量达$100 \times 10^8 \mathrm{m}^3$,占消费量的4.1%,但仍远低于世界14%的平均水平。目前,欧洲储气水平占消费水平的比重已达到15%,美国和俄罗斯这两个天然气生产大国,储气量已分别达到了$1200 \times 10^8 \mathrm{m}^3$和$750 \times 10^8 \mathrm{m}^3$,分别占消费量的15.4%和18.8%。

随着中国天然气工业发展的黄金时刻的到来,地下储气库建造规模必将会随之更快地发展。而且可以预见,随着知识经济和环保事业的发展,天然气地下储气库必将进入更快的发展时期。地下储气库在未来的经济生活和社会生活中将发挥更加重要的作用。今后将会在我国东部地区包括东北、华北、长江中下游地区以及西气东输沿线建设一批地下储气库,以保障这些地区的用气需要。

以综合考虑中国战略储备规模按全年进口气量8.3%,即能储备1个月的进口气量来计算,储气库规模应为年总用气量的16%~19%,预计2030年天然气在一次能源消费中将达到15%,地下储气库形成有效工作气量$350 \times 10^8 \mathrm{m}^3$。而目前储气库的发展水平与预期目标还有较大差距,为提高燃气供应的应急保障和调峰能力,需要大力发展储气设施建设。

综上所述,目前在我国开展天然气地下储气库的建设和研究工作,不仅可以缓解沿海发达地区能源供应不足的现状,而且对于能源合理有效利用以及整个国民经济的可持续性发展都将起到重要的战略意义。

1.2 天然气地下储气库系统构成及作用

天然气地下储气库是在用气低谷时,将天然气经过压缩机压缩以后,注入枯竭的气(油)藏、地下盐穴溶腔或其他地质构造中加以储存,到消费高峰期将天然气采出,以满足天然气用气市场需求的一种储气设施。

地下储气库的突出优点有储气量大、调峰范围广、运行成本低、安全可靠、经久耐用等,不仅能够较好地解决城市用气季节性不均匀的问题,而且具有其他天然气储存方式远不能及的战略意义,例如政治动荡、气源或上游输气故障、上游输气设施停产检修、战争、重大自然灾害等;此外,输气干线管道因地震出现泄漏,甚至被严重破坏出现断裂等运行事故,都可能造成供气中断。这时地下储气库可以兼作应急后备气源保障用户正常用气。

1.2.1 地下储气库系统构成

天然气地下储气库系统主要由地下气藏储气层、注采气井、压缩站、脱水站、输气干线四大部分组成。此外,还包括观察井、分离器、地层水处理系统和排放系统、压力调节和计量系统、甲醇注入系统和单井加热炉,以及发电机组和其他辅助设施。储气库的气体由三部分组成:垫层气、工作气和未动用气。

(1)地下气藏储气层。

地下气藏的地质构造,是具有一定渗透能力的多孔介质,多孔介质的孔隙为天然气的储存提供空间,而渗透率使气体能在其中流动;储层上面有非渗透性盖层,盖层通常是弯曲或是拱形的,能够阻止气体从上面溢出,同时,也起到侧面遮挡作用,有时断层产生的垂直断面在储层的一侧或多侧起到封闭作用;非渗透层或底水在储层底部起封隔作用。

地下气藏分为两大类:定容气藏和水驱气藏。定容气藏的四周均被非渗透层封隔,气藏的容积和形状均保持不变。水驱气藏的顶部和四周是非渗透层,而在底部被水体所封闭,在水驱气藏采气时,随气藏压力降低,底水就会逐渐侵入气藏,到衰竭时,气藏除了一个很小的气顶外,其余部分均充满水。

具有水侵的气藏,穿过外边界存在流体流动。在拟稳态流动期间,进入气藏的水侵速度决定于水的流度、气藏与水体的接触面积、气藏和水体中的压力分布。

(2)注采井和观察井。

储气库注气井和采气井大部分合用,注采气井一般选择在构造顶部区域、物性比较好的地方。一般来说,注入井中含气饱和度最高的井,即为注气期间承压最大的井,在采气时也是产量最高的井。

在采气时,单井流量的计算公式为:

$$Q = C(p_i^2 - p_e^2)^n \tag{1.1}$$

式中 Q——采气流量,$10^4 \text{m}^3/\text{d}$;

p_i——关井井口压力,MPa;

p_e——开井井口压力,MPa;

C,n——通过测试得出的系数,不仅与有关特性有关,还表明油管及井在有效控制范围内储层的共同特征。

在注气时,单井流量的计算公式为:

$$Q = C(p_e^2 - p_i^2)^n \tag{1.2}$$

公式符号含义同上文。

储气层的观察井,主要是观察天然气在储层厚度方向的推进速度;检查盖层密封性设置;在先导性试验中,测定气水界面、观察边底水情况;监测天然气是否沿断层流到上覆层;研究储层和井筒温度变化;在含气边界附近测定压力。观察井的选择十分重要,这种井往往是注气井也是采气井。

(3)集输系统。

储气库集输系统是连接井和中心站的中间环节,与一般集输系统区别不大,只是集气管线

要粗一些,容积大一些,这样才能和储气库的大井眼井相匹配,管线流速的计算公式为:

$$Q = 0.001368 \left[\frac{(p_1^2 - p_2^2) \times D^5}{GTLf} \right]^{0.5} \tag{1.3}$$

式中　Q——流量,m^3/h;

　　　p_1——上游压力,MPa;

　　　p_2——下游压力,MPa;

　　　D——管的内径,m;

　　　G——气体密度,kg/m^3;

　　　T——天然气温度,K;

　　　L——管线长度,m;

　　　f——范宁摩阻系数。

（4）压缩机。

一般地下储气库都设置注气压缩机,通常设在离井近的中心站,因为地下储气库的压力比管网系统压力高,一般压缩机用于注气。但有时为提高采出能力,采气时也用压缩机。

由于井口的最大注气压力是由地层物性决定的,由这个压力可以推算注气压缩机出口压力。在额定出口压力的前提下,只能通过优选入口压力来确定适宜的压缩比。压缩机入口压力与输气干线至储气库的节点处管压相对应,节点处的管压既要与输气干线系统协调一致,又要兼顾注气压缩机合理的压缩比。在多数情况下,输气干线与储气库之间通过单线连接,在采气周期这个接点处的压力就左右着采出气的外输压力,也影响着最小采气压力。最基本常用的计算往复式压缩机理论功率的公式是:

$$P = QT_1 Z_1 \left(\frac{k}{k-1} \right) \times \left[\left(\frac{p_2}{p_1} \right)^{\frac{k-1}{k}} - 1 \right] \tag{1.4}$$

式中　P——理论功率,kW;

　　　Q——流量,m^3/h;

　　　T_1——入口温度,K;

　　　Z_1——入口端天然气压缩因子;

　　　k——天然气的质量热容比;

　　　p_1——入口压力,MPa;

　　　p_2——出口压力,MPa。

（5）中央脱水装置。

地下储气库总含有一定的水,有时水比较活跃,当管线中的干气注入地下后,储层中的水就会蒸发到天然气中,天然气中含水量高,就不符合管输要求,因此天然气采出后必须脱水。

在实际应用中,所有地下储气库的中心脱水装置都是用乙二醇脱水器,比较经济,且性能好,如不遇水流段塞的话,会一直运转正常。

1.2.2　天然气地下储气库作用

天然气地下储气库主要有以下几方面的作用:

(1)协调供求关系与调峰。

天然气的消费是由大量用户的使用叠加而成,具有小时、日、月及季节的不均衡性,例如冬季取暖季节,由于取暖用燃气装置、热电中心、家庭和地区锅炉房、工业企业锅炉房等用气负荷的增大,使耗气的季节性不均衡性表现得最为突出,这就使得天然气输配系统必须要有某种规模的储气设施,来协调天然气的供求关系。以便把用气低谷时输气系统中剩余的天然气储存在消费中心附近,在用气高峰时用以补充供应气量的不足。

地下储存天然气具有储气体积大、节省建筑地面储罐投资、不受气候影响、维护管理简单、安全可靠、不污染环境等优点,可有效缓解因各类用户对天然气需求量的不同和负荷变化而带来的供气不均衡性。目前从世界范围来看,建设天然气地下储气库是从根本上解决城市用气不均衡性,以及天然气生产与销售之间矛盾的最有效途径之一。

(2)实施战略储备,保证供气的可靠性和连续性。

当国家发生内乱、政治动荡、气源或上游输气系统故障和设施停产检修等,都可能造成供气中断,此时地下储气库就可作为补充气源。当供气中断时,抽取储气库中的天然气,保证向固定用户连续供气,提高供气的可靠性。这对天然气来源主要依赖进口的国家尤为重要。如今西欧的储气能力能解决主气源中断至少6个月的连续供气,法国的战略储备量相当于110天的平均消费量。对天然气出口国而言,为了履行长期供气合同,为用户提供连续、安全、平稳的供气,就不允许出现供气中断问题。俄罗斯是天然气出口大国,是当今世界上建设地下储气库最活跃的国家之一。

我国天然气对外依存度(即从国外进口的天然气量占国内所需天然气总量的百分比)越来越高,需要从国外进口大量的天然气来满足国内各类用户的需求。文献数据显示,到2020年,我国天然气对外依存度将超过50%。由此可见,如果没有充足的天然气战略储备,后果不堪设想。

(3)有助于优化生产系统和输气管网的运行。

地下储气库可使上游气田生产系统的操作和管道系统的运行,不受市场消费量变化的影响,有利于输气管网的平稳运行;同时,由于储气设施能够实现均衡生产和输气,所以可提高上游气田和管道的运行效率,降低运行成本。

(4)为其他国家提供储气商业服务。

由于世界上有些国家(如瑞士)找不到适合建造地下储气库的地质条件,这样地质条件好的国家就可以大力发展储气设施,将富余的储气能力租给别国使用,以满足租用国的天然气战略储备要求。在欧洲提供地下储气库商业服务开展得相当普通,如法国的 Etrez 储气库、斯洛伐克的 Lab T V 储气库、奥地利的 Zwe mdorf 储气库等,这些地下储气库的部分储气能力就是为他国提供储气商业服务。

(5)影响气价,实现价格套利。

在市场经济条件下,天然气价格会出现波动,在此过程中地下储气库就可以发挥一定的作用。由于天然气需求呈现季节性变化,用气高峰时供不应求,天然气的价格最高。此时,利用天然气地下储气库,一方面,供气方可以获得很高的利润;另一方面,随着供需矛盾得到一定程度的缓解,天然气价格会下降,用气方也能从中获利。

地下储气库的应用也可以直接影响天然气的价格,储气库的发展增强了供气能力,增加了用气高峰时期的可供气量。随着供气竞争的激烈和大量现货市场的出现,天然气价格差异会越来越大。用气高峰时价格上涨,用气淡季时价格下调。供气与用气双方都可从天然气季节性或月差价中实现价格套利,从价格波动中获取可观的利润。供气方在天然气低价时储气不售或增加储气量,待用气高峰价格上涨时售出。用气方在天然气低价购进储存,待冬季或用气高峰气价上涨时抽出使用(避免高价购气)或出租储气库。

(6)提供应急服务。

利用天然气地下储气库,可对临时用户或长期用户临时增加的需气量提供应急供气服务。在当今的天然气贸易中,输气合同常与储气合同结合起来签订。储气会减少或降低因输气或井口供气中断带来的合同风险。美国联邦能源调节委员会636号命令做出规定,要求配气公司和各用气大户必须建立自己的储气设施。目前,天然气地下储气库已成为美国输气网的一个重要组成部分和天然气工业的重要基础设施。

1.2.3 地下储气库运营模式

在天然气市场发展初期,主要发达国家的天然气产业普遍是垂直一体化管理模式,储气业务作为管道的附属部分,一般由管道公司拥有和运营,作为保证供应安全、实施管道完整性管理的工具。地下储气库的运营模式主要有:

(1)出租库容型。综合考虑注气和提气,以及建设投资等成本,制订相应的库容出租费率出租库容。

(2)直接销售型。通过季节错峰低买高卖天然气,综合考虑储气成本后加价销售。

(3)捆绑销售型。地下储气库作为管道运输的一部分,通过管输费回收地下储气库的各种成本。

(4)混合型。同时通过出租库容和独立销售天然气获取收益。

目前在国外,随着天然气市场发展的逐渐成熟,天然气基础设施建设已经到位,政府便放开对天然气产业的管制,储气业务逐渐从管道公司中分离出来,在单独定价机制的基础上实现独立运营。储气环节的定价机制适应本国天然气产业的发展情况,并建立和完善相关的法律法规和监管政策,成为自负盈亏的市场主体。

美国储气库的所有者主要有管道公司(州际和州内)、城市燃气公司、独立运营商等,主要负责储气库的日常生产和经营管理,向天然气经销商提供储气、采气服务,收取储转费。管道中输送的及储气库中储存的天然气中,66%属于城市燃气公司,27%属于天然气销售公司,7%属于管道公司输送过程中的暂存量。美国的储气费率包含服务成本和合理范围内的投资回报,也就是按服务成本收取储气能力占用费和储气库使用费。

欧盟几个主要储气大国的储气库运营管理模式是公司化运营。基本由大型能源公司、天然气公司、电力公司、管道公司或城市燃气公司掌控。欧盟大部分国家选择谈判确定储气费的方法,储气费主要包括储气能力占用费和储气库使用费。

欧洲地下储气库的定价机制有协商定价和政府管制定价两种。欧盟要求在技术和经济上有必要展开竞争的地区,均应采用协商定价。目前,欧洲大部分国家都选择了以协商确定储气库价格的方法。只有在储气服务处于垄断状态下,才采用政府规定的储气价格。

目前,中国的地下储气库均由中国石油和中国石化建设,其中中国石油是当今中国最大的地下储气库运营商,拥有储气库的调峰能力占全国98.4%。2014年底,港华燃气有限公司进入储气库行业,开工建设港华金坛储气库。随着民营企业的不断加入,储气库建设主体将逐渐呈现多元化格局。现阶段正在运行的储气库中,一部分是由天然气供应商出资承建的,作为管道的辅助设施与管道捆绑在一起,储气费率直接包含在管输费内;另一部分是由国家财政投资的储气库,投资由国家通过所得税返还给予资金支持,但储气库运行费由企业承担。

1.3　天然气地下储气库类型

1.3.1　按地质条件分类

天然气地下储气库按地质条件可分为以下5种类型:

(1)枯竭气藏型地下储气库。利用已开采枯竭废弃的气藏或开采到一定程度的退役气藏,停止采气转为夏注冬采的地下储气库,这是在各种地下岩层类型中建造地下储气库的最好选择,其主要优点有:

① 有盖层、底层、无水驱或弱水驱,具备良好的封闭条件,密闭性好,储气不易散溢漏失,安全可靠性大。

② 有很大的天然气储气容积空间,有效库容可大于调峰气量的1.2倍,且不需或仅需少量的垫底气,注入气利用率高。

③ 注气库承压能力高,储气量大,一般注气井停止注气,压力最高上限可达原始关井压力的90%~95%,而且调峰有效工作气量大,一般调峰工作气量为注气量的70%~90%。

④ 有较多现成采气井可供选择利用,作为注采气井,有完整配套的天然气地面集输、水、电、矿建等系统工程设施可供选择,建库周期短、试注、试采运行把握性大,工程风险小,有完整成套的成熟采气工艺技术。

缺点是:枯竭气藏型地下储气库对密封性要求高,注入气体最好是经过处理的干气。

(2)枯竭油藏型地下储气库。这种地下储气库是利用已采油程度很高的枯竭废弃油藏或油藏气顶来建造,虽具备枯竭气藏型储气库的部分优点,包括了解完整的油藏构造(断层、岩性尖灭、油水关系等)和油层岩性(砂岩或石灰岩、多孔隙介质、油层厚度、孔隙度、渗透率、油水饱和度)等情况,储气量大,原有地面设备可再利用等优点。但缺点也较为突出:首先,需把部分油井改造为天然气注采井,原油集输系统也需改为气体集输系统;其次,随同采气必会携带出部分轻质油,需配套新建轻质油脱出及回收系统,而且建造周期长,需试注、试采运行,检验、考核费用较大。尽管存在上述缺点,在无枯竭气田的条件下,枯竭油藏仍不失为建造地下储气库的良好选择。

根据国外的实践,当枯竭气藏采出程度为50%~70%时,较适合进行地下储气库改建,在注采气的过程中可减少井底附近的渗流阻力。如苏联米哈依洛夫地下储气库在第一个注气周期后,渗流阻力明显减小,气井绝对无阻流量增加1~2倍。在第一个采气周期中,气井的采气量比开发气藏时的产量增加50%。而枯竭油藏要想改建成地下储气库,一般其含水率应达到90%,这时地下储气库附加值高。如美国得克萨斯州的纽约城油田和恩巴特油田,高压注入天然气,部分气体溶入残余油中,在采气的同时,增产原油 7.3×10^4t,使地下储气库的建设与二次采油同时进行,这说明油气同层也可建造地下储气库且附加值很高。

(3)含水层型地下储气库。含水层型地下储气库是通过高压将气体注入含水层的孔隙中,将地下含水层中岩层孔隙中的水排走,用气体将水驱到边缘,在非渗透性的含水盖层下形成的一个人工气田储气。含水多孔地层储气库必须由可渗透性的岩层和不可渗透性的背斜覆盖层组成,构造完整,钻井完井一次到位。储气岩层的渗透性对天然气置换水的速度起决定作用,可渗透性岩层用来储存天然气,非渗透性岩层用来锁住天然气。如果可渗透性岩层渗透性很高的话,对于同样体积的储气层,将能储存更多的天然气。

含水层型储气库一般建在背斜构造的含水砂岩储层中,满足三个基本条件:其一是具有良好的多孔、高渗透性的储气层,孔隙度和渗透率要达到相应的标准;其二是具有可靠的盖层,保证气体不会垂向渗漏;其三是储层周围密封性要好,保证气体不侧漏。

可用于建造地下储气库的含水构造分布很广,即使在输气干线或天然气消费中心附近没有合适的枯竭油气层,也总可以找到含水层构造。如苏联列宁格勒附近的盖钦纳储气库,储层厚度约10m,渗透率 $1 \sim 5$D,闭合高度2m,在不同的部位注气排水,自1963年运营以来,冬季最大采出量为 1.84×10^8m³,占其库容量的31%。

建造这种类型的地下储气库首先要对基础资料进行分析,从建库的要求出发,对地质条件进行评价,确定隆起区域并在顶部钻测试井。对水层进行详细的地质、地球物理、水化学以及流体力学的研究。确定孔隙度、渗透率以及毛细管的压力,并进行注水、注气压差试验,测出以气驱水时的最大允许压力。

含水层型地下储气库也具有非常多的缺点,主要包括勘探和选址难度较大,气水界面较难控制,建库周期长,一般需要15年以上。钻井工程量大,费用投资高、运行费用高,观测井所占比例比枯竭型地下储气库要多,垫层气比例高。垫层气比例和含水岩层的渗透性密切相关。例如在一年的注/采天然气周期中,高渗透率(>493.5mD)储气层的垫层气比例为45%,低渗透率(<49.35mD)储气层的垫层气比例可高达75%,高垫层气比例是该类型储气库的显著特点。

(4)盐穴型地下储气库。盐穴型地下储气库是在天然盐层中,以常规钻井方法钻穿岩层,注入淡水进行冲蚀使之形成一定体积和形状的溶腔,然后泵出盐水注入天然气。从地质构造角度,盐穴型天然气地下储气库的建造首先必须有较厚的盐层,利用水将地下盐层的盐溶解,以此形成洞穴储存天然气。该类型的地下储气库具有利用率高、注气时间短、垫层气用量少和可将垫层气完全采出的优点。但从地下储气库库容量来看,盐穴型地下储气库远远小于枯竭油气藏型地下储气库和含水层型地下储气库的库容量。而且单位有效容积的成本高,水溶盐造穴所需时间长,建库周期久。

目前,世界上有盐穴型地下储气库约占地下储气库总数的8%。建造盐穴具有如下基本原则:只有当盐层中的不溶解物质含量低于25%时才能采用浸溶法建造盐穴。库址附近必须有充足的淡水或者轻度含盐的水,因为溶解 1m³ 的盐水需要 10m³ 的淡水。有适于排放盐水的场所,浸溶过程可分为 $5 \sim 8$ 个阶段,可能延续几年;各盐穴的间距必须大于规定的距离(图1.2)。

盐穴型地下储气库一般由若干个洞穴组成、洞穴之间的最小间距不应小于100m,其特点

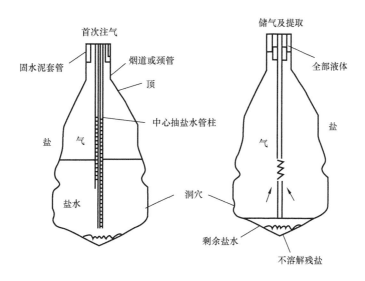

图1.2 盐穴型地下储气库示意图

是单个岩盐空间容积大,最大达 $500 \times 10^4 m^3$ 以上,储气量可达 $10 \times 10^4 m^3$。

与其他地下储存方式相比,这种储气库建库的单位成本和操作费用高,总的天然气有效容积相对较小,钻井完井难度较大,溶蚀冲蚀较难控制;但产气能力相对较高,注气时间短,垫层气用量少,储气无泄漏,调速快,调峰能力强,能快速完成抽气注气循环,一年中注采循环可达 $4 \sim 6$ 次,最适合日调峰。

(5)废弃矿穴型地下储气库。废弃矿穴型地下储气库是利用废弃煤矿等遗留的洞穴来储存天然气(图1.3)。此种储气库存在严重缺陷,例如,原有井筒难以密封,存在气体向地面泄漏的危险;抽出储存气体的质量会发生变化,热值有所降低。

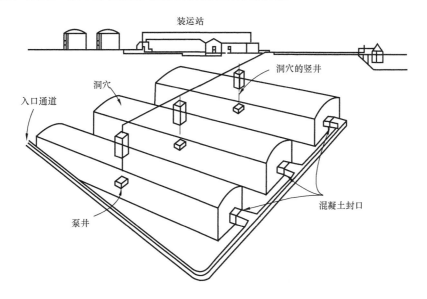

图1.3 废弃煤矿井储气库示意图

不同类型地下储气库储气原理及优缺点汇总见表1.1,各类型地下储气库地质情况示意图如图1.4所示。

表 1.1　不同类型地下储气库特征

类型	储存介质	储存方法	工作原理	优越性	缺点	用途
枯竭油气藏型	原始饱和油、气、水的孔隙性渗透地层	由注入气体把原始液体加压并驱动	气体压缩膨胀与液体的可压缩性和可流动性相结合流动特点:注入采出	储气量大,可利用油气田原有设施	密封性要求高,部分垫层气无法回收	季节调峰与战略储备
含水层型	原始饱和水的孔隙性渗透地层	由注入气体把原始液体加压并驱动	气体压缩膨胀与液体的可压缩性和可流动性相结合流动特点:注入采出	储气量大	勘探风险大,垫层气不能完全回收	季节调峰与战略储备
盐穴型	利用水浸蚀盐层形成洞穴	气体压缩挤出卤水	气体压缩与膨胀,用盐水平衡(特别用于回收垫层气)	工作气量比例高,可完全回收垫层气	卤水排放处理困难,渗漏可能造成储气量损失	日、周、季节调峰,配气保障
废弃矿穴型	采矿后形成的洞穴	充水后用注入气体压缩挤出水	气体压缩与膨胀,用水平衡	工作气量比例高	易发生漏气现象,与常规储气库比,成本较高	日、周、季节调峰,配气保障

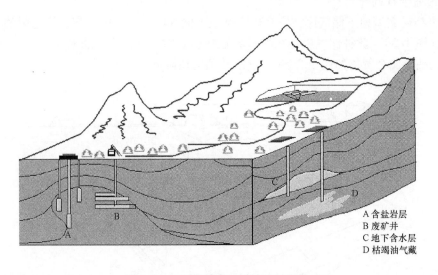

A 含盐岩层
B 废矿井
C 地下含水层
D 枯竭油气藏

图 1.4　地下储气库地质情况示意图

1.3.2　按用途分类

对天然气地下储气库按其用途,可分为以下几种类型:

(1)基地型储气库。主要用来调节和缓解大型消费中心天然气需求量的季节性不均衡性,因此又叫作季节性储气库。建在含水层和枯竭油气田的储气库属这种类型,因为这种储气库的容量比较大,按日最大采气量计,其有效气量可供采气 50～100 天。

(2)调峰型储气库。主要用作昼夜、小时等短期高峰耗气调峰和输气系统事故期间的短期应急供气。盐穴或废旧矿穴的储气库属这种类型,这种类型主要特点是采气效率高,单井产气量高于传统储气库的 2～4 倍。这种储气库的容量相对较小,按昼夜最大采气量计,其有效气量可供采气 10～30 天。

(3)储气型储气库。主要用作战略储备,作机动的备用气源。这种储气库对主要依靠进口天然气的国家具有特殊意义。

1.3.3 按作用分类

对天然气地下储气库从消费市场的作用,可分为以下两种类型:

(1)市场储气库。这类储气库通常接近主要消费市场,通过适当的组合利用输气管道和储气库能力满足不断变化的需求量。例如,法国大部分的天然气都依靠进口,每月高低耗气量之比一直稳步上升,由于管网的压力一定,本身不能满足用气量如此大的变化,因此必须建地下储气库。目前各国以市场储气库居多。

(2)现场储气库。这类储气库一般位于产气区或接近输气干线的首站,主要起补充气源、使输气量保持平衡的作用。例如法国拉克气田附近的地下储气库,面积达 $12km^2$,总容积将近 $1 \times 10^8 m^3$,储库的目的是为调节拉克气田用气负荷季节性变化时开采量,并保证燃气净化厂停止工作时,能不间断地向用户供气。

1.4 国内外地下储气库建设概况

1.4.1 国外地下储气库建设概况

地下储气库的历史可以追溯到 20 世纪初。世界上第一个地下储气库是 1915 年在加拿大安大略省的 Welland 气田进行储气试验;1916 年,美国在纽约州布法罗市附近的 Zoar 枯竭气田建设了地下储气库;1954 年,美国在纽约 Calg 县首次利用枯竭油田建成地下储气库;1958 年,美国在肯塔基首次建成含水层型地下储气库;1961 年,美国在密执安圣克莱尔首次建成盐穴型地下储气库;1963 年,在美国科罗拉多州丹佛市附近首次建成废弃矿井地下储气库。

截至 2017 年,全世界现有各类地下储气库 716 个,全球 66% 的地下储气库工作气量主要分布在北美、欧盟等地区的发达国家,注采井约 2.3×10^4 口,总工作气量为 $3930 \times 10^8 m^3$,平均每小时产出 $2.35 \times 10^8 m^3$,天然气工作气量占全球天然气消费量的 11.4%。全球储气库工作气量,油气藏型占 81%,含水层型占 12%,盐穴型占 7%。今后世界地下储气库的需求还将有较大增长。到 2020 年,全球地下储气库的工作气量将增至 $4460 \times 10^8 m^3$,并有望在 2030 年进一步增至 $5430 \times 10^8 m^3$。在现有地下储气库基础上,需要新建地下储气库 183 座,预计需新增工作气量 $1406 \times 10^8 m^3$ 才能满足今后的调峰需求。

各国的地下储气库工作气量与管网完善程度、用户消费结构、进口依存度密切相关,一般占年消费量的 13%～27%。表 1.2 是全球不同地区地下储气库工作气量占消费比例统计表。

表 1.2 全球不同地区地下储气库工作气量占消费量比例统计表

地区	地下储气库数量,座	工作气量,$10^8 m^3$	占全球工作气量比例,%
北美	480	1488	37.8
拉丁美洲	1	2	0.1
欧洲	150	1104	28.1
亚洲	21	48	1.2
独联体	50	1190	30.2
中东	2	60	1.5
亚太	12	43	1.1

由于发达国家管网比较完善,用气结构以发电、燃气为主,工作气量一般达到消费量的12%以上,如法国、德国等。并且天然气对外依存度越高,地下储气库工作气量占消费量比例越大,部分对外依存度超过50%的国家工作气量占消费量比例达到15%以上,如图1.5所示。

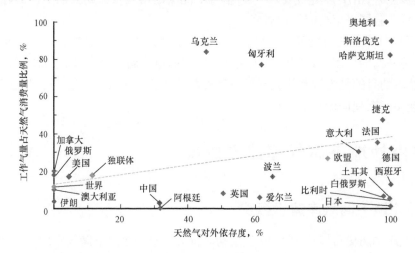

图 1.5 各国天然气对外依存度与地下储气库工作气量占比关系图

统计表明,全球地下储气库平均工作气量为 $5.5 \times 10^8 m^3$,工作气量规模小于 $5 \times 10^8 m^3$ 的地下储气库为 549 座,占比 76%;4 种类型地下储气库中,气藏型地下储气库工作气量最大,约占总工作气量的 75%;含水层型地下储气库占 12%,盐穴型地下储气库占 7%,油藏型地下储气库 6%(图1.6)。

美国、俄罗斯、乌克兰、德国、意大利、加拿大和法国是传统的地下储气库大国,占全球地下储气库工作气量的 85%。美国是世界地下储气库开发中的先驱者,由于天然气产量相对稳定,输气管网很多,因而美国已拥有十分巨大的天然气地下库存能力,地下储气库数量占世界总量的 3/4,总计库存能力和高峰负荷时的日送气量都居世界领先地位。据美国能源信息署(EIA)公布的数据,2017 年美国拥有地下储气库 421 座,总库容量为 $2913 \times 10^8 m^3$,工作气量为 $1424 \times 10^8 m^3$,相当于美国当年天然气消费总量的 17.9%,可满足全国居民近 20 年的燃气需求。

在地理分布上,美国地下储气库与其国内的天然气资源、管网设施和生产消费特点高度吻

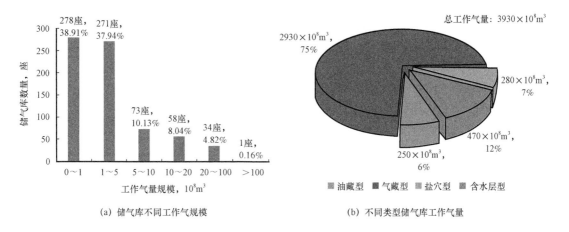

图1.6 全球地下储气库规模和工作气量分布图

合,形成了三大地下储气库密集区,即东北部五大湖沿岸、中北部和墨西哥湾地区。东北部地区的天然气资源相对较少,但人口较多,属于传统工业区,天然气消费量较大,同时又属于温带季风气候,调峰需求量较大;中北部地区则是美国燃气电厂较集中的地区,同时聚集了大量工业设施,但自身天然气资源有限,为保障地区供气稳定需要地下储气库;墨西哥湾地区地下储气库较多的原因除工业和人口外,还由于有大量盐岩层,适合建盐穴型地下储气库。

欧盟28个成员国中有21个拥有地下储气库,工作气总量为$1083 \times 10^8 m^3$,仅次于美国,是地下储气库工作气量第二大地区。欧盟的地下储气库有明显的需求消费导向特征,作为欧盟地区传统天然气消费大户的西欧国家地下储气库数量和工作气量明显多于东欧国家,纬度较高、用气调峰需求较大的北部地区储气库数量和工作气量高于南部地区。在欧盟有地下储气库的21个国家中,排名前7位的国家分别是德国、意大利、荷兰、法国、奥地利、匈牙利和英国,工作气总量为$857 \times 10^8 m^3$,约占欧盟地下储气库工作气量的80%。导致南北部差异的主要因素是需求结构,欧洲北部的天然气消费以管道气为主,俄罗斯是主要供气来源;而南部地区毗邻黑海、地中海和大西洋,海岸线长且有大量深水良港,是欧洲液化天然气(LNG)贸易最集中的地区,天然气消费以西亚和北非地区的LNG为主,储气库主要是低温地上和半地上液态储气库,而非地下气态储气库。

独联体国家中的地下储气库主要分布在俄罗斯,表现出明显的出口导向特点。俄罗斯是世界第二大地下储气库大国,现有地下储气库26座,其中枯竭油气田型地下储气库17座、含水层型和盐穴型分别为8座和1座,工作气总量为$736 \times 10^8 m^3$。目前,俄罗斯Gazprom天然气公司计划参加Sarandzha的地下储气库建设,设计容量为$70 \times 10^8 m^3$。

乌克兰境内共13座地下储气库,其中枯竭油气田型11座、含水层型2座,工作气总量为$350 \times 10^8 m^3$。从分布上看,除克里米亚地区的1座地下储气库外,乌克兰的地下储气库呈明显的两极分化特征,即分别集中在该国东部和西部。东部的地下储气库位于俄罗斯通往乌克兰的输气管道附近,西部的地下储气库位于乌克兰通往欧洲的输气管道周边,通过乌克兰国内的输气管道系统连通。

加拿大是地下储气库建设最早的国家,目前有45座地下储气库,总库存能力410×10^8

m^3,其中有效气量 $235 \times 10^8 m^3$,由 9 家公司经营。

法国由于没有大量的气田,为预防天然气进口量在任何可能情形下的中断,必须建设地下储气库实行天然气的战略储备。目前法国现有地下储气库的有效气量为 $105 \times 10^8 m^3$,约为法国年需气量的 1/3。

澳大利亚现有 4 个枯竭气藏型天然气地下储气库,储气能力为 $12 \times 10^8 m^3$。

受天然气需求快速增长的刺激,建设天然气地下储气库的国家也在增多。墨西哥正在审查其东部的盐穴建设地下储气库的可能性。伊朗的 NIOC 公司计划把它的一个凝析气藏建成地下储气库,工作气容量为 $10 \times 10^8 m^3$。拉丁美洲对天然气这种清洁能源产生了极大的兴趣,地下储气库的建设也将提到议事日程。

随着世界天然气地下储存技术已逐渐完善和成熟,储气库库容量越来越大,储气量和工作气量占消费总量的比例将越来越高。

1.4.2　国内地下储气库建设概况

中国自 20 世纪 60 年代末开始尝试地下储气库建设,1999 年才建成第一座真正意义上的商业调峰地下储气库,即天津大港大张坨地下储气库。目前全国共有地下储气库 25 座(表1.3)。其中:中国石油 23 座,包括大港地下储气库群 6 座、华北地下储气库群 3 座、华北苏桥地下储气库群 5 座、大港板南地下储气库群 3 座、辽河双 6 地下储气库、新疆呼图壁地下储气库、西南相国寺地下储气库、长庆陕 224 地下储气库、江苏刘庄地下储气库、金坛(盐穴型)地下储气库;中国石化 2 座,包括文 96 地下储气库、金坛(盐穴型)地下储气库。已投产的地下储气库群总库容量 $426.76 \times 10^8 m^3$,工作气量达到 $186.46 \times 10^8 m^3$,形成调峰能力 $107 \times 10^8 m^3$,占全国天然气消费能力 3.3%,在国内天然气调峰安全保供中发挥了重要作用。

据中国石油规划总院预测,到 2020 年中国天然气调峰需求约占年消费量的 11% 左右,而地下储气库作为最主要的调峰方式,储气调峰规模至少应达到 10% 以上,才能基本满足调峰及保供需求。下面简单介绍一下国内几个主要地下储气库的情况,见表 1.3。中国已建地下储气库的库容量及工作气量见表 1.4。

表 1.3　中国已建地下储气库的类型及投产时间

地区	地下储气库名称	类型	投产时间	数量,座
环渤海	大港	枯竭油气藏型	1999 年	6
	京 58	枯竭油气藏型	2007 年	3
	板南	枯竭油气藏型	2014 年	3
	苏桥	枯竭油气藏型	2013 年	5
长江三角洲	金坛	盐穴型	2012 年	3
	刘庄	枯竭油气藏型	2011 年	1
东北	喇嘛甸	枯竭油气藏型	1975 年	1
	双 6	枯竭油气藏型	2013 年	1
西南	相国寺	枯竭油气藏型	2013 年	1
西北	呼图壁	枯竭油气藏型	2013 年	1

地区	地下储气库名称	类型	投产时间	数量,座
中西部	陕224	枯竭油气藏型	2014年	1
中南	文96	枯竭油气藏型	2012年	1
合计				25

表1.4 中国已建地下储气库库容量及工作气量

地下储气库名称	库容量,$10^8 m^3$	工作气量,$10^8 m^3$
文96	5.90	2.96
板桥库群	69.60	30.30
京58库群	15.40	7.50
刘庄	4.60	2.50
金坛气库(中国石油)	26.40	17.10
金坛气库(中国石化)	11.80	7.20
金坛气库(金坛盐化)	4.26	2.34
双6	41.30	16.00
苏桥	67.40	23.30
板南	10.10	4.30
呼图壁	117.00	45.10
相国寺	42.60	22.80
陕224	10.40	5.00
合计	426.76	186.40

1.4.2.1 大庆地下储气库

20世纪70年代,大庆油田在原油开采过程中生产了大量伴生气,然而到了夏季因消费气量减少,过剩的天然气不得不白白放空,而到冬天又不能满足需求。为解决这一矛盾,曾于1975年开始分别在大庆油田萨中地区和喇嘛甸油田北块,首次建成并投入运营了国内两座小型天然气地下储气库,为北方寒冷地区合理利用天然气资源,并在一段时期内为确保工业生产和居民生活用气实现基本平衡,发挥了重要作用。

(1)萨尔图一号地下储气库。该地下储气库位于萨尔图油田中区北块,面积达1.05km²。目的层是油气勘探中探明的萨尔图油层顶部的萨零组上部可凝油气层,埋深770m,储气库总容量为$0.38 \times 10^8 m^3$。储气层主要为油浸、含油细砂岩和含气细、粉砂岩,与下部含气层之间为全区稳定分布的泥岩盖层,其上为全盆地稳定分布的泥质岩及油页岩盖层,储气层砂岩呈透镜状封闭在泥质岩之间,整个储气库具有非常好的封盖条件。1986年,该储气库因油田夏季亦无富余天然气可供贮存而停止使用。

(2)喇嘛甸油田北块地下储气库。喇嘛甸油田是一带气顶的背斜构造油田,地下储气库选在该油田北块,注气目的层为气顶的一部分,即萨一组上部和萨零组下部。萨一组上部储气层面积 $17.8km^2$,地质储量 $4.47 \times 10^8 m^3$,萨零组下部储气层面积 $45km^2$,地质储量 $3.1 \times 10^8 m^3$。该储气库为受构造控制的岩性气藏,顶部为厚度 250m,全区是稳定分布的泥岩及油页岩盖层,底部泥岩隔层平均厚度 8m,萨零组下部与萨一组储层之间为厚约 15m 稳定分布的黑色泥岩,储气库具有良好的封盖层。该库于 1975 年建成后,通过三次扩建,储气库地面日注气能力由 $30 \times 10^4 m^3$ 增加到 $100 \times 10^4 m^3$,年注气能力由 $0.6 \times 10^8 m^3$ 增加到 $1.5 \times 10^8 m^3$,库容量(动用地质储量)由 $13.7 \times 10^8 m^3$ 增加到 $35.7 \times 10^8 m^3$。2003 年注气 $10029 \times 10^4 m^3$,年采气 $3633.54 \times 10^4 m^3$,储气库累计采气 $9.7364 \times 10^8 m^3$,累计注气 $4.6852 \times 10^8 m^3$,绝对采出气量 $5.0512 \times 10^8 m^3$,储气库地层压力 8.06MPa,总压差为 2.02MPa。

喇嘛甸油田北块地下储气库建设的最大难点,在于如何保证部分油气界面不发生互窜,达到采油、注采气互不影响。为此,在缓冲带外的油水井射孔时,对气层、油气同层和油气边界不足 300m 的油层一律不射孔,以保证油气区的分隔。2003 年,储气站内共安装 5 台压缩机组,注气能力达到 $100 \times 10^4 m^3/d$ 以上。有注采井 12 口,以及相应地面配套系统,包括注采气过滤分离、脱硫等净工艺、单井管道电伴热、防冻堵及高压气体计量等配套设施。同时,建立并完善了油气界面监控系统,根据监控的油气界面的变化,调整储气库注采和油区注采状况,基本保持了油气界面的相对稳定,同时使油田开发效果保持良好的状况,调整技术逐步成熟。

1.4.2.2 华北油区地下储气库

华北油区地下储气库主要服务于陕甘宁气田和陕京天然气输气管线,确保北京和天津两大城市的调峰供气,其中大港油田利用枯竭凝析气藏建成了 3 座地下储气库,即大张坨地下储气库、板 876 地下储气库和板中北高点地下储气库,是我国首批与输气管道配套、用于保证季节调峰和事故应急的市场储气库。

(1)大港大张坨地下储气库。为保证北京冬季用气需求,在天津大港大张坨利用枯竭凝析气藏建造了地下储气库,这是我国自行研究和建设的第一座用于城市调峰用气的天然气地下储气库,是陕京输气工程的配套工程,设计总库容量 $69 \times 10^8 m^3$,全部工程已于 2000 年 11 月 25 日前完成。主要承担京津冀地区天然气"错峰填谷"任务,对北京地区冬季调峰保供发挥了重要作用,并带动了周边 5 座地下储气库建设,形成了大港板桥地下储气库群。大张坨地下储气库最大库容量为 $16 \times 10^8 m^3$,有效工作气量 $6 \times 10^8 m^3$,采气周期每年 120 天,注气周期每年 200 天,采气期间日调峰采气量 $500 \times 10^4 m^3$,注气期间日注气 $300 \times 10^4 m^3$。目前,大张坨地下储气库最大日采气能力达到 $1000 \times 10^4 m^3$。

(2)板 876 地下储气库。板 876 地下储气库构造为一背斜圈闭,于 2001 年 5 月开工建设,于 2002 年 3 月完工开始注气。新钻井 5 口,利用老井 2 口。注气期均利用新井,日注水平 $180 \times 10^4 m^3$,注气天数 220 天,阶段注气 $2.17 \times 10^8 m^3$。采气期利用 5 口新井及 2 口老井,日采气量 $300 \times 10^4 m^3$ 左右,采气天数 120 天,阶段采气 $2.17 \times 10^8 m^3$。

(3)板中北高点地下储气库。板中北高点地下储气库的设计总工作气量为 $10.97 \times 10^8 m^3$,已建成 $3.6 \times 10^8 m^3$ 的工作气量,日采气能力达到 $300 \times 10^4 m^3$,应急最大采气能力为 $600 \times 10^4 m^3$。

目前,3 座地下储气库作为陕京输气管线的配套工程,既保证了陕京输气管线满负荷高效运行,又部分解决了首都北京市用气调峰和事故应急供气问题。大港油田地下储气库分布如图1.7所示。

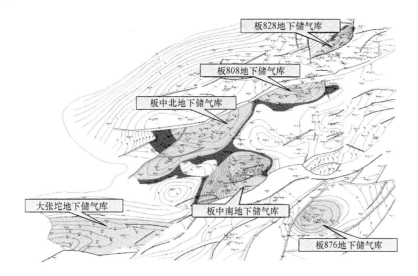

图1.7 大港油田地下储气库分布图

1.4.2.3 金坛盐穴地下储气库

2007年,在长江三角洲地区选择江苏省金坛市的金坛盐矿,建设了江苏省金坛盐穴地下储气库,开创了我国盐穴地下储气库的先河。目前,中国石油金坛盐穴地下储气库和港华金坛盐穴地下储气库以及中国石化金坛盐穴地下储气库已经或即将投产,中国石油淮安盐穴地下储气库正在进行建设中。在云应、平顶山、潜江等地也进行了盐穴地下储气库规划。我国盐穴地下储气库已进入了快速发展阶段。

截至2011年底,金坛盐穴地下储气库已建成地下储气盐穴溶腔50多个,整个建造工程将会持续到2020年左右,届时总储气量将达到 $19.8 \times 10^8 m^3$。盐穴地下储气库的总体规模要达到有效的调峰使用气量为 $10 \times 10^8 m^3$。

金坛盐穴地下储气库设计溶腔形态为梨形,设计溶腔直径为55m,最大直径80m,溶腔高度约135m,盐层上部留30m,底部留10m,主要是利用盐层的密封性保持气库的密封,单腔运行压力 $5.5 \sim 16 MPa$,溶腔有效储气空间为 $25 \times 10^4 m^3$,有效工作气量为 $2896 \times 10^4 m^3$。目前,金坛盐穴地下储气库处于建设与运行并行阶段,整个建造工程将会持续到2020年左右。

截至2017年12月31日,金坛盐穴地下储气库累计采气 $19 \times 10^8 m^3$ 左右,平均每年采气7次以上。运行10年间,除2007年、2008年、2012年及2016年,金坛盐穴地下储气库年采气量均大于工作气量,2009年的年采气量达到2倍的工作气量,充分发挥了盐穴型地下储气库注采气灵活、应急采气能力突出等特点,在管网压力调峰、管网季节性调峰、节假日调峰、配合现场作业调整及应急调峰等方面发挥了重要作用。

2018年6月,投资4.2亿元的金坛盐穴地下储气库二期工程项目通过核准,即将开工建设。二期项目在一期建设3口井的基础上再新增7口井。

1.4.2.4 相国寺地下储气库

相国寺气田勘探开始于 1960 年,1977 年发现并迅速进入高产能阶段,至 2010 年底,相国寺气田累计采气 $40.24 \times 10^8 m^3$。随着资源枯竭,相国寺气田因其盖层和断层封闭性好,储层分布稳定、渗透性好、储气空间大、水体封闭、距离目标市场近等优势,可由采气转型为储气。

2011 年 10 月,中国石油西南油气田公司开工建设相国寺地下储气库,并于 2013 年 6 月试注投运,储气库设计总库容量 $42.6 \times 10^8 m^3$,是西南地区首座地下储气库,也是中国注采能力最大、日调峰采气量最高的地下储气库。

截至 2018 年 3 月,相国寺地下储气库 13 口注采井全部开井生产,已实现五注四采,历年累计注气 $61.29 \times 10^8 m^3$、采气 $35.47 \times 10^8 m^3$,其中第三采气期单期采气量占到全国同期地下储气库采气量的 22%。有力应对了全国大范围的寒潮天气,保障了天然气的稳定供应。

目前,相国寺地下储气库日采气持续稳定在 $1500 \times 10^4 m^3$ 左右,日采气最高达到 $2197 \times 10^4 m^3$。相国寺地下储气库所生产的天然气经宁夏中卫—贵阳联络线上载全国管网,保供京津冀和川渝地区季节调峰、事故应急及战略储备。在西气东输二线、中卫—贵阳联络线、中缅管道形成的国家环形天然气管网中,已成为产、运、储、销链条上重要一环,每天向京津冀地区输气超过 $1400 \times 10^4 m^3$,相当于 700 万户三口之家一天的生活用气量。2018 年,中国石油计划为地下储气库注气 $86 \times 10^8 m^3$,其中相国寺地下储气库计划注气 $17.2 \times 10^8 m^3$,为冬季用气高峰期采气 $16.5 \times 10^8 m^3$ 创造条件。

1.4.2.5 含水层地下储气库的开发建设

我国东部地质沉积背景非常复杂,目前已探明气藏大都为构造破碎的断块小气藏或零散气藏,储气库规模有限。随着东部输配气系统快速发展,供气用户不断壮大,供气规模迅速提高,仅利用东部枯竭气藏或分布非常有限的盐岩层改建地下储气库,难以满足目前陕京线、陕京二线、忠武线、西气东输等长输管线对储气库季节及安全调峰气量的迫切需求。因此,利用东部适宜的含水构造及油藏改建地下储气库,目前已经到了刻不容缓的地步。

利用含水层改建地下储气库国内尚无先例,近期对华北地区任丘潜山油藏以及湖北潜江含水构造改建地下储气库的研究工作刚刚起步。在长江三角洲地区利用含水层改建的地下储气库规划有效储气量达 $48.29 \times 10^8 m^3$,而按规划,近期将建成东北、环渤海、长江三角洲及中南 4 个区域性地下储气库群的储气库,总有效工作气量为 $101.75 \times 10^8 m^3$,含水层地下储气库储存的天然气量占总储气量的 47.46%。

1.5 国内外地下储气库研究现状

与国外天然气地下储气库的理论研究和油气藏开采相比,我国在相关领域的研究开展的较晚。自 1916 年在美国建造第一个天然气地下储气库开始,一般都遵循勘探—选址—钻探测井试验—盖层气密性试验—注气试验—工业性注气等步骤。但由于天然气地下储气库的设计和建造工作量大而复杂、费用多、周期长,一般建造一个地下储气库少则需要三五年,多至 8 ~

10 年。20 世纪 80 年代,随着计算机的广泛应用,国外才逐渐开始应用数值模拟来研究天然气地下储气库的注采过程。

1.5.1　国外地下储气库的理论研究

1.5.1.1　纯气驱枯竭气藏型地下储气库三维气流数学模型

最初在利用枯竭气田作为储气库进行注采循环运行时,由于储气库内仅存在单相气流在孔隙介质中的流动,因此建立了三维气流数学模型,可模拟注采动态单相气流压力随注气量、随时间的变化和空间的分布。较精确的三维气流数学模型可反映真实气体流动、达西效应,并考虑气流和岩石的可压缩作用,该模型为:

质量守恒方程

$$\mathrm{div}(\rho\boldsymbol{u}) + \phi S_{\mathrm{g}}\frac{\partial \rho}{\partial t} + q = 0 \tag{1.5}$$

位势方程

$$\boldsymbol{u} = -\frac{K}{\mu}\mathrm{grad}\boldsymbol{p} \tag{1.6}$$

状态方程

$$\rho = \frac{p}{RTz(p)} \tag{1.7}$$

式中　$\boldsymbol{u}$——气体流速;

q——井口单元注采量,注入为正,采出为负,关井时为零;

p——压力;

R——气体常数;

ρ——气体密度;

ϕ——地层孔隙度;

S_{g}——含气饱和度;

T——温度;

K——地层渗透率;

μ——气体黏度;

z——气体偏差系数。

上述三维气流数学模型的建立为纯气驱枯竭气藏型地下储气库的动态运行提供了理论依据。但一方面,建立模型时忽略了孔隙介质中气流的惯性力作用,认为流动符合达西定律,而实际上气体的流动速度非常高,尤其在压力梯度最高的井筒附近,因此采用达西定律必大大降低模型的准确程度;另一方面,由于模型本身参数均随压力变化,致使三维气流数学模型的非线性程度很高,为求解计算不得不进行参数的简化处理,这又使求解精度大大降低。

1978 年,意大利在利用明勒比奥枯竭气田建造地下储气库时,由于原枯竭气田有出砂危险,因此在储气库设计阶段,采用三维气流数学模型模拟了注采动态变化时单相气流压力的变化,模拟的结果提供了较为准确的数据,使储气库在 1975 年 4 月开始注气和运行,逐步注气并频繁检查平均压力的变化,结果验证了数学模型的正确性。

Azin 等是最早通过对枯竭气藏型地下储气库储层的运行模拟,以及历史运行数据的拟合,在对不同地下储气库性能、注采率和储层损耗注气等进行分析基础上,提出了获取地下储气库最佳运行压力的方法。

Malakooti 对伊朗发展的枯竭气藏型地下储气库,利用改进的 Peng – Robinson 方程进行了注采运行模拟,并通过现有运行数据的对比,得到了地下储气库建设和运行的最佳条件。Azin 等通过对枯竭气藏型地下储气库储层的运行模拟与历史运行数据进行拟合,并对不同的地下储气库性能、储层损耗注气等进行了分析和预测,根据不同的地下储气库情况和不同的气体注采率,得到地下储气库的最佳运行压力。

Gumrah 等通过对流体在多孔介质渗流和不同操作条件下的运行,对竖直井和水平井进行了对比分析,发现水平井的运行模拟能更好地符合实际地下储气库运行状况。在天然气用气高峰期时,在保证供气能力前提下,Henderson 等通过改变注采井位置和注采速度来减少注采井数量,并研究了不同注采井形式和储层特性对注采井运行过程的影响,得出在相同的注采井注采能力前提下,水平井产气能力明显高于垂直注采井。

1.5.1.2 水驱气藏型及地下含水层型储气库三维气水置换模型

20 世纪 80 年代后期,针对水驱的枯竭气藏型储气库、地下含水层储气库,建立的数值模拟模型,考虑了重力、毛细管力以及气体吸收和岩石的压缩作用,建立了三维气水置换模型。但由于是考虑气水两相流体在孔隙空间的三维流动状况,使三维离散差分方程条件数急剧增大,求解工作量大,费用高,数值求解非常困难。虽然不少文献研究了它的解法,但都不得不进行一些假设和简化,降低了模型的使用精度。目前,该模型的求解大都采用隐压显饱法,这种方法的最大问题是存在饱和度漫延现象,该模型为:

质量守恒方程

$$\text{div}(\rho \boldsymbol{u}) + \phi S_g \frac{\partial \rho}{\partial t} + q = 0 \tag{1.8}$$

位势方程

$$\boldsymbol{u}_g = -\frac{KK_{rg}}{\mu_g}(\nabla p_g - \rho_g g \nabla z) \tag{1.9a}$$

$$\boldsymbol{u}_w = \frac{KK_{rw}}{\mu_w}(\nabla p_w - \rho_w g \nabla z) \tag{1.9b}$$

状态方程

$$\rho_g = \frac{p_g}{RTz(p)} \qquad \rho_w = \rho_w(p_w) \tag{1.10}$$

耦合方程

$$S_g + S_w = 1 \qquad p_c = p_g - p_w \tag{1.11}$$

式中　u_g,u_w——分别为气、水在储层中的渗流速度；

μ_g,μ_w——分别为气、水动力黏滞系数；

K——绝对渗透率；

K_{rg},K_{rw}——分别为气、水相对渗透率；

S_g,S_w——分别为含气、含水饱和度；

ρ_w,ρ_g——分别为储层压力下水、气体密度。

20 世纪末,法国一家公司在利用含水层建立卢萨尼地下储气库时,采用三维气水置换模型,模拟了在该含水层各点上,储气库压力变化情况,根据城市天然气调峰需求量,在模拟了各种注采动态运行方案后,以最少的井数布置了井网,并估算出储气库允许的最大注入量和回采量,成为用数值模拟来指导建造地下含水层地下储气库的一个典型事例。

Damle 等采用单相模拟器对含水层地下储气库中的气水两相进行模拟,提出基于平衡孔隙体积来分析含水层地下储气库的库容量,并对储气库的注采过程进行研究和模拟。Klafki 等提出采用基础物质平衡模型和三维仿真模型研究和监测德国的 Kalle 含水层储气库的运行,保证了含水层地下储气库的高效平稳的运行。Weiss 等针对美国 St. Peter 含水层地下储气库注采能力的降低,提出了向储气库中注气采水,并通过增加储层内的气体流动,通过气体驱动边水,提高储层利用空间,增加含水层地下储气库的动态储量。

1.5.1.3　地下储气库三维气气混合数学模型

针对地下储气库三维气气混合数学模型的研究和发展较晚,是随着储气技术的科学化和经验化产生的,一方面人们发现即使是利用枯竭气田储气,也存在气田的残存气和注入气的混合问题;另一方面,自 20 世纪 90 年代开始,随着储气规模的扩大,人们开始探讨如何降低储气库投资、减少运行成本、提高储气运营效率等技术问题,在美国、法国、德国和丹麦开始试用惰性气体来代替天然气作为含水层地下储气库的垫层气,这就需要考虑垫层气和工作气的混合问题,以保证工作气的质量。因此,这些国家开始采用三维气气混合数学模型来分析混气现象,所以该模型得以建立。该模型不仅考虑了气体的渗流过程,还考虑了两种气体相互对流和扩散问题,模型为:

质量守恒方程

$$\mathrm{div}(\rho\boldsymbol{u})_1 + \phi S_g \frac{\partial \rho_1}{\partial t} + q_1 = 0 \qquad (1.12)$$

$$\mathrm{div}(\rho\boldsymbol{u})_2 + \phi S_g \frac{\partial \rho_2}{\partial t} + q_2 = 0 \qquad (1.13)$$

位势方程

$$\boldsymbol{u} = -\frac{K}{\mu}\mathrm{grad}\boldsymbol{p} \qquad (1.14)$$

浓度扩散方程

$$J = J_1 = -J_2 = -\rho_1(\boldsymbol{u}_1 - u) = K\mathrm{grad}\boldsymbol{c} \qquad (1.15)$$

状态方程

$$\rho = \frac{pM(c)}{RTz(p.c)} \tag{1.16}$$

耦合方程

$$c_1 + c_2 = 1 \qquad \rho = \rho_1 + \rho_2 \tag{1.17}$$

式中　J——气体的分子扩散通量;

　　　c——扩散浓度。

下角标1,2表示两种气体。

丹麦丹斯克石油天然气公司在丹麦南部岑讷市附近选择一个背斜构造,利用含水层建造地下储气库。通过数值模拟,分析了以氮气作为垫层气时,天然气与氮气可能发生的混合问题;采用三维两相模型计算出气水储层中储层压力和气体组成与时间和空间的函数关系。模拟结果表明,20%的垫层气可用氮气来代替,不会影响工作气的质量。

进入21世纪,国外关于天然气地下储气库的理论研究工作主要集中在储气库优化设计、注采运行参数控制、利用数值模拟指导运行以及以惰性气体或其他气体作为储气库垫层气的研究。

由于国外枯竭气藏型地下储气库埋深一般小于2000m,地下储气库物性条件普遍较好,孔隙度大于15%,渗透率大于100mD,所以地下储气库井多为直井和定向井。近年来,美国、土耳其和法国等在地下储气库建库时开始推广应用丛式井、水平井和多分支井;地下储气库井多选用$\phi77.8$mm和$\phi244.5$mm油管,充分考虑了储气库的大吞大吐、注采循环、气量波动大、运行压力高、使用寿命长等特点,实现了部分井注采能力达$800 \times 10^4 \sim 1000 \times 10^4 \mathrm{m}^3/\mathrm{d}$,地下储气库可通过多个注采循环,实现逐步达容、地面分期建设的目的,且注采装置设计弹性大,可对采出气进行控油脱水。

世界上主要的含水层型地下储气库均位于欧美发达国家,我国尚无建成的含水层型地下储气库。目前,国外含水层型地下储气库有向大型化发展的趋势,主要表现在定向井、丛式定向井、水平井等钻完井工程技术运用于地下储气库的建设中;采用数值模拟方法指导地下储气库的建设和整个注采气工艺过程。最近,俄罗斯为发展统一供气系统,提高应对复杂形势下的供气能力,对含水层型地下储气库的设计提出了新要求。

1.5.2　国内地下储气库研究现状

自1995年开始,本书作者在国内较早地开展了天然气地下储气库数值模拟研究,包括天然气地下储气库注采动态模拟、季节性调峰优化运行、盐穴型地下储气库水溶造腔模拟、地下储气库混气和漏气量等一系列问题,在分析了地下储气库注采运行驱动机理基础上,提出了工作气及地下储气库注采气能力等多项参数指标的预测方法,并研发了多项地下储气库模拟软件,为我国开展地下储气库可行性研究、设计建造,提供了理论基础和技术依据。

谭羽非等分别对凝析气藏型地下储气库、盐穴型地下储气库以及地下含水层型地下储气库的注采运行过程进行了动态分析,并对不同地下储气库的单井注采能力进行了数值模拟预测,并用地下储气库的实际运行数据进行了验证。黄伟和等通过对大张坨地下储气库运行进行研究,从气库储层特性分析技术、保护储层的钻井配套技术、固井配套技术和测试求产配套技术等4个方面,介绍了储层保护的相关指导思想。并详细说明了大张坨地下储气库注采井在建设和运行过程中储层保护的技术要点。

康永尚针对我国地下含水层的地质结构和特点,研究了如何对含水层地下储气库进行库址的选择,并给出了对库址选择的优化方案。张瀚丹等分析了地下含水层型地下储气库的储气量损失的主要原因,并通过实例分析证明在含水层型地下储气库中,水溶气对地下储气库气量损失计算是不可忽略的,并针对这一情况提出解决措施。

班凡生等利用先进的可视化气驱物理模拟研究手段,研究了枯竭油藏改建地下储气库注采驱替机理,为储气库多周期的注采运行提供了基础参数。王东营等分析了影响地下储气库扩容主要因素有地质条件因素、圈闭特征、储层物性、断层封闭性、水体特征、盖层特征等因素。并总结了在我国类似地区建设地下储气库进行扩容时所应注意及可充分利用的地质条件。

胥洪成等在大港油田地下储气库群将近10个注采周期运行基础上,从气藏地质特征和开采动态出发,围绕储气库、注采井及观察井动态等,开展了多周期注采运行动态跟踪分析,总结出了影响大港油田地下储气库群扩容的主要因素。

随着大张坨地下储气库、板876地下储气库、金坛盐穴地下储气库等一系列的工程实践,国内的科研工作者对天然气地下储气库的建库机理、运行控制、优化注采等进行了大量的理论研究,取得了众多的新技术新成果。

中国地下储气库平均埋深2500m,最深5000m(华北油田),而世界地下储气库埋深一般都小于2000m。具有埋藏深、注采压力高、采出物组分复杂、储层物性差、压力系数低、老井多且井况复杂等特点。在借鉴国外先进建库经验的基础上,国内在生产工艺方面,初步形成了适合砂岩和碳酸岩的地下储气库建库井型优选与井身结构设计、防塌与储层保护钻井液、低压易漏长封固段固井、弹性水泥浆、筛管和射孔完井设计、复杂老井封堵处理、地面注采设备选型与配套等工程技术,并在深岩层建库方面积累了一定的经验。

在理论研究方面,形成了数值模拟生产历史拟合、储气库评价、设计技术、储气库钻完井技术、注采工艺、地面设计和施工技术、风险评价与控制技术、压缩技术和装备和建库高效造腔技术、运行保障等方面形成一系列具有自主知识产权的专利技术,见表1.5。这些技术为国内地下储气库建设、安全运行提供有力的技术支撑。

表1.5　国内地下储气库技术系列及核心技术

技术系列(5项)	核心技术(20项)
地下储气库选址与评价技术	不同类型地下储气库库址筛选评价方法、盖层密封性评价技术、气藏建库机理模拟技术、复杂地质条件气藏型地下储气库库容参数设计技术
油气藏型地下储气库建井技术	复杂条件气藏建库固井和储层保护及防漏堵漏配套技术、老井封堵及再利用配套技术、复杂工况下管柱优化设计技术
盐穴型地下储气库方案设计与建库技术	复杂条件盐岩建库腔体稳定性评价及库容参数设计技术、多夹层盐岩造腔可视化物理模拟技术、夹层垮塌预测方法、残渣体积利用技术、深层大井眼和浅层双井建库技术
地下储气库地面工艺关键技术	不同类型气库高效处理和集输及注气压缩机选型技术、盐穴型地下储气库注采地面精细化工艺技术、卤水多效除油工艺技术
地下储气库运行与安全保障技术	盐穴型地下储气库管柱完整性评价技术、溶腔稳定性评价技术、动设备故障诊断技术、气藏型地下储气库井筒动态监测技术、气藏型地下储气库盘库评价与优化配产配注技术

1.6 国内外地下储气库研究及建设发展趋势

1.6.1 国内外地下储气库研究发展趋势

1.6.1.1 国外地下储气库研究发展趋势

欧美地区很多地下储气库已经运行多年,目前地下储气库理论研究主要向扩展数值模拟技术的适应性、耦合地质条件的储气库优化运行模式等方向发展。主要包括以下内容:

(1)数值模拟软件模块化,增加对不同类型储气库的适应性。

随着油气藏数值模拟进入商业化应用阶段,而且地下储气库也不再仅仅是限于冬采夏注的季节性调峰,存在多样性应用。因此,美国、德国、丹麦和意大利等国家目前都在采用数值模拟方法及软件上开展研究,使天然气地下储气库的数值模拟朝着"内存省、速度快、准确度高、价格便宜"的方向发展。一方面,模型本身要有灵活性,可方便进行维数变换选择,边水、底水选择,单井、多井选择,注入、采出选择,不同边界条件选择,不同生产制度选择等;另一方面,对其软件的研制实施模块化编制,能根据不同类型的模型和不同油气藏储库调用不同模块。使开发的软件结构合理、拆装方便,这样有利于集中力量发展高质量的输入、输出系统,减少微机的内存量,使更多的油气藏工程师能充分利用计算机这一工具,为不同类型储气库的设计运行服务。

天然气地下储气库的研究不同于油气田的开采,根据储气库类型的不同和流体流动过程不同,选择的模型也不同。在储气库设计、建造以及注采运行的不同阶段,根据研究不同侧面的动态问题,也需选择与之相适应的模型。注入时要研究注入气与残存气的混合、注入气的泄漏、最大储气量、最高储气压力等问题,采出时又存在采气制度不合理、最低井口压力限制、底水锥进、采收率下降等问题,这些都需要在数值模拟时模型要具有多功能性。也就是说,迫切需要建立天然气地下储气库较完整的数值模拟软件,根据所研究的储气库类型,动态流动过程,选择软件中相应的模型,保证在储气库设计、建造以及注采运行的不同阶段,在各种生产制度下,都能对储气库进行准确的描述和动态预测。

(2)优化储气库运行模式,提高储气库灵活性。

为适应天然气市场自由化的发展需要,必须保证储气库能够优化运行。优化基本模式为:首先进行单一气库注采气能力分析,然后确立库群优化配置的基本原则及约束条件,在此基础上建立库群整体优化数学模型,最后利用建立的模型进行地下储气库群的配产方案优化。

库群整体优化是将多座地下储气库作为既相互独立又相互联系的统一体,以采气计划、气库产能、管网压力节点、压缩机功率等为约束条件,协调好各储气库之间的注采气运行,在最大限度发挥调峰作用的同时,实现整个地下储气库群的优化配产配注,提高整个地下储气库群的运行效率。

2013年以后,欧洲一些地下储气库运营公司已经在地下储气库智能运行优化方面进行了大量研究,目前已经开发出可以同时模拟12座地下储气库、400口注采井的地下储气库智能管理系统,将SCADA系统、油藏数值模拟和专家系统等有机结合起来,优化地下储气库调峰注采方案。

目前,数值模拟已成为指导各种类型地下储气库运行的重要手段,一方面,针对断层、尖灭、高低渗透带边界等构造,以及气、液、固混合流动体系及相间耦合现象,开始有考虑应力场及对流扩散的流固耦合模型见于研究;另一方面,地下储气库的数值模拟正逐步与经济分析模型和地质力学模型相结合,考虑地下储气库地质和流体属性的参数带有不同程度的不确定性,开始采用高灵活度的非结构网格,由粗化的几何形态动态逼近地下储气库真实地质体,变传统的单一流程到集成协同化流程,并采用高效、自适应的数值计算方法来处理,达到在不增加储气费用的情况下,通过建立储库优化运行模式,来提高储库的储存能力和注采应变能力,使气体储存量、有效气体容积、储库的生产率达到最大值,使投资和经营费用达最小值,带来较大的经济效益。

1.6.1.2　国内地下储气库研究发展趋势

相比那些在地下储气库建库方面具有优势的国家,我国天然气地下储气库地质情况复杂。多期构造运动与陆相沉积环境导致我国建库目标构造破碎、埋藏深、非均质性强,给储气库建设与运行带来世界级难题。在学习国外先进技术的同时,深入开展复杂地质条件地下储气库选址评价、工程技术、重大装备、运行控制等攻关,形成了地下储气库成套技术和标准体系,建成具有中国地质特点、能够反映地下—井筒—地面渗流特征的数字化储气库,实现储气库地下—井筒—地面一体化设计、运行管理,提高地下储气库运行效率,科学指导地下储气库运行显得尤为重要。

针对我国地下储气库建设选址难、建库难、安全运行难以及核心装备靠进口的技术瓶颈,国内的专业技术人员创建了复杂条件地下储气库圈闭动态密封理论,提出了5项关键指标,实现了选址评价由静态定性到动态定量评价的根本转变,保障了建库成功率由83%提高到100%,这一关键技术的突破,保证了我国复杂地质条件良好的边界条件。

创新适应超低压(压力系数0.1)、交变载荷工况的地下储气库钻完井技术,有效保护了储层,攻克了世界最深、温度最高的地下储气库固井难题,保障了高速交替注采条件下井筒密封。

研制的地面高压大流量注采核心装备与技术,实现了国产化,形成了储气库地面工艺技术及标准化体系,大大地降低了建库成本,扭转了核心装备全部靠进口的历史。

创新形成的储气库地层—井筒—地面"三位一体"风险管控系统,实现了全三维实时监测预警,支撑了地下储气库安全平稳运行,保障了目前国内22座气藏型地下储气库运行至今零事故。

2018年在京举行"100亿立方米复杂地质条件天然气地下储气库成套技术及工业化科技成果鉴定会"。鉴定委员会的院士和专家认为:我国复杂地质条件下大型储气库选址和建库技术国际领先。这标志着我国天然气工业发展的一大瓶颈技术获突破。中国建设地下储气库的创新成果,应用于北京、新疆等地22座地下储气库的建设,刷新了地层压力低、地层温度高、注采井深和工作压力高4项世界纪录。储气规模达 $400 \times 10^8 m^3$,相当于三峡水库的蓄水量;冬季调峰能力超百亿立方米,最高日调峰量近 $9000 \times 10^4 m^3$,相当于全国最高日用气量的1/10,惠及10余省市2亿人。

中国建设地下储气库,开拓了我国复杂地质条件下储气库技术创新之路,奠定了我国天然气战略储备格局的基础,推动了我国由采输气调峰向地下储气调峰的转型升级。

1.6.2　国外地下储气库建设发展趋势

欧美地下储气库的发展表明,天然气地下储气库的建设对促进天然气贸易、保障供气稳定有积极意义,未来随着天然气需求的增加和贸易的多元化,全球范围内对地下储气库的需求也将增长。未来10年,全球对地下储气库调峰需求量将越来越大,地下储气库数量和规模将会随着需求量的增加不断扩大。根据国际能源署(IEA)的预测,2020年以后全球天然气需求量将保持年均1.73%的增长率,到2030年需求量将达到$4.5 \times 10^{12} m^3$,调峰需求量将达到$5030 \times 10^8 m^3$,在现有地下储气库基础上,需要新建地下储气库183座,预计需新增工作气量$1406 \times 10^8 m^3$才能满足今后的调峰需求,全球地下储气库的工作气量有20%的增长潜力。

但也应该看到,未来地下储气库需求与建设也呈现较明显的区域分化。欧洲特别是西欧,将是地下储气库需求与建设增长的主要地区;美国和俄罗斯的地下储气库也会分别以非常规天然气发展需求和天然气出口需求为依托继续增加;亚洲和中东等地区的地下储气库需求也将有适度增长,但在全球地下储气库数量和工作气量中所占比例仍将保持较低水平。

欧洲地区不断增加的地下储气库需求主要来自对进口天然气依赖程度的增加。历史经验表明,天然气储备对天然气进口程度较高的国家和天然气出口过境国意义重大,地下储气库是天然气储备的重要形式。国际天然气联盟的分析认为,当天然气对外依存度达到和超过30%时,地下储气库的工作气量需要超过天然气消费量的12%;如果天然气对外依存度超过50%,则地下储气库工作气量要达到天然气消费量的20%。目前,西欧国家的天然气对外依存度平均为40%,随着本地天然气产量的下降和天然气对外依存度的增长,未来该地区对地下储气库的需求也会越来越迫切。欧盟对地下储气库的中长期规划是将工作气量由目前的$1083 \times 10^8 m^3$提高到$1450 \times 10^8 m^3$。

美国拥有最多的地下储气库和最大的工作气量,其未来的地下储气库发展模式与欧洲完全不同,非常规天然气产业的发展及由此引发的天然气进出口格局调整,将是今后美国地下储气库建设的主要推动力。

俄罗斯的地下储气库建设仍将延续出口导向型的发展模式,未来相关规划也是为更好服务于天然气出口。俄罗斯目前在建和正筹备的地下储气库大部分位于西西伯利亚南部里海沿岸,这与俄罗斯近年来一直研究的经土耳其和希腊向欧洲出口天然气的规划有直接关系。另外,俄罗斯正在东西伯利亚东部进行地下储气库勘探、选址,为进军亚太天然气市场做准备。未来,随着全球地下储气库建设的需求越来越大,地下储气库的功能不断丰富,地下储气库工程建设将向以下几个方面发展:

(1)建设灵活性大、周转率高的小型气库。随着地下储气库建设技术的不断成熟和完善,地下储气库设施的使用和操作由以技术功能驱动为主改变为以经济驱动为主,将使储气库经营者的资产价值和销售利润最大化。现在越来越多的国家开始重视建设灵活性大、注采能力强、注采速度快、周转率高的小型盐穴型地下储气库,北美和欧洲地区是世界上盐穴型储气库发展较快的区域。据统计,美国在得克萨斯州、路易斯安那州、密歇根州、堪萨斯州、亚拉巴马州等都建有盐穴型储气库,并且在上述各州已建成67个盐穴溶腔专门用来储存原油。现在美国共有$48 \times 10^8 m^3$天然气储存于135个盐穴溶腔中。

（2）加强地下储气库优化管理。加强地下储气库优化管理,需要准确实时地进行地下储气库设施性能的预测和优化。主要包括加大储气库运行压力范围,提高储气库运行效率;优化注采井网与注采量;减少水侵对气库运行的影响;利用焊接注采管柱,提高储气库安全性;提高最大注采速度,加快储气库周转;广泛采用新型压缩机、脱水方式;实现储气库在线监控及远程遥控等。

同时,加强储气库的上下游协调优化,提高储气库的协调能力。在储气库建库运行期间,特别强调储气库的协调运行,包括地面、地下一体化管理气库与管网的一体化管理、储气库与市场用户一体化管理等。

（3）建设多座联网的地下储气库。使地下储气库连成一片,统一调度,统一控制,既有很大的库容量,又有很大的灵活性。这里包括与本国地下储气库联网和与他国地下储气库联网两种形式。特别是后一种形式发展很快,由于各国的地质条件不同,因此无论是管道运输还是储气设施其收益都不同。缺乏资源的国家可以与有储气设施的国家签约,将别国的气源引进本国的地下储气库中,甚至可以直接操作别国的地下储气库。欧洲就是一个典型的例子,法国的天然气多来自瑞士、荷兰、美国、俄罗斯、挪威和阿尔及利亚等国,德国的气源多来自丹麦、挪威、英国和瑞典等国家,捷克斯洛伐克的气源来自澳大利亚,波兰的天然气多来自英国。欧洲经济委员会将根据各国的天然气储量,对各成员国按照不同的需要交换使用天然气,这样做有利于各国按照整个能源的需求来计划安排使用天然气气源。

（4）开发高气密性气井的施工工艺,提高气井产能。高气密性气井的施工工艺是提高地下储气库生产能力的重要条件。围绕此问题的研究课题有:采用有膨胀水泥制作的不缩水套管柱和生产套管;采用气密性好的管子和合理的气井结构;研究既能钻开储层又能避免井底地带钻井液污染的新钻井工艺;改进井底施工工艺,采用不含黏土溶液扩大井底附近地带;研究向储气库下部地层夹层注气的技术工艺,防止气体渗漏到圈闭层外,增大工作气的体积等。

（5）研发新地面工艺和设备。长期以来,地下储气库地面气体处理方法与气田气体处理方法没有区别。但是地下储气库的采气制度是不固定的,其工艺指标昼夜间会发生很大变化,由人工进行调整,其准确性和经济性就较差。目前,国外开始研发注采气工艺过程的自动控制系统。如研制压力为10MPa和20MPa的新式压气机组;气井成组联接情况下的输入管带模块;气流方向调节模块;昼夜生产能力为 $100 \times 10^4 m^3$ 和 $1000 \times 10^4 m^3$ 、操作压力为16MPa和8MPa的无分隔体的初级分离装置;在甲醇初始浓度为20%、最终浓度为90%条件下,甲醇产率为 $1 m^3/h$ 的甲醇再生装置等,研究采用以可靠工艺设备和自动控制系统为基础的高效气体处理工艺。

（6）各类型储气库新技术的实验和探索。在油藏型和含水层型储气库领域,进行包括将储气库建设与提高原油采收率相结合的建库技术、大幅度提高单井产能的钻井完井技术、低价代用气替代天然气作垫层气技术、储气库泄漏监测与泡沫堵漏技术等。

1.6.3　国内地下储气库建设发展趋势

我国天然气资源主要集中在中西部地区,消费区域主要在东南部经济发达地区以及北方冬季采暖用气地区,经过近年来的高速发展,天然气管道发展迅速,已投产管道里程达到约 $10 \times 10^4 km$ 。相较管道的高速发展,虽然经过20多年的建设,我国天然气储备能力依然存在建设速度慢、能力弱。2017 年，中国的天然气储气调峰能力约 $72 \times 10^8 m^3$，约占当年消费量的 2.4%，远低于国际 11% 的调峰气比例平均水平。按照规划，2020 年我国天然气消费量将达到 $3600 \times 10^8 m^3$，对外依存度超过 40%，调峰需求量将达到 $430 \times 10^8 m^3$。可见，未来加快我国天然气储备能力建设的任务重、时间紧。

与欧美和俄罗斯地下储气库的独立运营、市场调节模式不同，中国地下储气库投资和运营主体单一，储气库建设和运行面临诸多挑战，除了在建库技术不完善、建库目标资源缺乏与市场需求之间矛盾存在意外，中国地下储气库建设还存在以下问题：

(1)相较于国外 90% 地下储气库埋深小于 2000m、构造完整，我国主要天然气消费区的地质构造复杂、破碎，埋深普遍大于 2500m，储层非均质强，选址与建库难度大，必须解决"注得进、存得住、采得出"等重大难题。

中国东部地质条件复杂，利用油气田改建地下储气库难度大，主要表现在中国东部、南部地区建库地质目标资源的匮乏。中国东部地区是天然气主要消费区，而优质、大型建库资源主要位于东北、西南和西北，离消费区较远，且相关的管道系统尚不完善，即使建了地下储气库也很难发挥调峰作用。中国东部断陷盆地形成复杂破碎的断块构造加上储层复杂多变的陆相河流相沉积，使浅层难以寻找到合适的构造，加上中国东部气藏少，没有足够的气田用于建库，而利用复杂储层油藏改建储气库的经验尚不成熟，注采气井储层压力低，巨大的拉伸力和挤压力交替作用到地下储气库，对钻完井工程提出了更高的技术要求，国内缺乏地下储气库高压大型注采核心技术，因此建库存在较大的难度，安全运行风险大。

(2)中国南方中小型盆地储盖组合十分复杂，增加了勘探的难度，含水层条件远劣于欧美，缺乏完整的含水层构造，油气勘探中对含水层构造研究不深入，延长了建库周期，使含水层型储气库建设面临很大的困难，低幅度小构造含水层型储气库的建造是技术难点。

(3)中国盐层资源丰富，但建库条件不理想，盐层总厚度大，但单层厚度小，可供集中开采的厚度一般不到 300m，而在可集中开采的层段仍含有大量的夹层，盐层品位 50% ~ 80%。采用这类盐层建库中腔体在密封性、稳定性方面存在着一定风险。

为更好地满足地下储库在性能、灵活性、安全性、环境影响、社会影响和经济效益方而的需求，中国地下储气库工程技术的发展趋势主要有：

(1)现有地下储气库设施性能属性的改进，包括优化地下储气库运营模式，突破瓶颈技术，加快地下储气库达产速度，拓展地下储气库供应能力和容量，延长其使用寿命等。例如，发展精确的应力测试评价技术，最大限度地提高地下储气库的性能(工作压力、容量、注入/退出)、灵活性、吞吐量、每年循环的次数及安全性，开发地下储气库建库注采运行优化系统等，进一步优化成本(建库成本和运营成本)和开发时间表，使运营效率最大化。

(2)破解库址资源少、建库条件难度大和资源利用率低等难题，寻找和开发适应市场需求的存储构造。例如，在更深、更复杂的地质构造中选址，考虑建造海上地下储气库，在薄盐层中采用水平井或丛式定向井建盐穴储气库，储气库区已有复杂老井的改造利用和封堵等，以及降低 3000m 以深枯竭型气藏建库工程成本等。

(3)制订地下储气库建库、运行和监控标准体系，研究不满足要求的地下储气库退役措施和方法，并研究新的技术、材料和工具来解决储气库的特定需求。例如，焊接套管技术、提高盐溶速度的化学添加剂、防止注采过程中腔内卤水蒸发的新材料、井筒泄漏检测和定位工具等。

(4)国内地下储气库建设需要积极研发低成本高效建库工程技术、储气库完整性检测评价等新技术,探索运营模式,建立配套技术和运行规范,使地下储气库设施经济高效地运行。

未来 10 年将是中国储气库建设发展高峰期和战略机遇期,技术进步将推动我国储气库的建设,加速补齐天然气储存能力不足的短板,完善我国天然气产业链。

今后中国储气库发展布局的主要原则是满足用户需求、保障能源安全、管网配置合理、多种方式并存。近期主要采取储气库、气田、LNG 共同参与调峰,宜库则库、宜罐则罐、宜管则管、宜田则田。地下储气库应优先部署在进口通道、管网枢纽、重点消费市场中心附近,初步形成储气库设施的基础构架。重点开展与中俄东线配套的 8 座储气库建设,满足管网和市场的需求。逐步建成以储气库调峰为主的综合调峰保供体系,2025 年储气库在调峰保供中的比例将超过 60%,成为调峰保供主力军。2030 年力争实现储气库调峰与应急储备 $500 \times 10^8 \, \mathrm{m}^3$ 能力,全面解决调峰保供和应急储备重大战略问题。

第2章 城市燃气负荷预测及调峰储气量的确定

所有城市燃气用户包括居民生活用气、公共建筑用气、建筑物采暖用气和工业企业用气等,对燃气的使用情况都是依天气情况和人们社会活动等因素的影响而变动,有小时、昼夜和季节的高峰期和低谷期,存在突出的不均匀性和随机性。因此,在制订未来的燃气生产规划,进行管网用气运行的调度,特别是在确定用于城市季节性调峰的地下储库储气量时,必须对燃气管网用气负荷进行准确科学的预测。

2.1 燃气负荷的基本概念

2.1.1 燃气负荷的定义

负荷是一个含义很广泛的概念。燃气系统终端用户对燃气的需用气量形成燃气系统最基本的负荷,即燃气用气负荷,简称燃气负荷。传统上也将燃气负荷称为燃气需用量。用户对燃气的需用不只是一个在一定时段内的某一用气数量,而且具有随时间变化的形态。从燃气工程技术系统角度,可以将终端用户对燃气在一个时段内的需用量以及用气量随时间的变化,统称为燃气负荷。

按生产和生活需用燃气用途的不同,可将燃气负荷区分为狭义的城市燃气负荷和广义的城市燃气负荷。

狭义的城市燃气负荷包括居民生活用气量、商业用气量、工业用气量、采暖和空调用气量、燃气汽车用气量以及其他用气量;广义的城市燃气负荷概念除上述以外,还包括集中发电动力用气量等。将广义城市燃气负荷加上作为原料的化工用气量,则构成系统燃气负荷(或燃气系统负荷)。可见一定的燃气负荷概念相对应于一定的燃气系统作用范围。不同的燃气负荷对燃气的质量和物理参数会有不同的要求。

随着社会和经济环境的变化,燃气负荷会随时间推移而改变。我国城市(镇)燃气正在向以天然气源为主导方面转变,这就促使我国燃气系统的规模变大,并在相当长的一段时间内保持增长趋势。燃气在全国范围内的应用更加普及,相应引起城市能源结构和燃气用户结构发生变化。在城市能源结构方面,天然气的供应会推动煤、电、气等能源供应的增加和互相替代。燃气会最大限度替代煤,部分替代油用于车辆燃料,也可能在用于发电的同时,部分又被电能所取代。

在用户结构方面,城市燃气由原来以居民生活用气为主,变为以工业、采暖、空调、汽车用气以及发电动力用气为主。国民经济中第三产业比重增加,导致燃气用户结构发生变化。城市居民生活方式发生变化,生活水平提高,社会化程度增加,热水用量增加,外购成品食品比例加大和更多地出外餐饮、娱乐和旅游等都会影响到燃气需用情况。

2.1.2　燃气负荷的分类

(1)按照用户类型燃气用气负荷可分类为:

① 居民生活用气,指居民用于炊事、生活用热水的用气。民用燃气用气负荷的特点是与人们的日常生活规律紧密相关,图2.1是哈尔滨市某日燃气民用气日负荷,可见燃气负荷呈现出早、中、晚三次高峰,而早、晚的两次高峰值要比中午的高峰值大得多,究其原因是因为早、晚用户的用气时间比较集中,且存在早晚要制备热水,温度又比中午低等原因。

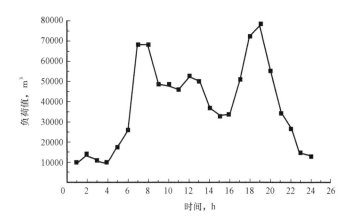

图2.1　哈尔滨市某日燃气民用气日负荷

② 商业燃气用气负荷,指包括宾馆、餐饮、医院、学校和机关单位等商业用户的用气。商业燃气用气负荷所占的比重不及工业燃气用气负荷和民用燃气用气负荷,但商业燃气用气负荷对每日负荷晚高峰的出现有明显的影响。另外,在节假日由于商业行业增加营业时间及业务量的增大,成为节假日期间影响燃气负荷的重要因素。

③ 工业企业生产燃气用气负荷,指包括工业企业生产设备和生产过程作为燃料的用气。工业企业生产燃气用气负荷量由工业生产的规律决定,以天然气为原料的化工原料用气一般需从天然气长输管线系统直供,用气属于燃气系统。工作日的负荷量大而节假日的负荷较小。总负荷较其他类型负荷稳定,受天气等因素的影响较小。

④ 采暖用户季节性燃气用气负荷,主要指采暖用气,它与室外温度、湿度、风速和太阳辐射等气候条件密切相关,其中起决定作用的是室外温度,因而在全年中有很大的变化。

⑤ 燃气汽车用气负荷,近年来天然气汽车得到很大的发展,燃气汽车的燃气用量有望出现显著增长。

图2.2是2017年重庆市各类用户的天然气用气比例,表2.1是2017年北京市主要类型的天然气用气负荷情况,可以看出居民用气是占较大比例的。

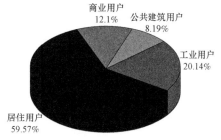

图2.2　2017年重庆市各类用户的天然气用气比例

表2.1 2017年北京市主要类型天然气用气负荷量

燃气负荷分类	居民用气	工业用气	发电用气	化工用气
用气负荷量,$10^8 m^3$	800.53	872.65	437.53	293.29

(2)按累计时间燃气用气负荷可分类为:

① 燃气短期负荷,指每小时、每天的用气量。燃气短期负荷的预测,可以确定短期调峰的长输管线末端储气量,为管网优化调度、设备维修及事故抢修等提供决策支持等。

② 燃气长期负荷,指每年甚至几年的用气。燃气长期负荷预测的目的在于掌握燃气消费量的增长趋势和变化规律,制订未来的燃气生产、消费、贸易政策,保障国内燃气供求的基本平衡。

城市燃气长期负荷的发展规律,是受该城市经济发展、能源消费宏观政策等一系列因素的影响,一般将其发展规律归纳为三类:

a. 指数规律增长。中小型新兴城市中,由于城市燃气管网不断在建设,大量的新增用户不断增加,其年燃气用气负荷的增长率以一种近似指数规律增长。发展曲线可近似表述为:

$$X^{(0)}(k) = ae^{-b(k-1)} \tag{2.1}$$

式中 $X^{(0)}(k)$——年负荷值;

k——日期(年),$k = 1,2,\cdots,n$;

a,b——方程拟合系数。

b. G 函数曲线规律增长。对于燃气化较为发达的大型城市,年燃气用气负荷已经历过按指数规律发展的时期,在预测期内进入了一种具有饱和特性的发展年代。发展曲线可近似表述为:

$$X^{(0)}(k) = C\exp[-ae^{-b(k-1)}] \tag{2.2}$$

式中 C——系数。

c. S 型函数曲线趋势增长。对于一些城市在预测区间的初期,年用气量以一种高速度增长,近似于指数增长趋势,而在预测后期,则以一种相对较低的速度增长,并逐渐进入饱和。其发展曲线可归纳总结为:

$$X^{(0)}(k) = \frac{1}{a + b^{-c(k-1)}} \tag{2.3}$$

③ 燃气中期负荷,指每月、每季节的用气量。燃气季节负荷是地下调峰储气库最基本的设计参数,对其进行准确的预测,对于安排燃气生产计划、确定生产能力、保证系统运行的可靠性具有极其重要的意义。

(3)若按组成负荷的分量来划分,可将燃气负荷表示成4种分量之和:

① 典型燃气负荷分量。典型负荷分量也称为正常分量,它与气象、异常情况或特殊事件等因素无关,具有线性变化和周期变化的特点。线性变化描述日平均燃气负荷变化规律,而周期变化描述以 24h、周、月、年为周期的变化规律。

② 天气敏感燃气负荷分量。天气敏感燃气负荷分量与一系列天气因素有关,如温度、湿

度、风力、阴晴等。不同天气类型对燃气负荷的影响是不同的,一年中不同时期的同种天气类型对燃气负荷的影响也有所不同。

③ 异常情况或特殊事件燃气负荷分量。异常或特殊事件燃气负荷分量使燃气负荷明显偏离典型燃气负荷特性,如重大事件、系统故障等的影响。由于这类事件的随机性,需要由调度人员参与判断。

④ 随机燃气负荷分量。随机燃气负荷分量是根据历史燃气负荷记录,提取出典型燃气负荷分量、天气敏感燃气负荷分量和异常情况或特殊事件燃气负荷分量后,剩余的残差即为随机燃气负荷分量,它是燃气负荷数据中不可解释的部分。

2.1.3　燃气负荷的特点

天然气用户用气不均匀性,在一定程度上导致了燃气负荷具有的以下几种特性:

(1)随机性和统计性。由于气象因素、工作作息时间等不断变化,或者由于燃气输配管网出现事故工况、新用户的临时增加等,导致燃气负荷的一些偶然性和随机变化。对于某一单独用户,受外界因素的影响,其燃气负荷在一定的范围内表现出较强的随机性,但高峰用气时段又具有某种规律性。随着用户数量和种类的增加,燃气负荷又会趋向于稳定,即具有一定的统计特性。

(2)周期性和连续性。燃气负荷随年、月、周和日的时间而变化,小时用气负荷体现出以 24h 为周期的变化规律,以日为单位的燃气负荷以每周为周期的变化规律,受气候条件改变和节假日的影响较大;每月的燃气负荷以一年为周期变化,主要受人口及经济发展的影响。可见燃气负荷是一个随时间变化的连续变量。图 2.3 是上海市连续 5 年燃气负荷变化曲线图,从图中可以看出燃气负荷以年为单位进行着周期性的变化,并且燃气负荷曲线变化呈现正态分布的态势,每年的最少用气量和最高用气量较前一个周期都有一定的增加。

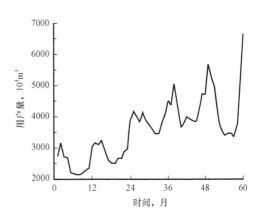

图 2.3　上海市连续 5 年燃气负荷变化曲线

燃气负荷曲线任意相邻两点之间变化是连续的,不存在奇点,究其原因是为了保证系统稳定运行,避免对系统造成大的冲击,在增加或减少燃气负荷时都要求将燃气负荷大小限制在一定的范围之内。由于这种限制,燃气负荷总量就表现为一个连续变化的过程,除非系统发生故障,否则燃气负荷曲线不会出现大的跃变。

(3)趋势性和季节性。燃气负荷与时间有着密切的关系,是一个建立在时间序列上的数据集。随着城市的发展,天然气行业不断会有新的用户增加,使得燃气负荷在以一定周期变化的同时也会有一定的增长趋势。

季节性是由于不同季节里各类负荷所占比例不同而造成的。在夏季由于气温偏高,燃气负荷中,空调负荷(用于降温的负荷)所占的比重较大,空调负荷随温度的升高而增加,随温度的降低而减小。在冬季气温偏低,燃气负荷中用于取暖的负荷所占的比重增加,遇到寒潮来临或温度降低,取暖负荷还有可能会激增。因此,天气尤其是夏季和冬季的天气与燃气负荷有着密切的关系。

2.2 燃气负荷预测的意义

燃气负荷预测就是指在考虑了一系列的负荷特点、气象因素、国家政策和社会因素的前提下,运用适合的方法对未来某一时期的燃气负荷进行预测。科学的预测是进行决策的依据和保证,具有极大的经济价值和社会意义。

(1)为与上游签订"照付不议"的合同提供基础数据:"照付不议"是指在合同年内,如果买方没有提足合同中签订的照付不议量,对未提的部分,买方也要支付气款。所以准确的燃气负荷量预测是燃气公司签订燃气相关合同的重要依据,因为按照这种合同模式,买方承担了落实用气市场的责任风险,所以燃气公司在保证经济效益的同时,既要满足用户用气量的需求,又要满足远期市场规划,这样才能以照付不议的优惠价格获取天然气,从而避免因购买量的差异而导致的重大经济损失。

(2)为城镇燃气输配管网的规划设计提供基础依据:在输配管网工程初级设计阶段,精确的负荷预测可以确定工程配置规模、设备选型等技术指标,是进行水力计算和经济性计算的基础。

(3)为燃气公司制订调峰方案提供主要参数:在制订调峰方案时,企业需要掌握天然气负荷随时间变化的规律,并根据燃气负荷的预测值及随时间变化的规律,来确定合适的储气方式和储气量,使其既能满足市场燃气的实际需要,又能减少企业不必要的花费,从而提高企业的经济效益。

(4)为燃气公司经营管理和优化调度提供重要资料:在城镇燃气输配系统中,供气、输气及储气等都需要前期大量的投资,在项目投入运行后进行的调峰调压过程,需要一个具有延时阶段性的时间,只有得到准确的燃气负荷量的预测值,企业才能提前做出反应,保证在用户需求的前提下,减少投资费用及经营费用。

可见对供气系统来说,准确的预测城市燃气消费需求量,一方面,能够为调峰储气设施提供最基本的设计参数,满足城市用气要求的供气和调峰问题;另一方面,准确的负荷预测,在城镇燃气输配系统的规划设计、运营管理、优化调度等方面都起着重要作用,不仅可以提高管网运行的安全稳定性和可靠性,而且能满足用气高峰阶段时用户的用气需求,使供气系统及设施能够经济高效运行。

为适应我国天然气工业高速发展的需要,2015年末国家修订并实施了 GB/T 51098—2015《城镇燃气规划规范》,该规范规定:平衡城镇燃气逐日、逐月的用气不均匀性由供气方统筹调度解决,城镇燃气调峰方式选择应根据当地地质条件和资源状况,经技术经济分析等综合比较确定,有建设地下储气库条件时,宜选择地下储气库调节季峰、日峰。规范明确了燃气调峰方式的首选方式是地下储气库,但目前在城市燃气管网规划中,调峰负荷(也称储气容积)一直是以平均日供气量的50%~60%来确定,而忽略了气象条件、生活习惯、用户类型比例及地区差别等诸多影响因素,这必然带来盲目性和经济上的浪费。

2.3 燃气负荷预测模型

由于燃气负荷预测是根据燃气负荷的过去和现在来推测它的未来数值,所以燃气负荷预测研究的对象不是确定事件,它要受到多种多样复杂因素的影响,燃气负荷预测就是指在考虑了一系列的负荷特点、气象因素、国家政策和社会因素的前提下,运用适合的方法对未来某一时期的燃气负荷进行预测。

以前国外有些燃气工业发达国家的城市管网已利用了燃气负荷预测的商业软件,然而一方面由于涉及商业性,国外各大公司的燃气负荷预测软件包是商业机密无法索引;另一方面,燃气负荷的变化是受多种因素影响,随机性强,很难从机理上建立统一的描述模型。从检索的资料看,国外在燃气负荷预测方面有小时负荷预测和日负荷预测,通常也进行整个输配系统的未来数日的燃气总需求量预测,主要采用线性回归和非线性回归以及时间序列法。苏联在燃气负荷预测方面形成了两个主要的方向:用于供气系统设计和规划的远景预报和为控制实际输气系统工况的作业预报。

随着科学技术的发展,SCADA(Supervisory Control And Data Acquisition)系统已广泛应用于燃气行业。目前,有些燃气工业发达国家的城市管网已装备了计算机监控管理和数据采集系统,根据此系统采集的管网运行数据以及考虑天气部门的天气预报和其他一些影响因素,利用所研制的燃气负荷预测商业软件,可进行小时、日、月用气量的预测,为调度部门提供科学的依据。

燃气负荷预测方法主要分为数据挖掘方法和人工智能方法两大类。

2.3.1 基于数据挖掘方法的燃气负荷预测模型

2.3.1.1 多项式预测模型

对燃气日用气负荷量的预测,经实际模拟验证表明,用6次多项式能较好预测燃气负荷变化量,见式(2.4):

$$q(t) = a_0 + a_1 t + a_2 t^2 + \cdots + a_6 t^6 \tag{2.4}$$

式中 $q(t)$——燃气日用气负荷;

$a_0, a_1, a_2, \cdots, a_6$——拟合系数;

t——日期。

多项式系数由实测的燃气日用气量样本确定($q_i, t_i \quad i = 1, 2, \cdots, n, n$ 为时间,d)。

得到关于 $a_0, a_1, a_2, \cdots, a_6$ 的 n 个线性方程组。用最小二乘法确定得到燃气日用气负荷:

$$\widehat{q}(t) = a_0 + a_1 t + a_2 t^2 + \cdots + a_6 t^6 \tag{2.5}$$

式中 $\widehat{q}(t)$——燃气日用气负荷计算值。

利用多元线性回归方程法,对于短期负荷的预测精度较高,且便于计算机化,但模型中由于没有考虑温度的季节差,对中长期燃气负荷预测的结果较差。

2.3.1.2 负指数函数模型

对于中长期燃气负荷模型中的趋势项部分,一般是反映城市燃气负荷的增长。对新建或有较大规模扩建的城市,开始年份的增长速度较大,以后增速逐年减小直到趋于一种较稳定的用气量规模。对此可以考虑用负指数函数预测模型[式(2.6)和式(2.7)]表示:

$$q_a = c + ae^{-\frac{b}{t}} \quad (a > 0, b > 0, c \geq 0) \tag{2.6}$$

或

$$q_a = c - ae^{-bt} \quad (a > 0, b > 0, c \geq a) \tag{2.7}$$

式中　q_a——燃气年负荷;

　　a, b, c——系数。

式(2.7)又称为龚帕兹函数。

系数 a 和 b 用已建城市燃气历史经验数据进行曲线拟合后求得,c 是起始年 $t = 0$ 时的 q_a 值。

曲线拟合方法以式(2.6)为例,对式(2.6)进行变量置换,变为线性方程式:

$$\ln(q_{ai} - c) = \ln a - \frac{b}{t_i}$$

记

$$y_i = \ln(q_{ai} - c), x_i = \frac{1}{t_i}, A = \ln a$$

得

$$y_i = A - x_i b$$

由已有的年负荷样本数据$(q_i, t_i \quad i = 1, 2, \cdots, n)$代入式(2.7),得到 n 个关于 A 和 b 的线性方程组,用最小二乘法求出 A 和 b。计算 $a = e^A$。得到负指数函数模型的计算式:

$$\widehat{q_a} = c + ae^{-\frac{b}{t}} \tag{2.8}$$

2.3.1.3 分段函数模型

分段幂函数模型适用于预测一日内小时用气量变化,有:

$$q_h(t) = q_{hav}\left\{1 \pm S_k\left[1 - \left(1 - \frac{t}{T_k}\right)^{n_k}\right]\right\} \tag{2.9}$$

式中　$q_h(t)$——小时用气量;

　　q_{hav}——日平均小时用气量;

　　$\pm S_k$——第 k 高峰(或低谷)小时用气量峰值(或谷值)与平均小时用气量的比值,对用气高峰时段取" + "号,对用气低谷时段取" - "号;

　　T_k——第 k 高峰(或低谷)用气时段的一半;

t——时间;

n_k——第 k 高峰(或低谷)用气量函数的幂指数,n_k 为偶数。

需要选择若干日的 24h 用气量数据作为一个检测样本,由此样本数据确定函数模型的参数。其中可对一日内的用气量变化划分为 6 个时段,即 $k = 1,2,\cdots,6,3$ 个为高峰段;3 个为低谷段,则其中 S_k,T_k,n_k 各有 6 个参数。n_k 可以取为 $n_k = 2$,按检测的一日内小时用气量数据平均值确定 T_k。因而只剩下 6 个待定参数 S_k,可分段由检测数据用最小二乘法确定 S_k。由式(2.10)

$$\frac{q_h(t)}{q_{hav}} - 1 = \pm S_k\left[1 - \left(1 - \frac{t}{T_k}\right)^{n_k}\right] \qquad (2.10)$$

记

$$\frac{q_h(t)}{q_{hav}} - 1 = y_i, \quad \left[1 - \left(1 - \frac{t}{T_k}\right)^{n_k}\right] = x_i$$

式(2.10)变为:

$$y_i = \pm S_k x_i \quad (i = 1,2,\cdots,m)$$

$$S_k = \frac{\displaystyle\sum_{i=1}^{m} y_i}{\displaystyle\sum_{i=1}^{m} x_i}$$

式中,m 是样本点数。由 S_k 可得 $q_h(t)$ 的计算式:

$$\hat{q}_h(t) = q_{hav}\left\{1 \pm S_k\left[1 - \left(1 - \frac{t}{T_k}\right)^{n_k}\right]\right\} \qquad (2.11)$$

2.3.1.4　回归模型

在燃气负荷与影响燃气负荷的各种因素之间存在着某种统计规律性,即回归关系。通过回归分析掌握历史数据中存在的规律,在判别影响燃气负荷主要因素前提下,列出变量之间的回归方程,根据确定的模型参数进行预测。

即由给出的各因素预测值,用回归方程得到燃气负荷的间接预测值。对于实际燃气负荷问题,一般可以采用多元线性回归模型解决。

设对燃气负荷 q 有影响的因素 $x^j(j = 1,2,\cdots,m)$ 有 n 次样本值 $\{q_i\}_{n\times1}$,$\{x_{ij}\}_{n\times m}$。

设有

$$q_i = \beta_0 + \beta_1 x_{i1} + \beta_2 x_{i2} + \cdots + \beta_j x_{ij} + \cdots + \beta_m x_{im} + \varepsilon_i \qquad (i = 1,2,\cdots,n) \quad (2.12)$$

式中　$\beta_0,\beta_1,\beta_2,\cdots,\beta_m$——参数;

$\varepsilon_1,\varepsilon_2,\cdots,\varepsilon_n$——$n$ 个互相独立的、且服从同一正态分布 $N(0,\sigma)$ 的随机变量,即 ε 的数学期望 $E(\varepsilon) = 0,\sigma$ 为 ε 的标准差。

记

$$\boldsymbol{q} = \begin{bmatrix} q_1 \\ q_2 \\ \vdots \\ q_n \end{bmatrix}, \quad \boldsymbol{X} = \begin{bmatrix} 1 & x_{11} & x_{12} & \cdots & x_{1m} \\ 1 & x_{21} & x_{22} & \cdots & x_{2m} \\ \vdots & \vdots & \vdots & & \vdots \\ 1 & x_{n1} & x_{n2} & \cdots & x_{nm} \end{bmatrix}$$

$$\boldsymbol{\beta} = \begin{bmatrix} \beta_1 \\ \beta_2 \\ \vdots \\ \beta_m \end{bmatrix}, \quad \boldsymbol{\varepsilon} = \begin{bmatrix} \varepsilon_1 \\ \varepsilon_2 \\ \vdots \\ \varepsilon_n \end{bmatrix}$$

式(2.12)的矩阵形式：

$$\boldsymbol{q} = \boldsymbol{X}\boldsymbol{\beta} + \boldsymbol{\varepsilon}$$

对参数 $\boldsymbol{\beta}$，用最小二乘法进行估计，可得 $\boldsymbol{\beta}$ 的估计值为 b。

$$\boldsymbol{A}b = \boldsymbol{B}$$

其中

$$\boldsymbol{A} = \boldsymbol{X}^{\mathrm{T}}\boldsymbol{X}$$

$$\boldsymbol{B} = \begin{bmatrix} \sum\limits_{i=1}^{n} q_i \\ \sum\limits_{i=1}^{n} x_{i1}q_i \\ \sum\limits_{i=1}^{n} x_{i2}q_i \\ \vdots \\ \sum\limits_{i=1}^{n} x_{im}q_i \end{bmatrix} = \begin{bmatrix} 1 & 1 & \cdots & 1 \\ x_{11} & x_{21} & \cdots & x_{n1} \\ x_{12} & x_{22} & \cdots & x_{n2} \\ \vdots & \vdots & \vdots & \vdots \\ x_{1m} & x_{2m} & \cdots & x_{nm} \end{bmatrix} \begin{bmatrix} q_1 \\ q_2 \\ \vdots \\ q_n \end{bmatrix} = \boldsymbol{X}^{\mathrm{T}}\boldsymbol{q}$$

$$b = \boldsymbol{A}^{-1}\boldsymbol{B} = \boldsymbol{A}^{-1}\boldsymbol{X}^{\mathrm{T}}\boldsymbol{q} = (\boldsymbol{X}^{\mathrm{T}}\boldsymbol{X})^{-1}\boldsymbol{X}^{\mathrm{T}}\boldsymbol{q}$$

可以证明 b 是 $\boldsymbol{\beta}$ 的无偏估计，即 b 的数学期望 $\boldsymbol{E}(b) = \boldsymbol{\beta}$，因而由燃气负荷多元回归模型得到的多元回归方程为：

$$y = b_0 + b_1x_1 + b_2x_2 + \cdots + b_mx_m \tag{2.13}$$

式中　y——燃气负荷计算值；

　　　　$b_0, b_1, \cdots, b_m$——拟合系数。

回归分析模型适合于中长期的燃气负荷预测,但在使用这种方法的时候,必须找到一个恰当好处的自变量,这样可减少计算量,增加模型稳定性,达到控制误差的目的。

从上述模型的描述可见,数据挖掘类方法建模相对简单,方便实用,但难以考虑多因素影响。随着科技的进步和各种计算机算法的实现,人工智能类方法开始应用于燃气负荷的预测。人工智能类方法适用考虑多因素影响,目前已在燃气负荷预测方面得到广泛的应用和发展。

2.3.2　基于人工智能方法的燃气负荷预测模型

2.3.2.1　人工神经网络模型

人工神经网络指的是通过对人脑行为的模拟形成的网络系统,这种计算方法不同于传统的方法,是一种创新的处理信息的工具。通过一些学习中获得的参数映射出非线性关系和过模拟人脑对数据进行智能化的分析,自动适应一些不够准确的数据,对于短期燃气负荷预测极为有效。

人工神经网络如图 2.4 所示。包括输入层 $\boldsymbol{M}$、若干隐层 $\boldsymbol{K}$ 和输出层 $\boldsymbol{L}$,每层中都有若干个神经元 $(1,2,\cdots,N)$。其中任何一个神经元都和其下一层任意一个神经元通过权值相联系。

神经网络模型的求解过程是一个利用已知样本的学习过程,目前应用较为广泛的一种神经网络算法模型是 BP 算法(Backpropagation Learning Algorithm)。该算法采用将神经网络的实际输出与期望输出之间的误差反向传播,用基于最速梯度下降方法来调整权值和阈值,使误差达到最小,基本步骤为:

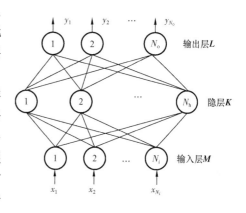

图 2.4　人工神经元网络结构

(1)赋予网络隐节点、输出节点的连接权值 $W_{i,j}$ 为任意随机小量$(-1,1)$。

(2)从 P 个 $[(x_j,y_j)j=1,2,\cdots,P]$ 学习样本集中取出一个样本 x_j,y_j,将其信号 x_j 输入网络学习训练,并指明其期望输出 y_j。

(3)信号向前传播,在隐节点和输出节点,都经过激活函数(Sigmoid 型函数)。

$$f(x) = \frac{1}{1 + e^{-x-V}} \tag{2.14}$$

作用,最后从输出节点得到网络的实际输出值。其中 V 为激活函数的阈值。

隐层 $\boldsymbol{K}$ 中神经元的输入为:

$$net\boldsymbol{K} = \sum_{j=1}^{n} W_{jk}x_j \tag{2.15}$$

式中　W——隐层神经元输入的权系数。

隐层 K 中神经元的输出为：

$$R_K = \frac{1}{1 + \exp(-\sum\limits_{j=1}^{n} W_{jk}x_j - V_K)} \tag{2.16}$$

输出层 L 中神经元的输入为：

$$net\mathit{L} = \sum_{k=1}^{m} W_{kl}R_K \tag{2.17}$$

输出层 L 中神经元的输出为：

$$R_L = \frac{1}{1 + \exp(-net\mathit{L} - V_L)} \tag{2.18}$$

(4)对训练样本的学习，采取批量学习的方法，一次将所有训练样本全部输入，利用其总体的输出误差 E 来调整各神经元的阈值和连接权值。

$$E = \frac{1}{2}\sum_{j=1}^{P} \big[y_j - R_L(j)\big]^2 \tag{2.19}$$

其中：$R_L(j)$ 为网络实际输出。

若 $E < \delta$（指定精度），则学习结束，并输出调整后的权值。否则进行下一步。

(5)返回到步骤(2)重新输入样本学习，在学习时将误差信号沿原连通路反向传播，逐层修改网络的各个权系数 W_{jk}，W_{kl}，求出误差函数的极小值，通过样本输入的往复学习，直到满足 $E < \delta$ 为止。

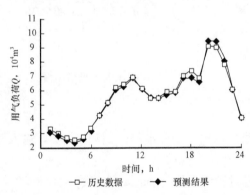

图 2.5 是采用神经网络模型预测的燃气小时负荷与实际负荷比较曲线。

人工神经网络的 BP 网用于预测时，逼近效果好，计算速度快，但整个预测过程为黑箱，预测人员无法对系统的预测进程加以分析。

为验证神经网络用于短期燃气负荷预测的准确性，以黑龙江某城市燃气公司的燃气负荷数据作为学习和预测样本，采用 MATLAB 神经网络工具箱编写了计算程序，气象数据选自黑龙江省气象台的气象实况统计资料。在同一收敛精度要求下，进行了燃气日负荷的预测。

图 2.5 小时预测负荷与实际负荷比较曲线

(1)燃气负荷值 q 的换算。

在输入层，采用下式将燃气负荷值归一化为 $[0,0.9]$ 范围中的值：

$$x = 0.1 + \frac{0.8(q - q_{min})}{(q_{max} - q_{min})}$$

在输出层，采用下式换算回负荷值：

$$q = q_{\min} + (q_{\max} - q_{\min})(y - 0.1)/0.8$$

$q_{\max}$, $q_{\min}$ 分别表示训练样本集中燃气负荷的最大值和最小值。

（2）日最高温度（$T_{\max}$）、最低温度（$T_{\min}$）、平均温度（$T_{平均}$）的换算。

温度对负荷影响的权重很大，但考虑到在一定的温度范围内，负荷几乎不变，将温度分成多个区间，使同一区间内的温度对应相同的值，温度区间的划分和对应的取值可根据实际系统情况调整。本文取温度在（−35℃，+35℃）范围内，在[0.1,0.9]区间内，每变化10℃为一区间。

0.1	0.2	0.3	0.4	0.5	0.6	0.7	0.8	0.9	取值
−35	−25	−15	−5	5	15	25	35		温度,℃

（3）天气情况 W 的归一化。

根据天气变化的实际情况，将天气分为6类取值，降雪：取0.1，降雨：取0.3，阴天：取0，多云：取0.7，晴朗：取0.9。

（4）日期类型 R 的归一化。

日期类型分为3类，分别是工作日（星期一至星期五）、一般休息日（星期六和星期日）、节假日（包括法定节假日和民间节日）。工作日取值为0.4，一般休息日取值为0.8。

计算结果见表2.2。最大训练次数定为15000次，样本最大平方误差为0.001。网络训练时收敛速率很快，迭代过程中没有振荡出现。训练每个神经网络约需15s。

表2.2　神经网络模型预测结果与实际值比较表

日期	日期类型 R	W	$T_{最高}$,℃	$T_{最低}$,℃	$T_{平均}$,℃	实际值	预测值	误差,%
11.20	星期一（工作日）	多云	−4	−11	−7.5	95.2	94.52	0.72
11.21	星期二（工作日）	晴	−1	−7	−4	92.5	92.09	0.44
11.22	星期三（工作日）	小雪	−1	−5	−3	94.7	94.36	0.36
11.23	星期四（工作日）	多云	−6	−12	−9	98.5	97.49	1.02
11.24	星期五（工作日）	晴	−8	−17	−12.5	98.8	97.83	0.98
11.25	星期六（一般休息日）	小雪	−9	−20	−14.5	96.8	95.51	1.34
11.26	星期日（一般休息日）	小雪	−11	−22	−16.5	100.1	98.97	1.12

算例表明，根据城市燃气短期负荷变化的特性，所建立的既反映燃气负荷连续性、周期性及其变化趋势，又包含天气、气温和节假日等因素影响的BP人工神经网络短期负荷预测模型，可有效地预测城市燃气的短期负荷，所提供的方法可在实际中应用。

2.3.2.2　灰色预测模型

灰色系统理论是以一种新的系统分析方法和建模思想，不需要计算统计特征量，解决了连续微分方程的建模问题，使预测模型的建模过程所依据的信息大大增加，适用于任何非线性变化的负荷指标预测，较好地反映了系统的历史演变规律。在数据不够充足的时候，可以运用灰色预测找到一定时期内起到明显作用的数据规律。灰色预测模型中最具一般意义的模型是

$GM(1,1)$模型。预测的基本步骤为:

(1)设原始数列序列$X^{(0)}(t) = [X^{(0)}(1), X^{(0)}(2), \cdots, X^{(0)}(n)]$。

(2)对该数列作一阶累加生成:

$$X^{(1)}(k) = [X^{(1)}(1), X^{(1)}(2), \cdots, X^{(1)}(n)]$$

$$X^{(1)}(k) = \sum_{m=1}^{k} [X^{(0)}(m)] \quad (k = 1, 2, \cdots, n)$$

利用$X^{(1)}$构成下述一级白化微分方程:

$$\frac{dX^{(1)}}{dt} + aX^{(1)} = u \tag{2.20}$$

其中a和u为待定系数。利用最小二乘法求解参数a和u。

$$\hat{a} = (\boldsymbol{B}^{\mathrm{T}}\boldsymbol{B})^{-1}\boldsymbol{B}^{\mathrm{T}}Y_N$$

$$Y_N = [X^{(0)}(2), X^{(0)}(3), \cdots, X^{(0)}(n)]^{\mathrm{T}}$$

$$\boldsymbol{B} = \begin{bmatrix} -\frac{1}{2}[X^{(1)}(1) + X^{(1)}(2)] & 1 \\ -\frac{1}{2}[X^{(1)}(2) + X^{(1)}(3)] & 1 \\ \vdots \\ \frac{1}{2}[X^{(1)}(n-1) + X^{(1)}(n)] & 1 \end{bmatrix}$$

得到灰色预测模型为:

$$\hat{X}^{(1)}(k+1) = \left[X^{(0)}(1) - \frac{u}{a}\right]e^{-ak} + \frac{u}{a} \quad (k = 0, 1, 2, \cdots) \tag{2.21}$$

$$\hat{X}^{(0)}(k+1) = \hat{X}^{(1)}(k+1) - \hat{X}^{(1)}(k) = (1 - e^a)\left[X^{(0)}(1) - \frac{u}{a}\right]e^{-ak} \quad (k = 1, 2, \cdots) \tag{2.22}$$

灰色预测方法对于数据要求少,建立模型的过程清晰简单,而且运算起来较为简便,但是,这种方法并不适合于长期的燃气负荷预测。

2.3.2.3 最优组合(GMA)预测模型

燃气负荷序列受到诸多复杂因子和随机干扰的影响,用单一的预测模型有时很难达到理想的预测效果。将各种智能算法相互结合,扬长避短,可以在原来的基础上获得更为精确的预测效果,不少参考文献中的实验结果均表明了组合方法的优越性,因而现阶段针对燃气负荷预测的研究更倾向于使用组合方法。其组合方式分为两种:一种是横向组合,即对若干种预测方法的初步结果加权平均得到最终结果;另一种是纵向组合,即先对若干种预测方法进行比较选择拟合度最佳或标准偏差最小的预测模型再进行预测。

对于中期负荷,其变化规律十分复杂。一方面,负荷值具有以年为周期单调递增的增长趋势;另一方面,负荷量与天气和温度有关,且每年同一季节又具有相似波动性的趋势,存在随机性、分散性和多样性。根据灰色 $GM(1,1)$ 模型具有较好的指数增长特性的特点,用其对时间序列的增长趋势建模,同时根据人工神经网络有较好的描述复杂非线性函数能力的特点,用其对随机性、分散性和多样性等非线性影响因素建模,最后根据最优组合预测理论,建立灰色神经网络的最优组合预测模型,建模步骤如下:

(1)将原始数据作一次累加生成,使生成数据列呈一定规律,通过建立微分方程模型,求得拟合曲线,建立 $GM(1,1)$ 模型。

灰色预测模型为:

$$\hat{X}^{(0)}(k+1) = \hat{X}^{(1)}(k+1) - \hat{X}^{(1)}(k) = (1 - e^a)\left[X^{(0)}(1) - \frac{u}{a}\right]e^{-ak} \qquad (k = 1,2,\cdots)$$

$$(2.23)$$

(2)建立人工神经网络(ANN)模型。

采用三层人工神经元网络结构,中间一个隐层,输入层是 n 个神经元,输入历史数据的时间序列,输出层为一个神经元,即燃气的负荷。

训练样本的输入输出量仍归一化为 $[0.1,0.9]$ 范围中的值。

输入层为:

$$x = 0.1 + \frac{0.8(q - q_{min})}{(q_{max} - q_{min})}$$

在输出层,采用下式将输出神经元换算回负荷值:

$$q = q_{min} + (q_{max} - q_{min})(y - 0.1)/0.8 \qquad (2.24)$$

q_{max}, q_{min} 分别表示训练样本集中负荷的最大值和最小值。

(3)设 y_1 为灰色预测值,y_2 为神经网络预测值,y 为最优组合预测值,预测的误差分别为 $\varepsilon_1, \varepsilon_2$ 和 ε_c,取 r_1 和 r_2 为相应的权系数,且 $r_1 + r_2 = 1$,有:

$$y = r_1 y_1 + r_2 y_2$$

由统计理论中方差与协方差关系可知,对任意两个随机变量 X 和 Y,有以下等式成立:

$$D(X + Y) = D(X) + D(Y) + 2\text{cov}(X,Y)$$

为确定组合模型的权系数,令对应的偏差为:

$$\varepsilon_1(i) = y(i) - \hat{y}_1(i) \qquad (i = 1,2,\cdots,n,n+1)$$

$$\varepsilon_2(i) = y(i) - \hat{y}_2(i) \qquad (i = 1,2,\cdots,n,n+1)$$

$$\varepsilon(i) = y(i) - \hat{y}(i) \qquad (i = 1,2,\cdots,n,n+1)$$

可得：

$$\varepsilon(i) = y(i) - \hat{y}(i) = r_1\varepsilon_1(i) + (1 - r_1)\varepsilon(i)$$

由于 $\varepsilon,\varepsilon_1$ 和 ε_2 均为随机变量，故：

$$D(\varepsilon) = r_1^2 D(\varepsilon_1) + (1 - r_1)^2 D(\varepsilon_2) + 2r_1(-r_1)\mathrm{cov}(\varepsilon_1,\varepsilon_2)$$

为求方差 $D(\varepsilon)$ 的最小值，由极值原理知，方差 $D(\varepsilon)$ 最小值必产生在驻点，故由：

$$\frac{\mathrm{d}D(\varepsilon)}{\mathrm{d}r_1} = 0$$

可得：

$$r_1' = \frac{D(\varepsilon) - \mathrm{cov}(\varepsilon_1,\varepsilon_2)}{D(\varepsilon_1) + D(\varepsilon_2) - 2\mathrm{cov}(\varepsilon_1,\varepsilon_2)}$$

取 $r_1 = r_1'$ 时，组合预测模型与实际值的拟合偏差的方差最小。

由于当随机变量 X 与 Y 相互独立时，其协方差为零，而两模型 $\hat{y}_1(i)$ 和 $\hat{y}_2(i)$ 是独立建立的，故由物差分析理论可认为偏差 ε_1 与 ε_2 相互独立，故可忽略其协方差 $\mathrm{cov}(\varepsilon_1,\varepsilon_2)$，从而有：

$$r_1' = D(\varepsilon_2)/[D(\varepsilon_1) + D(\varepsilon_2)], r_2' = D(\varepsilon_1)/[D(\varepsilon_1) + D(\varepsilon_2)]$$

故两模型的组合（GMA）优化模型为：

$$\hat{y}(i) = [D(\varepsilon_2)\hat{y}_1(i) + D(\varepsilon_1)\hat{y}_2(i)]/[D(\varepsilon_1) + D(\varepsilon_2)] \qquad (2.25)$$

计算实例：以东北某城市燃气公司的燃气负荷数据作为学习和预测样本，对季节性消费负荷进行分析，所取历史数据为从 2011 年第 1 季度、第 2 季度直到 2018 年第 4 季度的燃气负荷。分别用灰色 $GM(1,1)$ 预测模型、人工神经网络（ANN）模型和所提出的最优组合灰色神经网络模型进行预测。

建立 2011—2018 年每一季度负荷值的原始数据序列，共建立 4 个灰色 $GM(1,1)$ 预测模型和 4 个人工神经网络（ANN）模型，ANN 模型采用三层人工 BP 神经元网络结构，中间一个隐层。学习样本输入层是 2011—2018 年季节燃气负荷 9 个神经元，输出为 2019 年燃气负荷，进行学习。预测样本输入层是 2011—2018 年季节燃气负荷 9 个神经元，输出即为 2019 年的燃气负荷。

最优组合灰色神经网络（GMA）模型：

$$y = r_1 y_1 + r_2 y_2$$

通过计算有：

$$r_1 = 0.277, \quad r_2 = 0.723$$

各自的计算结果及与实际负荷值的比较，见表 2.3。

表 2.3   东北某城市燃气管网 2019 年季节性用气量预测分析

模型	第一季度		第二季度		第三季度		第四季度	
	负荷 $10^7 m^3$	相对误差 %	负荷 $10^7 m^3$	相对误差 %	负荷 $10^7 m^3$	相对误差 %	负荷 $10^7 m^3$	相对误差 %
实际值	121.321		73.25		68.11		94.52	
$GM(1,1)$	117.3	3.31	70.38	3.91	66.04	3.05	91.18	3.53
ANN	118.6	2.24	71.54	2.33	66.57	2.26	92.01	2.65
GMA	119.3	1.66	72.11	1.55	67.03	1.59	92.63	1.99

注:相对误差 $\varepsilon = \dfrac{y_{实际} - \hat{y}_{预测}}{y_{实际}} \times 100\%$。

可见,GMA 最优组合预测模型取得了很好的预测效果,与其他预测模型相比,具有较高的收敛速度和预测精度,较强的适应性和灵活性,而且适用于一般具有时间序列的增长趋势和不确定影响因素波动性的负荷的预测。

2.4   精度检验

预测作为一种对未来情况的估计,预测误差是指预测对象的真实值和预测值之间的差值,产业误差的原因主要有几个方面:一是预测需要用到大量的资料,资料不能全部保证准确无误;二是建立的预测模型只能包括研究对象的主要影响因素,次要因素一般忽略不计;三是还有某些突发情况,因此预测误差是不可避免的,一般可通过相对误差、平均误差和均方根误差等指标判断预测精度。

2.4.1   预测精度指标

(1)平均相对误差绝对值($MAPE$)。以 $MAPE$ 作为评判指标,即先对 n 个预测值的相对误差求绝对值,再求其平均值,这样可以避免相对误差平均值的正负负荷相互抵消,计算公式如式(2.26)所示,假设有 n 个预测值 $\hat{x}_1, \hat{x}_2, \cdots, \hat{x}_n$,对应的有 n 个实际值 $x_1, x_2, \cdots, x_n$。

$$MAPE = \frac{1}{n} \sum_{t=1}^{n} \left| \frac{x_t - \hat{x}_t}{x_t} \right| \qquad (t = 1, 2, \cdots, n) \qquad (2.26)$$

根据平均相对误差绝对值将预测精度划分为 4 个等级,见表 2.4。

表 2.4   预测精度等级表

$MAPE$,%	精度等级
<10	高精度预测
10 ~ 20	好的预测
20 ~ 50	可行的预测
>50	不可行预测

（2）均方根误差（RMS），计算公式为：

$$RMS = \sqrt{\frac{1}{n}\sum_{t=1}^{n}(x_t - \hat{x}_t)} \qquad (2.27)$$

RMS 值越大，表示预测精度越低。

（3）均方误差（MSE）也是预测性能的评价指标之一，计算公式为：

$$MSE = \frac{1}{n}\sum_{t=1}^{n}(\hat{x}_t - x_t)^2 \qquad (2.28)$$

当均方误差 MSE 低于设定值时，预测模型训练完成。MSE 的值越小，表示预测精度越高。

2.4.2 后验差检验

仅检验预测精度不能全面地评价一个预测模型，因此引入了以后验差比值和小误差概率为衡量指标的后验差检验法对预测结果进行对比分析。后验差检验法是通过计算残差及残差方差来检验预测结果，具体方法如下：

（1）求解原始序列 $x^{(0)}(k)$ 的均方差。

$$\overline{x^{(0)}} = \frac{1}{n}\sum_{k=1}^{n}x^{(0)}(k)$$

式中　$\overline{x^{(0)}}$——原始序列的平均值；

$\overline{x^{(0)}}(k)$——负荷数据的原始序列，$k=1,2,\cdots,n$；

n——负荷数据的个数。

$$S_1 = \sqrt{\frac{1}{n}\sum_{k=1}^{n}\left[x^{(0)}(k) - \overline{x^{(0)}}\right]^2}$$

式中　S_1——原始序列 $x^{(0)}$ 的均方差。

（2）求解残差序列 $e(k)$ 的均方差。

$$e(k) = x^{(0)}(k) - \hat{x}^{(0)}(k)$$

式中　$e(k)$——负荷数据的残差序列，$k=1,2,\cdots,n$；

$x^{(0)}(k)$——负荷数据的原始序列，$k=1,2,\cdots,n$；

$\hat{x}^{(0)}(k)$——负荷数据的预测序列，$k=1,2,\cdots,n$。

$$\overline{e} = \frac{1}{n}\sum_{k=1}^{n}e(k)$$

式中　$\overline{e}$——残差序列的平均值；

n——负荷数据的个数。

$$S_2 = \sqrt{\frac{1}{n}\sum_{k=1}^{n}\left[e(k) - \overline{e}\right]^2}$$

式中　S_2——残差序列 $e(k)$ 的均方差。

（3）求解后验差比值。

$$C = \frac{S_2}{S_1}$$

式中　C——后验差比值。

C 值代表的是预测值与实际值之间的离散关系，它排除了因历史负荷数据离散程度较大对负荷预测效果判断的影响。C 值越小代表预测数据与实际数据的拟合度越高。

（4）求解小误差概率。

$$P = P\{\,|e(k) - \bar{e}| \leqslant 0.6745S_1\,\}$$

式中　P——小误差概率，即落入区间 $[\bar{e} - 0.6745S_1, \bar{e} + 0.6745S_1]$ 的 $e(k)$ 越多时，P 值越大。

在后验差检验法中，评定预测模型的精度等级需要综合 C 和 P 两个指标，见表2.5。

表 2.5　后验差检验模型精度等级

模型精度等级	C	P
1级：高精度预测	$C \leqslant 0.35$	$P > 0.95$
2级：好的预测	$0.35 < C \leqslant 0.50$	$0.30 < P \leqslant 0.95$
3级：可行的预测	$0.50 < C \leqslant 0.65$	$0.70 < P \leqslant 0.80$
4级：不可行的预测	$C > 0.65$	$P \leqslant 0.70$

2.5　城市调峰方式及燃气调峰气量

燃气输配系统供气量和用气量的不均衡性会产生调峰问题，储气设施是平衡燃气供需差的有效办法。2018 年，中华人民共和国发展和改革委员会先后下发《关于加快储气设施建设和完善储气调峰辅助服务市场机制的意见》和《关于统筹规划做好储气设施建设运行的通知》，明确了政府、供气企业、管道企业、城市燃气企业和大用户的储备调峰责任与义务。文件要求：一是加强储气设施建设统筹规划、合理布局，科学选址，集中建设为主，避免分散建设、"遍地开花"；二是鼓励通过多种方式满足储气能力要求，可通过自建、合资、参股等方式集中建设储气设施，支持通过购买、租赁储气设施或者购买储气服务等方式，履行储气责任，支持天然气管网互联互通的地区在异地投资或参股建设储气设施。

2.5.1　城市燃气调峰储气方式

城市燃气用气量在低于平均供气量时，多余的气体要储存起来，而在用气高峰时，用其弥补供气量的不足，城市燃气供气系统所必备的这种削峰填谷的能力即调峰能力，是供气系统的一项重要功能，与城市燃气用气负荷的规律有直接的关系。若输配气系统没有调峰设施，则系统必须按峰值要求进行设计。因气田在一定时期内的产气能力是确定的，如果产气量可以满足年输量的要求，但却不能满足高峰用气要求，则系统根本不可能按峰值要求进行设计。

对于长输管道而言,即使是按高峰用气量设计的,在用气高峰时,管道满负荷运行,在用气低谷和平时,管道却在低负荷下运行,而高峰期毕竟很短,大多时间管道没有得到有效的利用,从而增加了建设投资和运行成本。因此,配备合理的调峰储气设施,气田和长输管道都可以按平均用气量进行设计,以充分利用资源并节省大量资金。然而,采用什么储气方式进行调峰是由城市燃气的用量和用气不平衡性决定的,即燃气负荷的特点是决定储气方式和储气规模的重要依据。

城市燃气调峰储气方式,主要有储气罐储气、输气管道末段储气、液化天然气(LNG)储气和地下储气库等储气方式。

(1)地上储气罐储气调峰。

通过储气球罐储气进行调峰,是燃气企业常用的一种调峰方式。燃气企业通过建造一些大型的高压储气球罐,在用气量较低时间段将多余气量储存到储气球罐,在用气高峰时从储气罐中输送出来以保证高峰用气稳定。

城镇输配系统中日调峰或小时调峰供气一般采用储气罐储存。地上储气罐可分为低压储气罐和高压储气罐两大类。前者储气压力不高,供调峰使用时必须经加压站将天然气加压到一定值后才能输入城镇管网。由于目前高中压管网在城镇燃气系统中使用最为广泛,因而从经济方面考虑,不宜选择低压储气罐。地上高压球形储气罐容积一般为 $3000 \sim 10000 m^3$,工作压力一般在 $1.0 \sim 1.2 MPa$。

由于储气罐压力进行降压时只能降至出站管网压力,所以罐内燃气外输时总会留下一部分天然气,降低了储气球罐的实际利用率,而高压储气球罐的建设投资也加大了燃气企业的成本支出。

(2)输气管道末段储气调峰。

从最后一座压气站到城市门站之间的管段叫作输气管道末段。利用管道末段储气,适用于小时调峰。管道末段起始点和终点压力的变化决定输气管道末段的储气能力强弱。末段管道具备储气能力,必须满足:在气体储存和消耗期间,管段能够容纳稳定的输气量;有一定量的储存容积;管段的起始点最高工作压力不高于输入压力;管段管材机械强度必须能承受储气管段起始点与终点最高压力所决定的管道沿线和平均压力。

(3)液化天然气储气调峰。

液化天然气(LNG)是将天然气经过如脱水、脱烃、脱酸性气体等净化处理后,采用一定的制冷工艺(如节流、膨胀或外加冷源等),在常压和 $-162℃$ 条件下使其变成液态。计算表明,采用 LNG 调峰方式优势较为明显:一方面,LNG 储气方式摆脱了天然气管道限制;另一方面,它比地面储气球罐单位容积的储气比高 60 多倍。

当前使用 LNG 方式进行燃气调峰主要有两种:一种是根据城市燃气管网的覆盖面积和燃气用户业主的用气量,建设 LNG 储备站;另一种就是建设 LNG 工厂,并与城市燃气管道相连,如果出现了用气高峰,则将 LNG 气化后及时输送到管网。

(4)地下储气库调峰。

地下储气库储气是在地域特性满足要求的条件下,天然气季节调峰的首选方式,是天然气储存系统的一个不可或缺的部分。地下储气库调峰是近年来国家大力支持和发展的一种方法。资料显示,世界上主要产气和用气量大的国家都非常重视地下储气库的利用。在世界天然气储存设施总容量中,地下储气库的容量在90%以上。储气库的天然气主要用于满足季节和日负荷波动,同时也可以作为供气系统发生事故时的应急储备以及国家的战略储备。

地下储气方式主要有枯竭油气藏型地下储气库、含水层型地下储气库和盐穴型地下储气库等。从经济方面看,以枯竭油气藏建造的地下储气库是最优选择,其单位有效库容量的投资约为含水层型储气库的1/2~3/4,为盐穴型储气库的1/3,其运行费用约为含水层型储气库的3/5~3/4,约为盐穴型储气库的1/5。

(5)几种储气方式的对比分析。

城市燃气具有小时、日及季节用气不均衡性的特点,在选择调峰储气方式时,需要根据燃气用户的实际用气情况、用气安全性及燃气调峰设施经济性等因素,采取不同的储气调峰方式。几种储气方式的比较结果见表2.6。

表2.6　天然气储气方式比较表

储气方式	主要调峰能力	使用周期	易管理程度	安全性	造价	国内应用典型实例
高压球罐	日调峰、小时调峰	较短	不太好	低	很高	北京、上海、天津、重庆等城市
高压管网	小时调峰	长	较好	较高	高	北京、上海、哈尔滨、西安等城市
地下储气库	季节调峰	长	好	较高	较低	天津(大港油田大张坨地下储气库)等
LNG	日调峰、小时调峰	较短	好	较高	高	深圳大鹏液化天然气销售有限公司

可见,选择城市燃气储气调峰方式涉及的因素很多,在经济、安全、技术合理、可控性等方面应该做好充分比较与分析,结合工程实际来选择合理的城市燃气储气调峰方式。

2.5.2　城市燃气调峰用气量

由于燃气的供需是不平衡的,需要储气设施来解决。为更有效地设计和利用地下储气库,首先必须确定储气库所需要的储气容积,储气容积是根据调峰储气量来确定,而调峰负荷量 Q 需要根据负荷预测的结果与长输管线输气量来确定,可用式(2.29)求出:

$$Q = \int_{t_1}^{t_2} [q_\Gamma - q(t)] \mathrm{d}t \tag{2.29}$$

式中　q_Γ——输气管线输气量;

　　　$q(t)$——负荷预测量;

　　　t_1, t_2——初始和终了的时间。

以2016年哈尔滨市的实际用气负荷为例,如图2.6所示,其中 S_1 和 S_2 阴影部分表示用气量大于输气管线的输气量,超出量需由储气设施提供;而 S 阴影部分表示用气量小于输气管线输气量的份额,该部分需注入储气库内储存起来。

对于夏秋季,185天连续向储气库注入的剩余气体量 Q_a,由式(2.29)有:

$$Q_a = S = \int_1^{185} [q_\Gamma - q(t)] \mathrm{d}t$$

采用最优组合预测模型,预测计算了哈尔滨市2017年和2018年的月用气负荷量,对于一定的月管输气量,计算结果见表2.7。

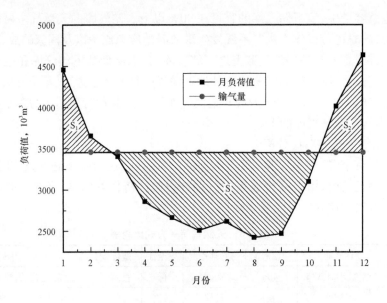

图 2.6 2016 年哈尔滨市的实际用气负荷曲线图

表 2.7 储气库季节调峰计算结果表

月份	时间 d	2017 年				2018 年			
		市场用量 $10^4 m^3$	月管输量 $10^4 m^3$	月采气量 $10^4 m^3$	月注气量 $10^4 m^3$	市场用量 $10^4 m^3$	月管输量 $10^4 m^3$	月采气量 $10^4 m^3$	月注气量 $10^4 m^3$
1	31	4646.4908	41828	11783		5645.527	44739	12080	
2	28	3960.4575	37780	10605		4626.248	40410	11047	
3	31	3529.9706	41828	4534		4405.0304	44739	4469	
4	30	3055.396	40479		3251	3301.2159	43296		3435
5	31	2896.0559	41828		7927	3147.6877	44739		8184
6	30	2748.0587	40479		5848	2842.3579	43296		5382
7	31	2731.6166	41828		7092	2907.1027	44739		6572
8	31	2758.382	41828		11176	2666.85	44739		11803
9	30	2904.0599	40479		2543	2860.7688	43296		1774
10	31	3278.6768	41828		1587	3246.7947	44739		1563
11	30	4261.4165	40479	5153		4402.7911	43296	4860	
12	31	5430.3798	41828	7351		5650.9857	44739	6259	
合计	365	492494	492492	39426	39424	526769	526767	38715	38713

通过上述方法,计算出的只是储气库的季节调峰气量,但要计算储气库的库容量,还需要确定应急供气量和垫层气量。

储气库总库容量 = 季节调峰气量 + 事故应急气量 + 储气库的垫气量

若按垫气量与有效工作气量(季节调峰气量＋事故应急气量)的比值为1：2取值,应急气量主要考虑在管道进行维修或者出现意外事故时,管道不能正常供气所需的储备量,取为年平均日供气量的5倍,计算得出哈尔滨市2017年和2018年储气库的储气规模预测结果,见表2.7。哈尔滨市2019年和2020年储气库库容量预测见表2.8。

表2.8　哈尔滨市2019年和2020年储气库库容量预测 单位：10^3m^3

年份	库容量	垫气量	有效工作气量
2019	69261	23087	46174
2020	68898	22966	45932

2.6　调峰负荷预测软件

准确地预测城市燃气用气负荷量,才能为调峰储气设施的确定及城市燃气优化调度提供最基本的设计参数。目前,在我国对城市燃气负荷的预测虽已有了一定的理论研究,但距工程适用还有一段距离。例如在燃气管网规划中,调峰负荷仍以平均日供气量的50%～60%来确定。国外有些燃气工业发达国家的城市管网虽然已利用燃气负荷预测的商业软件,然而,一方面由于涉及商业性,国外各大公司的燃气负荷预测软件包是商业机密无法索引;另一方面,燃气负荷的变化是受多种因素影响,随机性强,很难从机理上建立统一的描述模型。

本节介绍笔者及所在课题组研制开发的城市燃气管网调峰负荷预测软件。软件运用相关原理,在广泛收集我国主要地区城市燃气负荷历史资料和相关影响数据基础上,针对工业、民用等不同层次用户,分别建立了适用于城市燃气年、月、日负荷预测模型库及调峰负荷与地下储气匹配预测软件,使用户可根据其负荷特性选择模型,进行预测,并对调峰需求与储气库调峰能力进行平衡分析,软件界面友好、操作方便、输出形式灵活;为燃气管理部门规划、设计和管理的科学化、系统化、建立和完善城市管网的计算机监控管理系统提供理论依据。

2.6.1　负荷预测软件的实现

(1)软件的开发平台。

软件采用C＋＋Builder开发前台界面,界面友好,可实现人机对话,使用户和软件之间的相互交流更直接、简捷;基于C＋＋平台开发后台计算程序,使程序运算速度快、精度高。

(2)软件设计思想与原则。

软件采用模块化设计,模块接口简明、结构清楚,构成明确的层次系统,每一种预测方法设计成相互独立的功能模块。程序运行时,各个模块之间互不影响,易于维护、扩充。程序中的数据操作,都是基于数据库进行的,使数据的管理和维护方便灵活,并提供了良好的样本数据更新接口,方便用户随时更新。在图形的绘制上,利用了功能良好的接口,使图形绘制更加容易;在结果处理方面,开发了自己的文件系统,可以随时保存计算结果及浏览结果。

（3）软件总体设计。

软件的总体结构如图2.7所示，软件主界面如图2.8所示。

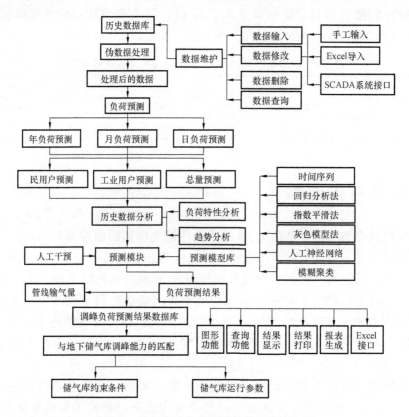

图2.7　燃气调峰负荷预测软件总体结构图

2.6.2　软件各模块主要功能

（1）历史数据处理及输入模块。

由于各种因素的干扰，原始负荷数据中存在许多伪数据，通过程序对原始数据进行检查，根据数据的一些统计特征值，找出原始数据可能的异常点并加以剔除和修正（图2.9）。

图2.8　调峰负荷预测软件主界面

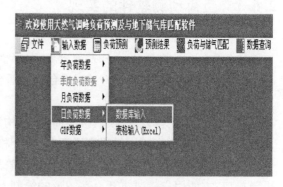

图2.9　输入数据菜单

提供三种样本数据的输入方式：

① 将 Excel 中的大量历史数据，批量导入数据库中；

② 通过数据库接口，直接调用 SCADA 系统中的数据；

③ 选择打开在数据库中的任意一个数据表，手工添加新数据。

（2）负荷预测模型库模块。

考虑城市燃气负荷所特有的时变性、随机性、分布性、多样性等特点，分别建立适用于城市燃气短期、中期、长期负荷的预测模型，包括：时间序列法、回归分析法、指数平滑法、灰色模型法、人工神经网络、模糊聚类预测模型等。

① 日负荷预测。输入参数：预测当日的日期类型（周几或是否是节假日等）、日最高温度、日最低温度、日平均温度；以及数据库中的历史负荷值。输出参数：预测当日的燃气负荷值。

② 月负荷预测。输入参数：前连续 5 年，每年 12 个月的燃气负荷值；输出参数：预测当年12 个月的燃气负荷值。

③ 年负荷预测。输入参数：前连续 5 年的每年燃气负荷值以及经济、国民生产总值和国家的相应政策等；输出参数：预测当年燃气负荷值。

④ 调峰负荷预测。在预测短期、中期、长期负荷预测基础上，根据长输管线的供气量，完成城市调峰负荷的预测。调峰负荷量 Q，用式（2.29）求出。

（3）预测结果数据库输出模块。

提供预测结果的图形、结果显示，提供查询功能，用户可设定查询功能、按行业、按时间查询，可直接生成报表。

（4）调峰负荷与储气匹配比较模块。

根据储层渗透率、孔隙度等参数，库内最高允许压力、最低允许压力及井口允许压力、最大日注采量，计算确定地下储气库调峰储气量。用户可对调峰负荷量和储气库储气量进行比较，对调峰需求与储气库调峰能力进行平衡分析，提出最佳的储气和注采气方式的建议。

下面以月负荷预测及调峰负荷匹配为例，简要介绍软件的操作使用。

点击主界面"月负荷预测"选项，进入月负荷预测主界面，如图 2.10 所示。包括总用户月负荷预测、一般工业用户月负荷预测、调峰用户月负荷预测、民用用户月负荷预测。

（1）确定可利用的数据。图 2.10 中显示是从 1998 年 1 月到 2004 年 4 月（由主菜单中的"输入数据"菜单建立原始数据库）。

（2）检查原始数据的准确性和完备性，如果信息不完备，可手动补充完整，如图 2.11所示。

（3）选择预测时间、预测年限和预测类别，如图 2.12 所示。

（4）点击加载数据，进入加载数据界面，如图 2.13 所示。

（5）在加载数据界面点击试预测。图 2.14 显示了各种预测方法的预测结果曲线与原始数据的比较，在界面右上方，软件提出推荐的最佳预测模型。

（6）回到预测主界面，按照软件试预测后的推荐预测模型，点击相应的预测模型，如图 2.15 是逐月预测结果界面。

图2.10　月负荷预测主界面

图2.11　检查原始数据界面

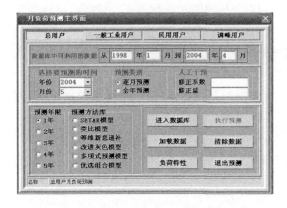

图2.12　选择预测时间、年限和预测类别界面

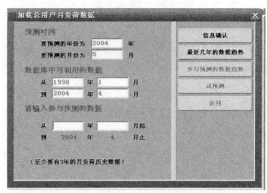

图2.13　逐月预测加载数据界面

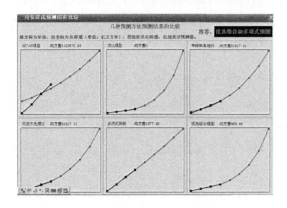

图2.14　试预测结果比较

图2.15　逐月预测结果界面

（7）预测结果直接载入数据库如图2.16所示，图2.17是预测结果查询界面。

（8）点击主界面调峰与储气匹配菜单，进入月和季节调峰负荷与储气匹配的主界面，如图2.18所示。在"载入数据"标签下面的时间选项框中选择要载入的目标时间，填入管输量，点击计算，图2.20是调峰负荷预测结果的图形显示。

（9）点击图2.18中的"与储气库匹配比较"按钮，进入如图2.20所示的月调峰负荷或季节调峰负荷与储气库匹配的结果界面。在载入数据后,用户可按顺序开始查看和使用各个储气库信息,如图 2.21 所示。

图 2.21 中显示有当前所有气库有效工作气量总和,当前所有气库最高日产气能力总和。在中间部位显示有要开启的调峰储库,同时,下面有调峰结果信息汇总。

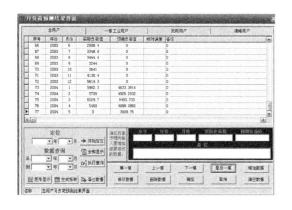

图 2.16　预测结果数据库

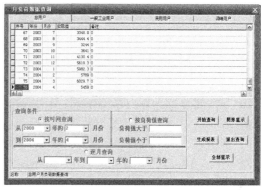

图 2.17　预测结果查询界面

图 2.18　月(季节)调峰负荷与储气匹配主界面

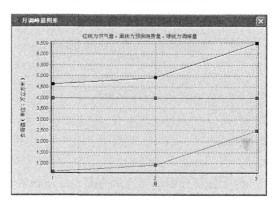

图 2.19　月调峰负荷预测结果图形显示

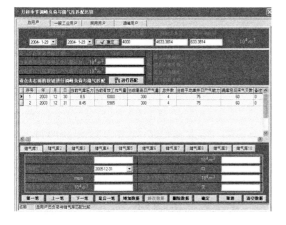

图 2.20　调峰负荷与储气库匹配比较界面

图 2.21　各个储气库信息界面

第3章 枯竭油气藏型天然气地下储气库

枯竭油气藏型天然气地下储气库是利用枯竭或半枯竭油藏、气藏或油气藏改建成的储气库。利用枯竭气藏建造地下储气库最大优点是对其地质情况,如油(气)藏面积、储层厚度、盖层气密封、原始地层压力和温度、储气层孔隙度、渗透率、均质性以及气井运行制度等已准确掌握,不用进行地质勘探,因而可节省投资,且气田开发用的部分气井和地面设施可重复用于地下储气库,建库周期短,投资和运行费用低,其单位有效库容量的投资约为含水层型地下储气库的 1/2 ~ 3/4,为盐穴型地下储气库的 1/3。其运行费用约为含水层型地下储气库的 3/5 ~ 3/4,约为盐穴型地下储气库的 1/5。目前作地下储气库用的枯竭油气田规模都不大,其原始储量一般为 $10 \times 10^8 \sim 50 \times 10^8 m^3$,年注气采气循环为 1 ~ 2 次。

3.1 油气藏圈闭有效性评价及开采方式分类

3.1.1 气库圈闭的有效性评价

对于天然气藏来说,形成的基本条件之一是必须有圈闭的聚集和贮藏场所,气源岩生成的天然气在各种地质力的作用下发生运移,当遇有适当圈闭时,就聚集起来形成规模大小不一的天然气藏。在油气藏工程中,圈闭被定义为:储层中被非渗透性遮挡、高等势面单独或联合遮挡形成低势区,或者说,储层中被高势面封闭而形成的低势区。圈闭分为构造圈闭、地层圈闭、水动力圈闭和复合圈闭 4 大类。任一圈闭都包含储层和封闭条件这两个基本要素。

地下储气库要求在较短时间内反复强注强采,对圈闭封闭条件的要求较高;同时,为了增大库容和提高单井产能,国外有些地下储气库工作压力上限达到高于原始地层压力的 40%,这就对气藏圈闭条件提出了更高的要求。

从微观上看,直接反映封盖性能优劣的参数有孔隙度、渗透率、突破压力、微观孔隙结构、盖层厚度等。断层的垂向封闭性就是盖层的有效性,断层的侧向封闭性则是依据断层面两侧岩性变化及油、气、水分布情况,确定断层的封闭性,防止由于断层附近的井强注强采而造成断层面活化而引起泄漏.

从宏观封闭能力看,厚度对天然气的封闭能力有影响,其影响主要表现在它横向分布的稳定性上,要求盖层必须有足够的分布面积作屏障,而薄盖层往往分布面积小,且极易被断层所切穿,厚层就不存在这个问题。因此从宏观封闭能力而言,要求盖层必须有足够大的厚度,以保障它横向分布的稳定性。此外,对于泥岩盖层而言,单层厚度越大,反映当时沉积环境稳定,沉积物均质性好、成分纯,其排替压力值就大,封闭能力也就会越强。

3.1.2 油气藏开采方式分类

(1)用气驱方式开采的气藏。

这种类型的枯竭气藏最适合作地下储气库。注气和采气可根据气库的容量、注气及采气的原始压力和最终压力进行,而且可在气藏开发的不同阶段建库,最合适的阶段是气藏中还存在一些剩余气储量(30%最宜),在此基础上可进行气体动力学研究,并获得气库设计所需的技术参数。

(2)用弹性水压驱动方式开采的气藏。

这种气藏在开采过程中可能部分或全部水淹,致使剩余储量被侵入地层的水封存在气藏中。建库时,如果滞留气的剩余储量较大,则应计算出残余气饱和度,并考虑可利用的部分储量。

(3)用衰竭方式开采的凝析气藏。

与用气驱方式开采的气藏不同的是,用衰竭方式开采的凝析气藏在建造地下储气库,可附带从天然气、石油和液态凝析油的剩余储量中获得高沸点烃类。所建储气库在运行时,凝析油由于逆行蒸发而产生部分耗损,可根据凝析油蒸发和渗流机理以及凝析油的总开采量,建立地下储气库的数学模型,较准确地描述建库工艺过程。

(4)用衰竭方式开采的凝析气藏。

这种气藏建造地下储气库,可附带从天然气、石油和液态凝析油的剩余储量中获得高沸点烃类。井位是建库工艺中的重要因素,以物质平衡方程为基础建立的数学模型,能较准确地描述建库工艺过程。

(5)用弹性水压驱动方式开采的凝析气藏。

在这种气藏中建设地下储气库,可根据用弹性水压驱动方式开采的气藏数学模型进行设计,与用衰竭方式开采的凝析气藏不同的是,注气压力和最终压力较高,气库采气时还可附带获取部分凝析油。

(6)用弹性水压驱动方式开采带油环的凝析气藏。

利用这种气藏建设地下储气库,可附带回收天然气、石油和凝析油的部分剩余储量。

(7)用枯竭方式开采的油气藏。

建库时应考虑该油气藏是因气顶扩大或天然气向油带侵入而枯竭,或因石油向天然气带入侵而枯竭,低地层压力的枯竭油气藏含有较高的石油剩余储量和富含气,可运用前缘驱动理论建立气库的数学模型。

(8)用注水方式开采的油气藏。

这种油气藏在含水率高达90%时作为气库最合适,因为其既具有水层特征,又有气藏特征。

(9)用溶解气驱动方式开采的油气藏。

在这种气藏中建设地下储气库,与采用枯竭方式开采的油气藏建库的情形相似,用混合驱动理论可较准确地建立气库模型,建库后可向地层注入并积蓄必要的活动气储量,并回收足够量的残余油。

(10)用弹性水压驱动方式开采的油藏。

这种油藏对储库的建设和设计不太有利,为达到既储气又进行二次采油的目的,建库时可向地层高部位注入一些气体,当地层压力上升时,地层流体(油和水)就向井底附近地带驱替。

3.2 储气库建设的技术要求

确定库址应进行全面技术经济分析和各种方案比较,总原则是要考虑储气库既具有较高经济性,又能保证大大提高供气系统的可靠性。国外学者研究认为,储气库选址要考虑以下因素:地理位置、合理的储层深度及洁净的气体、密封性完好(包括气井、储层或地层)、合理的储气量和昼夜最大抽气量、合理的生产能力和工作压力等。

3.2.1 储库库址的选定

3.2.1.1 地质条件

储气库库址地质条件的好与坏直接关系到储气库的使用寿命及经济效益,必须详细考察并加以论证。分析国外地下储气库建库情况,一般应按以下条件进行储库选址:

(1)储气库应尽量选在靠近天然气用户和输气干线,占地面积小。

(2)选用背斜构造,具有一定的构造幅度和圈闭面积,断层少且密闭性好,埋深一般在2000m以内。

(3)储气层位厚度要尽可能大,不应小于 $4 \sim 6m$,储层物性条件要好,孔隙度要大于15%,渗透率应不小于 $0.2 \sim 0.3 \mu m$,储层上部盖层不应存在构造断层。

(4)断层、隔层岩性要纯(泥岩、膏岩等),密封性要好,渗透率小于10mD,能封闭住天然气。

(5)储气库层位稳定,气井储层不能有出砂、大量出水、出油等有碍储气库正常生产的问题。储库要能够承担90% ~115%原始地层的注气压力。

(6)不含硫化氢或含量极低(小于0.03%)。

(7)注采气井应具有足够产能,能满足储气库强注强采的需要,并具备一定的储气规模,库容量以 $2 \times 10^8 \sim 5 \times 10^8 m^3$ 为佳。

(8)其他的辅助条件,如油气藏是否接近开采枯竭期、储气库的地层情况及沉积环境分析、库内流体性质、所选区块的开发历程、开采特征及现状、目前油气层油气水分布情况、油气藏驱动方式等。

(9)经济性评价是储气库库址评价中一个因素,具有重要的意义。在确定储气库库址前,有必要估算原油气藏改建为储气库的可利用价值。特别是需要考虑原油气藏改建为天然气地下储气库的经济效益,可以事先略估计油气藏的剩余价值,如:采气井的利用系数,固井的费用,原有地面设施的剩余价值,管网的利用率,是否需要钻新井等,详见第10章。

3.2.1.2 储气库与用户的距离

从经济上考虑,气库与气源和城市用户距离越近越好,苏联学者认为,距离不应超过200km,罗马尼亚人认为50km为宜,且能调节日耗气量的50%为最佳。

地下储气库不管是利用枯竭油气田还是建在含水层,常常会在一定范围内影响到深含水层,造成大量水位移,使压力出现紊乱,储层渗透率越大,压力波及范围越大。因此,从安全角度考虑,储库的选址应避开人口稠密、工业发达的地区,同时,应尽量建在用户区最小频率风向的上游。若采用惰性气体作为垫层气,还要考虑惰性气体的气源问题。此外,钻井、地面设施与输配系统的连接等所需的投资规模也应考虑。

3.2.2　注采井和观察井布置

气库布井重点考虑钻井有效性、布井不规则性、井的兼容性、注采稳定性和气库封闭性原则,井位部署主要应考虑以下因素:

(1)立足于少井高产,在构造高部位和高渗透带,点状不规则布井;保证钻井成功率;确保气井的安全性,井位远离气水界面,防止注气过程中气体向水域的突进和采气过程中边水侵入气井。

(2)注气井要兼备采气井、排液井和监测井功能;初始注气井要选在气顶部位,水体能量强的要部署外围,大泵井排液逐步扩容;采气时高部位井优先生产,延缓边水侵入造成井底积液。

(3)对老井处理,一般根据井的位置确定是注采井还是观察井,用伽马射线检查老井套管的完整性和套管固结情况,如固结不好可挤注水泥,如套管损坏应更换,新套管要进行水压试验和拉力试验。

(4)对于储库新钻井井位,选择构造部位较高、油层发育、物性好的地带布井;新井和老井在储气库含气面积内尽量均匀分布,以便控制更多的地质储量。新井要维持气库的封闭性,远离断层、封闭性差和老井过密的区域,防止注采循环压力变化剧烈,造成老井套变井漏、断层或地层的气密性损坏,影响气库封闭性。

(5)气井产量和气井深度对储气库基建投资有很大影响。气井产量越大,投资费用越低;气井深度越大,投资费用越高。

(6)布置井点时还要考虑井间干扰问题,使储库内压力升降均匀。

(7)注采井径的优化要满足瞬时应急需求,提高气井日采量。一般井径越大,则井筒流量越大。但井径优选要考虑地层与井筒流入流出能力协调一致,一般先依据两相垂直管流计算公式,计算绘制出不同井径井筒流出曲线,并采用冲蚀流速计算公式计算冲蚀流量,再结合节点分析法确定的最大产量,选取低于冲蚀流速的最佳流量,进而确定最优井径。

确定采气所需的生产井数时,应考虑储气库昼夜采气量、储气库类型、气体饱和地层的硬度、气井运行工艺条件、气井在含气面积区域的布置方式,气井井数的计算方程为:

$$\frac{Q_a p_b C_6 f_3 t}{2C_n} = \sqrt{\frac{Q_0}{nA} + \frac{Q_0^2}{G^2 n^2}} \frac{\left(p_b - \sqrt{\frac{Q_0}{nA} - \frac{Q_0^2}{G^2 n^2}}\right)^2 \left[f_1 + \frac{0.0052 Q_0 t_0 b(af_2 - b)}{2.3 C_n n}\right]}{\frac{Q_0}{n^2 A} + \frac{2Q_0^2}{G^2 n^3}} \quad (3.1)$$

式中　Q_a——储气库容量;

p_b——地层原始压力;

C_6——每 1000m³ 垫层气费用;

f_1、f_2、f_3——气井、压缩机、输气管线的年折旧定额;

t——储气库工作时间；

C_n——每一口井的钻井、井口设备和疏导费用；

Q_0——储气库恒定平均昼夜抽气量；

N——生产井数；

A, G——考虑地层物理参数和气体性质的系数（按试井资料确定）；

t_0——年抽气时间；

b——压缩机站年操作费用（不包括设备更新）。

3.2.3 注采气能力的确定

3.2.3.1 注气能力

地下储气库的注气能力是指从注气初期的地层压力注气运行到设计上限压力时能够注入的总气量，对于多周期注气能力，应包括填补上周期阶段采气量、总垫气量变化量（包括扩容新增和注入气损耗两部分）以及工作气量变化量，其数学表达式为：

$$Q_{in(i)} = Q_{p(i-1)} + Q_{sh(i)} + Q_{wg(i)} \tag{3.2}$$

式中　$Q_{p(i-1)}$——上周期阶段采气量，$10^8\mathrm{m}^3$；

$Q_{sh(i)}$——总垫气量变化量，$10^8\mathrm{m}^3$；

$Q_{in(i)}$——本周期注入气量，$10^8\mathrm{m}^3$；

$Q_{wg(i)}$——工作气量变化量，$10^8\mathrm{m}^3$。

将总垫气量变化量（本周期与上周期总垫气量之差）与本周期注入气量的比值，定义为总垫气量变化率 $E_{sh(i)}$，数学表达式为：

$$E_{sh(i)} = \frac{Q_{sh(i)}}{Q_{in(i)}} \times 100\% \tag{3.3}$$

将工作气量变化量（本周期与上周期工作气量之差）与本周期注入气量的比值，定义为工作气量变化率 $E_{wg(i)}$，数学表达式为：

$$E_{wg(i)} = \frac{Q_{wg(i)}}{Q_{in(i)}} \times 100\% \tag{3.4}$$

进而得到地下储气库多周期注气能力的数学表达式为：

$$Q_{in(i)} = \frac{Q_{p(i-1)}}{1 - E_{sh(i)} - E_{wg(i)}} \times 100\% \tag{3.5}$$

3.2.3.2 采气能力

地下储气库的采气能力是指从采气初期的地层压力采气运行到设计下限压力时能够采出的总气量，地下储气库本周期采气能力应为本周期注入气量加上上周期剩余工作气量，再减去总垫气量变化量（包括扩容新增和注入气损耗两部分），其数学表达式为：

$$Q_{P(i)} = Q_{in(i)} + Q_{W(i-1)} + Q_{sh(i)} \tag{3.6}$$

式中　$Q_{P(i)}$——本周期采气量，$10^8 m^3$；

　　　$Q_{W(i-1)}$——上周期剩余工作气量，$10^8 m^3$。

引入地下储气库总垫气量变化率公式，得到多周期采气能力表达式为：

$$Q_{P(i)} = Q_{in(i)}(1 - E_{sh(i)}) + Q_{W(i-1)} \tag{3.7}$$

式中　$Q_{W(i-1)}$——地下储气库上周期采气阶段的剩余工作气量，$10^8 m^3$，即从采气结束时的地层压力继续采气运行直至设计下限压力时能够采出的总气量，一般根据上周期采气阶段的物质平衡方法求解。

$$Q_{W(i-1)} = \frac{[(p/Z) - (p/Z)_{min}]Q_{P(i-1)}}{(p/Z)_{in} - (p/Z)} \tag{3.8}$$

式中　$(p/Z)_{in}$——上周期注气末期或采气初期的视地层压力，MPa；

　　　(p/Z)——上周期采气末期的视地层压力，MPa；

　　　$(p/Z)_{min}$——设计下限下的视地层压力，MPa。

3.2.4　应考虑的关键技术问题

（1）要避免构造井钻井完井对地层的伤害。

地下储气库的井是用来调节峰谷供气的。因此，井的产气能力应尽可能高，一般采用大井眼和大尺寸套管来提高井的产量，但这种情况可导致地层压降大，此时必须防止钻井液和水泥渗入地层，避免地层伤害。

德国一家石油公司研制出一种专用设备，可模拟渗透压力和温度等典型井眼条件，并对岩石特性，泥浆污染前后岩心矿物进行化学分析，进而可对钻井液和水泥对地层伤害的可能性进行研究。提出地层伤害的总体影响，用伤害程度比 D_r 来确定，表示井眼各种条件下，地层受伤害后的残余渗透率 K 与原始渗透率 K_0 之比，即：

$$D_r = \frac{K}{K_0} \tag{3.9}$$

式中　K——残余渗透率；

　　　K_0——原始渗透率。

这种地层伤害评价方法，可对任何给定地层中使用的钻井液进行评价，并给出有效渗透压力和对预测地层造成伤害的真实情况。在根据钻井液确定地层伤害以后，可用某种装置对水泥浆或酸液对地层的伤害进行测试，说明由于钻井液渗透和颗粒侵入地层的伤害及不同深度地层的伤害程度。一般在地下储气库储存项目的规划阶段，均应进行此类测试。

（2）要防止储层和完井中的砂化。

非固结的砂层是储气库的一种特征，其优点为具有较高渗透性，储层可用性较高；缺点是产生砂化。这是利用枯竭油气田建造地下储气库的老问题之一。砂化会导致构造破坏，使天然气量损失、井口切断，或可能因井喷而造成地面设备和套管的破坏。防砂化的办法：一是减少气流阻力来控制砂化，即交替使用砂砾压紧或固结技术，这是最简单廉价的方法；二是采用机械法控砂，包括用筛分机使构造砂固定，或将多余的砂砾筛分，使构造砂就地保持，此技术目前已得到广泛使用。

采气期间,会从水层地下储气库的薄、易碎地层产细砂,最终会填满井眼,导致高费用的洗井和修井作业。出砂的主要原因是完井期间高压降引起的。

降低压力降的完井设计很困难,因为它必须说明大范围作业期间的脉动压力、相对渗透率和储层流动特性,在非均质地层,设计更加复杂。解决生产中出砂问题的唯一有效方法是增加射孔密度,而套管强度基本不受影响。一种新型的高密度射孔器简化了完井设计。这种射孔器可提供沿井轴和井的半径射孔的几何图样,它减少了与各种岩石强度有关的压力问题。

美国 Hillsboro 地下储气库的储层是奥陶系砂岩,岩心分析平均孔隙度 16%,平均水平渗透率 241.8mD,平均垂向渗透率 22.70mD。在完井时使用的射孔枪是常规的 4 孔/ft 和 12 孔/ft。在盖层之下 1.524m 处对薄层射孔,并在两个层段间安装封隔器,用这种高密度射孔器简化了完井设计,并且不损坏套管。

(3)防止气窜。

注水泥的环形空间漏气是 20 世纪 60 年代中期在美国地下储气库首次发现的一个值得注意的问题。此问题主要与水泥、套管和地层的胶结有关。天然气进入注水泥环形空间最流行的解释是,水泥浆液柱未能有效地将全部流体静压力传送到储气层。气窜的主要影响因素有:

① 密度。为防止天然气进入环形空间,钻井液、化学冲洗剂和水泥浆密度必须大于地层压力当量密度。注水泥前,为了解决井底钻井液、清除气泡的问题,要进行循环处理。循环 1h 后,为清除清洗区内封闭的或黏附到井壁上的显微气泡,要关泵 5min,然后再启动循环。如果注水泥前不清除掉,会降低液柱密度。

大型试验表明,流体静压力大于气层压力时,不会向水泥柱漏气。如果气层压力高于流体静压时(如超过 3.455kPa),同时水泥处于流动状态,可能出现漏气。水泥初凝后,气层压力高于流体静压时,会形成小通道,在气压作用下继续少量漏气。

② 凝固。气窜另一个可能的原因是温度较高的井眼环空上部水泥过早凝固。在深井内,由于温度较高,这个问题更显得严重。过早凝固的原因是注水泥前循环钻井液可降低井底周围岩石地热温度;同时,循环的流体提高了环空上部岩石的地温。从理论上说,如果在这种情况下将水泥注入井内,井眼上部而不是底部首先凝固,这种凝固的水泥将阻挡流体静压有效地传送到底部气层。

③ 脱水。水泥浆脱水是引起井内窜气的另一个重要因素。脱水主要取决于传动力或不同压力、地层渗透率及水泥滤失量的控制情况。

所以防止注水泥的环空漏气的最重要因素是液柱密度(流体静压高于气压)和控制水泥滤失。

(4)要保证储气库寿命。

地下储气库的寿命主要指:工程设备的寿命和储气库本身结构变化导致的储库废弃的最大年限。国外的运行工程实践表明,储气库寿命一般应在 50 年以上。研究地下储气库的寿命具有重要的经济意义,不仅因为建库需要巨额投资,而且储库使用年限本身也是经济评价的重要参数。法国储气库与管网一样,要求按 50 年冬季的调峰需求计算容量和设计。

(5)要考虑储层温度对储量的影响。

由于地下储气库具有注气和采气循环作业的特点,储层温度不是恒定的。储层的温度变化对精确的计算储量和压力容积模型影响极大,很小的温度变化将影响储气库容积和储存能力。

为检验储气库中储层温度是否变化,在美国密执安州东南的 Belle River Mills 储气库进行了温度测试。在井口压力为 10273kPa 时,总的最大容量为 $21.52 \times 10^8 m^3$,共计 44 口井,其中 25 口工作井,19 口观察井。在最高压力时的输送能力为 $0.425 \times 10^8 m^3/d$,每年输气 $8.5 \times 10^8 \sim 11.33 \times 10^8 m^3$。其中有 1 口观察井,每天观察井的压力变化。储量分析表明,没有发生气迁移,也没有水驱动现象。在经过近 20 年的注采循环后,在关井期间对 4 口井进行了井底温度的实际测量,并精选其中的 2 口没有注入或采出的井作为观察井,来确定储层是否有热传递效应。在中心区域选择一口作为关键观察井,在边缘选择一口观察井,2 口工作井选择在每口观察井的附近。

温度测量安排在低压力的春季和高压力的秋季关井阶段进行,整个现场在进行温度测量之前关井 $6 \sim 15$ 天。使用井底电子温度传感器进行测量,以 15s 为间隔在地面上记录读数。测量结果表明,工作井的春季温度比原始储气层温度要高,而秋季储层温度比春季还高大约 $0.67℃$,表明了其具有长期热效应可影响到储层。

(6)合理注气可提高高含水油藏的原油采收率。

由于我国大多数油田采用注水方式开发,且其中大部分已进入高含水期,国外实践表明,作为天然气地下储气库,枯竭油藏含水率达到 90% 最为合适,这种类型储气库既有含水层特征,又有油藏特征。美国在 1976 年开始在得克萨斯州纽约城油田和恩巴特油田,实施地下储气库建设与二次采油同期进行,高压注入煤气,部分气体溶于残余油中,采气时残余油被带出地面,增产原油上万吨。

目前,水驱开发的油藏采收率一般在 40% 左右,还有相当大一部分油没有被采出。利用高含水油藏建造储气库时,注入气可通过如下几种方式来提高原油的采收率:

① 油气的界面张力小于油水的界面张力,注入气可比注入水进入更小的孔隙,依靠油气重力作用,可驱替底部注水未能波及到的剩余油。

② 依靠重力分异,排驱出被重力捕集在缝、洞中的剩余油。

③ 注入气与油藏中的剩余油接触时,在地层温度和压力下,注入气部分溶于原油中,引起原油体积膨胀,部分剩余油从其滞留空间溢出。

④ 注水一般从底部注入,而注入气从顶部注入,改变了地层内流体的流动方向,从而改变储渗空间的压力分布,驱替出被阻塞的剩余油。通过注入气体的方式,既能达到改建储气库的目的,又能采出部分剩余油,起到"一箭双雕"的效果。

3.3 储气库设计参数的确定

3.3.1 储气库设计应遵循的原则

(1)储气库注气后不破坏现有的密封条件,因此在注气周期末,储气库的地层压力原则上不应超过原始地层压力。对于气顶储气库,在注采气过程中还须保持油气区压力的平衡和油气界面的相对稳定。

（2）储气库库容的利用率（指有效工作气量与储气库储存能力之比）应达到30%以上，并逐步提高，储气库库容利用率太小，就无法保证良好的经济效益。

（3）储气库应保持一定数量的垫层气，主要目的是使采气周期末气库有一定的压力，保证气井具有一定的采气能力；存在一定的垫气量，有利于减缓底部油、水的侵入；垫底气量越大，气井的产量也就越大，这样可减少储气库的工作井数。对于气顶储气库，为防止油侵，更应该保持较高的垫层气比例。

（4）在需求旺季能最大限度开采出天然气，以满足市场季节用气不平衡需要。

（5）以较少的投资获取较高的经济效益。

3.3.2 储气库的设计参数

3.3.2.1 储库库容量的构成

确定城市燃气系统需要建设多大地下储气库，最基本的设计参数是储气库的设计储量，即需要储库总的储气能力，根据市场各类用气需求来确定，主要由两部分构成：注采工作气和垫层气。

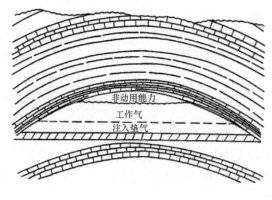

图3.1 储气库结构

（1）注采工作气量。

储库内运行的注采工作气量包括：维持城市调峰所需的用气量和城市供气管网系统突发事件应急储存气量，如图3.1所示。

调峰注采气量：天然气市场供销系统各类用气负荷的变化，决定了储气库的调峰注采气量。因此在进行储库规划设计时，首先需对居民用气负荷、采暖制冷发电负荷及其他商业、工业用气负荷等进行预测。

突发事故应急储备气量：为保证供气的安全性和可靠性，必须考虑突发事故如设备大修、系统故障、突增大型新用户等，要建有突发事故的应急储备气量，储备气量的大小与干线输气管道长度、条数、备用输气机组的类型和数目等许多因素有关。根据过去经验，其附加的有效事故应急储备气量约为补偿季节用气不均衡性所需气量的10%左右，详见第7章。

（2）垫层气量。

为维持储气库的容积，必须保证有一部分气体滞留在储气库中，这部分气体称为垫层气，它是地下储气库里储气量的一部分，垫层气确保储气库的最低压力，使供气时能提供足够的输送速度。但储气库在调峰采出操作运行时，这部分气体是不可以被采出的。垫层气量越大，所维持的储气库地层压力就越高，这样可减少采气井的井数，为采出气提供较高压力能量。但垫层气量增多，储气库有效工作气量就要减少，据20世纪90年代调查的世界地下储气库垫层气情况，一般垫层气量占总储气量的少则15%，多则75%。可见垫层气是地下储气库建造和动态运行的一个重要组成部分。

地下储气库的储气量是时间和压力的函数。一般采用注气试验确定，经过几个注采周期，在观测、分析和评价储气层圈闭密封性的基础上，确定最大储气量。目前，国外有些国家也采用数学模拟的方法,用数学模型确定最大储气量,计算包括在达到最大储存压力下能储存的最大气体量以及最小极限压力下能采出的最大气体量等。

3.3.2.2 储气库库容量的计算

依据油气藏储量的基本原理:天然气储集于储层的孔隙(或裂缝)内,若已知储层的孔隙(或裂缝)体积、含气饱和度等参数,可计算出天然气在储层中的体积,即油气藏的天然地质储量,计算公式为:

$$G = 0.01AH\phi(1 - S_w)pT_b/p_bTZ \tag{3.10}$$

式中 G——在 p 和 T_b 条件下的地下储气库储气量,$10^8 m^3$;

$\quad\quad A$——储气库的含气面积,km^2;

$\quad\quad H$——储气层的有效厚度,m;

$\quad\quad \phi$——储气层的有效孔隙度,%;

$\quad\quad S_w$——孔隙空间的平均含水饱和度,%;

$\quad\quad p$——储气层的压力,MPa;

$\quad\quad T$——储气层的温度,K;

$\quad\quad T_b$——测量的基准温度,K;

$\quad\quad p_b$——测量的基准压力,MPa;

$\quad\quad Z$——气体偏差系数。

G 是储气库中气体总量,根据对国外 554 个地下储气库的统计,除碳酸岩地层的储气库外,其中大约 50% 用于满足调峰用气,即工作气,剩余部分为垫层气,当储气库报废时,垫层气中的 20% ~75% 可被采出。

3.3.2.3 注采气速度的选择

由于气体黏度小于水的黏度,注气速度过快易造成气的突进,而注气压力和水层压力之差地层倾斜率就不易将水排出,对地层较平坦的构造,重力就不起作用。随着注气速度的增加,气驱后油、水饱和度均降低,注气速度越大,储气库库容也越大,这说明在建库初期应考虑加大注气速度。但是,注气速度一方面要受压缩机的功率限制,另外,注入速度过大,也会使压降过大、边、底水锥进过快,压力漏斗波及范围过大,可能引起盖层破裂,使储气库的密封性遭到破坏。同时,速度过大,还会导致出砂,引起地层的渗透率下降。对于实际开发的注水油藏,应该考虑由于沉积韵律的变化而引起的纵向上渗透率级差和厚度对界面稳定的影响,从而考虑合理的注气速度。

可见储库必须控制注采气速度,一般来说,对于构造和储气量不变的储库,短时间的采气,必须增加采气井的数量,提高垫层气的比例。但由于建造储气库的目的就是进行城市的调峰用气,这又要求高的注采速度,因此确定最佳的注采气速度,在储气库的规划设计时十分必要。目前,冬季单井最高高峰采出量不超过 $3 \times 10^3 m^3/h$,整个储库最高采气速度为有效体积的 $1/50 \sim 1/40$。距用户近的储气构造可选 $1/20$,一般采气速度为适应高峰负荷,可比注气速度高 4 倍,正常情况下,注采气速度均衡。

采气时气井流量的计算公式为:

$$Q = C \sqrt{\frac{p_1^2(1 - aH) - p_2^2 D^5}{\lambda Z \Delta T H \left(1 - \frac{aH}{2}\right)}} \tag{3.11}$$

注气时气井流量的计算公式为：

$$Q = C \sqrt{\frac{p_1^2(1 - aH) - p_2^2 D^5}{\lambda Z \Delta T H \left(1 + \frac{aH}{2}\right)}} \tag{3.12}$$

式中　C——常数，其值视所采用的单位而定；

p_1——采气时为井底压力，注气时为井口压力；

p_2——采气时为井口压力，注气时为井底压力；

H——井深；

D——井筒内径；

λ——水力摩阻系数；

Z——气体压缩系数；

T——气井中气体的平均温度；

a——参数，$a = \dfrac{2\Delta}{ZR_B T}$；

R_B——空气的气体常数；

Δ——气体的相对密度。

3.3.2.4　注气压力及最大允许压力

在向地下储库注入天然气时，储气库注气压力取决于盖层和储气层岩层的强度、固井质量、输气管网的压力等。注气压力的选择应大于储气层压力，根据储气库每个周期情况，注气压力随构造高度也有变化。

随着天然气的注入，储库压力不断提高，达到储气库所能允许的值，称天然气地下储气库的最大允许压力 p_{AMP}，国外一般控制为气田未开采时的静态压力，即原始地层压力，储气库超过此压力，会造成天然气地下损失或泄漏，甚至引起爆炸和火灾；同时，会在气井中形成结晶水合物，加大气体的压缩消耗。在意大利，把原始地层压力定为地下储气库的最大允许压力，甚至作为法规建立起来。但目前有些国家为加大气库的有效储气量，减少注气井的数量、降低压气站功率，改善整个供气系统的技术经济指标，将压力梯度改变为 0.0154MPa/m，即超过标准静水压力 1.5 倍，苏联许多气库的最大压力比原始压力高 40%～50%，美国的实际储气压力高 10%～60%，但无论压力提高多少，都是以不破坏盖层和储层结构为前提。过分的提高储层压力，可能造成地层结构和储气库严密性的破坏，从而使气体泄漏到地面上。此外，随着天然气压力的升高，气体的压缩费用也会随之增加。研究表明，使储气库的最大容许压力等于地层埋深处岩层侧向压力值的 0.5～0.7；或当盖层的厚度大于 5m 的黏土盖层时，最大允许压力可超过储层深度处静水压的 1.3～1.5 倍。

储气库最大允许压力的确定取决于许多地质技术因素，特别与储层深度、圈闭面积、储层盖层的密度、强度和可塑性、含水层上部岩石的体积重量、建库方法和注气速度、注气和抽气用压缩机的极限压力等有关;储气地层、顶层、底层的结构与构造特性,甚至储气地层上面的岩石断面,对最大允许压力都有很大影响。目前,国外较常用的确定地下储气库最大允许压力的经验公式有:

(1)威廉斯法。

$$p_{AMP} = 0.023H_z\alpha + (0.047C - \alpha)p_R \tag{3.13a}$$

式中　H_z——油气层中部深度,m;

α——岩石破裂常数,一般取 $0.0325 \sim 0.0493$;

C——上覆岩层压力梯度,一般取 $0.0227 \sim 0.0247$MPa/m;

p_R——地层压力。

(2)迪基法。

形成垂直最大允许压力:

$$p_{AMP} = 0.0222H_z \tag{3.13b}$$

形成水平最大允许压力:

$$p_{AMP} = CH_z \tag{3.13c}$$

3.3.3　注采气方案的制订原则

冬季采气前,需要综合考虑储层气量、储层平均压力、产气量、生产井数、地面设施等因素,提出注采气方案合理的制订原则:

(1)为更好地驱替储层气体,增加有效储集空间和满足高峰期的每日需气量,首先应启用高部位气井,利用储层中较差部位气井来满足采气初期的需气量,使储层中较好部位的气井应尽量保持气量。同时,为控制边部气井暴性水淹,应控制边部气井的最大日产流量。

(2)对一口气井而言,在储层不被伤害的前提下,使其具有相对较高的产量,并在这个产量下保持较长的稳定生产时间。实施过程要考虑供气需要、储层保护、边水控制方面的因素。对于构造中高部位的气井,根据供气需要适当增大产量;对于构造低部位的气井,为了避免边水暴性水淹和防止生产压差过大引起的气体运移,适当控制生产压差,保护储层。

(3)注采期间要及时做好各项动态监测工作:根据已制订的气藏动态监测方案,及时录取生产井的各项动态数据。同时,对气藏内部、气藏边部进行压力监测,并对井流物组分及时分析,准确掌握气藏的地质动态变化规律,合理控制各级节点的节流压差、有效控制露点温度,以达到脱水、脱烃的目的,对单井回压、冷箱压差、露点温度等参数加强监控,保障地下储气库安全、平稳、高效运行。

3.4　储气库最优设计方案评价

天然气地下储气库的建造是一项大型、复杂、具有多目标性的工程项目,包括固定资产投资,钻井、修井、注采气工艺的完善,地面建设及修复原有设施等,需要上亿元的投资。因此,其方案的确定事关重大,必须在建设前期进行充分的技术和工程论证。

在进行方案评价时,其评价指标按其属性可分三类:

第一类,趋上优指标,表示该类指标越大越好,例如利润、调峰气量、注采气压力区间等。

第二类,中心最优指标,表示该类指标以某个最佳数值为中心,越接近该值越好,例如垫层气量,因为垫层气量越大,采气时越能提供较高压力能量,短期的调峰能力越强;而当垫层气量越少时,储库有效工作气量就越多,可以减少注采井。

第三类,趋下优指标,表示该类指标越小越好,例如注采气成本、注气功率消耗等。

由于地下储气库优化设计指标类型的多样性,不相容性,且其量纲也不尽相同,甚至有些指标只能是定性描述的非量化灰数,这就导致储库建造设计方案的优选是属灰色系统,且兼有不相容信息的处理问题。本节把灰色系统理论与物元分析这两门新兴学科有机地结合起来,提出了基于灰色综合评价法来确定天然气地下储气库的最优设计方案。

3.4.1 灰色综合评价法

灰色综合评价法是以各评价指标 u_i 在各方案 M_i 中的量值 $\otimes_i$ 为灰数,建立灰色物元矩阵,在关联度计算中引入满足度函数,通过加权求和得到各方案的综合关联度,从而评出最佳方案。

(1)建立灰色物元矩阵 $\boldsymbol{R}_{\otimes}$。

$$
\boldsymbol{R}_{\otimes} = (M, u_i, \otimes_i) = \begin{bmatrix} u_1, \otimes_1 \\ u_2, \otimes_2 \\ \cdots \\ u_n, \otimes_n \end{bmatrix} \qquad \otimes_i \in [a_i, b_i] \qquad (3.14)
$$

式中:u_i 第 i 个因素,$\otimes_i$ 为第 i 个因素的量值,由于这些量值的范围事先不知道,故称为灰量值,称区间 $[a_i, b_i]$ 为灰域,当 $[a_i, b_i]$ 为经典域时,则称 $\otimes_i$ 为灰经典域;同样,当 $[a_i, b_i]$ 为节域时,则称 $\otimes_i$ 为灰节域。

(2)建立满足度函数。

采用白化函数来定义满足度函数 $\widetilde{\otimes}_i = f_i(x_i)$,其中:$x_i$ 为指标 u_i 的实际值。对于评价指标的三类属性,其满足度函数分别为:

趋上优指标

$$
f_i(x_i) = \begin{cases} \dfrac{x_i}{\lambda_1} & x_i \in [0, \lambda_1] \\ 1 & x_i \in [\lambda_1, +\infty] \\ 0 & x_i \notin [0, +\infty] \end{cases} \qquad (3.15)
$$

中心最优指标

$$f_i(x_i) = \begin{cases} \dfrac{x_i}{\lambda_2} & x_i \in [0,\lambda_2] \\[2mm] 1 & x_i \in [\lambda_2,\lambda_3] \\[2mm] \dfrac{x_i - \lambda_4}{\lambda_3 - \lambda_4} & x_i \in [\lambda_3,\lambda_4] \\[2mm] 0 & x_i \notin [0,\lambda_4] \end{cases} \tag{3.16}$$

趋下优指标

$$f_i(x_i) = \begin{cases} 1 & x_i \in [0,\lambda_5] \\[2mm] \dfrac{x_i - \lambda_6}{\lambda_5 - \lambda_6} & x_i \in [\lambda_5,\lambda_6] \\[2mm] 0 & x_i \notin [0,\lambda_6] \end{cases} \tag{3.17}$$

式中,λ_i 表示评价指标 u_i 的满足度函数的阈值。

（3）建立关联函数,并确立关联度。

关联函数选用线性函数进行方案的评价（图 3.2）,即关联函数式：

$$k_j(\tilde{\otimes}_i) = \frac{\tilde{\otimes}_i - a_{0i}}{a_{0i} - a_{pi}} \tag{3.18}$$

由于 $\otimes_{0i}$ 和 $\otimes_{pi}$ 是灰色的,故欲求关联度 $k_j(\tilde{\otimes}_i)$,须先确定 a_{0i},b_{0i} 和 $\tilde{\otimes}_i$,考虑标准方案和节域方案物元矩阵的特点,取 $a_{0i} = 0.8$, $a_{pi} = 0.7$,$b_{0i} = b_{pi} = 1.0$。

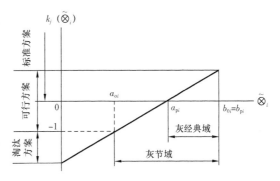

图 3.2 $k_j(\tilde{\otimes}_i)$ 线性函数曲线

于是有：

$$\otimes_{0i} = [0.8,1.0], \quad \otimes_{pi} = [0.7,1.0]$$

（4）确定最优方案。

由于在方案评价中,各评价指标 u_i 对方案的优劣影响程度是不一样的,因此要赋予权重,权重集为：$\boldsymbol{W} = (w_1,w_2,\cdots,w_n)$,$w_i(i=1,2,\cdots,n)$ 为各因素的权系数,且 $\sum\limits_{i=1}^{n} w_i = 1$。赋权值的方法有很多种,如专家调查法、二项系数法、主要成分分析法、均方差法等,本文根据地下储库的实际情况,采用主要成分分析和专家调查相结合的方法。

得到各方案的综合关联度：

$$k_j = \sum_{i=1}^{n} w_i k_j(\tilde{\otimes}_i) \tag{3.19}$$

其中,j 为方案数,$j = 1,2,\cdots,m$。

如图 3.2 所示:

当 $k_j > 0$ 时,表示被评方案符合标准方案的要求。

当 $k_j < -1$ 时,表示被评方案不符合标准方案的要求,且不具有转化为标准方案的条件,为淘汰方案。

当 $-1 \leqslant k_j < 0$ 时,表示被评方案不符合标准方案要求,但具有转化为标准方案的条件,为可行方案。

选出这些关联度的最大值所对应的方案即为最优方案,即:

$$k_{最优} = \max_j k_j \tag{3.20}$$

3.4.2 设计指标的确定

按照上节所述,天然气地下储气库方案必须考虑的主要设计参数有:

(1)垫层气量。为维持储气库的容积和最低压力所需的气体量,垫层气量越大,所维持的储气库地层压力就越高,这样可减少为采出气提供较高压力能量,但垫层气量增多,储库有效工作气量就要减少。

(2)注采气井的井数。井数越多,注采调峰能力越强,注采速度越快。

(3)储气库能承受的最大地层压力 p_{max}:最大地层压力 p_{max} 越大,储气库总储存能力越大,但根据国外储气库的实际运行资料,p_{max} 不能超过原始地层压力(原地层的静态压力),否则要发生泄漏甚至危险。

(4)压气站功率。在向储气库注入同量气体时,希望消耗的功率越小越好,但它受到储气库内地层压力的约束。

(5)总投资量。包括固定资产投资、运行费用等。

(6)使用寿命。

根据以上的设计指标,可构成不同的设计方案,采用灰色综合评价法能够全面科学地确定设计方案的优劣,下面以一实例证明该方法的有效性。

3.4.3 实例分析

通过预测,某城市燃气管网系统需季节调峰负荷量为 $1.2 \times 10^8 \, \text{m}^3$。拟在该城市近郊利用枯竭气藏建造一天然气地下储气库,以满足城市调峰的需要。共设计 3 种方案,每种方案均考虑 6 个不同的设计指标。见表 3.1。

表 3.1　天然气地下储气库的三种设计方案

参数		方案 1	方案 2	方案 3
注气结束时 p_{max},MPa	(A)	32	21	27
压气站功率,kW	(B)	8058.8	3373.5	4779.4
投资,万元	(C)	9911	7682	6013
注采井数,口	(D)	14	12	9
垫层气量,$10^4 \, \text{m}^3$	(E)	7.24	6.1	5.6
使用寿命,a	(G)	25	20	15

根据表3.1可得6个因素组成的评价因素集：

$$V = \{u_1, u_2, \cdots, u_6\} = \{A, B, C, D, E, G\}$$

3.4.3.1 建立灰色物元矩阵

（1）建立标准方案的灰色物元矩阵。从理论上讲，标准方案是一种理想方案，即各评价因素均达到100%的满足程度，但在工程实际中由于各指标不可能很完美，因此，根据实际情况将区域$\otimes_{0i}$适当放宽，认为只要方案的各指标达到80%～100%的满足程度即可，基于此观点，取标准方案的灰量值为$[0.8, 1]$，则得标准方案物元矩阵：

$$\boldsymbol{R}_{0\otimes} = (M_0, u_i, \overset{\sim}{\otimes}_{0i}) = \begin{bmatrix} A, [0.8, 1] \\ B, [0.8, 1] \\ C, [0.8, 1] \\ D, [0.8, 1] \\ E, [0.8, 1] \\ G, [0.8, 1] \end{bmatrix}$$

（2）建立节域方案的灰色物元矩阵。同标准方案物元矩阵，取$\otimes_{pi} = [0.7, 1]$，得节域方案的灰色物元矩阵：

$$\boldsymbol{R}_{\otimes} = (M, u_i, \otimes_{pi}) = \begin{bmatrix} A, [0.7, 1] \\ B, [0.7, 1] \\ C, [0.7, 1] \\ D, [0.7, 1] \\ E, [0.7, 1] \\ G, [0.7, 1] \end{bmatrix}$$

（3）建立各评价方案的灰色物元矩阵。表3.1给出了各评价方案的白化量值$\overset{\sim}{\otimes}_i$，但由于各指标的量纲不一致，数值大小不一样，没有一个统一的标准，因此$\overset{\sim}{\otimes}_i$转化为满足度$f_i(u_i)$。根据地下储气库所需要实际运行的情况，$u_1$，$u_4$和$u_6$用趋上优指标公式（3.15）计算，$u_5$中心最优指标公式（3.16）计算，$u_2$和$u_3$用趋下优指标公式（3.17）计算。图3.3为各指标满足度分布。

根据表3.1的指标，由图3.3各指标满足度的分布曲线，在确定出得到其各自的满足度后，代入各被评价方案的灰色物元矩阵，则：

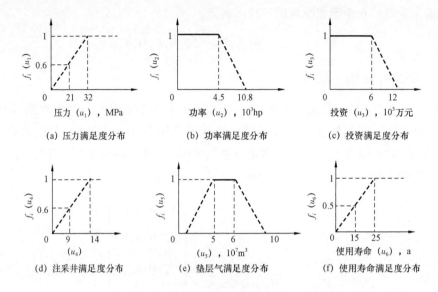

图 3.3　各指标满足度分布

$$\boldsymbol{r}_1 = \begin{bmatrix} A,1.0 \\ B,0.52 \\ C,0.6 \\ D,1.0 \\ E,0.73 \\ G,1.0 \end{bmatrix}, \boldsymbol{r}_2 = \begin{bmatrix} A,0.6 \\ B,1.0 \\ C,1.0 \\ D,0.75 \\ E,1.0 \\ G,0.8 \end{bmatrix}, \boldsymbol{r}_3 = \begin{bmatrix} A,0.75 \\ B,0.7 \\ C,1.0 \\ D,0.64 \\ E,0.75 \\ G,0.5 \end{bmatrix}$$

3.4.3.2　求各方案的综合关联度

根据主成分分析并综合考虑专家的评分,得:

$$w = (0.07,0.14,0.21,0.42,0.07,0.09)$$

将 $a_{0i} = 0.8, a_{pi} = 0.7$ 代入式(3.14),得各因素的关联度 $k_j(\widetilde{\otimes}_i)$,计算结果见表3.2。

表 3.2　各因素的关联度

方案	$k_j(\widetilde{\otimes}_1)$	$k_j(\widetilde{\otimes}_2)$	$k_j(\widetilde{\otimes}_3)$	$k_j(\widetilde{\otimes}_4)$	$k_j(\widetilde{\otimes}_5)$	$k_j(\widetilde{\otimes}_6)$
方案1	+2	−2.8	−2	+2	−0.7	+2
方案2	−1.6	+2	+2	−0.5	+2	0
方案3	−0.5	−1	+2	−1.6	−0.5	−3

将 w 和 $k_j(\widetilde{\otimes}_i)$ 代入式(3.18),得综合关联度:

$$k_1 = 2.229, k_2 = 0.518, k_3 = -0.697$$

确定最优方案:由式(3.19)$k_{最优}=\{k_1,k_2,k_3\}$,则方案2为最优方案,且3个方案的优劣次序为:方案1>方案2>方案3。

根据以上计算结果可看出,三个方案的关联度均大于-1,说明皆为可行方案,由于方案3的综合关联度为$-1<k_3(\tilde{\otimes}_i)<0$,说明此方案为可行方案,且存在向标准方案转化的潜力,如增加储气库地层最大允许压力或增加注采井等。方案1和方案2的综合关联度均大于0,说明方案各指标的总体水平接近标准方案,且$k_1>k_2$,因此应优先选用方案2。

3.5　枯竭油藏改建储气库注采运行机理

利用油藏改建地下储气库由于不可避免地存在油、气、水三相共存的复杂状态,需要解决的核心问题之一是如何在复杂的油、气、水三相共流条件下,提高气体驱替的宏观波及效率和微观效率,解决这一问题的主要手段是气驱物理模拟研究。

3.5.1　枯竭油藏改建储气库渗流特征

枯竭油藏改建储气库,实现天然气的注采能力是主要目标,转为天然气地下储气库,枯竭油藏含水率达到90%最为合适。这种类型的储气库既有含水层特征,又有油藏特征。利用水驱后期枯竭砂岩油藏改建地下储气库由于不可避免地存在油、气、水三相共存的复杂状态,具有三相流体渗流特征。

油田注水开发过程中,由于黏土矿物的水化、膨胀、分散、迁移及其他地层微粒运移的影响,储层性质和流体性质均会发生变化,在目前的技术条件下,水驱开发的油藏的采收率一般在40%左右,还有相当大一部分原油没有采出来;储气库建库过程中,其实质是一个气驱水的过程,只是强度较一般的气驱水过程有所增加,注入气体既能达到改建储气库的目的,又能采出部分剩余油,提高原油的采收率;在储气库多次注采过程中,部分原来被水和原油占据的孔隙被注入气体占据,频繁注采使储层的温度、压力及地质结构等不断发生变化,导致注采能力及库容的变化。

3.5.2　枯竭油藏改建储气库注采实验方法

为研究枯竭油藏在改建储气库过程中油、气、水流动机理,多次循环注采气过程中的气液渗流特征以及对储气库库容量和注采气能力大小的影响,特别设计了高温、高压的钢管添砂模型。模型由耐温、耐压的不锈钢制成,为了使实验结果尽可能符合真实油藏建库的结果,特别设计了尺寸比较大的圆管模型,模型的直径6cm,长度60cm,体积4710cm³,并且在模型侧面开了3个测压孔,通过压力传感器可以随时监测实验过程中模型内部不同位置处的压力,研究储气库注采气过程中油藏内部的压力场分布,模型示意图如图3.4所示。

根据实验模型渗透率的要求,把储层砂岩和河砂按照一定的比例混合后充填到圆管模型中,共充填了5个符合要求的实验模型。模型具体物性参数见表3.3。

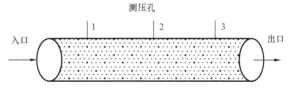

图3.4　不锈钢圆管实验模型示意图

表 3.3 多相驱替测试模型物性参数

模型号	长度,cm	直径,cm	孔隙度,%	水测渗透率,mD
1	60	6	48.95	2115.36
2	60	6	48.08	1769.29
3	60	6	44.66	409.59
4	60	6	44.36	163.84
5	60	6	44.12	109.21

实验是在地层温度(50℃)条件下进行的,实验用油是辽河油田原油,地层温度下原油黏度为 12mPa·s,实验用气体是氮气。实验首先将模型抽真空、饱和水、水测渗透率;然后在地层温度下进行油驱水饱和油,老化 72h 后,开始由模型底部端口进行注水驱油实验,直到模型上部端口不再出油为止;之后改由模型顶部端口定压注入氮气驱替模型中的液相,同时进行储气库建设,建库过程中直到模型底部端口不再出水为止,关闭底部端口。第一次注气建库压力为 15MPa,由氮气渐次充填模型到 15MPa 时,再关闭模型顶部端口,密闭的 15MPa 的模型在稳定 2h 后,打开模型顶部端口进行采气,记录不同回压状态下模型的采气量和产液量;然后接着进行第二次注气、采气实验过程,从第二次注气开始模型底部端口不再打开,模型顶部端口既是注入口又是采出口,如此循环注采 5 个周期后停止实验。注采气过程中要求注气速度应比采气降压速度低 2 倍以上,目的是尽量增加注气量和提高采气量,实验流程如图 3.5 所示。

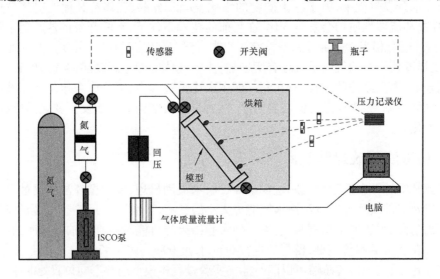

图 3.5 枯竭油藏改建储气库注采模拟实验流程图

3.5.3 枯竭油藏改建储气库影响因素分析

高含水油藏建库具有油、气、水三相流体渗流特征,储层物性、多次注采次数、注采压力是影响建库可行性及技术指标(库容、注采能力)的主要因素。

3.5.3.1 储层物性的影响

实验过程中分别将 5 个模型置于 50℃ 的烘箱中, 在保持模型 60° 倾角的情况下, 进行水、气驱替实验, 实验结果见表 3.4。

表 3.4 不同渗透率模型气水驱替测试数据

模型号	束缚水饱和度 %	水驱		气驱		
		残余油饱和度 %	采收率 %	含液饱和度 %	含气饱和度 %	采收率 %
1	10.01	36.52	69.42	75.10	24.9	24.9
2	10.94	38.10	57.21	76.70	23.30	23.30
3	17.46	42.28	48.77	79.38	20.62	20.62
4	18.24	44.90	45.09	81.43	18.57	18.57
5	19.16	46.05	43.04	81.88	18.12	18.12

实验结果表明, 随着模型渗透率的降低, 水驱油效率明显降低 (图 3.6), 模型最终的含气饱和度也在减小。对于水测渗透率最高的 1 号模型, 水驱后原油的采出程度为 60.23%, 气驱时液体的采出程度为 24.90%, 即模型最终的含气饱和度为 24.9%; 而对于水测渗透率最小的 5 号模型, 水驱后原油的采出程度只有 43.95%, 气驱时液体的采出程度只有 18.12%, 即模型最终的含气饱和度为 18.12%。在气驱高含水模型建库实验过程中, 采出的液体基本上全是水, 只有少量的油膜可见, 因此气驱水建库的过程主要是驱替大孔道中的饱和水, 而水驱残余油在气驱过程中的采出程度几乎为零。由此可见, 在相同的实验条件下, 渗透率越高的储层水驱油和气驱水的采收率也就越高, 油藏的库容量也就越大。

由图 3.7 可以看出, 渗透率越高的储层, 储气库建设过程中的含气饱和度就越大, 即库容量越大。原因是储层渗透率越高, 水驱后残余油饱和度越小, 含水饱和度越大, 注入气体能够进入的地层孔隙就越多, 体积波及系数越大, 气体驱替液体的效率越高, 最终的驱替效果越好, 气驱替后残余油、水饱和度就越小, 相应的含气饱和度增大, 库容量随之增加。但是总的来看, 枯竭油藏建库过程中孔隙体积的利用率不高。

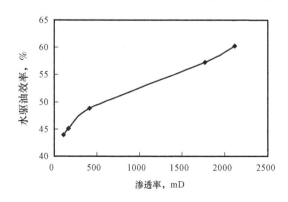

图 3.6 不同渗透率储层水驱油效率

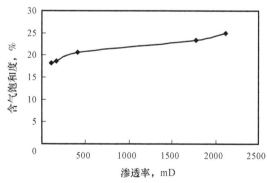

图 3.7 不同渗透率储层储气库气体饱和度

一般气体孔隙度在20%左右,接近于注入水采出油体积的一半,也就是说油藏水驱结束后,油藏中的注入水体积只有约一半左右可以用来储气,注气过程中束缚水和残余油饱和度基本不发生变化。

3.5.3.2 注采次数的影响

在地层温度50℃和保持模型60°倾角的情况下,分别对3号、4号和5号3个模型进行5次循环注采气实验,多次注采气过程中的液相饱和度、气相饱和度和采出气量随注采次数的变化关系曲线如图3.8至图3.10所示。

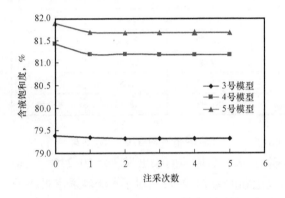

图3.8 多次注采中液相饱和度变化关系曲线   图3.9 多次注采过程中的气相饱和度变化关系曲线

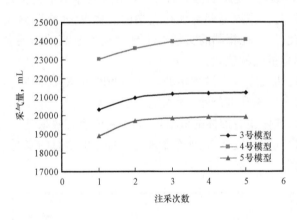

图3.10 多次注采过程中的采气量变化关系曲线

可以看出,随着注采次数的增加,含液饱和度减少,含气饱和度增加,储气库库容有上升趋势,但是在进行多次注采运行后,采液量越来越少,气相饱和度和液相饱和度变化渐趋于零,库容基本不再发生变化。出现这一结果的主要原因,在于储气库在多次注采过程的前两次,由于气体对水的干燥作用和气体的弹性采液作用及高压下气体在液体中的溶解、膨胀作用,再加上开始的液相饱和度较高,具有一定的可采液体,因此,在最初两次的注采气过程中,随着气体的采出,模型中少部分的水和极少的油也被携带出来,从而降低了模型中的液相饱和度,增加了气相饱和度,使模型的库容也相应地有所增加。但是,随着模型注采运行的继续进行,由于液相饱和度降低,可采液相减少,模型的采液量越来越低,随着注采运行次数的继续增加,模型中的气相饱和度和液相饱和度基本不再发生变化,库容趋于一个定值。同时还可以发现,模型的注采压差不同,其气、液的采出量也有所不同,当出口回压由5MPa降到3MPa时,采气量和采液量都有较为明显的增加,特别是第一次注采过程中增加显著。原因就是注采压差的增加导致流体的可动程度增加,从而有利于模型中流体的运移,提高了注采气量。

总的来看,在储气库模型注采气运行过程中,含液饱和度有下降趋势,而含气饱和度有上升趋势,有少部分原来被液相占据的孔隙被气体所占据,储气库的储气能力有所增强,库容有所增加。但是增值不大,并且很快就趋于定值。这对于枯竭油藏储气库在注采过程中的扩容增油是十分不利的。

3.5.3.3　结论和认识

(1)枯竭油藏改建储气库的过程中,储层渗透率越高,水驱后残余油饱和度越小,水驱油效率越高;同时,气驱后含气饱和度也就越大,储气库最终的库容也就越大。因此,矿场在进行高含水油藏改建储气库选址时,应尽可能地选择渗透率和孔隙度较高的高含水油藏。

(2)在储气库的多次注采循环运行过程中,储气库的液相饱和度有逐渐减小的趋势,而气相饱和度有逐渐增加的趋势,整个储气库的库容及气相渗流能力随着注采次数的增加都有增加的趋势,而液相渗流能力随着注采次数的增加有降低的趋势,但是随着注采次数的增加,其库容的增值越来越小,并且最后趋于一个定值。

(3)储气库的多次循环注采运行对于储气库自身库容的增加是有利的。但是多次注采运行实验结果也表明,气体的多次注采过程中采液量很少,对于油藏的气相饱和度和液相饱和度变化影响很小,因此对于油藏的气库容量增加不明显。主要原因就是枯竭油藏都是具有构造倾角的油藏,在改建成储气库后、构造的顶部主要是气体和少量的不可动残余油和束缚水,构造的下部主要是水,中间是气、油、水的过渡带。而气体的注采区间主要发生在油藏构造的顶部,因此采气过程中的携液量很小,而且主要是注入水,原油的采出量几乎为零。因此,枯竭油藏储气库在多次注采气运行过程中有增加库容的趋势,但增值很小,对于改善水驱残余油的效果更是非常有限。

3.6　孔隙型枯竭油气藏储气库数值模拟

从地质学来讲,孔隙型与裂缝型气藏是两类主要气藏。其中岩石(或松散沉积物)中碎屑颗粒之间的空洞称为孔隙,岩石破裂形成的空间称为裂隙(除断裂构造外,褶皱构造、风化作用、火山喷发、岩浆侵入等作用也都能产生裂隙)。二者的成因不同,发育过程也不同:孔隙是骨架颗粒相互支撑形成的空间,裂隙是岩石破裂产生的空间。孔隙多发育于未成岩石的沉积物中;断裂裂隙多发育于岩石中。

实践证明:单一孔隙结构的枯竭气藏是建设地下储气库的最优储层,目前世界上该类型储层的地下储气库是应用面积最广,研究最为深入的地下储气库。

3.6.1　孔隙型纯气驱枯竭气藏储气库模拟

孔隙型纯气驱气藏是气藏开采期间,主要依靠气藏本身的膨胀作用,将气驱动到生产井底,所以在开采阶段表现出天然气能量消耗,地层压力明显下降,在最终储层达枯竭压力时(这里枯竭压力是指气藏已无法采出天然气,或从采气运行过程已不经济时储层所具有的压力),纯气驱气藏变为枯竭型气藏。此时利用枯竭型气藏储存天然气,就称为纯气驱枯竭气藏型地下储气库。

3.6.1.1 数学模型的建立

根据物质守恒原理和流体渗流定律,建立单相三维流动渗流数学模型。

(1)流动方程推导。

考虑岩石各向异性和非均质性、考虑流体的可压缩性、考虑气体流动惯性力影响,认为渗流符合 Forcheimer 定律、考虑注采动态过程地层温度变化很小,认为地下渗流为等温过程,建立质量守恒方程:

$$-\left[\frac{\partial}{\partial x}(\rho u_x) + \frac{\partial}{\partial y}(\rho u_y) + \frac{\partial}{\partial z}(\rho u_z)\right] + \delta_a q = \frac{\partial(\rho\phi)}{\partial t} \tag{3.21}$$

式中 u_x, u_y, u_z ——x 方向、y 方向、z 方向体积流速分量,m/s;

ϕ ——岩石孔隙度,定义为连通孔隙空间所占的相对体积与总体积的比值;

q ——单位岩石体积中注入或采出流体的流量,且注入为正、采出为负,m^3/d;

δ_a ——井点函数,在井点处 $\delta_a = 1$,在非井点处 $\delta_a = 0$。

由于气体流动速度非常高,特别是压力梯度最高的井筒附近,因此不能忽略气体流动的惯性力,1921 年,Forcheimer 考虑了惯性力影响后,提出了以二次流动项来扩展达西定律:

$$\frac{\mu}{K}\boldsymbol{u} + \beta\rho u\boldsymbol{u} = -\operatorname{grad}p \tag{3.22}$$

式中 β ——非达西流动系数;

u ——体积速度向量 $\boldsymbol{u}$ 的数量值(模数);

μ ——流体黏度;

ρ ——流体密度;

K ——渗透率,mD。

将式(3.22)写成达西定律的修正形式:

$$\boldsymbol{u} = -\frac{K\delta}{\mu}\operatorname{grad}p \tag{3.23}$$

其中

$$\delta = (1 + \rho u\beta K/\mu)^{-1}$$

称为达西定律修正系数,其中 μ 为动力黏度,mPa·s。

由于储层孔隙度一般随时间变化极小,故将式(3.21)右边写成:

$$\frac{\partial}{\partial t}(\rho\phi) = \phi\frac{\partial\rho}{\partial t} \tag{3.24}$$

考虑纯气藏的地层压力很高,注入采出的压差变化也较大,因此采用实际气体状态方程:

$$\frac{p}{\rho} = \frac{p_0}{\rho_0} = zRT \tag{3.25}$$

下标 0 表示标准状态。

将式(3.25)代入式(3.24)中,同时,由于地下渗流为等温过程,引入气体等温压缩系数:

$$c(p) = -\frac{1}{V}\frac{\partial V}{\partial p}\Big|_T = \frac{1}{\rho}\frac{\partial \rho}{\partial p} = \frac{1}{p} - \frac{1}{z}\frac{\mathrm{d}z}{\mathrm{d}p}\Big|_T$$

得到:

$$\frac{\partial \rho}{\partial t} = \frac{\partial}{\partial t}(p/RTz)\Big|_T = \frac{1}{RT}\Big[\frac{1}{z}\frac{\partial \rho}{\partial t} + p\frac{\mathrm{d}}{\mathrm{d}p}\Big(\frac{1}{z}\Big)\frac{\partial \rho}{\partial t}\Big]$$

$$= \frac{p}{RTz}\Big(\frac{1}{p} - \frac{1}{z}\frac{\mathrm{d}z}{\mathrm{d}p}\Big)\frac{\partial \rho}{\partial t} = \rho c(p)\frac{\partial \rho}{\partial t}$$

所以

$$\frac{\partial(\rho\phi)}{\partial t} = \phi c\rho \cdot \frac{\partial \rho}{\partial t} = \phi\mu c \cdot \frac{1}{RT} \cdot \frac{p}{\mu z} \cdot \frac{\partial \rho}{\partial t}$$

于是式(3.21)变为:

$$\frac{1}{RT}\Big[\frac{\partial}{\partial x}\Big(\frac{pK_x\delta}{\mu Z}\frac{\partial p}{\partial x}\Big) + \frac{\partial}{\partial y}\Big(\frac{pK_y\delta}{\mu Z}\frac{\partial p}{\partial y}\Big) + \frac{\partial}{\partial z}\Big(\frac{pK_z\delta}{\mu z}\frac{\partial p}{\partial z}\Big)\Big] + \delta_a q = \phi\mu c \cdot \frac{1}{RT} \cdot \frac{p}{\mu z} \cdot \frac{\partial p}{\partial t} \quad (3.26)$$

式中　K_x, K_y, K_z——考虑岩石各向异性和非均质性时,x方向、y方向、z方向渗透率分量,mD。

式(3.26)虽然是三维单相实际气体流动质量守恒方程,但由于δ, μ, z和c都是压力的函数,导致方程高度非线性,很难精确求解。在这里引入真实气体拟压力p_1、真实气体拟时间T_1,将方程线性化处理,真实气体拟压力、拟时间的定义式为:

$$p_1 = \int_{p_0}^{p}\frac{p}{\mu Z}\mathrm{d}p \qquad T_1 = \int_0^t\frac{\mathrm{d}t}{\mu C}$$

则

$$\nabla p_1 = \frac{\partial p_1}{\partial p}\nabla p = \frac{p}{\mu Z}\nabla p \quad (3.27\mathrm{a})$$

$$\frac{\partial p_1}{\partial t} = \frac{\partial p_1}{\partial T_1}\frac{\partial T_1}{\partial t} = \frac{1}{\mu c} \cdot \frac{\partial p_1}{\partial T_1} \quad (3.27\mathrm{b})$$

将式(3.27a)和式(3.27b)代入式(3.26),整理后得到:

$$\frac{\partial}{\partial x}\Big(K_x\delta\frac{\partial p_1}{\partial x}\Big) + \frac{\partial}{\partial y}\Big(K_y\delta\frac{\partial p_1}{\partial y}\Big) + \frac{\partial}{\partial z}\Big(K_z\delta\frac{\partial p_1}{\partial z}\Big) + q_v = \phi\frac{\partial p_1}{\partial T_1} \quad (3.28)$$

其中

$$q_v = \delta_a RTq$$

式中　T——地层温度,K;

$\quad\quad q_v$——单位为 $\mathrm{m^3/d}$。

（2）定解条件。

初始条件：对于储气库储气形成的历史过程，原枯竭气田采气终止时的最终枯竭压力 p_{GJ} 即为初压：

$$p\big|_{t=0} = p_{GJ} \tag{3.29a}$$

对于储气库采注气的动态运行过程，储气库注采气初始时压力 p_{ch} 即为初压：

$$p\big|_{t=0} = p_{ch} \tag{3.29b}$$

边界条件：包括外边界和内边界条件。

外边界条件：储气库的外边界通常是封闭断层，地层尖灭等，它们构成两类外边界，即封闭边界和定压边界，定压边界多为水侵边界，除特别指出，一般情况下枯竭气藏取封闭边界。

储库为封闭边界时，有：

$$q\big|_{AB} = 0 \tag{3.30a}$$

式中 AB——界面。

或

$$\partial p/\partial n\big|_{AB} = 0 \tag{3.30b}$$

内边界条件：储气库内部的气井即为内边界。按气井定产量、定井底压力或定井口压力等生产方式生产，可直接在流动方程中加上相应的产量项 q，注入为正，采出为负。

$$q = \begin{cases} q & （定产量） \\ \lambda_g(p_g - p_1) & （定井底压力） \\ \lambda_g[p_g - f(p_2)] & （定井口压力） \end{cases} \tag{3.31}$$

其中

$$\lambda_g = \frac{2\pi KH/\mu_g}{\ln(r_e/r_w) - 0.5 + S_{skin}}$$

式中 λ_g——流动系数；

S_{skin}——表皮系数；

K——井点渗透率；

H——井点气层厚度，m；

r_e——供给半径，m；

r_w——气井半径，m；

μ_g——气体黏度，mPa·s；

$f(p_2)$——井口与井底压力的换算关系。

约束条件：

注入时

$$p(t) \leqslant p_{\mathrm{AMP}} \tag{3.32a}$$

采出时

$$p_{\text{井口}}(t) \geqslant p_{\text{min井口}} \tag{3.32b}$$

式中　$p(t)$——储库压力；

　　　p_{AMP}——储库最大允许压力；

　　　$p_{\text{井口}}(t)$——由系统中压缩机能够进入集输管线的最小井口压力（称 $p_{\text{min井口}}$）决定的，低于这一最小压力，注采井采气是无法进入集输系统的。

至此，得到了纯气藏储库三维单相注采模拟完整的数学模型，可采用有限差分法求解。

3.6.1.2　模拟算例

20 世纪 70 年代，美国利用某纯气驱枯竭气田内的 D 区，建造了一天然气地下储气库，储气库的原始地层压力为 17.2MPa，采气枯竭时其枯竭压力为 3.1MPa，储气库面积为 4.32km²，储气库内有 5 口注采井，2 口观察井。储气库在冬季运行期间，城市调峰用气需求总量为 $25 \times 10^4 \mathrm{m^3/d}$，5 口井均以定产量采出，通过各井测定储库的基本气层数据和生产情况见表 3.5。

表 3.5　井点参数

参数	井 1	井 2	井 3	井 4	井 5
K, mD	7	18	13	23	27
ϕ, %	11	17	19	20.5	17
H, m	9.75	6.09	14.63	11.58	3.65
q_{v}, $10^4 \mathrm{m^3/d}$	4.8	4.2	5.3	6.2	4.5

运行中测定的边值条件为：

初始条件

$$p\big|_{t=0} = 16.6\mathrm{MPa}$$

边界条件

$$\frac{\partial p}{\partial n}\bigg|_{AB} = 0$$

将模拟区域按实际气藏面积划分为块中心网格系统，网格空间步长 $\Delta X = \Delta Y = 100\mathrm{m}$，$\Delta Z = 5\mathrm{m}$，网格数为 $24 \times 18 \times 4$，最大节点数为 1720，按井点坐标读入井点解释参数，然后采用反距离近点加权法，由计算机读出网格数据形成网格参数场，数值模拟所需的其他参数如 C_g、Z、T 和 μ 等参数均选用气井实际分析资料。模拟计算开始时间步长取几天，以后按月计算，总模拟时间为 300 天。图 3.11 是储气库总平均地层压力随时间变化曲线。

在储气库 $p = 3.1\mathrm{MPa}$ 枯竭压力时，若连续注入，一直达到压力 $\bar{p} = p_{\mathrm{AMP}} = 17.2\mathrm{MPa}$ 原始地层压力时，结果如图 3.12 所示，储气库的最大储库容量约 $9.42 \times 10^8 \mathrm{m^3}$。达到储量 $9.42 \times 10^8 \mathrm{m^3}$，需 10 年 118 天。

同样，在储气库为 $p = 3.1\mathrm{MPa}$ 枯竭压力时，若周期性注入，模拟了注入时间为 1 年，关井 1

个月的分期注入,由于关井储层压力逐渐趋于均匀,致使平均地层压力略有下降,当达到 $\bar{p} = p_{AMP} = 17.2 \mathrm{MPa}$ 时,总储量可增至 $1.02 \times 10^8 \mathrm{m}^3$(图 3.13)。

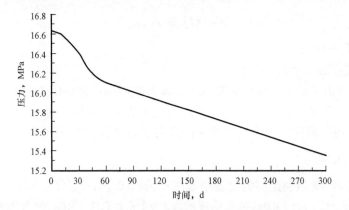

图 3.11　储气库总平均地层压力随时间变化曲线

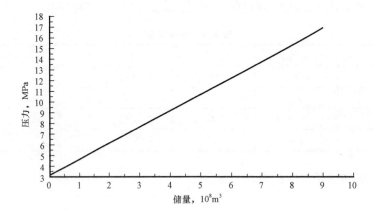

图 3.12　储气库储量随压力变化曲线

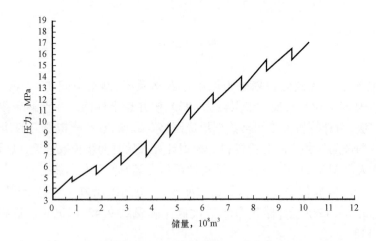

图 3.13　储气库储量随压力变化曲线

单井产量不同,产生的压降漏斗波及范围也不同,考察 y 方向网格 $J=11$ 时压力剖面分布,图3.14为2号和5号井点所在网格压力分布纵向剖面图。可见5号井单井产量大,压降漏斗波及范围就大。且随着时间增加,压降漏斗及影响范围也加大。

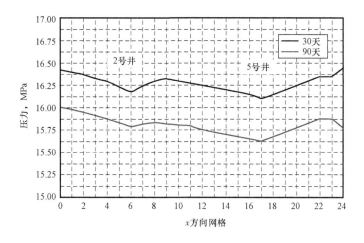

图3.14　网格压力分布纵向剖面图

3.6.2　孔隙型水驱枯竭气藏储气库模拟

单纯弹性驱很少发生,在多数情况下,孔隙型储层压力下降会引起周围水体的侵入,大大减少衰竭过程中的烃类孔隙体积。因此,必须把水体的侵入和压缩性影响包含在物质平衡方程中。

数学模型的建立。

假设地下渗流满足:孔隙型地层等温、气水不溶,渗流符合达西定律,考虑重力以及岩石和流体的可压缩性,考虑岩石各向异性和非均质性,考虑毛细管压力影响。

根据简化假设条件,对气、水分别列质量守恒方程:

$$\mathrm{div}\,(H\rho u)_g + \delta_a HQ_g/V = H\phi\frac{\partial\,(\rho S)_g}{\partial t} \tag{3.33a}$$

$$\mathrm{div}\,(H\rho u)_w + \delta_a HQ_w/V = H\phi\frac{\partial\,(\rho S)_w}{\partial t} \tag{3.33b}$$

式中　　u_g, u_w——气、水渗流速度,m/s;

　　　　Q_g, Q_w——气、水注采量,且注入为正、采出为负,m^3;

　　　　V——岩石体积,m^3;

　　　　δ_a——井点函数,在井点处 $\delta_a=1$,在非井点处 $\delta_a=0$;

　　　　H——储层厚度;

　　　　ρ_g, S_g——气体密度、含气饱和度;

　　　　ϕ——岩石孔隙度;

　　　　ρ_w, S_w——水密度、含水饱和度;

div——散度。

考虑计算机建模的多功能性,同时考虑了二维、三维模拟问题,模型维数的确定依赖于模拟区域的几何形状和模拟研究目的。一维模型最简单,但仅用于模拟实验室的试验结果和进行某些机理研究;二维平面模型在气藏模拟应用最为广泛,它一般用于气藏厚度与气藏面积比较相对较小,垂直向上的岩石和流体物性变化微弱的气藏;三维模型用于研究储层较厚、起伏较大、有断层连通或层与层之间有局部连通的气藏,或多层合采的气藏。

$$H = \begin{cases} 1 & \text{(三维模拟)} \\ H(x,y) & \text{(二维模拟)} \end{cases}$$

$$\mathrm{div}\boldsymbol{V} \equiv \nabla \boldsymbol{V} \equiv \frac{\partial V_x}{\partial x} + \frac{\partial V_y}{\partial y} + \frac{\partial V_z}{\partial z}$$

由于考虑重力影响,且渗流符合达西定律。

对气、水两相分别写达西定律如下:

$$\boldsymbol{u}_{\mathrm{g}} = -\frac{KK_{\mathrm{rg}}}{\mu_{\mathrm{g}}}(\nabla p_{\mathrm{g}} - \rho_{\mathrm{g}}g\nabla z) \tag{3.34a}$$

$$\boldsymbol{u}_{\mathrm{w}} = -\frac{KK_{\mathrm{rw}}}{\mu_{\mathrm{w}}}(\nabla p_{\mathrm{w}} - \rho_{\mathrm{w}}g\nabla z) \tag{3.34b}$$

令

$$\nabla \Phi_{\mathrm{g}} = \nabla p_{\mathrm{g}} - \rho_{\mathrm{g}}g\nabla z$$

$$\nabla \Phi_{\mathrm{w}} = \nabla p_{\mathrm{w}} - \rho_{\mathrm{w}}g\nabla z$$

式中　Φ_{g},Φ_{w}——气、水势函数。

根据流体体积系数的定义:

流体体积系数 = 流体在地层条件下的体积／流体在地面条件下的体积

也可写成:

$$B_{\mathrm{g}} = \frac{\rho_{\mathrm{sc}}}{\rho_{\mathrm{g}}} \qquad \text{或} \qquad \rho_{\mathrm{g}} = \frac{\rho_{\mathrm{sc}}}{B_{\mathrm{g}}} \tag{3.35a}$$

$$B_{\mathrm{w}} = \frac{\rho_{\mathrm{sc}}}{\rho_{\mathrm{w}}} \qquad \text{或} \qquad \rho_{\mathrm{w}} = \frac{\rho_{\mathrm{sc}}}{B_{\mathrm{w}}} \tag{3.35b}$$

式中　B_{g},B_{w}——气相、水相体积系数;

ρ_{sc}——标准状态密度。

分别将式(3.34a)和式(3.35a)代入式(3.33a),式(3.34b)和式(3.35b)代入式(3.33b)后,为书写方便,可简化用一个式子表述为:

$$\nabla \left(\frac{HKK_{\mathrm{r}l}\rho_{\mathrm{sc}}}{\mu_l B_l} \nabla \Phi_l \right) + \delta_{\mathrm{a}}HQ_l/V = \frac{H\partial}{\partial t}\left(\frac{\phi S_l \rho_{\mathrm{sc}}}{B_l} \right) \qquad [l = \mathrm{g}(\text{气相}),\mathrm{w}(\text{水相})] \tag{3.36}$$

将式(3.36)两端同除 ρ_{sc}，得到：

$$\nabla\left(\frac{HKK_{rl}}{\mu_l B_l}\nabla\Phi_l\right) + \delta_a HQ_{Vl}/V = \frac{H\partial}{\partial t}\left(\frac{\phi S_l}{B_l}\right) \tag{3.37}$$

式中　K——渗透率；

　　　K_{rl}——相对渗透率；

　　　μ_l，B_l——流体黏度、流体体积系数；

　　　Q_{Vl}——标准状态流体体积流量，$Q_{Vl} = Q_l/\rho_{sc}$，m^3/s。

令

$$a_l = \frac{HKK_{rl}(S)}{\mu_l(p)B_l(p)}$$

称 a_l 为流动系数。

代入式(3.37)，得到：

$$\nabla(a_l\nabla\Phi_l) + \delta_a HQ_{Vl}/V = \frac{H\partial}{\partial t}\left(\frac{\phi S_l}{B_l}\right) \tag{3.38}$$

在考虑岩石可压缩性时，建立孔隙度随压力变化的附加方程：

$$\phi(p) = \phi^s e^{c(p-p_s)}$$

$$\frac{\partial}{\partial t}\left(\frac{\phi S_l}{B_l}\right) = \frac{1}{B_l}\left(\phi\frac{\partial S_l}{\partial t} + S_l\frac{\partial\phi}{\partial t}\right)$$

对式(3.38)右边展开：

$$\frac{\partial\phi}{\partial t} = \phi(c_\phi + c_l)\frac{\partial\Phi}{\partial t}$$

式中　c_ϕ，c_l——岩石、流体的压缩系数，MPa^{-1}。

得到：

$$\nabla(a_l\nabla\Phi_l) + \delta_a HQ_{Vl}/V = H\frac{\phi}{B_l}\left[\frac{\partial S_l}{\partial t} + S_l(c_\phi + c_l)\frac{\partial\Phi_l}{\partial t}\right] \tag{3.39}$$

式(3.38)分别表示气、水两相运动的两个偏微分方程，而数值模拟所要求的未知数却有4个，包括 p_g，p_w，S_g 和 S_w。因此，还需建立其他两个独立方程。

气、水两相饱和度平衡方程：

$$S_g + S_w = 1 \tag{3.40a}$$

水、气系统毛细管力方程：

$$p_c(S) = \Phi_g - \Phi_w - \Delta rZ \tag{3.40b}$$

至此，方程组封闭可解。

边值条件：

（1）初始条件。由于流动过程近似等温，初始条件即为储气库建造初始时刻或动态运行某一时刻，储气库内部各点压力、各相饱和度的原始分布。在生产前处于静平衡时（势平衡或重力毛细管力平衡），在原始气水界面处相压力相等，其值为原始地层压力，设原始气水界面高度，则势饱和度的初始分布见表3.6。

表3.6　势和饱和度初始分布表

相区	Φ_g	Φ_w	S_w
气区	$p_i - \gamma_g z_i$	$\Phi_g - \Delta\gamma z_i - p_{cmax}$	S_{wi}
两相区	$p_i - \gamma_g z_i$	$p_i - \gamma_w z_i$	为毛细管压力函数
水区	$\Phi_w + \Delta\gamma z_i$	$p_i - \gamma_w z_i$	$1 - S_{gc}$

（2）边界条件。水驱气藏外边界条件有两种：

封闭边界

$$\left.\frac{\partial \Phi}{\partial n}\right|_{T外} = 0$$

定压边界

$$p\big|_{T外} = 常数$$

内部边界条件同式（3.31）。

这样，边值条件与气水两相渗流的三维偏微分方程一起构成了描述储气库模拟问题的完整的数学模型。

3.7　裂缝型天然气地下储气库数值模拟

利用单一孔隙砂岩结构的枯竭气藏改建天然气地下储气库是最为理想的选择。但在我国天然气用气需求量大的华北、华东等亟须调峰储气的发达地区，其储层多为裂缝型碳酸盐岩储层结构。为缓解我国天然气供求的不平衡性、满足城市调峰需求，迫切需要对裂缝型枯竭气藏建设天然气地下储气库，开展前期理论研究，为我国建设裂缝型地下储气库的工程实践，提供理论依据。

3.7.1　裂缝型枯竭气藏储气库注采渗流模型及求解

裂缝型孔隙介质的气水渗流机理与均匀孔隙介质系统完全不同。根据实验分机理析，裂缝型地下储层存在基质和裂缝两种孔渗参数，且基质和裂隙的渗透率和孔隙度存在着较大区别，导致流体在裂缝型地下储层中的储存和渗流过程十分复杂，构成渗流、扩散以及气水两相混合的多场耦合过程。

3.7.1.1　注采渗流模型的建立

基于双重孔隙介质理论，将基质考虑为裂缝所切割的互不连通单元体，且基质孔隙的网格块之间不发生流体的渗流流动,但基质孔隙可以向裂缝渗流,即流体在基质与裂缝之间存在着质量交换。具体简化过程如图3.15所示。对裂缝型枯竭气藏地下储气库的两相渗流驱替过程建立数学模型:

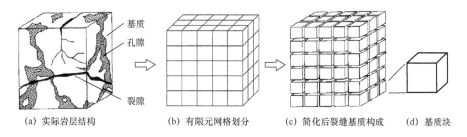

(a) 实际岩层结构　　　(b) 有限元网格划分　　　(c) 简化后裂缝基质构成　　　(d) 基质块

图3.15　双重孔隙介质储层的模型简化示意图

对于裂缝系统:

水相组分

$$\nabla \cdot \frac{\rho_w K_w K_{rw}}{\mu_w}(\nabla p_w - \nabla \lambda - \gamma_w \nabla D) + q_w + \tau_{wmf} = \frac{\partial(\phi_f \rho_w S_w)}{\partial \tau} \tag{3.41}$$

气相组分

$$\nabla \cdot \frac{\rho_g K_g K_{rg}}{\mu_g}(\nabla p_g - \nabla \lambda - \gamma_g \nabla D) + \nabla \cdot \frac{\rho_w R' K_g K_{rw}}{\mu_w}(\nabla p_w - \nabla \lambda - \gamma_w \nabla D) + \tag{3.42}$$

$$q_g + \tau_{bmf} = \frac{\partial}{\partial \tau}(\phi_f \rho_g S_g + \phi_f \rho_w R' S_w)$$

式中　　K_{rg}——气相的相对渗透率;

　　　　K_{rw}——水相的相对渗透率;

　　　　K_g——气相的有效渗透率,D;

　　　　K_w——水相的有效渗透率,D;

　　　　ϕ_f——裂缝储层孔隙度;

　　　　p_g,p_w——裂缝储层内气,水压力;

　　　　ρ_g,ρ_w——裂缝储层压力下气、水密度;

　　　　S_g,S_w——裂缝储层中含气、含水饱和度;

　　　　q_g——裂缝微元体内气体的注采量,注入为正\采出为负;

　　　　λ——启动压力;

　　　　D——渗流基准面以下的垂直高度;

　　　　μ_g,μ_w——裂缝储层中气、水的动力黏度;

　　　　γ_g,γ_w——气体和水的容重,$\gamma = \rho g$;

　　　　R'——裂缝系统内气体在地层水中的溶解气水比,根据气体在边、底水中的溶解度进行
　　　　　　计算;

　　　　τ_{wmf},τ_{gmf}——基质与裂缝之间的水相、气相流体的交换量。

对于基质孔隙系统：

水相组分

$$- \tau_{wmf} = \frac{\partial}{\partial \tau} \left(\frac{\phi_m S_{mw}}{B_{wm}} \right)$$ (3.43)

气相组分

$$- \tau_{gmf} = \frac{\partial}{\partial \tau} \left(\frac{\phi_m S_{mg}}{B_{gm}} + \frac{\phi_m R' S_{mw}}{B_{wm}} \right)$$ (3.44)

式中　B_{gm}, B_{wm}——基质中气、水的体积系数；

　　　S_{mg}, S_{mw}——基质中含气、含水饱和度；

　　　ϕ_m——基质中孔隙度。

单位体积中裂缝和基质接触面积的形状因子 σ，采用 Kazemi 的计算方法进行求取，计算公式为：

$$\sigma = 4 \left(\frac{1}{L_x} + \frac{1}{L_y} + \frac{1}{L_z} \right)$$

则双重孔隙介质内地下储气库中气水两相流体渗流流动的控制方程组：

$$
\begin{cases}
\nabla \cdot \frac{K_w K_{rw}}{\mu_w B_w} (\nabla p_w - \nabla \lambda - \gamma_w \nabla D) + q_w + \tau_{wmf} = \frac{\partial}{\partial \tau} \left(\frac{\phi_f S_w}{B_w} \right) \\[2mm]
\nabla \cdot \frac{K_g K_{rg}}{\mu_g B_g} (\nabla p_g - \nabla \lambda - \gamma_g \nabla D) + \nabla \cdot \frac{R' K_w K_{rw}}{\mu_w B_w} (\nabla p_w - \nabla \lambda - \gamma_w \nabla D) + \\[2mm]
\qquad q_g + \tau_{gmf} = \frac{\partial}{\partial \tau} \left(\frac{\phi_f S_g}{B_g} + \frac{\phi_f R' S_w}{B_w} \right) \\[2mm]
- \tau_{wmf} = \frac{\partial}{\partial \tau} \left(\frac{\phi_m S_{mw}}{B_{wm}} \right) \\[2mm]
- \tau_{gmf} = \frac{\partial}{\partial \tau} \left(\frac{\phi_m S_{mg}}{B_{gm}} + \frac{\phi_m R' S_{mw}}{B_{wm}} \right)
\end{cases}
$$ (3.45)

要完整地描述地下双重孔隙介质中的气体和水在地下储层中的渗流过程、还需补充以下几个辅助方程。

在模型的建立过程中，由于地下储存的天然气为实际气体，需要采用含有压缩因子 z 修正的实际气体的状态方程：

$$pV = zRT$$ (3.46)

公式中的压缩因子 z 采用以 Hall - Yarborough 及其改进计算方法，计算公式为：

$$\begin{cases} z = -a/Y \\[2mm] F(Y) = a + \dfrac{Y + Y^2 + Y^3 + Y^4}{(1-Y)^3} - bY^2 + cY^d \\[2mm] a = -0.06125(p_R/T_R)\exp[-1.2(1-1/T_R)^2] \\[2mm] b = 14.76T_R^{-1} + 9.76T_R^{-2} + 4.58T_R^{-3} \\[2mm] c = 90.7T_R^{-1} - 242.2T_R^{-2} + 42.4T_R^{-3} \\[2mm] d = 2.18 + 2.82T_R^{-1} \end{cases} \tag{3.47}$$

式中 p_R——对比压力,$p_R = p/p_c$;

p_c——拟临界压力;

T_R——对比温度,$T_R = T/T_c$;

T_c——拟临界温度。

假设在双重孔隙介质模型枯竭气藏地下储气库中,从注采井注入天然气以后由于气水的重力分异作用,在 $z(t) = h(x,y,t)$ 处存在着明显的气水分界面,在储层的垂直方向上,饱和度分布的平衡方程表示为:

$$S_g = \begin{cases} 1 - S_{wb} & (0 < z \leqslant h) \\ 0 & (h < z \leqslant H) \end{cases} \tag{3.48a}$$

$$S_w = \begin{cases} S_{wb} & (0 < z \leqslant h) \\ 1 & (h < z \leqslant H) \end{cases} \tag{3.48b}$$

$$S_g + S_w = 1 \tag{3.48c}$$

地下储气库某一位置处的毛细管压力是相应处含水饱和度的函数,通过实验测量并拟合出相应的毛细管压力随含水饱和度变化的函数关系式。毛细管压力约束方程:

$$p_c = p_g - p_w = f(S_w) \tag{3.49a}$$

$$p_{cm} = p_{gm} - p_{wm} = f(S_{wm}) \tag{3.49b}$$

式中 S_{wb}——双重介质储层中的束缚水饱和度;

p_{gm}——气相流体在基质中的渗流压力,MPa;

p_{wm}——水相流体在基质中的渗流压力,MPa;

p_c——气相与水相之间的毛细管力。

3.7.1.2 求解方法

采用有限差分法对气水渗流的控制方程进行离散。定义:

$$\lambda_g = \frac{K_g K_{rg}}{\mu_g B_g}, \lambda_w = \frac{K_w K_{rw}}{\mu_w B_w}$$

将 λ_g 和 λ_w 代入气水两相渗流的控制方程,并将方程左边展开得:

$$\nabla \cdot [\lambda_w \nabla \cdot (p_w - \lambda - \gamma_w D)] + q_w + \tau_{wmf} = \frac{\partial}{\partial \tau}\left(\frac{\phi_f S_w}{B_w}\right) \tag{3.50}$$

$$\nabla \cdot [\lambda_g \nabla \cdot (p_g - \lambda - \gamma_g D)] + R' \nabla \cdot [\lambda_w \nabla \cdot (p_w - \lambda - \gamma_w D)] +$$

$$q_g + \tau_{gmf} = \frac{\partial}{\partial \tau}\left(\frac{\phi_f S_g}{B_g}\right) + R' \frac{\partial}{\partial \tau}\left(\frac{\phi_f S_w}{B_w}\right) \tag{3.51}$$

令

$$p'_g = p_g - \lambda - \gamma_g D, p'_w = p_w - \lambda - \gamma_w D$$

则上述两式转换为:

$$\nabla \cdot (\lambda_w \nabla p'_w) + q_w + \tau_{wsf} = \frac{\partial}{\partial \tau}\left(\frac{\phi_f S_w}{B_w}\right) \tag{3.52}$$

$$\nabla \cdot (\lambda_g \nabla p'_g) + \nabla (\lambda_w \nabla p'_w) + q_g + \tau_{gsf} = \frac{\partial}{\partial \tau}\left(\frac{\phi_f S_g}{B_g}\right) + \frac{\partial}{\partial \tau}\left(\frac{\phi_f S_w}{B_w}\right) \tag{3.53}$$

将上述方程中各项进行逐项差分展开,其中采用中心差分格式,各项展开形式如下:

$$\nabla (\lambda_l \nabla p'_l) = \frac{\partial}{\partial x}\left(\lambda_l \frac{\partial p'_l}{\partial x}\right) + \frac{\partial}{\partial y}\left(\lambda_l \frac{\partial p'_l}{\partial y}\right) + \frac{\partial}{\partial z}\left(\lambda_l \frac{\partial p'_l}{\partial z}\right)$$

$$= \frac{1}{\Delta x_i}\left[\left(\lambda_{lx} \frac{\partial p'_l}{\partial x}\right)_{i+1/2} - \left(\lambda_{lx} \frac{\partial p'_l}{\partial x}\right)_{i-1/2}\right] + \frac{1}{\Delta y_j}\left[\left(\lambda_{ly} \frac{\partial p'_l}{\partial y}\right)_{j+1/2} - \left(\lambda_{ly} \frac{\partial p'_l}{\partial y}\right)_{j-1/2}\right] +$$

$$\frac{1}{\Delta z_k}\left[\left(\lambda_{lz} \frac{\partial p'_l}{\partial z}\right)_{k+1/2} - \left(\lambda_{lz} \frac{\partial p'_l}{\partial z}\right)_{k-1/2}\right]$$

$$= \frac{2\lambda_{l,i+1/2}}{\Delta x_i(\Delta x_i + \Delta x_{i+1})}(p'_{l,i+1} - p'_{l,i}) + \frac{2\lambda_{l,i-1/2}}{\Delta x_i(\Delta x_i + \Delta x_{i-1})}(p'_{l,i-1} - p'_{l,i}) +$$

$$\frac{2\lambda_{l,j+1/2}}{\Delta y_j(\Delta y_j + \Delta y_{j+1})}(p'_{l,j+1} - p'_{l,j}) + \frac{2\lambda_{l,j-1/2}}{\Delta y_j(\Delta y_j + \Delta y_{j-1})}(p'_{l,j-1} - p'_{l,j}) +$$

$$\frac{2\lambda_{l,k+1/2}}{\Delta z_k(\Delta z_k + \Delta z_{k+1})}(p'_{l,k+1} - p'_{l,k}) + \frac{2\lambda_{l,k-1/2}}{\Delta z_k(\Delta z_k + \Delta z_{k-1})}(p'_{l,k-1} - p'_{l,k})$$

$$\frac{\partial}{\partial \tau}\left(\frac{\phi_f S_l}{B_l}\right) = \frac{1}{\Delta \tau}\left[\left(\frac{\phi_f S_l}{B_l}\right)^{n+1} - \left(\frac{\phi_f S_l}{B_l}\right)^n\right]$$

上述公式中,下角标 l 表示流体,当 l 分别为 g 和 w 时分别代表气体和水。令 $V = \Delta x_i \Delta y_j \Delta z_k$,整理可得:

$$T_{w,i+1/2}(p'_{w,i+1} - p'_{w,i}) + T_{w,i-1/2}(p'_{w,i-1} - p'_{w,i}) + T_{w,j+1/2}(p'_{w,j+1} - p'_{w,j}) +$$

$$T_{w,j-1/2}(p'_{w,j-1} - p'_{w,j}) + T_{w,k+1/2}(p'_{w,k+1} - p'_{w,k}) + T_{w,k-1/2}(p'_{w,k-1} - p'_{w,k}) +$$

$$q_{w}V + \tau_{wsf}V = \frac{V}{\Delta \tau}\Big[\Big(\frac{\phi_{f}S_{w}}{B_{w}} \Big)^{n+1} - \Big(\frac{\phi_{f}S_{w}}{B_{w}} \Big)^{n} \Big] \tag{3.54}$$

$$
T_{g,i+1/2}(p'_{g,i+1} - p'_{g,i}) + T_{g,i-1/2}(p'_{g,i-1} - p'_{g,i}) + T_{g,j+1/2}(p'_{g,j+1} - p'_{g,j}) +
$$

$$
T_{g,j-1/2}(p'_{g,j-1} - p'_{g,j}) + T_{g,k+1/2}(p'_{g,k+1} - p'_{g,k}) + T_{g,k-1/2}(p'_{g,k-1} - p'_{g,k}) +
$$

$$
T_{w,i+1/2}(p'_{w,i+1} - p'_{w,i}) + T_{w,i-1/2}(p'_{w,i-1} - p'_{w,i}) + T_{w,j+1/2}(p'_{w,j+1} - p'_{w,j}) +
$$

$$
T_{w,j-1/2}(p'_{w,j-1} - p'_{w,j}) + T_{w,k+1/2}(p'_{w,k+1} - p'_{w,k}) + T_{w,k-1/2}(p'_{w,k-1} - p'_{w,k}) -
$$

$$
A_{w} + q_{g}V + \tau_{gsf}V = \frac{V}{\Delta \tau}\Big[\Big(\frac{\phi_{f}S_{g}}{B_{g}} \Big)^{n+1} - \Big(\frac{\phi_{f}S_{g}}{B_{g}} \Big)^{n} \Big] + \frac{V}{\Delta \tau}\Big[\Big(\frac{\phi_{f}S_{w}}{B_{w}} \Big)^{n+1} - \Big(\frac{\phi_{f}S_{w}}{B_{w}} \Big)^{n} \Big]
$$

$$\tag{3.55}$$

其中

$$T_{l,i\pm 1/2} = \frac{2\Delta y_{j}\Delta z_{k}}{(\Delta x_{i} + \Delta x_{i\pm 1})}\lambda_{l,i\pm 1/2}$$

$$T_{l,j\pm 1/2} = \frac{2\Delta x_{i}\Delta z_{k}}{(\Delta y_{j} + \Delta y_{j\pm 1})}\lambda_{l,j\pm 1/2}$$

$$T_{l,k\pm 1/2} = \frac{2\Delta x_{i}\Delta y_{j}}{(\Delta z_{k} + \Delta z_{k\pm 1})}\lambda_{l,k\pm 1/2}$$

为了简化离散差分方程，引入差分算子 Δ_{s}，含义如下：

$$\Delta_{s}p' = p'_{m+1} - p'_{m}$$

$$\Delta_{s}T_{s}\Delta_{s}p' = T_{m+1/2}(p'_{m+1} - p'_{m}) + T_{m-1/2}(p'_{m+1} - p'_{m})$$

$$\Delta T_{l}\Delta p'_{l} = \Delta_{x}T_{xl}\Delta_{x}p'_{l} + \Delta_{y}T_{yl}\Delta_{y}p'_{l} + \Delta_{z}T_{zl}\Delta_{z}p'_{l}$$

式中，s 表示方向 x,y,z；m 表示 x,y,z 方向所对应的节点坐标 i,j,k，且压力的差分形式按隐式格式进行离散，则式(3.54)和式(3.55)分别简化为：

$$\Delta T_{w}\Delta p'^{n+1}_{w} + q_{w}V + \tau_{wsf}V = \frac{V}{\Delta \tau}\Big[\Big(\frac{\phi_{f}S_{w}}{B_{w}} \Big)^{n+1} - \Big(\frac{\phi_{f}S_{w}}{B_{w}} \Big)^{n} \Big] \tag{3.56}$$

$$\Delta T_{g}\Delta p'^{n+1}_{g} + \Delta T_{w}\Delta p'^{n+1}_{w} + q_{g}V + \tau_{gmf}V$$

$$= \frac{V}{\Delta \tau}\Big[\Big(\frac{\phi_{f}S_{g}}{B_{g}} \Big)^{n+1} - \Big(\frac{\phi_{f}S_{g}}{B_{g}} \Big)^{n} \Big] + \frac{V}{\Delta \tau}\Big[\Big(\frac{\phi_{f}S_{w}}{B_{w}} \Big)^{n+1} - \Big(\frac{\phi_{f}S_{w}}{B_{w}} \Big)^{n} \Big] \tag{3.57}$$

而针对基质系统的离散形式为：

$$-\tau_{gmf} = \frac{1}{\Delta \tau}\Big[\Big(\frac{\phi_{m}S_{gm}}{B_{gm}} \Big)^{n+1} - \Big(\frac{\phi_{m}S_{gm}}{B_{gm}} \Big)^{n} \Big] + \frac{1}{\Delta \tau}\Big[\Big(\frac{\phi_{m}S_{wm}}{B_{wm}} \Big)^{n+1} - \Big(\frac{\phi_{m}S_{wm}}{B_{wm}} \Big)^{n} \Big] \tag{3.58}$$

$$- \tau_{\text{wmf}} = \frac{1}{\Delta \tau} \left[\left(\frac{\phi_{\text{m}} S_{\text{wm}}}{B_{\text{wm}}} \right)^{n+1} - \left(\frac{\phi_{\text{m}} S_{\text{wm}}}{B_{\text{wm}}} \right)^{n} \right] \tag{3.59}$$

则式(3.56)至式(3.59)即为地下储层双重孔隙介质系统中气水两相渗流的数学模型的隐式差分格式的控制方程。

采用逐次超松弛迭代法(PSOR),即对网格节点上的每一个网格单元逐次采用松弛法求解。

压力场和饱和度场求解步骤如下:

(1)给出计算网格节点的压力、含气饱和度在上一时间步长的计算值或初始值($p_{\text{gi}}, S_{\text{gi}}$),及相应的特性参数;

(2)将计算值或初始值($p_{\text{gi}}, S_{\text{gi}}$)代入相应反映物性参数的系数方程,计算各系数矩阵的值,代入方程组(3.54)中,选取合适的松弛迭代因子,进行逐次点迭代求解,得到该时刻的压力场,其中,$p_{\text{gi},j,k}^{*}$为压力场迭代过渡值。迭代计算时,前后两次迭代误差满足式(3.61)为止。

$$p_{\text{gi},j,k}^{(m+1)} = p_{\text{gi},j,k}^{(m)} + \omega \left(p_{\text{gi},j,k}^{*} - p_{\text{gi},j,k}^{(m)} \right) \tag{3.60}$$

$$\max \left| \frac{p_{\text{gi},j,k}^{(m+1)} - p_{\text{gi},j,k}^{(m)}}{p_{\text{gi},j,k}^{(m+1)}} \right| \leqslant \varepsilon \tag{3.61}$$

(3)将得出的储层气相压力分布 $p_{\text{gi},j,k}^{n+1}$ 代入式(3.49)求出 $p_{\text{wi},j,k}^{n+1}$。首先更新方程组中有关物性参数的系数方程,再将求出的储层压力场作为已知条件,代入控制式(3.55)中,利用多步求解法求出相应计算时刻的含水饱和度,即在求出 $n+1$ 节点处的压力之后,将饱和度计算时间步长分成若干段,即 $\Delta t^{n} = \Delta t_{1}^{n} + \Delta t_{2}^{n} + \cdots + \Delta t_{m}^{n}$,分别代入饱和度控制方程组中计算出各相应时刻饱和度后,同步更新相关系数方程,再代入饱和度控制方程组迭代求解,直到计算出 Δt_{m}^{n} 为止,最终求出该时刻的含气饱和度;

(4)步骤(1)~步骤(3)完成了一个时间步长内的迭代过程,将该计算结果作为步骤(1)中的上一步计算结果进行下一时间步长的迭代计算。

3.7.2 储气库建库扩容的模拟分析

借鉴国内华北地区某裂缝型枯竭气藏的地质情况,选择该储气库的主块区域(图3.16中所标示的区框空间 A 内)为研究对象,储层参数和物性参数见表3.7。考虑两种扩容运行过程:

表3.7 裂缝型气藏储气库的储层参数和物性参数

项目名称	单位	数据	项目名称	单位	数据
初始压力	MPa	7.5	初始地层温度	℃	114.3
最大允许压力	MPa	28	残余气饱和度	—	0.15
最低运行压力	MPa	12	束缚水饱和度	—	0.21
储层最大埋深	m	3100	初始孔隙度	%	10.55
储层最低埋深	m	2820	初始裂缝孔隙度	%	6.07
储层厚度区间	m	32.4~75.6	初始渗透率	mD	6.035
主块区最大库容量	10^{8} m³	57.96			

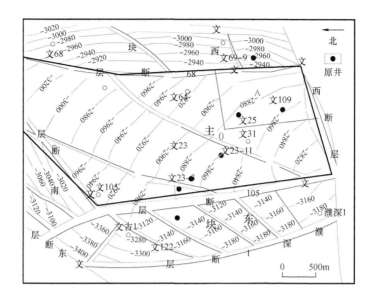

图 3.16 模拟计算储层的含气构造和部分井位布置

（1）间歇性注气扩容运行。注气时各井平均注气，$q_{in,i} = 28 \times 10^4 \, m^3/d$，储气库每注气 90 天后，关井 30 天。

（2）多注少采的注采扩容运行。注采井平均注采，$q_{in,i} = 45 \times 10^4 \, m^3/d$，$q_{out,i} = 10 \times 10^4 \, m^3/d$，每个周期注气 205 天，采气 100 天，每个注气和采气过程结束后关井 30 天。

注气区域面积为 $1.0 \, km \times 0.6 \, km$，区域内布置 5 口注采井，其相对位置如图 3.17 所示。

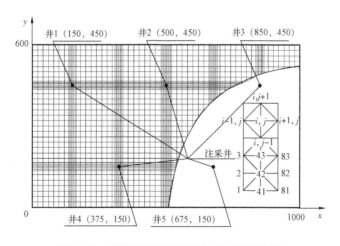

图 3.17 模拟区域网格划分与井位平面布置

模拟区域格划分步长为 $\Delta x = \Delta y = 20 \, m$、$\Delta z = 5 \, m$，在注采井附近加密步长为 $\Delta x = \Delta y = 5 \, m$、$\Delta z = 2 \, m$，在注气阶段采用定注气流量的内边界条件。

（1）间歇性注气建库的运行特性分析。

由图 3.18 可见，间歇性注气时各注采井的井底地层压力呈现阶梯型增长，在注气的初始阶段井底地层压力增速较大，随着注气过程进行，增速逐渐减缓；在关井稳定阶段，井底地层压力略有降低,各井间由于压差作用相互渗流的结果,使储层内压力分布趋于平稳。当注气运行到 984 天时,即累计注气 744 天时,注气井 5 的井底地层压力达到 27.117MPa;而注气井 3 的井底地层压力最小,仅为 25.941MPa,离储气库的最大允许压力仍有 2.059MPa,注气井的井底地层压力均在储气库的安全运行压力范围之内。

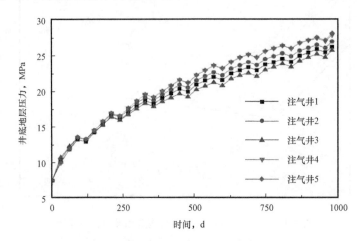

图 3.18　间歇注气的井底地层压力随时间的变化

图 3.19 为关井 30 天后模拟区域内储层的压力分布。关井 30 天之后,模拟区域内储层压力不均匀现象有更大改观,注气井 5 井底处的储层压力降为 26.082MPa,而最小储层压力仍位于注气井 1 气井边缘处,但已增大为 25.017MPa,储层压差已由刚关井时的 2.092MPa 降为 1.065MPa。

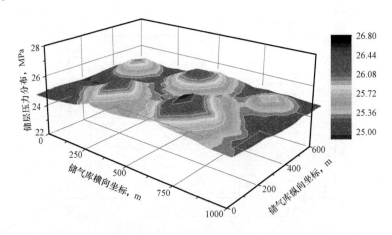

图 3.19　间歇注气建库后关井 30 天的储层压力分布

(2)多注少采的注采运行特性分析。

由图 3.20 可见,周期性多注少采运行时,储气库经过 3 个注采循环后,在第 4 个注气阶段,当运行到 1215 天时,总注气量达到储气库的最大库容量。此时注气井 5 的井底地层压力达到 28.316MPa,已超过地下储气库安全运行的最大允许压力;而注气井 3 的井底地层压力最小,仅为 25.753MPa。

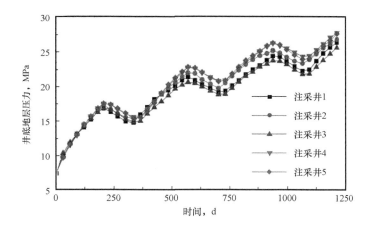

图 3.20　注采建库扩容的井底地层压力随时间的变化

图 3.21 为注采运行结束后储层的压力分布。由图可知,当采用多周期多注少采运行时,当储层内井底地层压力达到储层的允许压力时,储层内压力的不均匀性劣于间歇注气的压力分布。但由于这种多注少采的扩容运行方式,在建库时就能够在一定程度上进行城市调峰,可以有效地缓解城市调峰的压力。

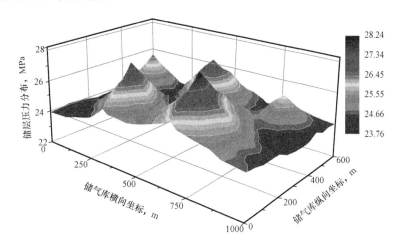

图 3.21　周期注采建库扩容结束后储层内的压力分布

通过比较建库扩容方式,得出在储气库总注气量相同条件下,间歇性注气的建库扩容方式,能够很好地改善储层内压力分布不均匀现象,扩容结束后的地层平均压力最小,稳定性最好;周期性循环注采的扩容建库方式,储层内的压力分布不均匀性最大,扩容结束后的地层平均压力最大。

(3)微裂缝对注采过程的影响。

在裂缝型天然气地下储气库中,裂缝对储气库扩容过程和气水边界的影响因素,主要有裂缝密度、裂缝—基质的渗透率比值等。

地下储层中裂缝密度为单位长度或单位面积内裂缝的条数或宽度,一般采用单位长度内裂缝的条数来表示,又称裂缝频率或视密度。采用裂缝的基岩尺寸间距表示裂缝密度,取裂缝间距为8m,4m和2m,对应的形状因子(σ)分别为0.1875m^{-2},0.75m^{-2}和3m^{-2}。采用定流量注气扩容,其中单井注气$20 \times 10^4 m^3/d$,其他参数保持不变。

　　图3.22是该裂缝密度下注气扩容过程结束后,储层平面内的气水边界分布。分析可知,不同的裂缝密度条件下,储层的裂缝密度越大(形状因子越大),储层的气水边界越远离中心井,当$\sigma = 3m^{-2}$时,扩容结束后,气水边界几乎到达模拟计算边界,即储气库的扩容最大,地下储气库内含气区域内的使用效率达到最大。

　　图3.23是在不同裂缝密度下注气扩容时,储气库的总库容量随时间变化。由图可知,不同的裂缝密度下,储层内总库容量变化趋势基本相同,当σ分别为0.1875m^{-2},0.75m^{-2}和3m^{-2}时,扩容结束后,储气库的总库容量分别为$50.07 \times 10^8 m^3$,$52.19 \times 10^8 m^3$和$56.01 \times 10^8 m^3$。所以在一定程度上,地下储气库内含有较多的微裂缝能够增大储气库的总库容量,增大储层的有效利用效率。

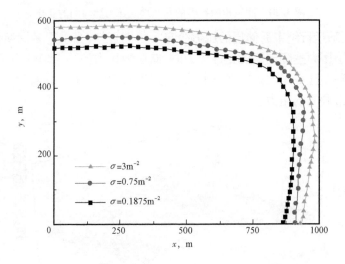

图3.22　不同裂缝密度下的平面气水边界分布曲线

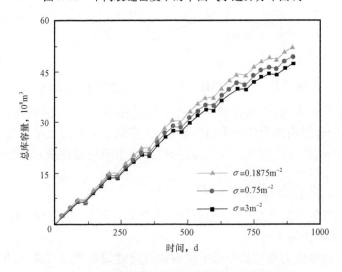

图3.23　不同裂缝密度下库容量随时间变化曲线

当改变储气库内裂缝—基质的渗透率比值时,分析储气库扩容时气水边界的运移过程。此时,储层的形状因子为$0.75m^{-2}$,即取裂缝间距为4m,孔隙度比值取$\phi_f/\phi_s=0.15:0.11$,其他参数不变。

图3.24是不同的渗透率比值下,储气库在第4个注气扩容周期和扩容结束后的气水边界的分布情况。分析可知,渗透率比值越大,气水边界越远离中心注采井,这说明渗透率比值越大,气水边界稳定性越差,此时储气库扩容和以后的调峰运行时,需要严格监测气水边界的运移,防止储气库的气含气区域被边水侵入。

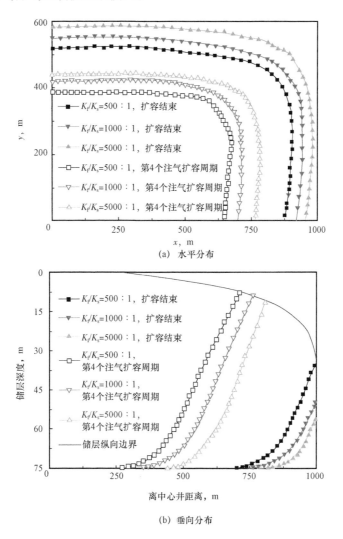

(a) 水平分布

(b) 垂向分布

图3.24　裂缝—基质的不同渗透率比值下的气水边界分布

通过以上分析可知:当裂缝密度和裂缝—基质渗透率比值较大时,储气库注气建库的渗流速度较快,但对渗透率较大的储层,则极易发生指进现象,使储气库进行不稳定扩容,此时需要通过调整注气速率,并对各注采井进行合理分配,使储气库内的地层平均压力均匀增大,以求达到安全扩容的目的。

3.8 大张坨地下储气库工程实践

大张坨地下储气库作为陕京输气管线配套工程,是中国建成的第一座真正意义上的城市调峰用地下储气库,于 2000 年 12 月建成投产,有效工作库容为 $6 \times 10^8 m^3$,其主要功能是在城市用气淡季将陕京输气管线富余的天然气经注气压缩机组增压后注入地下储气库,待城市用气旺季从地下储气库采气,采出的天然气经双向输气管线输至北京和天津各用户。大张坨地下储气库的建成,既保证了陕京输气管线满负荷高效运行,又部分解决了首都北京用气调峰和事故应急供气问题。

3.8.1 储层地质特征

图 3.25 是大张坨地下储气库断层构造封闭性示意图,大张坨地下储气库构造形态为一由西向东倾没的鼻状构造,东面和南面由断层遮挡、西面和西南面岩性尖灭,形成断层岩性圈闭,北面有水体存在并与板中断块相连通,平面延伸超过 15km,埋深 −2565m,幅度 235m,溢出点深度 −2800m,圈闭面积 $12 km^2$。具有改建地下储气库非常优越的地质条件:

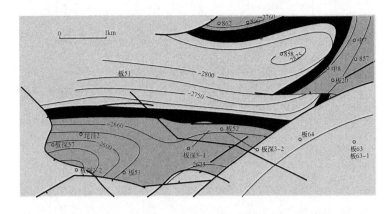

图 3.25　大张坨地下储气库断层构造封闭性示意图

(1)储层构造完整,利于建库。大张坨板 11 油组凝析油气藏受断层和岩性控制,构造高点埋深较深,幅度大,圈闭面积大。

(2)气库密封条件好,利于储气。板 11 油组上覆泥岩厚度大,储集砂体分布盖层以沙河街组一段的暗色泥岩为主,气藏在平面及纵向上具有良好的封闭性,断层具有较好的封闭作用。

(3)气层连通率高,利于注气。储集砂体分布稳定,岩性为岩屑长石粉砂岩和细砂岩,孔隙度为 10.2% ~29.3%,渗透率为 300 ~1000mD,为中孔、中高渗透储层。

(4)气藏储量及气库容积大。气藏属常规的温度压力系统,原始地层压力 29.77MPa,地层温度 105℃。计算原始凝析气地质储量 $16.20 \times 10^8 m^3$,干气地质储量 $13.86 \times 10^8 m^3$,凝析油地质储量 $114.2 \times 10^4 m^3$。

3.8.2 地下储气库方案设计和评价

（1）地下储气库方案设计。

按照地下储气库设计模式，应用多项配套技术，我国石油地质工作者成功地进行了大张坨地下储气库的方案设计。

储气库采气井 16 口，注气井 8 口，工作气量 $6.0 \times 10^8 m^3$，日调峰气量 $500 \times 10^4 m^3/d$，气库运行压力 15～29MPa。单井采气量 $35 \times 10^4 ～ 50 \times 10^4 m^3/d$，单井注气量 $41 \times 10^4 ～ 62 \times 10^4 m^3/d$。方案分为 3 个阶段，其特点为：

① 调峰采气期。2000 年 11 月至 2001 年 3 月，共 120 天，阶段采气量 $3.6 \times 10^8 m^3$，平均日采气 $300 \times 10^4 m^3$。地层压力由 20MPa 降到 14.0MPa。此阶段可利用现有 4 口老井采气，单井日产气 $22 \times 10^4 ～ 35 \times 10^4 m^3$。新投入采气井 3～6 口，单井日产气 $37 \times 10^4 ～ 52 \times 10^4 m^3$。

② 注气补充期。2001 年 4 月至 2001 年 10 月，共 200 天，平均日注 $300 \times 10^4 m^3$，阶段注气量 $6.0 \times 10^8 m^3$，地层压力 14.0～25.0MPa，此阶段可利用沱注 1、沱注 2 注气老井，单井日注气 $30 \times 10^4 ～ 45 \times 10^4 m^3$，新投入注气井 3～6 口，单井日注气 $45 \times 10^4 ～ 75 \times 10^4 m^3$。

③ 调峰采气期。2001 年 11 月至 2002 年 3 月，共 120 天。阶段采气量 $6.0 \times 10^8 m^3$，平均日产气 $500 \times 10^4 m^3$，地层压力 25.0～14.0MPa，采气井可利用现有 4 口老井，单井日产气量 $22 \times 10^4 ～ 40 \times 10^4 m^3$。新投入采气井 6～12 口，单井日产气 $37 \times 10^4 ～ 65 \times 10^4 m^3$。阶段总井数达 20 口，钻新井 14 口（含 2 口监测井），老井利用 6 口。

（2）储气库地面工程建设。

储气库地面工程建设主要包括集注站、管理站、A/B 井组和站外系统等，集注站的功能是集气与注气；管理站的功能是为生产人员提供办公住宿条件并监测储气库的生产情况；A/B 井组是地下储气库的采气起点和注气终点，包括 12 口可注可采井和井口注/采气计量阀组；站外系统包括集注站至 A/B 井组的集注管线、集注站凝液外输管线及配套的水、电、路等设施。

（3）注采方案的优化设计技术。

① 布井原则。

a. 避免注采气井井底有水，既注采气井到边水的距离大于 200m；

b. 避免注气过程中的气窜水域、采气过程中的水指进气区；

c. 合理的井网密度；

d. 注气期部分井为注气井，调峰期全部井为产气井。

② 注采关系的优化。注采关系的优化主要依赖于数值模拟手段，对气库的敏感性指标进行分析对比，并选定最优化注采方式及注采井数，见表 3.8。注采方式以凝析油采收率高和边水对气库危害性小为优选条件。

数值模拟结果表明，气库实行 8 口井注气 16 口井采气的"少注全采"方式，比 16 口井全注全采方式，凝析油采收率增加 25%。所以气库以部分井注气为优。从边水侵入气库的移动距离看，中高部位注气比边缘注气和面积注气的距离都小，也就是对气库的危害性最小，因此，以中高部位注气为优。从气库内压力的平面均衡性来看，面积注气、边缘注气与中高部位注气在气库内都不会造成严重的局部高压区或低压区。

表3.8 注采方式敏感性评价表

注采方式	注/采井数,口	凝析油采收率,%	气液界面移动距离,m	井点压力差,MPa	优选结果
全注全采	16/16	40	>200	>5	差
少注全采	8/16	65	>200	>5	差
面积注气	8/16	62	87	1.0~0.7	优
边缘注气	8/16	69	130	0.9~0.6	良
中高部注气	8/16	65	57	1.2~0.5	最优

3.8.3 运行方案实施效果评价

(1)储气库采气井采气指标评价。

储气库采气井在地层压力20MPa时,平均单井试油测试日产气分别为$49.61 \times 10^4 m^3$,$25.61 \times 10^4 m^3$和$13.42 \times 10^4 m^3$,达到方案设计日产气$30 \times 10^4 \sim 37 \times 10^4 m^3$。

(2)运行方案实施效果评价。

在储气库投入运行后,采气脱水装置处理能力$620 \times 10^4 m^3/d$,注气能力$320 \times 10^4 m^3/d$,干气外输露点不超过$-5℃$。采气期井口压力为$18.5 \sim 6.2MPa$,井口温度$67℃$,单井采气能力$37 \times 10^4 \sim 65 \times 10^4 m^3/d$;注气期井口压力为$18.5 \sim 26.1MPa$,井口温度$70℃$,单井注气能力$41 \times 10^4 \sim 62 \times 10^4 m^3/d$。通过与运行方案的指标对比,达到方案设计,表明方案设计合理,经过2个冬季的调峰生产,储气库的单井生产能力和总体调峰能力均达到了设计要求,见表3.9。

表3.9 运行方案实施效果对比分析表

项目	第一采气期		第一注气期	
	方案设计	实施运行	方案设计	实施运行
时间	12月1日—2月13日	12月13日—3月15日	3月26日—10月3日	3月27日—7月10日
时间,d	75	86	220	105
单井注采量,$10^4 m^3/d$	30~37		41~62	
日均注采气量,$10^4 m^3$	300	72	310	98
最高日注采气量,$10^4 m^3$	300	311	310	350
阶段注采气量,$10^4 m^3$	2.25	0.973	6.6	1.037
压力运行区间,MPa	15~20	17.1~20	15~29	17.1~20.7
压力变化,MPa	5	2.9	14	3.6
单位压力注采量,$10^4 m^3/(d \cdot MPa)$	0.450	0.336	0.470	0.288

大张坨地下储气库建设方案设计作为国内第一座地下储气库建设实施方案,该方案的成功实施及平稳运行为我国即将进行的"西气东输"工程的地下储气库建设方案编制提供了技术保证。

第4章 含水层型天然气地下储气库

建造地下储气库应当首选枯竭的油气藏,但对一些无此地质条件的地区来说,如距离油气藏地区较远的大中城市,利用有背斜圈闭构造,密封条件好的地下含水岩层储存天然气,以满足季节调峰的需要,也是目前许多国家普遍采用的方法。美国于1958年在芝加哥肯塔基建成了世界上第一个含水层型地下储气库;世界上最大的含水层型地下储气库是俄罗斯卡西莫夫地下储气库。其有效储气量达 $90 \times 10^8 \mathrm{m}^3$。目前,世界上共有86座含水层型地下储气库在运行,占全球各类型储气库总数的13.7%。

4.1 基本概念

4.1.1 含水层的定义

地壳表层10km范围内,都或多或少存在着空隙,这为地下水的赋存提供了必要的空间条件。按苏联水文地质学家维尔纳茨基的形象说法,"地壳表层就好像是饱含着水的海绵"。一般说来,地下含水层的多孔介质有如下特点:

(1)多相系,可以同时存在固相、液相和气相(如非饱和带),或同时存在固相和液相(如饱和带)。固相部分称为固体骨架,固体骨架以外部分称为孔隙空间。

(2)固体骨架遍布于整个多孔介质中,固体骨架具有较大的比表面,孔隙空间的空隙比较狭窄。

(3)孔隙有两类,即相互连通的孔隙和彼此独立相互不连通的孔隙(死孔),只有相互连通的孔隙,流体才能在其中流动。

将岩石空隙作为地下水储存场所和运动通道研究时,可分为三类,即:松散岩石中的空隙、坚硬岩石中的裂隙和可溶岩石中溶穴。在用含水层建造地下储气库时,按照国外经验一般选用松散岩石层。

按水文地质学划分:

(1)地下水面以上称为包气带,地下水面以下称为饱水带。饱水带的全部孔隙中都充满着水,而包气带中含有空气、水气和水。

(2)饱水带岩层按其透过和给出水的能力,可划分为含水层和隔水层。含水层是指能够透过并给出相当数量水的岩层,隔水层则是不能或微透过给出水的岩层。

(3)饱水带中第一个具有自由表面的含水层中的水称作潜水,潜水的水面为自由水面,潜水面不承压。充满于两个隔水层之间的含水层中的水,叫作承压水,承压性是承压水的一个重要特征。所以含水岩层按其是否含有潜水面而分为无压含水层和承压含水层。无压含水层的上部边界就是潜水面,所以又称为潜水含水层,该层的水一般来自地表。承压含水层又称压力含水层,它的上部和下部均被不透水层所隔。承压含水层一般为开放水体,一般这样的含水层从出露位置较高的补给区获得补给,向另一侧排泄区排泄,中间是承压区,也有封闭的含水层,如被页岩包围的砂岩透镜体。含水层型地下储气库的目的层为承压含水层。

(4)隔水层为储库的盖层和底板,一般为黏土层,紧密的石灰石、白云石和冰碛石也可以作为盖层和底板。最有利的含水层地质构造当属穹隆型隆起或背斜构造,当然构造中不能有断层,否则可能会使天然气沿断层裂缝逃逸。最合适的含水层的岩石种类有砂层、纯砂岩及石灰岩、白云岩和白垩土。

4.1.2 含水层型储气库主要物性参数

含水层型地下储气库概念体系的建立,需要应用水文地质学以及油气藏工程中一些重要的基本概念和参数。

4.1.2.1 有效孔隙度

松散岩石中颗粒或颗粒集合体之间存在着孔隙(图4.1),孔隙的多少和大小是多孔介质的重要特性,岩石孔隙体积的多少是影响其储容地下水气体能力的重要因素。常用孔隙度这一数量指标表示多孔介质中孔隙的多少。孔隙度指多孔介质中的孔隙体积 V_p 和多孔介质总体积 V(包括孔隙体积 V_p 和固体骨架体积 V_s)之比,用符号 ϕ_t 表示。因为:

$$V = V_s + V_p$$

则有:

$$\phi_t = \frac{V_p}{V} = \frac{V - V_s}{V} \tag{4.1}$$

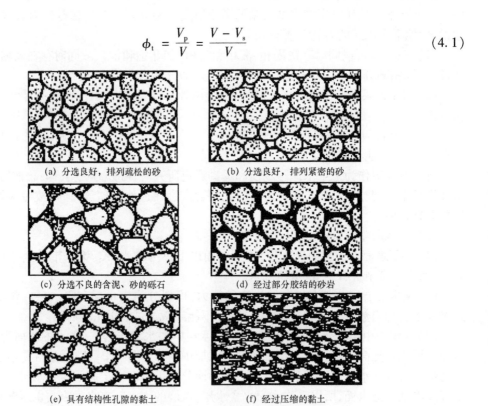

(a) 分选良好,排列疏松的砂　　　(b) 分选良好,排列紧密的砂

(c) 分选不良的含泥、砂的砾石　　　(d) 经过部分胶结的砂岩

(e) 具有结构性孔隙的黏土　　　(f) 经过压缩的黏土

图4.1　松散岩石中的各种孔隙

对建库和储气库运行中地下水和天然气的运动来说,更有意义的是有效孔隙度 ϕ,其表达式为:

$$\phi = \frac{(V_{\mathrm{p}})_{\mathrm{e}}}{V} \tag{4.2}$$

式中　$(V_{\mathrm{p}})_{\mathrm{e}}$——多孔介质中相互连通的孔隙体积,不包括死端孔隙体积和结合水所占据的体积,称有效孔隙体积。

4.1.2.2　渗透率

(1)绝对渗透率 K。储库岩石完全为某种流体所饱和时,岩石与流体之间不发生物理、化学作用,在压力作用下,岩石允许流体在其中通过的能力大小称为岩石的绝对渗透率。对各种不同的单相流体通过多孔介质流动的研究表明,绝对渗透率 K 只与多孔介质本身的结构特性有关,而与单相牛顿流体的特性无关。

(2)有效渗透率或相渗透率(K_{w},K_{g})。当岩石为两相或多相流体饱和时,岩石允许某一相流体通过的能力,称为岩石对该相流体的有效渗透率,亦称相渗透率。岩石的相渗透率是随该相流体的饱和度变化而变化的。

(3)相对渗透率(K_{rw},K_{rg})。岩石的有效渗透率和绝对渗透率之比,称为岩石的相对渗透率。则有:

$$K_{\mathrm{rw}} = K_{\mathrm{w}}/K, \qquad K_{\mathrm{rg}} = K_{\mathrm{g}}/K \tag{4.3}$$

相对渗透率和饱和度函数关系的非线性特性是造成气水渗流方程呈非线性的一个原因。

4.1.2.3　饱和度

对含水层型储气库来说,储层的孔隙空间最初完全被水充满。在储气库开发过程中,要通过注气井将天然气注入储气库中,并将水驱替,当达到储气量时,关井停止注气,此时气、水在储气库中的分布处于平衡状态。由于储层性质、孔隙结构和大小的不同,天然气和水在储层孔隙中所占的体积比例也不同。另外,在采气时,因地层压力下降,除储气库中气、水体积比例要发生变化外,储气库的边、底水将侵入储气库孔隙空间,此时气、水体积的变化不仅影响储气库储量的计算,而且直接影响储气库回采效果评价。为了描述流体在孔隙空间中所占的比例大小和变化,所以引入了流体饱和度这一重要参数。

(1)流体饱和度。岩石中所含某种流体的体积与岩石总孔隙体积之比值,在含水层型储气库中主要为气、水两相流体,所以气、水饱和度可分别表示为:

$$S_{\mathrm{g}} = \frac{V_{\mathrm{g}}}{V_{\mathrm{p}}} \tag{4.4a}$$

$$S_{\mathrm{w}} = \frac{V_{\mathrm{w}}}{V_{\mathrm{p}}} \tag{4.4b}$$

式中　S_{g},S_{w}——气、水饱和度;

　　　V_{g},V_{w}——孔隙中气、水所占体积,m^3;

V_p——岩石中的孔隙体积，m^3。

（2）束缚水饱和度。在储气库注气发生气水驱替时，由于岩石孔隙的毛细管力作用和颗粒表面的吸附作用，一部分水牢牢地残留在孔隙之中，导致气不会将水完全驱替，这部分不流动的水称为束缚水，束缚水所占的体积与岩石孔隙体积之比称为束缚水饱和度。

（3）残余气饱和度。在采气时，地层压力下降，导致边、底水侵入，随着水侵量的增大，含水饱和度增高，水相渗透率逐渐增大，气相渗透率将降至零，此时，残留在岩石孔隙中的含气饱和度称为残余气饱和度。残余气饱和度实际上与水驱气的压力和温度无关。实验表明，温度从 299.6K 变化到 394K、压力从 0 变化到 20MPa 都不会影响残余气饱和度，孔隙空间大小的不均质性是影响残余气饱和度的主要参数之一。

4.1.3 含水层建库基本原理

含水层型储气库是用人工方法将天然气注入地下含水层中而形成人工气藏，建库的方法是：将含水岩层孔隙中的水排走，并在非渗透性的含水层盖层下直接形成储气场所。

4.1.3.1 探测性注气

当选定一块含水构造，全面投入建设储气库之前，一般要进行探测性注气，通过在含水构造顶部注气井来实施，以便及时发现和解决存在的问题，减小投资风险性。注气开始前岩层为水充满，水的饱和度为 100%，随着注入气量增加，气逐渐将水驱开形成气区，被驱开的水以边水或底水形式存在，作为储气库的边界起着密封的作用。注入气体在注气压力的驱动下，克服毛细管压力逐渐进入含水储层孔隙空间，在构造顶部较小范围聚集形成体积较小的气泡。随着注气压力提高和注入气量的增加，构造顶部的气泡不断扩大，气水界面也逐渐下移，含水构造顶部将形成一体积较小的次生气顶。次生气顶的形状与含水层地质特征、构造特征、注气速度和累计注气量等因素有关。

如法国的靠近拉克气田的柳堪耶地下储气库，在经过初步勘察确定库址后，于 1957 年进行了试验性注气，试验注气 $6.5 \times 10^6 m^3$ 天然气后，确认了在这一构造内建造储气库的可能性，并决定建造两套装机总容量 900hp 和生产能力为 $1.8 \times 10^6 m^3/d$ 的压气机站。

试注方法可采用下列方案：

（1）不排水的注气试验。通过监测注入一定气量后的压力，来落实边界性质及水体分布，盖层密闭性等。

（2）注示踪剂试验。通过监测注入示踪剂的运移路径，确定流体流动方向及规律，判断断层及圈闭密封性。

（3）排水注气试验。注入一定气量后，分析地下气相分布状态，并研究储气库系统运行状态。

当选定一块含水构造以后，就可以进行试验注气，以检验含水层是否真正可以储气。

由于水是润湿相，需要施加超压（即毛细管排替压力），迫使第一批气泡进入岩样。排替压力受最大孔隙控制，最大孔隙将使气驱水时的阻力最小。为了逐渐驱替出较小孔隙中的水，连续注气需要逐步提高压力，苏联雪尔柯夫市地区天然气的地下储气库就是采取的这种方式，当达到某一个含水饱和度时，成为束缚水，此时饱和度称束缚水饱和度，常见值为 15% ～

30%。利用地下含水岩层储存天然气的有效容积是由气水置换周期决定的,气水置换速度主要取决于储层的性质和允许的最大储层压力。另外,气水接触位置也将对储存过程的压力起决定作用。

4.1.3.2 工业性循环注采运行

注采运行的初级阶段是建库达容阶段,指含水层储气库建设中将注气形成的次生气顶达到最大库容的过程。此时,注气阶段形成的次生气顶很小,含水层型储气库尚不具备调峰功能。工业性注气是在探测性注气基础上,通过一口或多口注气井将天然气连续不断地注入含水层中,使得探测性注气阶段形成的气泡和次生气顶不断扩大,气水界面下移,库容不断扩大。

由于地层非均质性和气水流度比差异较大,将导致注入气体首先沿着渗透率较高或裂缝发育的优势区域渗流,地层非均质性越强、气水流度比差异越大,气驱水的非活塞式驱替效应越显著。非活塞式驱替将导致气水两相渗流区的存在,在含水层中形成纯气区、气水过渡带和纯水区3个区域。

建库达容阶段需要根据建库地质方案设计和注采运行特点,优化和控制逐年注采气速度和注采气量,合理控制注气过程中的气水界面下移和气泡扩大过程,提高注气驱水效率,增大储气孔隙空间。建库达容过程需要遵循"多注少采"的原则,以增加库容为主要目的,采气过程中为了减小水驱残余气的形成,也需要对采气速度进行合理的控制和优化。

在含水层储气库达到设计库容后即进入循环注采运行阶段。由于多次注采气的进行,地层中气水分布更加复杂。气驱水是非活塞式驱替过程,因为气水的黏度差很大,在外来压差的作用下,大孔道断面大,阻力小,气优先进入大孔道,而气的黏度远比水小,使得大孔道的阻力越来越小,则在大孔道中的气窜就会越来越快,从而形成指进现象,黏度差越大,非活塞性就越严重。另外,毛细管力也是造成非活塞性的原因之一,由于水是润湿相,会产生毛细管效应,当岩石表面亲水,由于界面张力而产生的毛细管力就是阻力。当毛细管两端建立外来压差时,由于毛细管力和毛细管半径成反比,在非均质地层中气必然优先进入大孔道,而小孔道仍然被水占据,因而造成气水共存的区域。但当外来压差很大时,气则主要依靠外来压差进入水区,从整个储气库来看,毛细管力的影响就变得较弱了。

从含水层型储气库中采出天然气时,随着气体的采出,地层压力将不断下降,将导致地层水的侵入。水侵的强弱主要取决于天然水域的大小、几何形状、地层岩石物性和流体物性,以及气水间压差等因素。从含水层型储气库中采气导致地层压力的下降,必然连续不断地向水域传递,引起毗邻含水区水的膨胀并侵入储气库,所以必须防止含水层完全被水重新饱和。随着地层含水饱和度的上升,含气饱和度不断下降,形成几乎不可能流动的非连续气泡滞留在岩石孔隙中,当达到某一含气饱和度时,气相完全变成非连续的气泡,此饱和度称为残余气饱和度。因此在采气过程中,需要对采气速度进行合理的控制和优化,以减缓水侵的影响,提高工作气比例。

对于有封闭边界的含水层,当各种条件也适宜储气时,为避免地层压力过高超过盖层的承受极限,可在储气库合适的位置设排水井,以降低储气库的压力,苏联卡卢加市的天然气地下储气库验证了这一措施的必要性。

4.2　含水层型储气库的技术要求

含水层型储气库建造的地质勘探工作不是像石油天然气勘探工作那样在有圈闭可能存在的地方进行,而是在需要建储气库的地方进行,通常这些地区的地质条件并非对建储气库十分有利。建成后的含水层型储气库一些基本情况如图4.2所示。

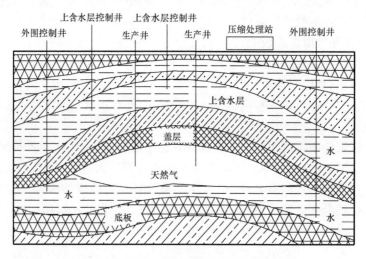

图4.2　含水层型地下储气库形成示意图

4.2.1　选址要求

首先要对有关含水层区域结构进行勘探,从几个地质构造中按下面的原则选定一个比较合适的构造:

(1)储气库应尽量靠近天然气用户和输气干线。

(2)含水岩层圈闭良好,完整封闭、无断层,适于天然气聚集。水平含水层也可利用,例如俄罗斯嘎青斯基天然气地下储气库,它实际上是建造在水平岩层上,由于采取了一系列科学技术措施(专门的井位布置,确定的注采制度,在个别井有选择的注气等),保证了储气库运行的稳定性。

(3)含水岩层上下要有良好的盖层、底层,且盖层、底层要有一定厚度,岩性要纯(如泥岩等),密封性好。苏联的经验表明,在一些情况下,黏土质盖层厚 $8 \sim 10\text{m}$,即可保证密封性,甚至在压力达到初始构造压力的 $1.6 \sim 1.7$ 倍时也不泄漏。

(4)储气层位厚度大,储层物性条件好,孔喉连通性好,分布范围广、稳定,有足够库容量。

(5)含水层有一定深度,能承受一定的注气压力。目前,含水层储气库一般不超过 1000m。但苏联认为,地下储气库应在 $250 \sim 2000\text{m}$ 的深度范围选择。

(6)决定是否适合建造储气库的另一个重要因素,是含水层的注入能力,可用注入指数 I 来表示:

$$I = \frac{q}{\Delta p} = \frac{172.8\,\pi\,Kh}{\mu\ln\left(\dfrac{r_{\text{c}}}{r_{\text{w}}}\right)} \tag{4.5}$$

式中 q——井筒中的流速，m^3/d；

h——含水层的厚度，m；

Δp——含水层及井筒间的压差，MPa；

K——含水层渗透率，m^2；

μ——注入气体黏度，$mPa \cdot s$；

r_c——等效泄流半径，m；

r_w——井筒半径，m。

（7）与城市生活用水、工业用水等水源不相互连通，以免污染水源。世界上最大的含水层型地下储气库俄罗斯的卡西莫夫地下储气库，共钻了143口井专门监测与储层临近的层位，其中95口建在饮用水的层位上。

（8）要有广为分布的贮存或排放置换水的场所。

上述条件是一些定性的、宏观性的原则，在实际中很难完全满足，因此在储气库建造过程中有必要进行针对性的监测。根据国外含水层型储气库建设经验，在已建的含水层型储气库中，含水层的孔隙度一般分布在15%~30%，渗透率大于0.1D的孔隙约占总孔隙的80%；含水层净厚度不小于4m，净厚度大于5m的约占总孔隙的80%。

表4.1是苏联含水层地下储气库的地质参数。

表4.1　苏联含水层地下储气库的地质参数

容量，$10^8 m^3$			圈闭长×宽 km×km	地层地质物理参数							黏土盖层厚度 m
合计	有效气	垫层气		长 m	断距 m	厚度 m	岩性	孔隙度 %	渗透率 D	压力 kgf/cm²	
4	2	2	6×1.5	780~900	112	12~8	砂岩	20	1.0	86.5	109~501
30	13	17	6.5×3.5	890~940	31	6~15	胶结性砂岩	20~29	1.2	89.0	14~29
4	2	2	7×3	400	7	8~10	砂岩	24	3.8	34.8	3~6
4	2	2	8×3	280	13	5	砂岩	20	2.0	32.0	6
30	15	15	5.5×3.5	550	14	14~22	胶结性砂岩	25	1.2	56.0	20
30	15	15	10×4	700	70	50	砂岩	20	2.0	70.0	20
11	5	6	7×2	530	130	15	砂岩	3~23	0.7	63.6	60~80
9	5	6	16×4	220	24	4~24	胶结性砂岩	17	0.5	20.0	80~100
10	4	6	5×2.5	400	210	30	粉砂岩	30	1.3	37.5	105~119

4.2.2　注采井部署

含水层型地下储气库不同于枯竭油气藏型地下储气库，它所有井都是按建造计划新钻的，井大小取决于储气层的有效厚度和渗透性，包括注采气井、排水井、观察井等。

注采气井的数目要根据地下储气库调峰气量和储气库规模以及气井能力来确定。影响布井的主要因素有：规划储气库的总储气量、选用储气库的储层地区特征（地质构造、水文学、地面建筑等）、水动力学特点、井的功能、井间干扰、储气库操作的工艺条件等。通常注气井和采气井大部分合用，且一般选择在构造顶部区域、储层标高较高、强度较大、流体传导性较好，且地面无大型公路、建筑物、珍贵森林和农用耕地等区域。井位的布置要利于储库初建时驱水，俄罗斯卡西莫夫地下储气库布井时采取了在构造顶部集中布井的方式，因为这样可呈中心驱替方式驱水，加快建库速度。在苏联的含水层型储气库中，生产井间距离在从 40～50m 到 300～500m 很宽的范围内波动。排水井一般布置在储气库的边缘部位，观察井的布置主要根据地质构造特点部署，设置观察井具有很重要的意义，如利用储气库边缘的观察井可监测储气库是否达到预定的储气库范围，设在储气库范围内的观察井可随时得到储气库内气水运移情况，盖层、地层以及上下含水层中的观察井可有效监控储气库的密封性以及储气库储气对它们的影响。

俄罗斯卡西莫夫地下储气库布井时，井间的平均距离（l）由式（4.6）确定：

$$l = \sqrt{\frac{\sum F}{n}} \tag{4.6}$$

式中 $\sum F$ ——适宜布井地段的总面积，m^3；

       n ——生产井总数。

排水井一般布置在储气库的边缘部位，布置观察井是监测储气库内气水运移情况，盖层、地层以及上下含水层中的密封性等，因此要根据地质构造特点布置。

当然，还要利用数值模拟和运行实际来评价确定的各种井位是否最优，以及各种井之间的相互影响。钻井过程中还涉及地下储气库钻井液的选择、完井方法、完井过程中的防砂、防气窜、固井技术等。含水岩层型储气库注采井大小取决于储气层的有效厚度和渗透性。

4.2.3   对周围可能造成的影响

储气库的建立对周围可能造成的影响，首先，要考虑对水源的污染问题。一般情况下可以直接排放入地面自然水体，但应保证储气库所在的含水层在储气库运行时不致发生渗漏而污染水源含水层。因此，在储气库建造过程中，需对从含水层中被置换出来的水进行水文地质化学检验。其次，若附近有油气田或其他储气库时，应保证该储气库在运行过程中不致使别的油气田或储气库中的油气发生运移或使其遭受破坏。

含水层型地下储气库的建立常常会在一定范围内影响到一些深含水层，造成大量水位移，同时，出现压力紊乱，其程度和范围取决于储气量和含水层特点。引起的水位移使邻近储气库出现压力变化，表现形式为水气平衡面出现倾斜，从而使人们对实际有效的封闭产生疑问。例如 20 世纪在美国发生一次公司之间的冲突，其原因是气水分界面出现倾斜，导致一家公司使用的构层气转向另一家公司的构层。

储气库产生大量水位移时，含水层的紊乱甚至在比较远的地方也能感觉到。因此，在确定储气库利用条件时，必须考虑这些紊乱现象。除水位移造成含水层内紊乱外，要注意在含水层大面积承受压力变化和表层水负荷变化，岩石压缩性等作用时，使地下层水压发生的变化。

事实上，含水层渗透性越小，储气库扩展引起的压力波动的扩大程度就越小，渗透性小的含水层，在储气库四周几千米的地方有较大压力变化；相反，渗透性大的含水层，压力变化就小些，但可反射到储气库以外几十千米。因此，对渗透性大的含水层，只有在四周是限制紊流区扩大并无渗透包围物时，才会造成远距离压力猛增。

通过干扰试验能获得含水层最正确的评价，干扰试验是在由中心井提取水并在明显延长提取时间时,封闭中心观察井观察压力变化,对事先在取水井周围打出的井和距离试验井最远的井,也必须进行观察试验;同时,应保证足够的压力回升时间,以便在远离含水层地方能够出现可能的限定作用。

4.2.4 建库条件影响因素

从含水圈闭自身地质条件出发,对含水层建库条件进行综合分析,主要影响因素包括:圈闭密封性、含水层埋深、圈闭闭合幅度、含水层渗透率及水体规模等方面,建库筛选的几条重要原则:

(1)选择圈闭密封条件好的含水层,以确保气体不发生漏失;

(2)圈闭埋深中等,有利于提高注气能力和节省建库投资;

(3)圈闭闭合幅度尽可能高,有利于次生气顶的形成和降低气体泄漏的风险;

(4)储层物性好且非均质性较弱,有利于提高库容和注采气能力;

(5)含水层应具有规模相当大的边底水,对形成较大规模的库容的储气库有利。

基于上述原则,进一步给出含水层建库条件评估筛选量化标准,详细内容见表4.2。

表4.2 含水层建库评估筛选基本量化标准表

筛选条件分类	含水层建库评估筛选基本量化标准
断层封闭性	封堵储量Q_{SA}评价方法: $Q_{SA}=1.5$,是封堵最好的含水层;$Q_{SA}=1.05$时,是封堵较好的含水层
	泥岩涂抹系数f_m方法: $f_m \leqslant 4$,断层侧向封闭性好;$f_m > 4$,断层侧向封闭性较差
盖层封闭性	微观封闭能力强弱的等级划分标准: 盖层岩石与储层岩石排替压力差大于2.0MPa,异常空隙流体压力大于2.0MPa,等级为好; 盖层岩石与储层岩石排替压力差大于2.0~0.5MPa,异常空隙流体压力大于2.0~0.5MPa,等级为较好
盖层封闭性	盖层宏观展布等级划分标准: 沉积环境,半深—深湖相、盆地相和广海陆盆相,泥质岩单层厚度大于20m,等级为好; 台地相、滨—浅湖相和三角洲前缘相,泥质岩单层厚度为10~20m,等级为较好
含水层埋深	200mD中等渗透储层,形成$5 \times 10^8 m^3$中等规模容库,含水层埋深不应低于1000m
圈闭闭合幅度	无量纲幅度评价参数大于0.2,中高幅度含水层。 埋深1000m含水层,其圈闭闭合幅度应大于60m; 埋深2000m含水层,其圈闭闭合幅度应大于120m
含水层渗透率	形成$5 \times 10^8 m^3$中等规模容库: 埋深1000m含水层,含水层绝对渗透率不低于200mD
水体规模	形成$5 \times 10^8 m^3$中等规模容库: 埋深500m含水层,水体规模应大于$60.5 \times 10^8 m^3$; 埋深1000m含水层,水体规模应大于$15.1 \times 10^8 m^3$

4.3 储气库开发运行方案的制订

含水层型储气库运行不同于气藏开发,对气藏开发来说,天然气既是驱动能源又是开采对象。而储气库是人工形成的气藏,在其运行期间所消耗的能量都是人为提供的。气藏开发一般只是单向运行,而储气库是周期性运行,储层空间要被重复使用,所以运行过程中更要注意对压力场、气水分布的控制。储气库运行方案内容应包括:确定最佳的储气库容量,确定井数、布置井网、气井及水井的工作制度、投产顺序、地面各种配套设施。下面就方案制订中的几个重要问题做一下说明。

4.3.1 库容量的计算

库容量是指储气库达到最高允许压力时储存的天然气量,是衡量天然气地下储气库调峰能力的重要指标,是储气库工作气量、单井能力等指标设计的基础,准确计算储气库库容至关重要。国内外目前储气库库容计算主要采用压降法等动态方法。若设计储气库上限压力为气藏的原始地层压力,则储气库库容即计算的气藏动储量,一般采用压降法等动态方法来求取。

不同的储集类型和驱动方式,具有对大、中型构造砂岩储层计算精度较高的特点。考虑到含水层型地下储气库一般的储层为砂岩类型,所以在储气库设计阶段,利用容积法来计算库容量是合适的。

$$G = 0.01 Ah\phi S_g \frac{T_{sc}p_i}{p_{sc}TZ_i} \tag{4.7}$$

式中 G——库容量,10^8m^3(在 20℃和 1at[❶]);

A——储气库面积,km^2;

h——平均储层厚度,m;

ϕ——储层平均有效孔隙度,%;

S_g——储气层含气饱和度;

T——平均地层温度,K;

T_{sc}——地面标准温度,K;

p_{sc}——地面标准压力,MPa;

p_i——储气层平均压力,MPa;

Z_i——天然气偏差系数。

储气库试注阶段,当注气驱替达到最大气水界面 H_g 时,气体驱扫的最大孔隙体积为 Q_r,储气库达到上限压力时,储气库达到最大库容量 Q_M 为:

$$Q_M = \frac{Q_r(H_g)}{B_g(p_{max}, T_{av})} \tag{4.8}$$

---

❶ 1at = 9.80665 × 10⁴ Pa。

式中　Q_M——最大库容量，m^3；

　　　Q_r——最大孔隙体积，m^3；

　　　H_g——最大气水界面，m；

　　　T_{av}——井筒平均温度，K；

　　　B_g——不同地层压力下注入天然气体积系数。

储气库达到下限压力时，垫气量的计算公式为：

$$Q_c = \frac{Q_r(H_g)}{B_g(p_{min}, T_{av})} \tag{4.9}$$

式中　Q_c——垫气量，m^3；

　　　p_{min}——下限压力，MPa。

显然，工作气量的计算公式为：

$$Q_a = Q_M - Q_c \tag{4.10}$$

式中　Q_a——工作气量，m^3。

推导得出：

$$Q_a = Q_r(H_g)\left[\frac{1}{B_g(p_{max}, T_{av})} - \frac{1}{B_g(p_{min}, T_{av})}\right] \tag{4.11}$$

4.3.2　储气库最大允许压力

储气库中最大压力决定天然气地下储气库注采速度和有效容积等参数。进行水动力学勘察方法是确定地质构造破损最可靠的方法，俄罗斯对确定最大允许压力的理论依据是假设当岩层中压力达到出现张开的细微裂缝和气体向上一层水平岩层移动的迹象时，应用水力压裂理论确定此时的压力，这个压力可能会超过最初的水静压力的 60% ~ 70%，并且俄罗斯实践证实了这一结论。在俄罗斯的含水层储气库，在注气时其最大压力约高于初始水静压力的 160% ~ 170%，储气库上限压力系数小于 1.36 的储气库比例约为 50%，上限压力系数小于 1.45 的储气库比例约为 80%。目前，含水层型储气库最大上限压力系数约为 1.77，如苏联的波托拉茨储气库，且运行正常。

在已建的含水层型储气库中，到目前为止还未有成熟的办法确定最大允许压力 p_{max}，法国提出用经验公式来估算含水层型储气库的 p_{max}，美国也使用同样的公式：

$$p_{max} = 1 + 0.0981ZG \tag{4.12}$$

式中　p_{max}——最大允许压力，bar；

　　　Z——储库覆盖层厚度，m；

　　　G——系数，取 1.33 ~ 1.49（法国）和 1.33 ~ 1.55（美国）。

苏联的研究认为，储气库的工作体积在很大程度上取决于储气库内的最大允许压力 p_{max}。这个压力越高，储气库库容就越大，在其他条件相同时，向储气库注气时的注气速度也可以越快。

限制储气库最大压力的因素有两个:一是岩石的侧向压力,超过这个压力岩石就可能破裂;二是静水柱压力,超过这个压力太多,诸如气体就会向储气库外运动,甚至逸出到圈闭以外,造成气体损失。

在含水层型储气库的技术指标中,将储气库最大地层压力与静水柱压力的比值称为增压系数,一般用希文 γ 表示。

增压系数取决于含水层型储气库盖层的可靠程度、固井质量以及储气过程中的工艺要求,通常的取值范围为 1.2~1.5。苏联某些储气库的增压系数见表 4.3。

表 4.3 苏联某些储气库增压系数

序号	储气库名称	增压系数 γ	备注
1	卢卢日	1.44	—
2	肖洛柯夫	1.17	—
3	奥利舍夫	1.21	—
4	波托拉兹	1.77	设计值
5	加特琴	1.45	—
6	伊丘加尔	1.2	设计值

设含水层型储气库平均中部深度为 $H(m)$,上覆地层岩石平均密度为 $\rho_{rock}(g/cm^3)$,该值由上覆地层分层岩性资料厚度加权平均获得,岩石内摩擦系数 α 取值范围为 0.6~0.8,储气库安全系数 β 取值范围为 0.5~0.7,增压系数为 γ。在这些假设下,得到含水层储气库最大允许地层压力的计算公式:

$$p_{rock} = 0.00980665\rho_{rock}H\alpha\beta \tag{4.13a}$$

$$p_s = 0.00980665\rho_{water}H\gamma \tag{4.13b}$$

式中 p_{rock}——考虑安全系数后岩石允许的储气库最大地层压力,MPa;

       p_s——考虑气库扩容及静水柱压力的储气库最大地层压力,MPa;

       ρ_{water}——地层水密度,$\rho_{water}=1$。

4.3.3 控制气体运移和水锥进

在注气周期内,天然气运移到设定的储层之外和采气周期内水锥进到采气井中,是含水层天然气储存的两大技术关键问题。采气周期内的水锥进,是由于储气库采气时,井底附近的压力梯度会使近井地带的气水界面上升,从而引起水渗流至采气井井底发生的。

在地下含水层形成初始储存容积期间,由于水和气渗透率不同,某些注入气偏离注气泡区,有时甚至更远,偏离主气泡区的天然气常常难以采出,从而导致工作气比例的减少;而在采气期间,含水层型地下储气库中典型的井筒问题是水锥进,降低产能。过去一直是通过注入大量的垫层气来解决这些问题,有时垫层气达到注采工作气的 2 倍以上,由于对天然气的投资显著增加,迫使人们寻找控制气体运移和水锥进的方法,提高储气库运行的经济性。

目前,一种先进可能的方法是用含水泡沫来充当一种渗流控制剂,泡沫是一种气相和液相的混合物,其中气相是非连续相,被分解成许多由薄液膜分隔开的小气泡。泡沫保护天然气储存的基本思路是在含水层中设置一个合适的泡沫阻挡层,从而把储存的天然气限制在注入井周围的一个小容积内,通过在气水界面上设置一层水平泡沫透镜体,能显著推迟水锥进。要成功地将泡沫应用于地下储存,在经济性和环境方面必须合理,在技术上必须可行。

采用泡沫充当渗流控制剂,其经济性必须根据天然气价值、储气量大小和储层地层特性等因素综合考虑。一般说来,泡沫注入成本由于钻泡沫注入井而大大增加,但利用泡沫阻挡层减少了泄漏点而增加了储气量,或通过泡沫注入现存的井,减少了水锥进,总体效果能使其经济性大为增加。尤其对于水平钻井,可通过一口井设置长长的泡沫阻挡层,其经济效益相当可观。

对环境的影响,需根据现场具体情况来定。根据表面活性剂在油田应用的实际情况,如果含水层不会作为一个潜在的地下饮用水资源(总溶解固体物含量 < 10000mg/L),那么注入无毒性的、可生物降解的表面活性是可以的。

在不超过允许注入压力的条件下,高于临界速度将气体注入的临界极限距离,由充满泡沫地层的气体渗透率、允许注入压力、临界速度、液相黏度等因素决定,当然将泡沫层设置在远离井眼的地方,可降低注入压力,但也使泡沫层难以再生。此外,气体置换液体,液体在泡沫前被驱替,而它的压降必须加到泡沫压降上去,如在液体中使用聚合物,这个压降可能相当大。

避免锥进突入采气井的最大允许产量称为临界产量。影响临界产量的主要因素有气水密度差、气水界面距采气井射孔段的距离及含水层的有效厚度等。目前,有 Meyer – Garder 和 Chaperson 两种比较通用的临界产量预测计算方法。

Meyer 和 Garder 认为,底水锥进是由流体径向流动导致井底附近所产生的压力降引起的,假定储气层为均质,各相同性,即 $K_h = K_V$。K_h 和 K_V 分别为水平方向和垂直方向的有效渗透率。但实际上,K_h/K_V 对锥进影响较大。因而在 $K_h = K_V$ 时可利用这一公式,K_V 和 K_h 有明显差异时应用 Chaperson 公式。

Meyer – Garder 的临界产量公式为:

$$Q_{gc} = 2.6283 \times 10^{-3} \left(\frac{\rho_L - \rho_g}{\ln r_e/r_w} \right) \left(\frac{K}{B_g \mu_g} \right) (h^2 - h_p^2) \qquad (4.14)$$

式中　Q_{gc}——气井临界产量,m^3/d;

　　　ρ_L——地层水的密度,g/cm^3;

　　　ρ_g——地层气体密度,g/cm^3;

　　　B_g——气体地层体积系数;

　　　r_e——井供给半径,m;

　　　r_w——井折算半径,m;

　　　K——储层有效渗透率,mD;

　　　μ_g——地层气体黏度,$mPa \cdot s$;

　　　h——储层有效厚度,m;

　　　h_p——储层钻开厚度,m。

Chaperson 的临界产量公式为:

$$Q_{gc} = 8.3658 \times 10^{-4} \frac{K(h^2 - h_p^2)}{B_g \mu_g}(\rho_L - \rho_g)q_c^* \qquad (4.15)$$

其中

$$q_c^* = 0.7311 + \frac{1.943}{\alpha''}$$

$$\alpha'' = \left(\frac{r_e}{h}\right)\sqrt{\frac{K_V}{K_h}}$$

式中　K_h——水平渗透率, mD;

　　　K_V——垂直渗透率, mD。

其他参数的意义及单位同式(4.14)。

由于实际储层比计算公式要复杂得多,因而临界产量的计算需要在储气库工作井投产后根据实际生产数据作适当修正,修正后可以对每口工作井给出一个合适的产气量。

4.3.4　预防水合物沉积

因为含水岩层中含有水,所以从地下储气库采出天然气,特别是高流量时,运行的压力和温度条件就进入生成水合物作用的危险范围,一旦在气井、集输管线、汇管、分离器中形成水合物,流动截面将减小,严重时会导致供气中断,所以必须控制天然气中的含水量和防止形成水合物。

气体经过输气干线进入储气库之前,已经经过干燥,所以不会产生水合物生成问题,但如果气体脱水不够充分,或者向储气库注气是在压力大大超过输气干线内气体压力下进行,就会有水合物生成问题。

春天时注气生成水合物概率最大,这是由于少部分气体流过变凉的管道,且这个季节铺设管线平面上土壤的温度达到最低值,因此极易有水合物生成。实践中,即使是在气候温暖地区,也有水合物生成。因此,春天时注气要把温度提高,必要时向注入气体中加入甲醇或其他水合物抑制剂。

气体自地层流出时,是被水饱和,当气体沿井筒或管线内流动时,气体的压力和温度都有很大变化,在多数情况下,是部分水凝结,并将管线内壁弄湿。所以,含水层型储气库的天然气必须经过脱水。典型的现代含水层型储气库都装有三甘醇井口脱水装置和一个固定床分子筛或硅胶吸附装置。

从工艺角度,研究水合物的生成包括:预防水合物生成,消除已生成的水合物。预防水合物生成的办法目前可行的主要有:系统在低压下操作、将气体加热和注入水合物抑制剂。在低压下操作,在经济上不可接受,只是作为消除某些区段上已生成水合物阻塞时,偶尔采用的办法;将气体加热,曾在储气库中使用过,但没能推广,原因是这种方法在维护上不方便,且工作时不可靠,但若能研制出简单而又可靠的设备时,该法不失为一理想的方法;注入水合物生成的抑制剂主要有:甲醇、二乙二醇醚及卡比醇,目前甲醇是预防水合物生成的有效试剂,应用甲醇的主要缺点是甲醇有毒、易挥发、易燃且价格昂贵,尚无便宜的再生方法。在给定气体压力、温度下,甲醇的单位用量 e_M(kg/m³)可由式(4.16)计算:

$$e_{\mathrm{M}} = x\left(\alpha + \frac{\Delta e}{100}\right) \qquad (4.16)$$

式中 x——甲醇在随气体流入水中的质量浓度；

α——气相中甲醇饱和含量与液相中甲醇质量浓度之比值；

Δe——在甲醇注入点，气流中水滴的数量，g/m^3。

甲醇的总用量为：

$$q_{\mathrm{M}} = e_{\mathrm{M}}q$$

式中 q——气体流量。

通常甲醇的用量单位为 $0 \sim 1g/m^3$。

实践中，需知道系统内压力温度分布后，还需知道水合物生成部位，才能制订防止水合物阻塞的有效措施。

4.3.5 最小携液产量的计算

在采气过程中，为使流入井底的水或凝析油及时地被采气气流携带到地面，避免井底积液，需要确定出连续排液的极限产量，即气井最小生产流量。由于气井最小生产流量与采气管柱直径有关，因而在采气工艺设计中，对于给定的采气量，可用携液产量公式确定最大的采气管柱内径。

气井最小生产流量的计算大多采用 Turner 公式，Turner 公式实际上是计算气—液不产生滑脱时的最小允许产量，因而需要用到气—液界面张力值 σ，对含水层储气库水—气界面张力 σ_{wg}。在缺乏实际资料时取 $\sigma_{\mathrm{wg}} = 60\mathrm{mN/m}$；对油藏气库在缺乏实际资料时取 $\sigma_{\mathrm{og}} = 20\mathrm{mN/m}$。由于界面张力是以四次方根的形式出现在公式中，对计算结果的影响较小。

最小携液产量的计算公式为：

$$Q_{\mathrm{sc}} = 2.5 \times 10^4 \frac{Ap_{\mathrm{wf}}v_{\mathrm{g}}}{ZT} \qquad (4.17)$$

$$v_{\mathrm{g}} = 1.25 \times \left[\frac{\sigma(\rho_{\mathrm{L}} - \rho_{\mathrm{g}})}{\rho_{\mathrm{g}}^2}\right]^{0.25}$$

$$\rho_{\mathrm{g}} = 3.4844 \times 10^3 \times \frac{\gamma_{\mathrm{g}}p_{\mathrm{wf}}}{ZT}$$

式中 Q_{sc}——最小携液产量，$10^4 m^3/d$；

A——油管截面积，m^2；

p_{wf}——井底流动压力，MPa；

v_{g}——气流携液临界速度，m/s；

σ——界面张力，mN/m；

ρ_{L}——液体密度，对水取 $1074kg/m^3$；

ρ_{g}——气体密度，kg/m^3；

γ_{g}——气体容重，N/m^3；

Z——天然气偏差系数；

T——气流温度，K。

[**实例计算**] 求某含水层储气库采气的最小携液产量，已知参数见表4.4。

表4.4 最小携液产量计算参数表

参数名称	符号	单位	数值
油管内径	d	in	3½
天然气相对密度	γ_g	—	0.58
井底流压	p_{wf}	MPa	11
储层温度	T	℃	40
天然气偏差因子	Z	—	0.854
气水界面张力	σ	mN/m	60

将表4.4中参数代入式(4.17)，计算得到：

$$Q_{sc} = 13.67 \times 10^4 \, \text{m}^3/\text{d}$$

由计算结果看出来，对3½in油管，水的最小携液产量为$13.67 \times 10^4 \, \text{m}^3/\text{d}$。如果气井的生产能力达不到，则在方案设计阶段应考虑缩小油管尺寸。

将油管尺寸由3½in改成2in，2½in和4in时，在其他参数不变的条件下，所对应的携液产量见表4.5。可以看出随着油管直径的增加，最小携液产量也增大，说明缩小油管尺寸对增加携液能力从理论上讲是有效的。

表4.5 油管直径对携液产量的影响表

油管直径,in	2	2½	3	3½	4
最小携液产量,$10^4\text{m}^3/\text{d}$	4.47	6.98	10.05	13.67	17.86

4.3.6 气井冲蚀安全流量

气井冲蚀安全流量主要是为了保证气体在井筒中的流动满足工艺条件而提出的，它实质上是一种约束条件。在采气时，高速流动的气体会在井筒内对油管及管柱上的工具产生冲蚀作用，采取扩大油管直径等措施，可有效避免冲蚀流速对油管的损坏。当产气量确定后，计算冲蚀流速可以作为采气工艺选择最小油管尺寸的依据；反之，当油管直径给定后，可以计算出冲蚀产量，使实际产气量控制在冲蚀安全产量的范围以内。

冲蚀安全流量的计算一般采用Beggs公式，计算公式为：

$$Q_{sc\,max} = 40538.17 \times D^2 \left(\frac{p_{wh}}{ZT\gamma_g} \right)^{0.5} \tag{4.18}$$

式中 $Q_{sc\,max}$——冲蚀产气量，$10^4\text{m}^3/\text{d}$；

D——油管内直径，m；

p_{wh}——井口压力，MPa；

T——绝对温度，K；

Z——天然气压缩因子；

γ_g——天然气相对密度。

4.4 含水层型地下储气库数值模拟

4.4.1 数学模型的建立及求解

（1）储气库中流体和介质都是连续分布的，每一种都充满着整个地层空间；

（2）将渗流视为等温过程，忽略地层温度变化的影响；

（3）储气库中渗流符合达西定律；

（4）气水互不相溶，仅考虑非混相流动；

（5）储气库中岩层具有各向异性和非均质性，岩石和液体均可压缩；

（6）考虑重力及毛细管力的影响。

4.4.1.1 数学模型

（1）连续性方程。

气相：

$$-\left[\frac{\partial(\rho_g v_{gx})}{\partial x}+\frac{\partial(\rho_g v_{gy})}{\partial y}+\frac{\partial(\rho_g v_{gz})}{\partial z}\right]=\phi\frac{\partial(\rho_g S_g)}{\partial t} \tag{4.19a}$$

水相：

$$-\left[\frac{\partial(\rho_w v_{wx})}{\partial x}+\frac{\partial(\rho_w v_{wy})}{\partial y}+\frac{\partial(\rho_w v_{wz})}{\partial z}\right]=\phi\frac{\partial(\rho_w S_w)}{\partial t} \tag{4.19b}$$

（2）运动方程。设气相、水相流动时分别服从达西定律，在考虑重力和毛细管力影响时，有：

对气相

$$v_{gx}=-\frac{K_g}{\mu_g}\left(\frac{\partial p_g}{\partial x}+\rho_w g\sin\alpha\right) \tag{4.20a}$$

$$v_{gy}=-\frac{K_g}{\mu_g}\left(\frac{\partial p_g}{\partial y}+\rho_w g\sin\alpha\right) \tag{4.20b}$$

对水相

$$v_{wx}=-\frac{K_w}{\mu_w}\left(\frac{\partial p_w}{\partial x}+\rho_w g\sin\alpha\right) \tag{4.21a}$$

$$v_{wy}=-\frac{K_w}{\mu_w}\left(\frac{\partial p_w}{\partial y}+\rho_w g\sin\alpha\right) \tag{4.21b}$$

（3）气水饱和度平衡方程。根据饱和度的定义可得到下面的方程式：

$$S_g + S_w = 1 \tag{4.22}$$

（4）毛细管力方程。岩石的毛细管力是把岩石中的孔隙系统设想为一束管径不同的毛细管，在毛细管内两种不同的流体相接触的弯月面两侧所存在的非润湿相压力和润湿相压力之间的差值。在油水两相渗流计算中，因油水的毛细管力作用较小而常常被忽略，但实践表明在含水层气水渗流中，毛细管压力的量级是较大的，不能忽略。实验证明岩石的毛细管力为岩石中流体饱和度的函数，气水两相系统毛细管力为：

$$p_c = p_g - p_w = f(S_w) \tag{4.23}$$

毛细管力与饱和度的关系呈高度非线性，这也是在含水层型储气库模拟计算中造成渗流方程非线性的因素之一。

（5）边界条件和初始条件同 3.6.1 小节。

4.4.1.2　方程的处理

将运动方程式（4.12）和式（4.13）代入式（4.11），并考虑维数因子和产量项，则：

$$\nabla \cdot \left(H\rho_g \frac{KK_{rg}}{\mu_g} \nabla p_g \right) + H\delta q_g = H\phi \frac{\partial(\rho_g S_g)}{\partial t} \tag{4.24a}$$

$$\nabla \cdot \left(H\rho_w \frac{KK_{rw}}{\mu_w} \nabla p_w \right) + H\delta q_w = H\phi \frac{\partial(\rho_w S_w)}{\partial t} \tag{4.24b}$$

式中　H——维数因子；

　　　δ——井点函数，在井点处 $\delta=1$，在非井点处 $\delta=0$；

　　　ρ_g, S_g——天然气密度、含气饱和度；

　　　ρ_w, S_w——水密度、含水饱和度；

　　　ϕ——地层孔隙度；

　　　q_g, q_w——气、水产量项，注入井取正值，生产井取负值。

将密度 ρ 改用等温压缩系数 C 和地层体积系数 B 表示，由流体等温压缩系数定义：

$$C_g = \frac{1}{\rho_g} \frac{\partial \rho_g}{\partial p_g} \Rightarrow \frac{\partial \rho_g}{\partial t} = C_g \rho_g \frac{\partial p_g}{\partial t}$$

$$C_w = \frac{1}{\rho_w} \frac{\partial \rho_w}{\partial p_w} \Rightarrow \frac{\partial \rho_w}{\partial t} = C_w \rho_w \frac{\partial p_w}{\partial t}$$

和地层体积系数公式：

$$B_g = \frac{V_g}{V_{gs}} = \frac{\rho_{gs}}{\rho_g}$$

$$B_w = \frac{V_w}{V_{ws}} = \frac{\rho_{ws}}{\rho_w}$$

上述各式分别代入式(4.14)展开式中,整理后得到:

$$\nabla \cdot \left(H \frac{KK_{rg}}{B_g \mu_g} \nabla p_g \right) + \frac{\delta H q_g}{\rho_{gs}} = H \frac{\phi}{B_g} \left(\frac{\partial S_g}{\partial t} + S_g C_g \frac{\partial p_g}{\partial t} \right) \tag{4.25a}$$

$$\nabla \cdot \left(H \frac{KK_{rw}}{B_w \mu_w} \nabla p_w \right) + \frac{\delta H q_w}{\rho_{ws}} = H \frac{\phi}{B_w} \left(\frac{\partial S_w}{\partial t} + S_w C_w \frac{\partial p_w}{\partial t} \right) \tag{4.25b}$$

式中　K——渗透率;

K_{rg},K_{rw}——气相、水相对渗透率;

δ——井点函数,在井点处 $\delta = 1$,在非井点处 $\delta = 0$;

μ_g,B_g,μ_w,B_w——气、水黏度、体积系数。

将式(4.14)和式(4.15)代入式(4.17a)和式(4.17b)消去 p_w 和 S_g,得到关于 p_g 和 S_w 的方程:

$$\nabla \cdot \left(H \frac{KK_{rg}}{B_g \mu_g} \nabla p_g \right) + \frac{H \delta q_g}{\rho_{gs}} = H \frac{\phi}{B_g} \left[\frac{\partial (1 - S_w)}{\partial t} + (1 - S_w) C_g \frac{\partial p_g}{\partial t} \right] \tag{4.26a}$$

$$\nabla \cdot \left[H \frac{KK_{rw}}{B_w \mu_w} \nabla (p_g - p_c) \right] + \frac{H \delta q_w}{\rho_{ws}} = H \frac{\phi}{B_w} \left[\frac{\partial S_w}{\partial t} + S_w C_w \frac{\partial (p_g - p_c)}{\partial t} \right] \tag{4.26b}$$

将式(4.18)展开、整理后得:

$$\nabla \cdot \left(H \frac{KK_{rg}}{B_g \mu_g} \nabla p_g \right) + \frac{H \delta q_g}{\rho_{gs}} = H \frac{\phi}{B_g} \left[- \frac{\partial S_w}{\partial t} + (1 - S_w) C_g \frac{\partial p_g}{\partial t} \right] \tag{4.27a}$$

$$\nabla \cdot \left(H \frac{KK_{rw}}{B_w \mu_w} \nabla p_g \right) - \nabla \cdot \left(H \frac{KK_{rw}}{B_w \mu_w} \nabla p_c \right) + \frac{H \delta q_w}{\rho_{ws}} = H \frac{\phi}{B_w} \left(\frac{\partial S_w}{\partial t} + S_w C_w \frac{\partial p_g}{\partial t} - S_w C_w \frac{\partial p_c}{\partial t} \right) \tag{4.27b}$$

因为在工程上认为 p_c 是 S_w 的函数,即由式(4.15)有:$p_c = p_c(S_w)$,从而有:

$$\nabla p_c = \frac{\partial p_c}{\partial S_w} \nabla S_w = p_c' \nabla S_w$$

代入式(4.19),整理后到关于 p_g 和 S_w 的方程:

$$\nabla \cdot (a_g \nabla p_g) + Q_g = - r_g \frac{\partial S_w}{\partial t} + l_g \frac{\partial p_g}{\partial t} \tag{4.28a}$$

$$\nabla \cdot (a_w \nabla p_g) - \nabla \cdot (b_w \nabla S_w) + Q_w = r_w \frac{\partial S_w}{\partial t} + l_w \frac{\partial p_g}{\partial t} \tag{4.28b}$$

其中

$$a_g = H \frac{KK_{rg}}{\mu_g B_g}$$

$$r_g = H\frac{\phi}{B_g}$$

$$l_g = H\frac{\phi}{B_g}(1 - S_w)C_g$$

$$l_w = H\frac{\phi}{B_w}S_wC_w$$

$$a_w = H\frac{KK_{rw}}{\mu_wB_w}$$

$$b_w = H\frac{KK_{rw}}{B_w\mu_w}p'_c$$

$$r_w = H\frac{\phi}{B_w}(1 - S_wC_wp'_c)$$

$$Q_g = \frac{H\delta q_g}{\rho_{gs}}$$

$$Q_w = \frac{H\delta q_w}{\rho_{ws}}$$

式(4.28)即为可数值求解的基本方程,方程组的其他各项参数需以下辅助方程来确定,详见《气藏工程原理》等基础书籍。

$$B_g = B_g(p_g), B_w = B_w(p_w), C_g = C_g(p_g), C_w = C_w(p_w),$$

$$K_{rg} = K_{rg}(S_w), K_{rw} = K_{rw}(S_w), \mu_g = \mu_g(p_g), \mu_w = \mu_w(p_w), p_c = p_c(S_w)$$

4.4.1.3　有限元方法的求解

(1)网格的划分。

模拟首先要将空间区域进行网格剖分,原则上说网格剖分得越多越密,计算结果越能反映储气库运行的实际情况,但计算工作量会随网格数的增多而急剧增大,而如果网格步长过大,又难以满足模拟井边界的要求,影响压力和饱和度等计算结果的精度。

网格划分和时间步长选取应满足以下要求:

① 能足够精确地描述储气库几何形态、地质特征。原则上在井点附近网格尺寸应变小,以便更好反映井点附近压降变化。

② 能足够详细地描述储气库内压力、饱和度以及气体浓度的分布。

③ 平面上应包含预计的加密井点网格节点,能正确反映储气库流体流动机理。

④ 网格尺寸应使每口井落在一个网格单元内,相近井点间应至少有三四个网格单元。

对含水层型储气库来说,一般井点附近压力变化较剧烈,在储气库边界压力变化则较平缓,所以在井点附近可加密网格,在边界可采取较疏网格。同时,地下储气库边界一般都是不规则的,所以用有限元法来模拟储气库的运行更合适。有限单元网格划分如图 4.3 所示。

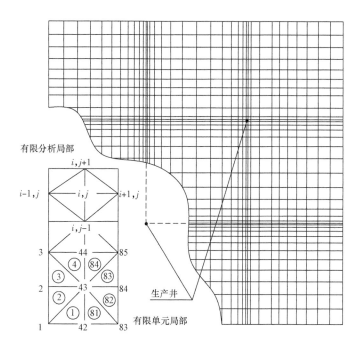

图 4.3　有限单元法的网格划分

（2）有限元方程推导。

把基函数表示成空间坐标函数，而节点函数值则是时间函数。对同一个单元内来说，型函数只与三角网格形状或者说与节点坐标有关，与求解的物理量无关，则压力和饱和度的型函数为：

$$p(x,y,t) = p_l(t) \cdot N_l(x,y) \qquad (l = i,j,m) \qquad (4.29\text{a})$$

$$S(x,y,t) = S_l(t) \cdot N_l(x,y) \qquad (l = i,j,m) \qquad (4.29\text{b})$$

选取权函数：

$$W_l = \frac{\partial p}{\partial p_l} = N_l$$

$$V_l = \frac{\partial S}{\partial S_l} = N_l$$

将式（4.14）改写为（为书写方便先将求解变量 p_g 和 S_w 的下标去掉）：

$$D_1(p,S) = \nabla \cdot (a_g \nabla p) + r_g \frac{\partial S}{\partial t} - l_g \frac{\partial p}{\partial t} = 0 \qquad (4.30\text{a})$$

$$D_2(p,S) = \nabla \cdot (a_w \nabla p) - \nabla \cdot (b_w \nabla S) - r_w \frac{\partial S}{\partial t} - l_w \frac{\partial p}{\partial t} = 0 \qquad (4.30\text{b})$$

整理后，写成 Galerkin 法的基本表达式：

$$\oint_{\Gamma} N_l a_g \frac{\partial p}{\partial n} ds - \iint_G \left[\frac{\partial N_l}{\partial x} \left(a_g \frac{\partial p}{\partial x} \right) + \frac{\partial N_l}{\partial y} \left(a_g \frac{\partial p}{\partial y} \right) \right] dx dy + \tag{4.31a}$$

$$\iint_G r_g \frac{\partial S}{\partial t} N_l dx dy - \iint_G l_g \frac{\partial p}{\partial t} N_l dx dy = 0 \qquad (l = 1, 2, \cdots, n)$$

$$\oint_{\Gamma} N_l a_w \frac{\partial p}{\partial n} ds - \iint_G \left[\frac{\partial N_l}{\partial x} \left(a_w \frac{\partial p}{\partial x} \right) + \frac{\partial N_l}{\partial y} \left(a_w \frac{\partial p}{\partial y} \right) \right] dx dy - \oint_{\Gamma} N_l a_w \frac{\partial S}{\partial n} ds +$$

$$\iint_G \left\{ \frac{\partial N_l}{\partial x} \left(b_w \frac{\partial S}{\partial x} \right) + \frac{\partial N_l}{\partial y} \left(b_w \frac{\partial S}{\partial y} \right) \right\} dx dy - \tag{4.31b}$$

$$\iint_G r_w \frac{\partial S}{\partial t} N_l dx dy - \iint_G l_w \frac{\partial p}{\partial t} N_l dx dy = 0 \qquad (l = 1, 2, \cdots, n)$$

式(4.31)为气水渗流有限单元法计算的基本方程。

对封闭边界含水层来说,边界条件为流量为零,即 $\frac{\partial p}{\partial n} = 0$,且 $\frac{\partial S}{\partial n} = 0$,即边界上泛函的线积分项等于零,所以由式(4.31)整理后,得到:

$$\iint_G \left[\frac{\partial N_l}{\partial x} \left(a_g \frac{\partial p}{\partial x} \right) + \frac{\partial N_l}{\partial y} \left(a_g \frac{\partial p}{\partial y} \right) \right] dx dy = \iint_G r_g \frac{\partial S}{\partial t} N_l dx dy - \iint_G l_g \frac{\partial p}{\partial t} N_l dx dy \tag{4.32a}$$

$$- \iint_G \left\{ \frac{\partial N_l}{\partial x} \left(a_w \frac{\partial p}{\partial x} \right) + \frac{\partial N_l}{\partial y} \left(a_w \frac{\partial p}{\partial y} \right) \right\} dx dy + \iint_G \left[\frac{\partial N_l}{\partial x} \left(b_w \frac{\partial S}{\partial x} \right) + \frac{\partial N_l}{\partial y} \left(b_w \frac{\partial S}{\partial y} \right) \right] dx dy \tag{4.32b}$$

$$= \iint_G r_w \frac{\partial S}{\partial t} N_l dx dy + \iint_G l_w \frac{\partial p}{\partial t} N_l dx dy$$

对单元 e 上 $l = i$ 时,由插值函数的计算公式,可得:

$$\frac{\partial N_i}{\partial x} = \frac{b_i}{2\Delta}$$

$$\frac{\partial N_i}{\partial y} = \frac{c_i}{2\Delta}$$

$$p = N_i p_i + N_j p_j + N_m p_m$$

$$\frac{\partial p}{\partial x} = \frac{(b_i p_i + b_j p_j + b_m p_m)}{2\Delta}$$

$$\frac{\partial p}{\partial y} = \frac{(c_i p_i + c_j p_j + c_m p_m)}{2\Delta}$$

$$\frac{\partial p}{\partial t} = N_i \frac{\partial p_i}{\partial t} + N_j \frac{\partial p_j}{\partial t} + N_m \frac{\partial p_m}{\partial t}$$

$$S = N_i S_i + N_j S_j + N_m S_m$$

$$\frac{\partial S}{\partial x} = \frac{(b_i S_i + b_j S_j + b_m S_m)}{2\Delta}$$

$$\frac{\partial S}{\partial y} = \frac{(c_i S_i + c_j S_j + c_m S_m)}{2\Delta}$$

$$\frac{\partial S}{\partial t} = N_i \frac{\partial S_i}{\partial t} + N_j \frac{\partial S_j}{\partial t} + N_m \frac{\partial S_m}{\partial t}$$

方程系数也做同样的离散,则:

$$a_g = N_i a_{gi} + N_j a_{gj} + N_m a_{gm}, r_g = N_i r_{gi} + N_j r_{gj} + N_m r_{gm}, l_g = N_i l_{gi} + N_j l_{gj} + N_m l_{gm},$$

$$a_w = N_i a_{wi} + N_j a_{wj} + N_m a_{wm}, r_w = N_i r_{wi} + N_j r_{wj} + N_m r_{wm}, l_w = N_i l_{wi} + N_j l_{wj} + N_m l_{wm},$$

$$b_w = N_i b_{wi} + N_j b_{wj} + N_m b_{wm}$$

引入面积坐标积分公式以简化计算:

$$\iint_e dxdy = \Delta, \iint_e N_i dxdy = \frac{\Delta}{3}, \iint_e N_i^2 dxdy = \frac{\Delta}{6}, \iint_e N_i N_j dxdy = \frac{\Delta}{12}$$

$$\iint_e N_i^3 dxdy = \frac{\Delta}{10}, \iint_e N_j N_i^2 dxdy = \frac{\Delta}{30}, \iint_e N_m N_i^2 dxdy = \frac{\Delta}{30}, \iint_e N_i N_j^2 dxdy = \frac{\Delta}{30}$$

$$\iint_e N_i N_j N_m dxdy = \frac{\Delta}{60}, \iint_e N_i N_m^2 dxdy = \frac{\Delta}{30}$$

将以上各式代入式(4.25a)和式(4.25b)中,则:

$$\frac{(a_{gi} + a_{gj} + a_{gm})}{12\Delta}[(b_i^2 + c_i^2)p_i + (b_i b_j + c_i c_j)p_j + (b_i b_m + c_i c_m)p_m]$$

$$= \Delta\left[\left(\frac{1}{10}r_{gi} + \frac{1}{30}r_{gj} + \frac{1}{30}r_{gm}\right)\frac{\partial S_i}{\partial t} + \left(\frac{1}{30}r_{gi} + \frac{1}{30}r_{gj} + \frac{1}{60}r_{gm}\right)\frac{\partial S_j}{\partial t} + \left(\frac{1}{30}r_{gi} + \frac{1}{60}r_{gj} + \frac{1}{30}r_{gm}\right)\frac{\partial S_m}{\partial t}\right] -$$

$$\Delta\left[\left(\frac{1}{10}l_{gi} + \frac{1}{30}l_{gj} + \frac{1}{30}l_{gm}\right)\frac{\partial p_i}{\partial t} + \left(\frac{1}{30}l_{gi} + \frac{1}{30}l_{gj} + \frac{1}{60}l_{gm}\right)\frac{\partial p_j}{\partial t} + \left(\frac{1}{30}l_{gi} + \frac{1}{60}l_{gj} + \frac{1}{30}l_{gm}\right)\frac{\partial p_m}{\partial t}\right]$$

$$(4.33)$$

$$- \frac{(a_{wi} + a_{wj} + a_{wm})}{12\Delta}[(b_i^2 + c_i^2)p_i + (b_i b_j + c_i c_j)p_j + (b_i b_m + c_i c_m)p_m] +$$

$$\frac{(b_{wi} + b_{wj} + b_{wm})}{12\Delta}[(b_i^2 + c_i^2)S_i + (b_i b_j + c_i c_j)S_j + (b_i b_m + c_i c_m)S_m]$$

$$= \Delta\left[\left(\frac{1}{10}r_{wi} + \frac{1}{30}r_{wj} + \frac{1}{30}r_{wm}\right)\frac{\partial S_i}{\partial t} + \left(\frac{1}{30}r_{wi} + \frac{1}{30}r_{wj} + \frac{1}{60}r_{wm}\right)\frac{\partial S_j}{\partial t} + \left(\frac{1}{30}r_{wi} + \frac{1}{60}r_{wj} + \frac{1}{30}r_{wm}\right)\frac{\partial S_m}{\partial t}\right] +$$

$$\Delta\left[\left(\frac{1}{10}l_{wi}+\frac{1}{30}l_{wj}+\frac{1}{30}l_{wm}\right)\frac{\partial p_i}{\partial t}+\left(\frac{1}{30}l_{wi}+\frac{1}{30}l_{wj}+\frac{1}{60}l_{wm}\right)\frac{\partial p_j}{\partial t}+\left(\frac{1}{30}l_{wi}+\frac{1}{60}l_{wj}+\frac{1}{30}l_{wm}\right)\frac{\partial p_m}{\partial t}\right]$$

$$(4.34)$$

同理,可得到 $l=j,m$ 的计算公式。

(3)总体合成及方程组求解。

将式(4.33a)和式(4.33b)合写成矩阵的形式:

$$\begin{bmatrix} k_{ii} & k_{ij} & k_{im} \\ k_{ji} & k_{jj} & k_{jm} \\ k_{mi} & k_{mj} & k_{mm} \end{bmatrix} \begin{Bmatrix} p_i \\ p_j \\ p_m \end{Bmatrix} = \begin{bmatrix} g_{ii} & g_{ij} & g_{im} \\ g_{ji} & g_{jj} & g_{jm} \\ g_{mi} & g_{mj} & g_{mm} \end{bmatrix} \begin{Bmatrix} \dfrac{\partial S_i}{\partial t} \\ \dfrac{\partial S_j}{\partial t} \\ \dfrac{\partial S_m}{\partial t} \end{Bmatrix} - \begin{bmatrix} n_{ii} & n_{ij} & n_{im} \\ n_{ji} & n_{jj} & n_{jm} \\ n_{mi} & n_{mj} & n_{mm} \end{bmatrix} \begin{Bmatrix} \dfrac{\partial p_i}{\partial t} \\ \dfrac{\partial p_j}{\partial t} \\ \dfrac{\partial p_m}{\partial t} \end{Bmatrix}$$

或

$$[K]^e\{p\}^e = [G]^e\left\{\frac{\partial S}{\partial t}\right\}^e - [N]^e\left\{\frac{\partial p}{\partial t}\right\}^e \qquad (4.35)$$

其中

$$k_{ii} = \frac{(a_{gi}+a_{gj}+a_{gm})}{12\Delta}(b_i^2+c_i^2)$$

$$k_{jj} = \frac{(a_{gi}+a_{gj}+a_{gm})}{12\Delta}(b_j^2+c_j^2)$$

$$k_{mm} = \frac{(a_{gi}+a_{gj}+a_{gm})}{12\Delta}(b_m^2+c_m^2)$$

$$k_{ij} = k_{ji} = \frac{(a_{gi}+a_{gj}+a_{gm})}{12\Delta}(b_ib_j+c_ic_j)$$

$$k_{im} = k_{mi} = \frac{(a_{gi}+a_{gj}+a_{gm})}{12\Delta}(b_ib_m+c_ic_m)$$

$$k_{jm} = k_{mj} = \frac{(a_{gi}+a_{gj}+a_{gm})}{12\Delta}(b_jb_m+c_jc_m)$$

$$g_{ii} = \Delta\left(\frac{1}{10}r_{gi}+\frac{1}{30}r_{gj}+\frac{1}{30}r_{gm}\right)$$

$$g_{jj} = \Delta\left(\frac{1}{30}r_{gi}+\frac{1}{10}r_{gj}+\frac{1}{30}r_{gm}\right)$$

$$g_{mm} = \Delta\left(\frac{1}{30}r_{gi}+\frac{1}{30}r_{gj}+\frac{1}{10}r_{gm}\right)$$

$$g_{ij} = g_{ji} = \Delta\left(\frac{1}{30}r_{gi} + \frac{1}{30}r_{gj} + \frac{1}{60}r_{gm}\right)$$

$$g_{im} = g_{mi} = \Delta\left(\frac{1}{30}r_{gi} + \frac{1}{60}r_{gj} + \frac{1}{30}r_{gm}\right)$$

$$g_{jm} = g_{mj} = \Delta\left(\frac{1}{60}r_{gi} + \frac{1}{30}r_{gj} + \frac{1}{30}r_{gm}\right)$$

$$n_{ii} = \Delta\left(\frac{1}{10}l_{gi} + \frac{1}{30}l_{gj} + \frac{1}{30}l_{gm}\right)$$

$$n_{jj} = \Delta\left(\frac{1}{30}l_{gi} + \frac{1}{10}l_{gj} + \frac{1}{30}l_{gm}\right)$$

$$n_{mm} = \Delta\left(\frac{1}{30}l_{gi} + \frac{1}{30}l_{gj} + \frac{1}{10}l_{gm}\right)$$

$$n_{ij} = n_{ji} = \Delta\left(\frac{1}{30}l_{gi} + \frac{1}{30}l_{gj} + \frac{1}{60}l_{gm}\right)$$

$$n_{im} = n_{mi} = \Delta\left(\frac{1}{30}l_{gi} + \frac{1}{60}l_{gj} + \frac{1}{30}l_{gm}\right)$$

$$n_{jm} = n_{mj} = \Delta\left(\frac{1}{60}l_{gi} + \frac{1}{30}l_{gj} + \frac{1}{30}l_{gm}\right)$$

$l = j, m$ 的计算公式也如此。

总体合成后的方程可简写为下面的形式：

$$[K]\{p\} = [G]\left\{\frac{\partial S}{\partial t}\right\} - [N]\left\{\frac{\partial p}{\partial t}\right\} \tag{4.36a}$$

$$[R]\{S\} - [E]\{p\} = [F]\left\{\frac{\partial S}{\partial t}\right\} + [O]\left\{\frac{\partial p}{\partial t}\right\} \tag{4.36b}$$

式(4.26)是一组耦合的常微分方程组，采用半离散方法对时间导数项向后差分格式离散，得到：

$$[KN]^{n+1}\{p\}^{n+1} - [G]^{n+1}\{S\}^{n+1} = [N]^{n+1}\{p\}^{n} - [G]^{n+1}\{S\}^{n} \tag{4.37a}$$

$$[EO]^{n+1}\{p\}^{n+1} - [RF]^{n+1}\{S\}^{n+1} = [O]^{n+1}\{p\}^{n} + [F]^{n+1}\{S\}^{n} \tag{4.37b}$$

最后得到的式(4.37)是一个非线性代数方程组，因为的它的矩阵中的元素值是随着未知量的改变而改变。将式(4.37a)和式(4.37b)两式联立，合写为：

$$M(U^{n+1})U^{n+1} = b(U^{n}) \tag{4.38}$$

则联立后的方程有 $2n$ 个方程，$2n$ 个未知数，即可解出所有节点上的未知数，为提高求解方程的稳定性，采用全隐式处理方法，在每个时间步长内形成非线性方程组，在每个时间步长内迭代求解，用 $U^{n+1,k}$ 表示当前时间步的第 k 次迭代解，U^{n} 表示上一时间步的解。在第 $n+1$

时间步的具体算法过程如下：

    ① 置 $U^{n+1,0}=U^{n},k=0$，并选定 ε_{0}；

    ② 由式(4.38)求解 $U^{n+1,k+1}$；

    ③ 如果 $\parallel U^{n+1,k+1}-U^{n+1,k}\parallel<\varepsilon_{0}$，转到(5)；

    ④ 置 $k=k+1$，转到(2)；

    ⑤ 结束。

在计算过程中，由于气水物性差别较大的原因，最后形成的代数方程组的条件数有时高达数千，尽管条件数高并不一定就说明矩阵病态，但这给求解造成一定的困难，鉴于编程语言 Matlab 会根据给出的矩阵特点自动寻找最优解法，因此采用 Matlab 计算软件编写计算程序，使计算结果合理。

4.4.2　单井注采模拟分析

本节分别对封闭边界和定压边界条件的单井注采情况进行模拟，考察单井的动态特征，以期获得一些利用含水层建造储气库的基本经验和认识，用以指导含水层型储气库建设和工业运行模拟实验。

某地区一理想含水层型地下储气库，平面几何尺寸为 $4000\mathrm{m}\times4000\mathrm{m}\times5\mathrm{m}$，深度为 $1000\mathrm{m}$，初始时地层完全为水所充满，地层压力处于平衡状态。初始地层压力 $p_{\mathrm{i}}=8.4\mathrm{MPa}$，初始地层温度 $T_{\mathrm{i}}=294\mathrm{K}$，渗透率 $K=270\mathrm{mD}$，有效孔隙度 $\phi=0.125$，约束条件为：$p_{\min}=1.15\mathrm{MPa}$，$p_{\mathrm{AMP}}=13.5\mathrm{MPa}$，残余气饱和度 $S_{\mathrm{gc}}=0.3$，束缚水饱和度 $S_{\mathrm{rw}}=0.2$。毛细管压力、水饱和度、气相相对渗透率及水相相对渗透率数据等物性参数的数据均取自岩心及气井实际运行资料，储库网格剖分共 145 个节点、256 个三角形单元。

（1）储气库具有封闭边界条件。

[**方案 1**]　连续注气，注气量为 $8.64\times10^{4}\mathrm{m}^{3}/\mathrm{d}$。

图 4.4 和图 4.5 是停止注气时的压力分布和饱和度分布。在连续注气到第 56 天时，由图 4.6 可见地层平均压力达到 13.47MPa 的最大压力限制时，累计注气量达到 $483.84\times10^{4}\mathrm{m}^{3}$。图 4.7 表明注气点饱和度下降在初期较快，后期较缓，这是由于含水饱和度与气水相对渗透率的非线性关系造成的。

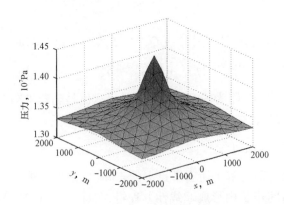

图 4.4　压力分布立体曲面图

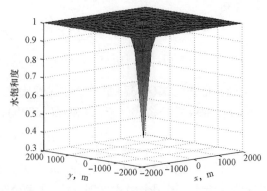

图 4.5　饱和度分布立体曲面图

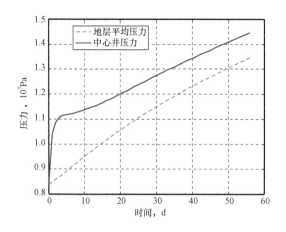

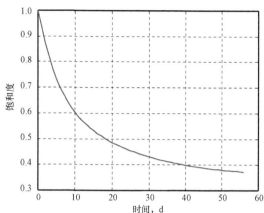

图4.6　注气点压力和地层平均压力变化曲线　　　　图4.7　注气点饱和度变化曲线

[**方案2**]　注气量为 $8.64 \times 10^4 m^3/d$，每注气 10 天则关井 10 天。

图4.8 表明按此方案运行 120 天，在达到地层平均压力 13.46MPa 的最大压力限制时，共注气 $518.2 \times 10^4 m^3$，注气点压力及地层平均压力随时间的变化情况如图4.9 所示，计算结果表明，分阶段注气可使地层平均压力的上升趋势变缓，储库容量增加。

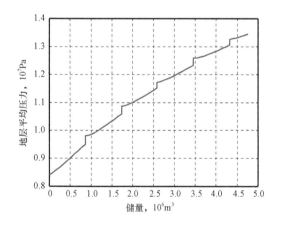

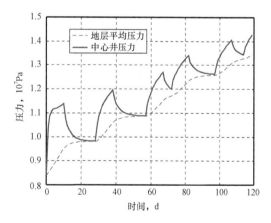

图4.8　地层平均压力随储量变化图　　　　图4.9　注气点压力和地层平均压力变化曲线

[**方案3**]　排水降压注气，注气量不变，仍然为 $8.64 \times 10^4 m^3/d$。

在储库边界上增设 8 口排水井，1 号到 4 号排水井的排水量为 $34.56 m^3/d$，5 号到 8 号排水井的排水量为 $86.4 m^3/d$。采气时的速度为 $17.28 \times 10^4 m^3/d$，采气时，水井均关闭。从图 4.10 可见运行到 579 天时，累计注入气量已达到 $5002.56 \times 10^4 m^3$，图 4.11 表明随注入量增加，地层平均压力的变化曲线，停止注气时地层平均压力为 9.17MPa，注气点压力达到 10.32MPa。在注气过程中，由于采取了排水措施，所以地层平均压力一直未超过最大压力限制，表明用气驱水并使用高于含水层压力注气，是建立含水层型储气库所必需的一种方法。

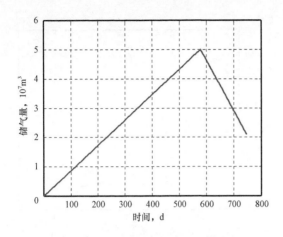

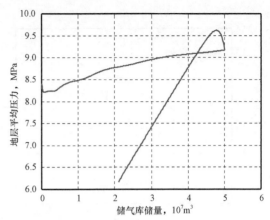

图4.10 储气库储气量随时间变化图　　　图4.11 地层平均压力随注入量变化图

注气结束后进行回采，运行到747天时，采气点饱和度超过0.5，停止采气，到停止采气时，储库内剩余气量2099.52×10⁴m³，原储库内共有气体5002.56×10⁴m³，若视储库内剩余气体为垫层气，则垫层气量占储存天然气体积的41.97%。

（2）储库具有开放边界条件。

因为开放边界条件的储库外是广大的水体，当储库内注入气体时，压力必然连续不断地向周围水体传播，离储库边界一定范围内的水体的压力会受到明显影响，为了准确起见，将周围的水体纳入模拟范围，模拟范围为3000m×3000m×5m，储库的范围预定为2000m×2000m×5m。注气速度为8.64×10⁸m³/d，采气时的速度为17.28×10⁴m³/d。

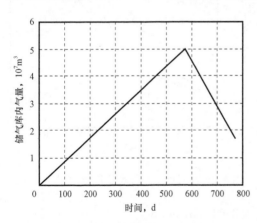

图4.12 储量随时间变化（开放边界）

运行到579天时停止注气，储库内气量与排水降压注气方案相同，达到50025600m³，见图4.12，但此时地层平均压力比排水降压注气方案低，为8.84MPa，停止注气时注气点的压力为10.32MPa，注气点压力和地层平均压力随时间变化情况如图4.13所示，停止注气时注气点饱和度达到0.219，如图4.14所示。注气结束时的压力和饱和度分布如图4.15和图4.16所示。结果表明，在保持恒定的注入量的情况下，由于开放含水层具有较好的泄压边界条件，所以地层平均压力始终未超过最大压力限制，这是封闭含水层所不具备的特点。与封闭含水层一样，注气井也要施加超压才能启动气驱水的过程，如图4.13所示。

注气结束时进行回采，运行到769天时，采气点的饱和度上升到0.501，停止采气。到停止采气时储库内剩余气量为17193600m³，如图4.12所示。采气点压力降至3.29MPa，平均地层压力降至7.75MPa，如图4.13所示。停止采气时的压力与饱和度分布如图4.17和图4.18所示。对比图4.15和图4.18，采气时水的跟进不明显，这点对储气库的运行极为有利。

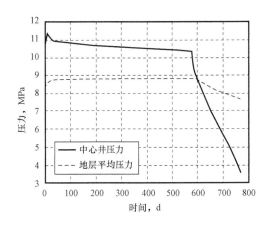

图4.13 注气点压力和地层平均压力变化

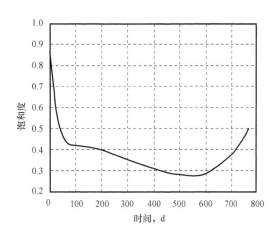

图4.14 注采气点饱和度变化

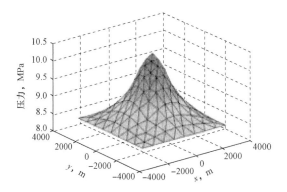

图4.15 压力分布立体曲面图(注气结束时)

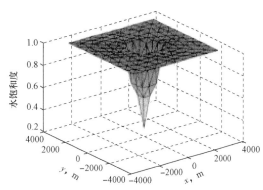

图4.16 饱和度分布立体曲面图(注气结束时)

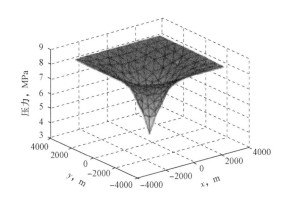

图4.17 压力分布立体曲面图(采气结束时)

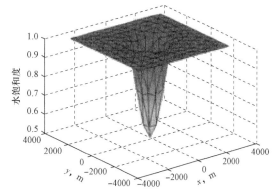

图4.18 饱和度分布立体曲面图(采气结束时)

单井注采数值模拟结果表明,对封闭含水层必须采取排水降压的方式,单井注气时,井点的压力最高,采气时井点的压力最低,压降主要消耗在井点附近,地层平均压力随着储量的增多而升高。利用封闭含水层来建造储气库必须采取排水减压的措施,而开放含水层具有泄压边界,可不用设置排水井。

随着水饱和度的下降,水的相对渗透率降低,使水的运移越来越困难,计算结果证明了饱和度与相对渗透率之间的非线性关系。

对各向同性均质的地层,在注气时,气体基本上呈中心扩散,无突进的现象,所以选择库址时,尽量选用性质均匀的含水层,对控制储气库边界比较有利。

地层厚度对注采效果有一定的影响,对厚度大的储层来说,由于井点压力变化趋势较缓,注气和采气过程都能获得较好的产量,厚度过小的储层,井点压力变化剧烈对注采极为不利。

4.4.3 单井注采影响因素分析

利用所建立的数学模型,对单井注采的影响因素进行分析。

(1)绝对渗透率的影响。

图 4.19 给出开放含水层型储气库在绝对渗透率分别为 270mD,500mD 和 1000mD 时,地层平均压力和中心注气点的压力变化,注入量均为 $8.64 \times 10^8 \, \mathrm{m}^3/\mathrm{d}$,运行 200 天,共注气 $17.37 \times 10^6 \, \mathrm{m}^3$。从图 4.20 中可以看出,在定注入量时,运行过程中的地层平均压力及注气点压力随着绝对渗透率的增大而降低,这说明绝对渗透率越大,则地层的水力传导性越好,压力的扩散越容易。

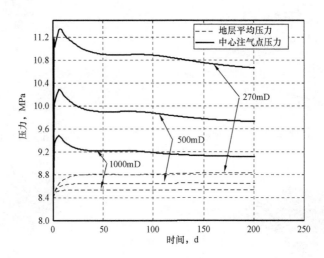

图 4.19 绝对渗透率对压力的影响

(2)地层厚度的影响。

图 4.20 对比了 3 种地层厚度的封闭边界条件,连续注气时地层平均压力和注气点压力变化情况,注气量均为 $8.64 \times 10^4 \, \mathrm{m}^3$,共运行 60 天。

从图 4.20 中可以看出,到 60 天时,2m 厚地层的平均压力已达到 18.4MPa,超过了最大压力限制,5m 厚地层的平均压力也达到 13.8MPa,而 10m 厚的地层平均压力为 11.8MPa。这说明在注采量一定的前提下,随着厚度的增加,地层压力和井点压力的升高趋势明显变缓,厚度越大的储层对注气量的提高越有利。所以含水层型储气库不宜建在厚度较小的构造中。苏联的经验认为,用来建造储气库的含水层厚度不应小于 4~6m,小于这个界限,对储库操作将非常不利。

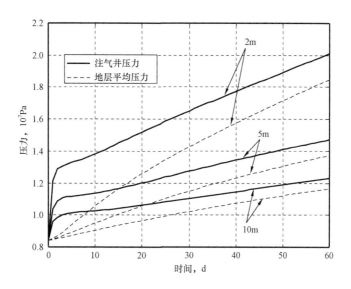

图 4.20　不同地层厚度对压力的影响

（3）单井注采速度的影响。

图 4.21 给出开放边界条件,总注气量均为 $17.62 \times 10^6 m^3$ 时,3 种不同注气速度对地层平均压力和注气点压力变化的影响,其他参数不变。从图 4.21 中可以看出,随着注入的速度增加,地层平均压力和井点压力升高明显加快。

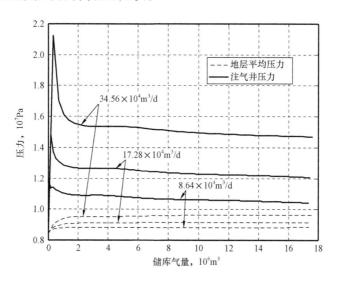

图 4.21　不同注气量对压力的影响

由图 4.22 可见,回采时不同采气速度造成的影响,随着采气速度的增大,采气井的压力下降的趋势明显加快,在相同约束条件下,对回采气量也有一定的影响,以 $8.64 \times 10^4 m^3/d$ 速度回采时,回采率为 67.7%;以 $17.28 \times 10^4 m^3/d$ 速度回采时,回采率为 65.63%;以 34.56×10^4 m^3/d 速度回采时,回采率为 60.1%。

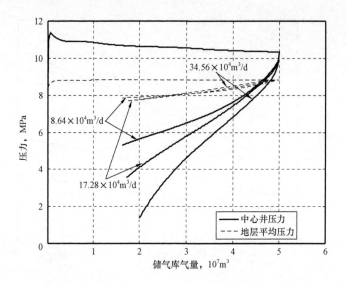

图 4.22 不同采气量对压力的影响

第5章 盐穴型天然气地下储气库

盐穴型地下储气库是利用地下较厚的盐层或盐丘,采用人工方式在盐层或盐丘中制造洞穴形成储存空间来存储天然气,一个盐穴地下气库一般由一个或多个容积不等的盐穴组成。对于周围缺乏多孔结构地下构造层的城市,特别是在具有巨大的岩盐矿床地质构造的地区,将天然气储存在地下含盐岩层内,实现在短期内提供高容量的储备,也是目前各国普遍采用的方法。

利用盐穴作为储气库的历史最早可以追溯到20世纪第二次世界大战期间,加拿大首先利用盐穴储集液化石油气,40年代,盐穴型地下储气库技术在德国获得专利;50年代,此项技术在北美和欧洲推广,法国、德国、英国和丹麦等相继建成盐穴型地下储气库。截至2018年,世界上共有100多座盐穴型地下储气库,其中美国在运37座,是拥有盐穴型地下储气库数量最多的国家,其次是德国、加拿大,中国目前在运1座盐穴型地下储气库——金坛储气库。盐穴型地下储气库工作气量共 $360 \times 10^8 \mathrm{m}^3$,占全球地下储气库工作气量的9%;总最大日采气能力 $19.13 \times 10^8 \mathrm{m}^3/\mathrm{d}$,占全球地下储气库总日采气能力的27%。盐穴型地下储气库规模不等,工作气量范围为 $0.05 \times 10^8 \sim 20 \times 10^8 \mathrm{m}^3$ 不等,平均约为 $3.8 \times 10^8 \mathrm{m}^3$,相比孔隙型地下储气库,整体规模偏小。

与其他类型储气库相比较,盐穴型地下储气库具有构造完整,夹层少,厚度大,物性好,结构坚实,可在储集构造上建较大的溶腔,非渗透性好,对液态和气态的碳氢物质都可以完好地储存、不易流失,可缩性强、被水溶蚀之后容易开采,符合环境保护和生态保护,产气能力相对较高、注气时间短、垫层气用量少、最适合日调峰负荷的平衡,经济适用、建造成本和运行费用低等优点。虽然盐穴型地下储气库的建设投资比油气田气库要高很多,但其每年的多个注采循环使天然气的单位注采相对成本并不高。

5.1 盐穴建库选址原则及造腔工艺

5.1.1 储气库选址原则

按照盐岩的特点,盐穴型地下储气库一般要选择建在盐层厚度大、分布稳定的盐丘或盐层上,选址要遵循以下几条原则:

(1)盐穴应建在盐层厚度大、圈闭整装、无断层影响、闭合幅度大的沉积构造上。围岩及盐层分布稳定,有良好的储盖组合。盐层内部夹层少、厚度小,有利于造腔。

(2)顶板强度大,有利于气库安全。盖层要有一定厚度,美国要求盐穴有一个最小盐顶厚度,一般为91.4~152.4m。在这个层段上,要求盐有很好的胶结性,且对上部盐层有较好的支撑作用。

(3)盐层品位高,便于水溶造腔。盐的纯度要大于90%。

（4）储气库埋深大于 400m，保证一定储气能力。

（5）水源充足，保证造腔用水。通常用地下水、湖水、河水和渠水等水源中的新鲜水或微咸水来淋洗盐穴。所需要的水量一般为盐穴体积的 7~10 倍。

（6）储气库库址与天然气管线的距离合适。

5.1.2　盐穴型地下储气库造腔工艺

建造盐穴型地下储气库在国外已有 40 多年的历史，积累了相当丰富的经验。综合起来，盐穴建库的现有工艺有：

（1）综合建库工艺法。就是将供水管和盐水排放管的管架相近放置，自下而上分层溶化盐岩。该工艺通常在盐层厚度比较大的情况下使用，这样才能形成带穹隆顶的圆柱形洞穴。水溶剂在洞穴内的质量交换和对流运动是在接近于理想的搅拌条件下进行的。

（2）分层工艺法。就是将水注入岩洞顶部，自上而下分层采盐，而盐水则从盐洞底部采出。这种工艺一般在岩盐层厚度不大，且为了获得高矿化度的工业盐水的情况下采用。

（3）潜流能量利用工艺法。就是借助能形成一定几何形状流速的专门管嘴往开采段注入溶剂。

（4）单井多层建库工艺法。如果储气库由两个储层构成，那么就需要从下层的顶部到上层的底部和从上层顶部的地表用基础套管逐段加固，在上层基础套管上射孔。建立多层储气库从下部储层开始，用带孔套管建立上部储气库。在亚美尼亚建立丁烷和丙烷储气库时已采用了这种工艺。

（5）边施工边运行建库工艺法。规定分两步建立储气库。首先，建立容积为设计体积 50%~60% 的洞穴并投入运行，然后，在运行过程中将容积扩大到设计容积。第一阶段用综合工艺或分层工艺建立洞穴，第二阶段（增大容积），基本上取决于储存气体—溶剂分界面的理想搅拌过程的规律性。该工艺在实践中已得到应用。该工艺在供水管下端和盐水排放管下端接近的情况下来实施溶盐过程，流体在洞穴中的质量交换和对流运动在洞顶流动界面上接近于理想的搅拌条件下进行。

（6）利用流体动力学造腔工艺。流体形成高速径向缝状流体作用于洞穴岩壁，并且液体在孔穴中做旋转流动时，在径向上形成高速紊流。流体动力作用于边界层，使溶解强度增大，从而在自由对流条件下，可加快溶腔侧面和顶部的溶解速度。该项工艺的理论研究表明，液体供给量为 80~90m³/h 时，建立直径在 40m 以下，高度为 3m 的溶腔需 9~11 天，而建立直径 40m、高 12~14m 的溶腔则需 30~40 天。

（7）利用喷射式逆流水力装置造腔工艺。该方法可借助于液体在高浓度区的强化循环和液体沿溶腔高度分层的重新分布来强化盐岩在地下溶解的质量交换过程。在此方法中，低矿化度的流体从喷射器的喷射孔喷射出来的同时，从盐腔的上部带走盐水，从而有利于形成圆顶状顶部。另外，该工艺可增加排出地面盐水的浓度。

（8）采用音响发生器造腔工艺。该工艺的基本原理在于流体随着脉动音频的变化形成盐水的涡流作用，从而强化质量的交换过程。产生声波的振荡器一般固定在钻孔管底部离井底不远处。声场的形成可导致近井壁夹层和整个溶腔中溶解物质运移条件的变化，从而形成形态圆滑的溶腔，并且这种工艺所形成的溶腔有利于储气库长期运行的需要。

（9）逐步后退法造腔工艺。利用该方法需要钻两口井：一口为水平井（基础井），另一口为垂直井。两口井在井底相互贯通，流体沿水平井流向施工段，而生成的盐水则通过垂直井排出。溶腔在基础井的水平井段是分段建立的，当某一段的盐被清除后，基础井供水管便开始向前位移动。可根据横剖面结束时按剖面长度分段所形成的条件来确定施工段的长度和数量。在建腔过程的质量交换中，应在强制对流占优势的条件下进行。因此，流体沿顶板的流动可形成圆形顶，该工艺一般在较薄（10～50m）的岩盐层中建立储气库时采用。

国外利用综合建库工艺法、分层工艺法和潜流能量利用工艺法 3 种工艺技术都有建成几何体积达 $18 \times 10^4 m^3$ 的地下储气库的施工实例。我国江苏金坛储气库和湖北王场储气库主要采用综合建库工艺法，造腔前把造腔外管、造腔内管下入盐层底部自下而上分层溶化盐岩。金坛储气库于 2005 年利用喷射式逆流水力装置造腔工艺方法进行了快速建槽的尝试，目的是利用促溶工具提高盐穴型地下储气库建槽速度。单井多层建库工艺法在亚美尼亚建立丁烷和丙烷储气库时已采用了这种工艺。其他方法如施工边运行建库工艺法、以流体动力学转换原理为基础的工艺、采用声频振荡器的声学工艺、水平建库工艺等建库方法不常见使用。

5.1.3　造腔井型的确定

目前，在盐岩层建造地下储气库的主要运行方式是水溶盐工艺，俗称采卤工艺，即从地面注入淡水，同时井口排出盐水，通过有控制地溶解盐层，使之达到一定的溶腔形状和大小。它不仅工艺操作简单，成本也较低。盐穴型地下储气库建造采用的井型主要有 4 种形式：

（1）单井单腔。单井单腔主要是钻一口井到达盐层，套管下入盐层顶部，然后注水，逐渐在盐层内溶漓形成设计要求的腔体，这是最简单也是最常用的建腔方式。该造腔方式的优点是造腔技术相对成熟，形成的腔体稳定性好；缺点是对于薄盐层造腔，由于受造腔盐层厚度的影响，形成的腔体体积较小。如图 5.1(a) 所示。

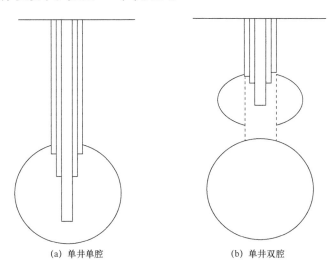

| (a) 单井单腔 | (b) 单井双腔 |

图 5.1　单井造腔技术示意图

（2）单井双腔。单井双腔是针对溶腔由两个盐岩储层构成或夹层很厚的情况下而开发的建腔方法。钻一口井贯穿上下两层，套管下入下部盐层的顶部，用水泥一直封固到地表，先溶滴下部盐层,形成设计的腔体后,再将上层套管射孔,注水溶滴出上部腔体,从而形成两个串联的盐腔。单井双腔造腔工艺复杂,适用于两个不同深度较厚盐层及夹层很厚的盐层建库,且适用较好品位的盐层,如盐层不溶物含量较高,上部溶腔的残渣易堵塞两腔的通道。如图5.1(b)所示。

(3)双井单腔。双井单腔是在同一盐层上钻两口井,连通后,一口井用来注水,另一口井采卤。该造腔方式适用于薄盐层造腔,按照井距的大小主要有两种双井单腔形式:第一种双井单腔井距30m左右,在同一盐层上钻两口直井,能形成稳定性较好的腔体,薄盐层形成的腔体体积小,如图5.2(a)所示;第二种双井单腔井距100~350m,在同一盐层上钻水平井(定向井)和直井的方式,优点是薄盐层中造腔能充分利用盐层,形成体积较大的腔体,如图5.2(b)所示。

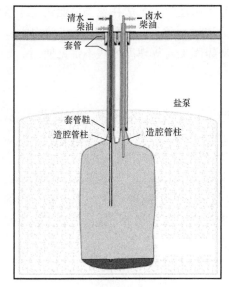

(a) 双井单腔（双直井）

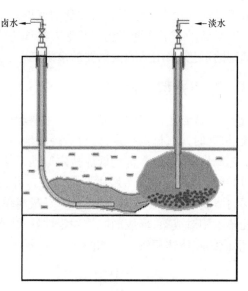

(b) 双井单腔（水平井+直井）

图 5.2　双井单腔造腔技术示意图

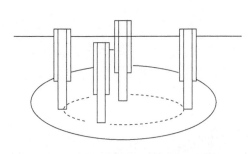

图 5.3　多井单腔造腔技术示意图

(4)多井单腔。多井单腔首先钻多个井,连通后,多个井(或一口井)用来注水,另一口井或多个井采卤,形成单个腔体,适用于薄盐层造腔,能提高盐层利用率,形成较大的溶腔;缺点是该种造腔方式造腔技术复杂,溶腔腔体形态控制难。如图5.3所示。

国内外储气库建设常用单井单腔井型,在我国江苏金坛储气库和湖北王场储气库有大规模应用;双井单腔在湖北云应储气库进行了先导性试验。单井双腔井型在亚美尼亚建立丁烷和丙烷储气库时就采用了这种工艺。多井单腔井型有文献报道但工程应用少。

5.2 盐穴型天然气地下储气库造腔监测技术

5.2.1 油水界面监测技术

5.2.1.1 腔体顶板保护技术

国外造腔的经验和国内盐矿的采卤实践证明,如果在造腔过程中毫无控制地使盐岩溶腔形状任其自然扩展,必然导致溶腔顶板变薄或崩塌,严重降低溶腔的密封性和使用年限。因此,必须适时保护顶部,其主要措施是隔断溶腔顶部直接与淡水接触。

隔断溶腔顶部直接与水溶液接触最常用的方法是在溶腔中加入油品或注入气体,从而在盐水与顶板之间形成油垫或气垫。室内实验结果和现场生产实践证实,油垫的隔断效果比气垫好得多,这是由于气体不但可以压缩,并随压力升高在水中的溶解度增大,气垫厚度难以控制,同时也易于渗漏和散失,受外在条件因素的制约较大;而油垫可避免上述缺陷。

隔离剂的注入方式有两种:一是与造腔淡水同时从造腔内管注入井内;二是从生产套管和造腔外管的环形空间内单独加入。隔离垫层的厚度没有统一的标准,以利于测量与控制为主,通常气垫比油垫的厚度要大,一旦隔离垫层的量不足时,应及时补注。

我国国内金坛储气库等主要采用油垫为主的阻溶方式。

(1)油垫的油品选择。

理论上,只要密度比水小的油品都可以用作隔离材料。根据国外经验并结合我国的实际情况,油垫选用柴油,柴油具有密度小、来源广、价格适中等特点,很适合现场施工。目前,金坛储气库使用的保护液材料均为柴油,现场已具备一定的施工经验。

(2)油垫的注入方式。

加油方式有两种:一是与造腔淡水同时从造腔内管注入井内;二是从生产套管和造腔外管的环形空间内单独加入。前者注入油在高压状态下在腔体内流动距离长,部分与盐水乳化并随之返出地面,不但利用率低,盐层顶板与盐水的隔断效果较差;后者注入油从生产套管直接进入腔体顶部,不但利用率高,而且阻隔效果好。

优质柴油从地面储罐,经高压柱塞泵,通过井口装置套管阀门注入井内。

(3)油垫厚度和用油量的确定。

柴油油垫的厚度一般为0.5m,薄的也有仅10cm,但需要经常观测,也不容易控制。造腔油垫的用油量,可根据生产套管的深度和声呐测井得到的腔体顶部面积进行计算。

5.2.1.2 油水界面控制方法

在盐穴型天然气地下储气库水溶造腔过程中,为防止腔体上溶过快,丢失有效体积,必须严格控制油水界面的位置,使腔体形状按照设计的既定目标发展,一方面,最大限度地有效利用盐层发展腔体体积;另一方面,使腔体向最佳形状发展,从而保证腔体稳定性。油水界面的控制方法主要有估算法、电测法、井下传感器法。

（1）估算法。

比较适合新井溶腔投产或者调整造腔管柱注油时采用，通过计算得到油水界面在井下某一深度而需要注入的阻溶剂的量，从而通过控制注入的阻溶剂的量来控制油水界面的深度位置，由于裸眼井段的不规则性，导致该计算不能精确，只能估算，需配合地面观察法使用。

（2）电测法。

通过中子寿命测井来测量油水界面位置。当管外存在油水界面时，卤水和柴油二者对热中子的俘获截面不同，中子寿命测井正是通过对热中子俘获过程的探测来识别溶腔过程中管外油水界面的。

该方法从理论上讲，是一种普遍用于正、反循环溶腔井，并且可精确测量油水界面的检测方法，但成本较高，适合在某些特殊情况下使用。

（3）井下传感器法。

井下传感器法的具体测量原理为：当传感器在卤水中检测实验时，电路在卤水中相当于开关闭合，具有良好的导电性能；反之，当传感器在柴油中检测实验时，电路在柴油中相当于开关打开，具有良好的绝缘性能。

当需要进行油水界面检测时，利用下至预定深度的井下传感器，连接地面检测仪器，由测量的电流值计算出导通的恒流源电流源电路个数，由导通的电流源电路个数计算出油水界面位置（图5.4）。

直尺式油水界面检测仪的优点是可以随时测量油水界面的精确位置，并且测量范围较广；缺点是稳定性存在缺陷，主要原因是由于传感器长期浸泡在高浓度卤水环境中，并且要承受井下高温、高压环境，传感器或者电路容易出现故障，而且受井下条件限制，传感器个数受到限制，不能实现连续测量。该方法可应用于正、反循环溶腔井，尤其在反循环溶腔过程中更具有独特优势。

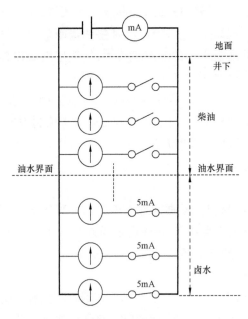

图5.4　直尺式油水界面检测仪测量原理

5.2.2　腔体形态监测技术

根据国外建设盐穴型天然气地下储气库的经验，要在盐层或盐丘内建造一个数十万立方米甚至数百万立方米体积、形状稳定的地下储气盐穴腔体，并保证其在天然气注采运行中的密封性和稳定性，是一项复杂的系统工程，需要多方面的技术保障。经过长期的研究与实践，经历了电磁波、超声波等多种测量方式的尝试，最终形成了以超声波为测量手段的检测技术。

（1）声呐检测仪工作原理。

声呐设备是利用超声波在不同介质中的传播时间来计算路程的。仪器的核心部分是发射和接收超声波的两极。超声波可穿透套管，然后在卤水或其他介质中传播，当仪器发射的超声波到达腔壁时会反射回来，反射波被仪器的接收探头所吸收，转换成电脉冲信号后再通过电缆传导到地面，地面数据处理系统将电脉冲信号转换成数字信号，经过计算绘制出直观的可视图像。

（2）声呐测量设备简介。

由于盐穴型地下储气库建设是一个特殊的领域，目前只有德国、美国、法国和俄罗斯的少数几家公司拥有此项声呐测腔技术。例如德国 SOCON 公司的声呐测量仪器由陀螺稳定系统、方位仪（罗盘）、声速测量系统、超声波探头倾斜机构、超声波探头旋转驱动机构、压力平衡装置、S-CCL、超声波探头、压力测量、温度测量、计算机及系统软件等组成。

（3）声呐测腔工艺。

在工具进入井眼后，要确定一个起始深度作为参考深度。如果需要还可对其进行校正。接下来是要确定温度及声速，如果在储气腔体中还要确定压力。

需要解释的参数确定以后，即可进行洞穴形状的实际测量。首先测量与记录不同深度的声呐水平反射图，水平反射图测完后，就可粗略浏览洞穴的几何形状。

随后进行声呐的倾斜测量，这个结果特别适用于确定洞穴顶、底及隐藏的小区域。在这些工作完成后，经过计算就可提供一个更详细的洞穴几何形状图。如果认为有异常或不满足要求的区域，还要进行补测。当各部分测量点全部被包括后，测量工作就完成了。

（4）声呐测腔的应用。

作为盐穴型地下储气库腔体结构和形态测量的主要技术设备，声呐测量设备主要应用于3 个方面：

① 已有采卤溶腔的检测评价。利用声呐测量设备和技术，检查现有腔体的形态、体积和顶底板等的情况，筛选适合于储气的腔体进行修复，为储气库建设初步设计和老腔利用提供技术依据。

② 新腔建造。为优化造腔工艺、提高造腔质量提供可靠的技术依据，可避免事故的发生，并最大限度地节约造腔费用。

③ 储气库周期性运行管理。监测、预计腔体的动态特征，如腔体的闭合或蠕动速度、合理的工作压力范围、腔体内部压降的变化速度等参数，保证储气库的安全高效运行，产生较大的社会和经济效益。

5.3 盐穴型天然气地下储气库密封性检测与评价技术

5.3.1 腔体密封性能影响因素分析

盐穴腔体的泄漏通道主要有以下 3 个部位：（1）井筒管柱及配件泄漏；（2）生产套管鞋泄漏；（3）腔体泄漏，如图 5.5 所示。引起这三个部位泄漏的因素非常多，有地质因素，有工程因素，还有工艺及管理等多方面因素，现就其中几项主要因素分析如下：

（1）岩盐蠕变。

当岩盐处于不平衡的应力状态时，将会发生持续的变形，并受到位错及晶内界面控制，这种变形被定义为岩盐蠕变。在密闭的盐穴内，当腔内流体压力小于岩盐静压力时，盐穴就会收缩并导致腔内压力升高。而压力的升高又将降低岩盐的蠕变，某一深度处岩盐的静压力和腔内流体压力差会随时间推移而逐渐变小，大约需要几个世纪的时间才会达到一个平衡的状态，在此期间盐穴顶部和底部的卤水压力是不能够同时平衡岩盐的压力。如果盐穴的高度较大，

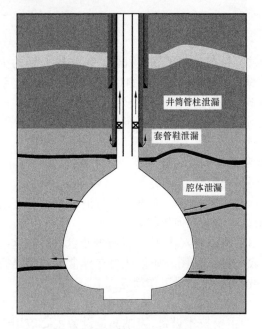

井筒管柱泄漏

套管鞋泄漏

腔体泄漏

图 5.5   盐穴型天然气地下储气库泄漏通道示意图

卤水的压力还将超过顶板处岩盐的抗张强度，导致顶板出现裂纹或裂缝，致使盐穴密封失效。

（2）岩盐渗透性。

从工程角度来讲，在被地层覆盖着时，岩盐是一种极难于被渗透的岩石，它的孔隙度很低。盐层的实际渗透率只有 $10^{-22} m^2$，即使盐层中含有一定量的不溶物或夹层，其渗透率也在 $10^{-20} \sim 10^{-19} m^2$ 之间。在密封测试过程中，卤水压力要比盐层的孔隙压力大很多，因此必定导致部分卤水渗透到盐层中去。根据达西定律计算可知 $10 \times 10^4 m^3$ 盐腔的卤水损失率约为每年 $1 m^3$。

考虑到盐穴长期使用的工况特点，尤其是当密封盐穴的压力升高时，由于卤水相当高的耐压缩性，即使很小的流体损失（例如一个 $100000 m^3$ 的盐穴损失 $1 m^3$ 的流体）都会在很大程度上降低岩盐蠕变效应的影响，并阻止腔体压力持续的升高，使盐穴内的压力保持一个恒定值，从而在一定程度上避免超过岩盐静压力值，使盐腔受到损坏。

（3）岩盐的溶解。

在盐穴密封以后岩盐仍将不断溶解，卤水的浓度则会逐渐达到 100% 的饱和。岩盐的溶解过程本身就是一个化学反应，它不仅会导致腔体体积的增加，还会降低腔内流体的温度，缓解由于岩盐蠕变和卤水热膨胀引起的腔内压力升高，降低盐穴密封失效的危险。

（4）卤水的热膨胀。

岩盐的溶解过程会极大地改变盐层温度场，由于造腔过程中注入的淡水温度要远低于地层水（1000m 深的盐穴温差大约为 25℃），因此，盐穴周围岩盐的温度会持续被降低，尤其是盐穴内壁附近的部位。根据热传导理论计算可知，一个 $10 \times 10^4 m^3$ 的盐穴要消除初始温度差约需 5.3 年的时间，而一个 $25 \times 10^4 m^3$ 的盐穴则约需 10 年的时间。

在一个敞口的盐穴内，温度的增加将会导致热膨胀和卤水的溢流，但在一个封闭盐穴内，卤水温度升高会导致压力增加。有一个粗略估计：温度增加 1℃，压力会相应上升约 1MPa（准确值与盐穴形状相关），也就是说 25℃ 的初始温度差被平衡后，压力相应增加 25MPa，这远远超过了岩盐与卤水的静压力差，因此在关闭盐穴时一定要避免这种温度不平衡的情况，因为它可以直接导致盐穴破裂，腔体密封失效。

（5）盐腔压力。

流体总是由高压区域向低压区域流动，因此在盐穴型天然气地下储气库的建造和运行过程中，各种压力的变化情况对储气库的密封性将产生一定的影响，尤其是盐穴腔体脖颈处的压力对盐穴的密封性会产生很大的影响。为此，造腔过程中的静水压力、卤水压力以及气库运行过程中的最大运行压力一定不能超过岩盐的地静压力和生产套管处的水泥环胶结强度。

（6）盖层及夹层密封性。

储气库盖层是否存在断裂、盖层岩性是否均一、盖层的扩散能力、夹层岩性的塑性条件、夹层的致密性、夹层的扩散能力等对气库是否密封起着重要作用。从地下储气库地质评价角度来讲，储气库所在区域不允许存在大的断层，小断层的断距应该小，且最好为压性断层；储气库盖层的岩性要好，最好为泥质岩、蒸发岩或致密灰岩；盖层的渗透率要低，扩散能力要弱，但突破压差要大。岩盐夹层的塑性要强，毛细管压力要高，渗透率要低，扩散能力要弱，夹层数量越少越好。

（7）井筒管柱及固井质量。

盐穴井筒未来将用于高压储气运行，其质量的好坏直接关系到对气库的密封性能和使用寿命。为此应特别关注以下几点：① 生产套管鞋应深入盐层不少于20m；② 地质必漏点应全封；③ 全井段固井质量应为良以上，生产套管鞋上部200m井段固井质量应为优；④ 生产套管及注采管应为气密封螺纹；⑤ 井底距盐层底界应不少于10m。

5.3.2 密封性检测方法及评价标准

5.3.2.1 气密封检测方法

向井腔中下入一套试压管柱（图5.6）；安装可以坐挂试压管柱的试压井口；下入气水界面测井仪器，使其下深至生产套管鞋以下的腔体脖颈处；向井腔中注入适量的饱和卤水，使腔内卤水压力达到设计压力；向试压管柱和生产套管之间的环空中注入氮气（或空气），当气水界面深度达到生产套管鞋以下10m位置，且生产套管鞋处气体的压力达到储气库最大运行压力的1.1倍时，停止注入氮气（或空气）。保持整个系统温度平衡8~10h后，通过补注气体使气水界面深度重新回到生产套管鞋以下10m的位置。记录井口各测试仪表读数、油水界面深度数值、测试时间，每隔1h记录一次，连续测压24h。其中气水界面深度可以通过界面测井来控制，井腔温度可通过测井方式来获得。测试介质为氮气（或空气）。测试中生产套管鞋测试压力、注入饱和卤水体积、注入氮气（或空气）体积、井口环空注气压力、井口测试管柱内压力、气体泄漏量均可根据气井井底压力计算理论和气体状态方程进行计算。

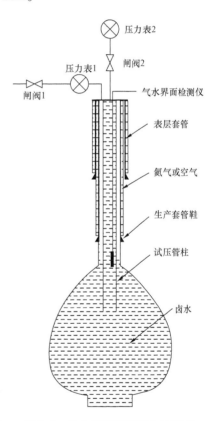

图5.6 盐穴气密封检测方法原理

5.3.2.2 气密封检测标准

根据井口压力表读数和气水界面深度变化数值，计算出气体泄漏率随时间的变化趋势。然后以下评价标准对储气库的密封性进行评价：

（1）气体泄漏率随时间的变化趋势是逐渐减小的，并在测试时间内达到一个稳定的值；

（2）测试时间内气水界面深度变化小于1m。

如果检测结果能够同时满足上述两条标准，则认为腔体密封性是合格的；如果检测结果不满足评价标准（1），则认为腔体密封性是不合格的；如果检测结果满足评价标准（1），但不满足评价标准（2），即气水界面深度变化大于1m，则可通过延长测试时间或者根据现场具体情况讨论决定腔体密封性是否合格。

5.4 运行过程的关键技术问题

5.4.1 减少溶腔的收敛性

盐穴由溶液采矿法形成的，周围是自然存在的盐岩，盐穴形成后使其受荷载情况发生变化，因而盐岩中应力和应变都重新分布。经过一段时间盐穴要发生收缩，达到新的结构稳定平衡。盐穴的收缩性表现为容积的改变，表5.1列举了几个典型的盐岩经验蠕变公式。

表5.1　典型的盐岩经验蠕变公式

方程形式	数据来源	试验条件
$\varepsilon = At^n s^p$ 其中：ε 为盐岩蠕变率；s 为偏应力，t 为时间，$A = 2.13 \times 10^{-6}$，$n = 0.38$，$p = 2.25$	盐岩，室内试验； 直径：5.08cm，长度：10.2cm； Hansen（1977）	三轴压缩试验； 轴向荷载：10.3～41.4MPa； 围压：0～10.3MPa；温度：22℃； 持续时间：120～250h
$\varepsilon_t = A\theta^n t^m s^p$ 其中：ε_t 为初始蠕变，θ 为温差，$A = 4.68 \times 10^{-6}$，$n = 11.4$，$m = 0.46$，$p = 2.25$		三轴压缩试验； 轴向荷载：5.5～41.4MPa； 围压：0.1～20.7MPa； 温度：24～200℃
$\varepsilon_t = At^m s^p \exp\left(-\dfrac{Q}{R\theta}\right)$ 其中：$A = 6.48 \times 10^{-1}$，$R = 8.319\text{J}/(\text{mol} \cdot \text{K})$，$m = 0.5$，$p = 3.5$，$Q = 36.0\text{kJ/mol}$。 $\varepsilon_s = A\exp\left(-\dfrac{Q}{R\theta}\right)s^p$ 其中：ε_s 为稳定蠕变 $A = 1.48 \times 10^{-2}$，$p = 3.3$，$Q = 45.2\text{kJ/mol}$	盐岩，室内试验； 直径：50cm； Hansen 和 Carter（1980）	对86组初始数进行了分析，结果表明不同的地方的样品试验结果只有稍稍不同
$\varepsilon_s = A\exp\left(-\dfrac{Q}{R\theta}\right)s^p$ 其中：$A = 7.5 \times 10^{-3}$，$p = 5.3$，$Q = 54.24\text{kJ/mol}$	盐岩室内试验； 直径：10cm，长度：25.0cm； M. Langer 和 M. Wallner（1979）	单轴压缩试验； 轴向荷载：N/A；温度：27℃，100℃，150℃，200℃，300℃
$\varepsilon_s = A\left(\dfrac{s}{G}\right)\exp\left(-\dfrac{Q}{R\theta}\right)s^p$ 其中：$A = 9.0/29.5 \times 10^{-12}$，$p = 4.90$，$G = 12.4\text{GPa}$，$Q = 54.24\text{kJ/mol}$，$R = 8.319\text{J}/(\text{mol} \cdot \text{K})$	盐岩室内试验； 直径：5.0～10cm； Herrmann（1980）	轴向荷载：7～41MPa；温度：22℃，70℃，100℃，200℃； 围压：0～21MPa； 持续时间：N/A

注：时间单位为h；温度单位是K；偏应力 s 单位为MPa。

对于采盐盐穴,其目的是采收盐,与此相联系的收敛速率是不重要的,因为原料开采是唯一目的,但将盐穴转为储库用时,必须从经济因素上考虑收敛,较强的收敛性,必引起地质洞穴容积的减少,导致天然气在洞穴的储存效率下降。加拿大的 Transgas 盐穴储库,运行 5 年后,洞穴的绝对损失约 $40000m^3$,相对于洞穴初始容积 $533000m^3$,收敛速率达 7.5%。

由表 5.1 可以看出,蠕变与盐层深度、温度和差应力成正比,差应力对蠕变的影响不大,如果深度不大、温度较低的情况下,蠕变程度小。

德国的一项研究表明,对盐穴的收敛性,影响最大的是盐穴高度对盐穴力径的比值,这个比值越高,收缩率就越大。除深度外,影响收敛的因素还有储库运行的操作条件(温度、压力、时间)、岩盐内温度、盐穴的几何尺寸和覆盖层结构等。

减少收敛的方法主要有:

(1)建立最佳形状的盐穴。理想的盐穴型地下储气库的形状是上面小、下面大的铃铛形状,避免洞穴过细过高。这就需要在盐穴的建造和改造时,严格按理论分析的结论来指导整个沥取过程。

对新建盐穴,正确安装套管,向穴顶注入"瓦斯油",可控制洞穴的形状。盐的溶解为自上而下进行,瓦斯油浮于盐水的表面,可阻止盐分的溶解,通过改变瓦斯油的水位,便可控制穴顶的形状,这样可保证盐穴具有高的静力学稳定性和高的储气压力。

对于废弃的采盐盐穴,根据现有的盐层厚度、杂质的分布和开发时间,采取有规律的再沥取,力求达到最大的理想容积。

(2)提高盐穴型地下储气库的最大允许压力。由于洞穴压力是随时间直接变化的影响变量,因此洞穴的运行操作应在高平均压力下进行,以缩短洞穴在低压力下运行的周期,从而避免因低压使盐体的应力减小而导致较大的收敛速率。

(3)盐穴型地下储气库实施动态运行并进行并联操作。即把储存盐穴当作一个整体,库内几个盐穴被同时抽取,使每个盐穴的任意点、任何时间都具有同样的压力。这种操作方法在德国的 Xanten 和 Epe 盐穴设施中被优先采用。Xanten 盐穴型地下储气库在连续 90 天的研究期间内,抽出同量气体,并联操作比串联操作总收敛率减少折成 $2.915m^3$。此外,在极端供应条件下并联操作能延长气体抽出极限。

欧洲许多国家以及美国和加拿大等国家,对于盐穴蠕变特性的研究主要集中在以下几个方面:

(1)盐岩的蠕变特性,特别是长期的(通常在一年以上,多则几十年)蠕变特性研究;

(2)盐岩的损伤与渗透特性研究;

(3)盐岩的液体、温度与应力耦合分析与试验研究;

(4)盐岩力学本构模型的优化研究;

(5)盐穴型地下储气库合理的运行力学参数研究,如储存的合理尺寸、储存的最大压力和最小压力等。

5.4.2　井的密封性研究

盐穴型地下储气库注采操作是最高和最低允许工作压力之间,形成的储穴内压力循环,这种循环也作用于井口设备,因而储气库能否承受循环压力,井口的完善程度也是关键因素。过去为避免井管内产生压力波动,在井管下部装有封隔器,并在环型空间中充满保护液。但经研究发现,当工作压力达到盐体所能承受的上限时,这种方法就有明显的缺陷,原因是套管以及套管鞋到封隔器之间的水泥胶固段并未受到耐受压力和温度的保护,同时在较高部位的地层中,要控制通过套管鞋的可能漏气量是不可能的。

目前提出的解决办法是用双重井管替代传统的封隔器,双管用水泥胶固在注采气井管外管下方,管长35~50m,水泥胶固部位始端低于套管鞋,水泥胶固段上方环形空间中充满保护液。在水泥凝固后,双管段临时封闭的环形空间可随时打开。此外,双管段与注采井既可密封连接,又可解除连接。

盐穴型地下储气库投入运行前都要经过力学及密封性实验,重点针对钻井工程因素的井筒密封性和腔体地质因素的盐穴密封性进行检测。以便确定所建造的盐穴型地下储气库工程是否密封并符合设计规范,并且满足操作运行工作压力区间储气库安全运行的要求。

地下储气库注采井井筒密封性和盐穴密封性的评价方法,是测定注采井套管空间中流体液面变化状况,需要测定充满井套管空间中不同类型流体的压力变化情况。应用氦示踪剂试压方法评估盐穴型地下储气库密封性是比较有效的方法之一。应用大剂量氦检测仪进行检测,可以发现泄漏并判断漏失部位。当发现套管环空氦气高压异常带,就可以判断该处存在漏失井段,从而及时为盐穴型地下储气库安全运行和维护管理提供科学依据。

5.4.3　防止水合物的形成

天然气水合物是水与烃类气体的结晶体,外表类似冰和致密的雪,是一种笼形晶状包络物。一般 C_1—C_4 的烃类可形成水合物,C_5 以上的烃类不形成水合物。水合物是一种不稳定的化合物,一旦存在的条件遭到破坏,就很快分解为烃和水,天然气水合物是采输气中经常遇到的难题之一。水合物在井筒中生成时,晶状物常造成管道、节流器、阀及仪器的堵塞,所导致的流动受阻现象,称谓"冰结",会减少流动断面,降低采气量,损坏井筒内部的部件,造成气井停产等巨大的危害。水合物在井口或地面管线中产生时,则会使下游压力降低,妨碍正常输气。因此,在储气库的设计和运行过程中,应预测连续采气过程水合物的生成区间,适时判定井口处天然气是否生成水合物,从而为指导现场生产提供依据。

盐穴型地下储气库建库时,一方面,由于采用了温度较低的地面水进行洗盐滤提,使盐穴型地下储气库具有冷型贮槽的特性,随着天然气的采出,虽然储气库周围盐层能供给热量,但远不能补偿降压的"焦耳—汤姆逊效应",加上在所经过生产作业线上压力和摩擦等消耗,使井口天然气温度低于储气库温度,经常在抽气不久,运行的压力和温度条件就进入了生成水合物作用的危险范围,如果存在游离水且天然气温度降低到特定值时,绝大部分回采将发生在水合物的生存区;另一方面,如果在一定井口温度下,高压注气,也会发生水合物沿井筒的冻堵问题。尽管在向洞穴注气以前已经过脱水干燥处理,但洞穴内盐水池内残留的水分和洞穴内吸附的水分仍会扩散和对流使天然气增湿。过去一般认为水合物生成的条件要有液态水的存在,同时,天然气温度需接近气露点温度或更低一些。而丹麦"Dansk Olieog"天然气有限公司与荷兰"Nederlandse　Gasunie"公司合作进行的一项在盐穴型天然气地下储气库中长期快速抽气试验研究表明:在仅含有微量水气(0.001‰)的情况下,只要处于适合生成水合物的压力和温度范围内,则有相当水气的天然气就会生成水合物,而并不需要有液态水的参与。

水合物形成条件与温度、压力和相对密度有关。在低温和高压下容易形成水合物。而在同样压力下,相对密度越大的气体能形成水合物的温度越高,即越容易形成水合物。

水合物形成的必要条件有:

(1)气体处于水汽的饱和或过饱和状态并存在游离水,天然气中水汽含量取决于压力、温度和气体的组成。在压力不变的条件下,天然气的温度越高,气中水汽含量越大;在温度不变的条件下,天然气中水汽的含量随压力的升高而减少;天然气的分子量越大,则单位体积内的水汽含量就越少。

(2)有足够高的压力和足够低的温度。

辅助条件有:

(1)压力的波动以及气体的高速流动。

(2)流向突变产生的搅动。

(3)水合物晶体的存在及晶种停留的特定物理位置(如弯头、孔板、阀门、粗造的管壁)。

因此储库在运行过程,必须控制溶腔内压力和温度的变化,避免进入生成水合物的范围,笔者开发的模拟计算软件,依据水合物生成必须满足的两个组分条件和热力学条件,根据相平衡准则,建立了水合物生成预测模型及计算机求解方法,可预测连续注采过程水合物的生成区间,并能适时判定井口处天然气是否生成水合物,为指导现场生产提供依据。

5.4.4　避免残留盐水的影响

由于技术上的原因,水溶造腔时,不可能将盐水管下端置于溶腔最低点,因而天然气初次注入后总会有一定量的盐水残留穴底,残留盐水量和盐水管管头深度、储穴最低点位置及穴底形状有关,有时可达数千立方米,足够天然气加湿几十年;此外,开掘过程形成的粗糙壁面,也会附着一定量的水,实验表明,附着壁面的残留水量大约为 $70cm^3/m^2$,对于 $30000m^3$ 的盐穴,将大约有 $2m^3$ 的水附于壁面。如前所述,天然气中存在游离水,且水汽含量越大,越易生成水合物,因此,如何减少残留盐水的影响,是注采运行过程的关键技术问题之一。

目前,德国在 Bemburg 盐穴型储气库采用一种专利方法,将一种特殊的遮盖液注入盐穴内剩余盐水上,它起隔离水蒸气和避免水挥发传给天然气的作用,所选择的遮盖液密度为 $985kg/m^3$,温度为 $80℃$,黏度约为 $0.08Pa \cdot s$。实验表明:遮盖液必须具有低透水性,易于应用并能弥补密封膜中产生的缝隙,当储穴温度为 $50℃$ 时,选取遮盖液黏度为 $0.05Pa \cdot s$,能确保所需要的遮盖性能(例如遮盖膜被下落的岩石打破,可自行弥补)。某些经过适当处理的原油,可具备所需要的遮盖性能,此方法可节省很大一笔地面天然气干燥过程的投资。

采用向洞底残留盐水中溶解各种物质,以降低水蒸气分压,是消除残留盐水影响的另一种方式。

但上述两种方式只能防止由于洞底水面造成的对天然气的加湿作用,却不能防止由于水附在洞壁引起的加湿作用。

要避免洞壁的附着水对天然气的加湿作用,丹麦发明了一种在运行过程中,向溶腔注入天然气的快速干燥法,目的使回注的天然气湿度达到最低,以抑制水合物的生成。新技术的基本原理是由从溶腔顶部注入较干燥的天然气,湿天然气在底部回采的办法构成,具体工艺为:利用建腔过程注水管与套管之间的环形空间,将干燥天然气像活塞一样注入,从顶部向底部移动,位于穴壁的水遇到含水量较低的天然气,将被气化,由于干燃气沿壁向下运动,使溶腔的干燥程度不断被提高。新干燥工艺的现场试验表明:按运行气量,经 6～8 次的轮换,达到相同低含水量天然气的交换次数约降低 3 倍。此法能比常规干燥方法快 8～12 倍,同时可使溶腔提前达到满负荷运行。

5.4.5 冷带的影响

对于按调峰气量要求,新建的盐穴型地下储气库,由于是采用温度较低的地面水进行洗盐滤提,冷水不断被注入盐岩层,盐溶解于水是一个吸热过程,盐层不断被循环冷水冷却,结果导致溶腔附近盐层的温度低于离溶腔较远处盐层的温度,在溶腔周围形成了一个相对的冷带。由于溶腔温度是盐穴型储气库注采运行过程的重要参数指标,因此冷带的存在和大小,对储气库的注采工况有着较大的影响。

丹麦学者针对注采气体、注气率、溶腔和井筒结构及盐层热物性已知条件下,分别模拟预测了无冷带及冷带厚度为 2m,5m 和 10m 的注气过程。结果表明,相同的注入量时,无冷带条件下溶腔温度升高最快,注气结束时溶腔温度最高;随着冷带厚度的增加,溶腔温度升高减缓,当冷带厚度达到或大于 10m 时,冷带对溶腔温度的影响不大。这是因为注气初期溶腔因气体的注入而获得热量,首先弥补给周围盐层中的低温冷带层,使冷带温度先升高至溶腔温度,然后溶腔温度再升高。同时,冷带分别为 5m 和 10m 时,溶腔温度的升高及最终值相差不大。由于冷带的存在,溶腔向周围盐层释放的热流量较无冷带时溶腔向周围盐层释放的热流量明显增多,且随冷带厚度的增加,释放的热流量增多。溶腔压力、井口压力和井底温度也随冷带厚度的增加有所下降,但下降趋势非常小。

5.4.6 运行的稳定性

盐穴储气库的运行,如同一个存在于最大与最小压力之间的压力容器,整个储气库的稳定性与盐穴运行压力有直接关系。根据储气库运行要求,通往集输管线的最小井口压力约束了溶腔的最小压力,溶腔最大压力要根据基质盐特性,结合复杂的岩心分析,利用计算机有限元程序进行岩石力学计算,目前,盐穴型地下储气库一般最大压力梯度美国为 0.019MPa/m,德国为 0.02MPa/m;加拿大为 0.0152MPa/m。

(1)最大允许的盐穴压力。

确定储气库的最高运行压力对储气库的运行操作具有重要的意义。溶腔的最高运行压力取决于储气库建造期限和速度及有效容积等参数。溶腔最高运行压力的确定主要是借用国外的不同方法对溶腔的最大压力进行计算,并参考国外盐层储气库实际运行压力,结合建库盐层现场实际破裂压力和溶腔压力资料。为了储气库的稳定性,溶腔运行最高压力应小于盐层破裂压力和最小主应力。

提高最大允许的盐穴压力,意味着储气层的压力范围、气体储存能力的增加。为此,德国进行了现场盐的风动断裂试验,在基本应力条件下,由于各个方向相等的高静压,盐是密封的,但在盐穴周围,却发生基本应力条件向二级应力条件的转变,由于岩盐的塑性和变形性,这种二级应力条件使盐穴压力的波动在不断改变。最大允许盐穴压力的确定,以下述两种情况为限度:其一避免由于在盐穴壁上盐的渗透性,气体进入盐中;其二避免由于过剩的盐穴压力,在盐穴壁上或在灌入水泥的井的井管终端周围,发生了盐的断裂。

国外计算溶腔最大压力的方法主要有盖层压力法、经验法和考虑盖层质量法。盖层压力法定义溶腔最大运行压力等于溶腔上覆地层压力的80%;经验法中溶腔最大压力是溶腔顶部所在深度的函数;美国和加拿大考虑盖层质量差异,确定溶腔最大运行压力的梯度范围是14.7~18.09kPa/m,最大梯度不超过2.26kPa/m。

通过试验,在 Xanten 盐穴,把最大允许压力由原来的17.6MPa升到21MPa,使工作体积比以前计划增加 $700 \times 10^4 \mathrm{m}^3$,达15%。目前有些国家的盐穴型地下储气库,最大压力梯度已增加到约0.2MPa/10m。

(2)最小允许的盐穴压力。

从现代理论上讲,储气库建立的最小压力为管道所要求的压力,但同时要保证溶腔具有良好稳定条件的最低压力。溶腔最小运行压力的确定应综合考虑溶腔采气能力、井口压力、溶腔稳定性等因素。在满足集输管线压力需求前提下,降低最小允许盐穴压力,同样可以增大储气层的压力范围和气体储存能力,但必须以极大的洞穴收敛容积损失为代价。同时,压力过低,导致垫层气界位的上移,目前最小压力一般降低到不小于0.02MPa/10m。德国盐层溶腔的运行压力设计经验是以溶腔顶部深度计算溶腔最小运行压力,梯度为0.34MPa/100m。

国外研究人员一致认为:考虑到盖层压力,盐穴型地下储气库的压力梯度不能达到2.26MPa/100m。国外最大最小压力的经验比范围是2/1~6/1。表5.2为德国盐穴型地下储气库的运行压力情况。

表5.2 德国6个盐穴型地下储气库的运行压力情况

位置	溶腔数 个	实测井口压力,MPa		设计压力梯度,MPa/100m		设计压力,MPa		盐层深度 m
		最大	最小	最大	最小	最大	最小	
Melville North	1	15.17	3.45	1.584	0.339	16.25	3.48	1026
Melville South	3	15.17	3.45	1.584	0.339	16.71	3.58	1055
Landis	2	17.24	3.79	1.584	0.339	19.02	4.07	1201
Regina North	3	20.69	4.83	1.584	0.339	25.00	5.36	1579
Regina South	5	16.3~22.1	4.96	1.584	0.339	25.73	5.51	1625
Moonsomin	3	16.68	4.14	1.584	0.339	17.42	3.73	1100

5.4.7 库容量设计及校核计算

(1)库容量设计计算。

根据已知的注入天然气的组分,储库的几何形状等地质资料,在溶腔达到最大允许压力和温度时,建立盐穴储库溶腔库容量的计算模型如下:

$$p_{\mathrm{R}} V = \frac{G}{M} Z R T_{\mathrm{R}} \tag{5.1}$$

式中 G——库容量,m^3;

p_R, T_R——溶腔内最大允许压力(Pa)和最大允许温度(K);

V——储气容积,m^3;

M——气体相对分子质量;

R——气体常数;

Z——天然气的偏差系数,利用 BWR 方程求得。

$$Z = 1 + \left(A_1 + \frac{A_2}{T_{pr}} + \frac{A_3}{T_{pr}^3}\right)\rho_{pr} + \left(A_4 + \frac{A_5}{T_{pr}}\right)\rho_{pr}^2 + \frac{A_5 A_6 \rho_{pr}^5}{T_{pr}} + \left(\frac{A_7 \rho_{pr}^2}{T_{pr}^3}\right)(1 + A_8 \rho_{pr}^2)\exp(-A_8 \rho_{pr}^2)$$

(5.2)

其中,$A_1 = 0.31506$,$A_2 = -1.04671$,$A_3 = -0.57833$,$A_4 = 0.53531$,$A_5 = -0.61232$, $A_6 = -0.10489$,$A_7 = 0.68157$,$A_8 = 0.68447$。

$$\rho_{pr} = \frac{0.27 p_{pr}}{Z T_{pr}}$$

式中 ρ_{pr},T_{pr},p_{pr}——无量纲对比密度、无量纲对比温度、无量纲对比压力。

其他符号含义同前文。

采用牛顿迭代法。在已知 p_{pr} 和 T_{pr} 的情况下,需经过一个迭代过程求解 ρ_{pr},其公式为:

$$\rho_{pr}^{(i+1)} = \rho_{pr}^i - \frac{f(\rho_{pr}^{(i)})}{f'(\rho_{pr}^{(i)})}$$

(5.3)

$$f(\rho_{pr}^{(i)}) = A_5 A_6 \rho_{pr}^6 + (A_4 T_{pr} + A_5)\rho_{pr}^3 - \left(A_1 T_{pr} + A_2 + \frac{A_3}{T_{pr}^2}\right)\rho_{pr}^2 +$$

(5.4)

$$T_{pr}\rho_{pr}\frac{A_7 \rho_{pr}^3}{T_{pr}^2}(1 + A_8 \rho_{pr}^2)\exp(-A_8 \rho_{pr}^2) - 0.27 p_{pr}$$

$$f'(\rho_{pr}^{(i)}) = 6A_5 A_6 \rho_{pr}^5 + 3(A_4 T_{pr} + A_5)\rho_{pr}^2 + 2\left(A_1 T_{pr} + A_2 + \frac{A_3}{T_{pr}^2}\right)\rho_{pr} +$$

(5.5)

$$T_{pr}\frac{A_7 \rho_{pr}^2}{T_{pr}^2}\left[3 + A_8 \rho_{pr}^2(3 - 2A_8 \rho_{pr}^2)\right]\exp(-A_8 \rho_{pr}^2)$$

约束条件:

最大允许压力:决定于地下储气库建造期限和速度、有效容积等参数,俄罗斯对确定最大容许压力的理论依据是,假设当岩层中压力达到出现张开的细微裂缝和气体向上一层水平岩层移动的迹象时,应用水力压裂理论确定此时的压力。

最大允许温度:决定于溶腔蠕动稳定性。

(2)库容量校核计算。

由于地下溶腔储集空间中天然气量、容积和溶腔的温度、压力的关系,应遵循物质平衡原理。因此,运用质量守恒原理建立库容量与溶腔压力的数学方程,考虑温度和压力变化,对储气库库容量进行动态校核,可确定不同压力区间的储气库基本参数。

考虑 $\Delta\tau$(天)时间内,注气、采气后稳定的拟压力、温度,建立不稳定状态库容量计算模型:

$$G = G_P\Delta\tau\left(1 - \frac{p_R}{Z_R T_R}\frac{Z_{RI}T_{RI}}{p_{RI}}\right)^{-1} \tag{5.6}$$

式中　G——库容量,m^3;

$\quad\quad p_R, T_R, Z_R$——溶腔内累计注采后的状态参数;

$\quad\quad p_{RI}, T_{RI}, Z_{RI}$——注采初始时参数;

$\quad\quad G_P\Delta\tau$——累计注采量,m^3。

Z_R, Z_{RI} 的计算同前。

5.5　盐穴型天然气地下储气库造腔的数值模拟

5.5.1　盐穴水溶造腔机理

5.5.1.1　溶蚀机理

盐穴水溶造腔实质上就是盐溶液的对流扩散,它是由盐类矿物的自然物理性质所决定的。盐类矿物易溶于水是其固有的自然特性。由于盐岩在自身组织结构上具有极强的致密性,因此,在水溶开采过程中,溶解主要在盐岩矿床与水溶液的接触表面进行,开始时溶解速度很快,随盐岩矿物表面附近溶液的盐离子数量及浓度的增加,离子的扩散运动逐步减弱。但由于在靠近矿物表面和远离矿物表面的溶液中,盐离子存在密度差异,也即盐溶液浓度有所不同,溶液之间必然要产生离子扩散运动,促使矿物继续溶解,直到整个溶液达到饱和状态,离子扩散运动才停止,盐岩矿物也停止溶解。溶解过程中,往往伴随着热动力现象,即有热量的放出和吸收。

岩盐溶蚀过程是发生在边界层内的溶腔固壁表面与溶液之间的物质交换动态平衡过程,由如下两步构成:第一步,水分子吸附 Cl^- 和 Na^+,形成水合离子;从固体表面分离;第二步,把固体表面附近的水合离子传递到远处。因此,盐岩溶蚀速度取决于两个方面:一方面,取决于离子从壁面上分离的速度;另一方面,取决于离子从壁面附近离开的速率。前者是由内在物理化学机理决定的,只要固体和液体给定,则速度为常数,这也是溶解速度不能无限增大的原因。目前,提高溶解速度的所有工程措施都是针对后者(也只能针对后者),不让其在溶蚀边界表面聚集。

在水溶建腔过程中,盐溶过程是发生在溶蚀边界层内的物质交换,而采盐过程是溶腔内的盐水通过循环管柱与外界的淡水之间的物质交换,在稳定溶蚀状态下,盐溶过程与采盐过程达到平衡状态。根据水溶建腔过程中腔体内的物质交换特征,溶腔形态变化直接受盐岩溶蚀过程控制,因此可以根据盐溶过程即溶蚀边界层内的物质交换过程,建立盐岩溶蚀模型。

设溶腔的边界为 R，则 R 是一个与时间 t 和轴向位置 z 有关的函数，即 $R = R(t,z)$，工程上称为动边界问题，意即随着溶蚀过程的进行，腔体边界不断向外扩展。

根据物质平衡原理以及 Fick 第一扩散定律，假设紧贴盐岩固壁表面有一层极薄的边界层，其浓度保持饱和浓度恒定不变，固壁表面溶漓的盐岩分子，经过边界层进入扩散区，而边界层内的溶液浓度始终维持动态平衡，其过程示意图如图 5.7 所示。

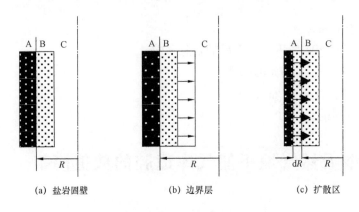

(a) 盐岩固壁   (b) 边界层   (c) 扩散区

图 5.7   溶蚀边界层内盐岩溶解过程示意图

在盐穴型地下储气库水溶建腔过程中，盐岩溶解过程分析如下：

（1）边界层在溶腔固壁表面与扩散区之间维持动态平衡；

（2）边界层内盐岩分子扩散进入流场，边界层内溶液浓度降低，低于饱和浓度；

（3）溶腔固壁表面盐岩溶解，盐岩分子进入边界层，补充边界层内物质损失，溶腔壁面（连同所附着的边界层一起）相对于中心轴方向后退一段微小距离 dR；同时，溶腔半径变成 $R + dR$，底层在溶腔固体表面与扩散区之间维持动态平衡。

5.5.1.2   盐岩造腔对流扩散机理

盐穴型地下储气库一般采用油垫法水溶建腔，是一种单井单库建造方案。首先，从地表钻一口井到一定深度的盐层，下入同心的管柱保护井筒，防止井坍塌，中心管（生产套管）是直径最小的管柱，外面是中间管（技术套管），这样就可以有两个路径控制淡水的注入和排出。淡水从管柱中注入后溶解盐层，直到腔体内卤水饱和为止，卤水从管柱中排出到地面，盐岩溶蚀后，腔体的空间就逐渐增大。

盐穴型地下储气库造腔采用正循环和反循环两种循环方式进行，建槽期是盐穴型地下储气库建造的起始阶段，目的是在腔体底部形成一个较大的槽，存放不溶物杂质的沉淀，这一阶段用正循环造腔，淡水从中心管注入，卤水从中心管和中间管的环空排出。此后，采用反循环溶腔，淡水从中心管和中间管的环空进入，卤水从中心管采出到地面，这样可以既可以加快溶蚀速度，又能排出浓度较高的卤水，是腔体建造的主体阶段（图 5.8）。

盐穴型地下储气库水溶建腔流体输运过程中，存在着扩散现象和对流现象，如图 5.9 所示，在溶蚀边界层内，流体输运主要表现为溶质的扩散作用；在循环管柱附近，流体输运主要靠强迫对流作用；而在两者之间，流体输运以自然对流为主，表现为在重力作用下的沉降扩散平衡。

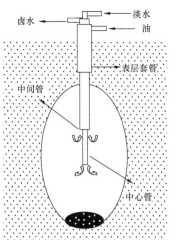
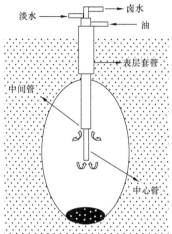
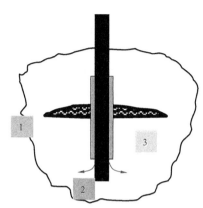

图5.8 油垫法水溶建腔正反循环示意图

图5.9 流体输运过程示意图
1—溶质扩散;2—强迫对流;
3—自然对流

5.5.2 盐穴造腔数学模型

5.5.2.1 模型的基本假设

考虑到工作实际的需要,对问题做出必要简化,提出如下假设条件:

(1)忽略地层倾角、盐岩结晶方向、层理等微构造的各向异性对盐岩溶蚀过程的影响;

(2)溶蚀过程中,腔体的形态为轴对称结构;

(3)不溶物杂质全部沉淀,对扩散的影响忽略不计;

(4)不考虑盐岩地层物性分布的横向非均质性,仅考虑纵向非均质性;

(5)忽略温差的影响;

(6)盐岩地层中不溶物夹层等厚,且物化性质分布均匀稳定。

5.5.2.2 模型的数学表达式

(1)连续性方程。

盐岩溶蚀过程中,溶液的浓度是不断变化的,密度也是在不断发生变化的,根据质量守恒定律,建立连续方程:

$$\frac{\partial \rho}{\partial t} + \nabla \cdot (\rho \boldsymbol{v}) = 0 \tag{5.7}$$

式中 ρ——溶液的密度,kg/m^3;

$\boldsymbol{v}$——流体速度,m/s。

(2)运动方程。

盐穴型地下储气库流体的运动可以看作不可压缩流,根据 Navier – Stokes 流体动力学基本方程,不可压缩流体动量方程可写为:

$$\rho \frac{Dv}{Dt} = \rho F - \nabla p + \frac{1}{3}\mu \nabla (\nabla \cdot v) + \mu \nabla^2 v \tag{5.8}$$

式中　p——流体的压力,Pa;

　　　F——流体的体力,m/s^2;

　　　μ——动力黏性系数,Pa·s。

（3）对流扩散方程。

盐岩腔体溶蚀的过程实际上就是溶质在溶剂的流动体系中的输运过程,这一过程可用一组多维非稳态对流扩散方程来描述:

$$\frac{\partial C}{\partial t} + (v \cdot \nabla) C = D\nabla^2 C \tag{5.9}$$

式中　C——溶液的摩尔浓度,mol/m^3;

　　　v——流体速度,m/s;

　　　D——扩散系数,m^2/s。

（4）盐岩溶解速度方程。

$$\frac{\partial R}{\partial t} = -\frac{D}{\alpha} \frac{M}{\rho_s} \frac{\partial C}{\partial n}\bigg|_{\Gamma_1} \tag{5.10}$$

式中　ρ_s——盐岩密度,kg/m^3;

　　　α——盐岩品位,%;

　　　M——盐岩摩尔质量,kg/mol;

　　　D——扩散系数,m^2/s;

　　　R——溶腔半径,m;

　　　Γ_1——溶腔侧壁壁面。

在描述流体输运的方程中,由于密度 ρ 与浓度 C 不是独立的变量,因此,还应建立溶液密度 ρ 与浓度 C 之间的函数关系如下:

$$\rho = \rho_w + CM\left(1 - \frac{\rho_w}{\rho_s}\right) \tag{5.11}$$

式中　ρ——溶液密度,kg/m^3;

　　　ρ_w——淡水密度,kg/m^3;

　　　C——溶液浓度,mol/m^3;

　　　M——盐岩摩尔质量,kg/mol;

　　　ρ_s——盐岩密度,kg/m^3。

5.5.2.3　数学模型的定解条件

（1）初始条件。

盐岩溶腔之前,盐岩地层段的造腔井筒看作为饱和盐水充填,溶液初始速度为零,处于静力学平衡状态,温度和地层温度相等,初始条件表示为:

$$v\big|_{t=0} = 0 \tag{5.12}$$

$$C\big|_{t=0} = C_{\mathrm{s}} \tag{5.13}$$

$$T\big|_{t=0} = T_0 \tag{5.14}$$

式中　C_{s}——盐水饱和浓度,$\mathrm{mol/m^3}$。

（2）边界条件。

在溶腔表面 $\varGamma_0$ 上,取无滑移边界条件,有:

$$v\big|_{\varGamma_0} = 0 \tag{5.15}$$

溶腔侧面和顶面、底面不同:溶腔侧面边界 $\varGamma_1$ 为溶蚀表面,溶蚀表面浓度可以取为常数即饱和浓度,属于第一类边界条件;溶腔顶面和底面 $\varGamma_2$,都是不渗透边界（溶腔顶面为防护液,底面为沉降下来的不溶物残渣堆积物的上表面）,属于第二类边界条件,表示如下:

$$C\big|_{\varGamma_1} = C_{\mathrm{s}} \tag{5.16}$$

$$\frac{\partial C}{\partial n}\bigg|_{\varGamma_2} = 0 \tag{5.17}$$

综上所述,连续性方程式（5.7）、动量方程式（5.8）、对流扩散方程式（5.9）以及溶解速度方程式（5.10）共 4 个方程,由于密度 ρ 与浓度 C 不是独立的变量,所求未知数包括 $\rho(C)$、v、p 和 R,也是 4 个。因此,以上各个方程和定解条件构成完备的方程组,可以进行求解。

5.5.3　水溶造腔数值模拟软件

（1）软件各模块主要功能。

盐穴溶腔模拟软件适用于盐穴型地下储气库溶腔、盐岩水溶采矿领域,能够造腔三维快速模拟计算、声呐测腔的读入和计算、夹层垮塌预测,具有较大的程序（>4000 行程序代码）、强大友好 Windows 用户界面的特点,包括初始化模块、方案编辑模块、计算模块、后处理模块等。

硬件环境:CPU 2.0G（含）以上,内存 2G（含）以上,硬盘 100G（含）以上,

软件环境:WindowXP \Window7 \Window8,Office2003 \office2007 \Office2010。

（2）软件界面及参数处理。

① 初始化模块。如图 5.10 所示,初始化模块输入的参数包括:溶腔初始参数、溶腔初始形状数据、地层数据、溶蚀系数。

② 方案编辑模块。如图 5.11 所示,方案编辑模块用于编辑盐穴溶腔方案,具有保存方案、导出 Excel、导入方案、阶段的添加、删除和查看以及阶段的上移、下移和运行等功能。

③ 计算模块。如图 5.12 所示,盐穴溶腔模拟软件能够实现夹层垮塌计算、保护液用量计算、盐穴溶腔图形模拟、盐穴溶腔结果计算。

④ 后处理模块。盐穴溶腔模拟软件输出腔体图形、溶腔结果、曲线图形。腔体图形具有按比例显示、水平视图、打印、打印预览、导入、导出、地层图形显示、平移、旋转等功能,如图 5.13 所示。

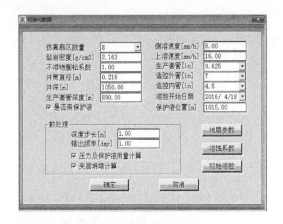

图 5.10　初始化模块界面

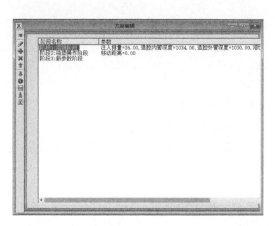

图 5.11　方案编辑模块界面

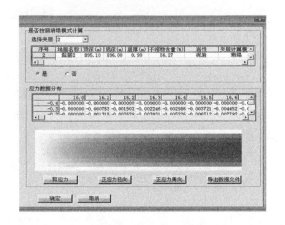

图 5.12　计算模块界面

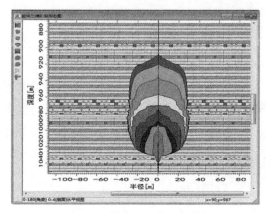

图 5.13　后处理模块界面

5.5.4　水溶造腔影响因素分析

5.5.4.1　夹层的影响

（1）夹层对腔体稳定性的影响。利用岩盐储气库溶腔软件,对夹层数量不同的地层建设岩盐储气库模拟计算,溶腔结果如图 5.14 所示。

由图 5.14 可以看出,夹层对岩穴储气库水溶建腔腔体的形态影响很大。无夹层时,溶腔的边界连续性好,形状为倒梨形,腔体稳定性好;夹层数目增多时,溶腔边界出现不规则,腔体的形状为圆柱形,腔体稳定性差。数值模拟研究结果表明,腔体溶蚀过程中,夹层的存在,破坏了溶腔边界的连续性,不利于建腔和腔体形态控制。

（2）夹层对建腔周期的影响。夹层的存在延缓了腔体内流体的输运对流扩散过程,导致溶腔的流体不能充分的交换。夹层的存在降低了采盐的速度,从而增加了岩穴储气库的建腔的时间。例如,对于在相同的工艺条件下,建造 $20 \times 10^4 m^3$ 体积的岩穴储气库,夹层数量和建腔的时间的关系,见表 5.3。

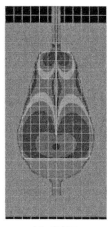
(a)　无夹层

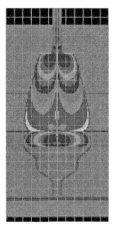
(b)　一个夹层

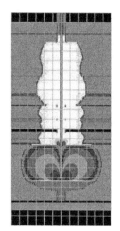
(c)　多个夹层

图 5.14　夹层数量不同时溶腔结果图

表 5.3　夹层数量与建腔时间的关系表

夹层数量,个	建腔周期,d
0	605
1	641
2	668
3	683

5.5.4.2　盐岩品位的影响

根据盐岩地层纵向分布特征,为了便于分析盐岩品位对盐穴储气库造腔的影响,利用研制的盐岩储气库水溶造腔动态模拟软件对品位不同的均质盐岩地层地质模型进行模拟,综合研究溶腔形态发展变化规律。据有关盐矿地质资料,根据盐岩地层纵向分布特征,建立均质盐岩地层地质模型。均质盐岩地层数据见表 5.4。

表 5.4　均质盐岩地层数据

地质模型	层位	地层厚度,m	顶深,m	底深,m	盐岩品位,%
地质模型一	盐岩地层	154	988	1202	80
地质模型二	盐岩地层	154	988	1202	85
地质模型三	盐岩地层	154	988	1202	90
地质模型四	盐岩地层	154	988	1202	95

图 5.15 至图 5.17 给出了 4 种地质模型在溶蚀 942 天后,腔体体积、平均采盐速度、腔体有效利用率[腔体体积/(腔体体积+残渣体积)]随盐岩品位的变化曲线图。

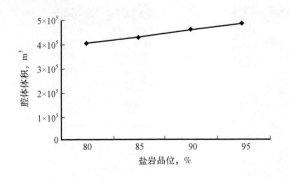

图 5.15　腔体体积变化

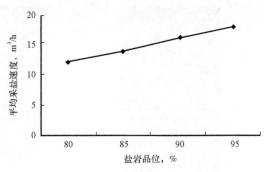

图 5.16　平均采盐速度变化

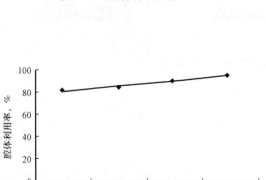

图 5.17　腔体利用率变化

由图 5.19 和图 5.21 可以看出，盐岩品位越高，水溶造腔腔体体积就越大，腔体的有效利用率就越高。在相同溶蚀时间下，品位是 80% 时，腔体体积只有 $25 \times 10^4 m^3$ 左右，有效利用率仅 80%，而当品位达到 95% 时，腔体体积几乎有 $40 \times 10^4 m^3$，有效利用率也达到 90% 多。可见选择盐岩品位高的地层进行盐穴储气库造腔，能有效缩短建腔时间；图 5.16 表明，品位越高，平均采盐速度就越大，最大速度达到 $17 m^3/h$，而最小速度只有 $12 m^3/h$，因此，选择盐岩品位高的地层建腔，能有效提高采卤速度，缩短建腔周期。

5.5.4.3　循环方式的影响

（1）正循环。

在盐穴型地下储气库腔体溶蚀过程中，循环方式对溶腔形状有影响，正循环水溶造腔就是淡水从下入井里的中心管内注入溶腔，对盐岩进行溶解至近饱和状态，再通过中心管外的环形空间返出地面，即淡水从洞穴底部进入，卤水从洞穴顶部抽出。采用正循环方式进行，获得腔体形状为上小下大的梨形，该形状发生底溶的接触面占主要，溶蚀速度低。

（2）反循环。

反循环水溶造腔就是淡水通过中心管外环形空间注入，对盐岩进行溶解至近饱和状态，再从中心管内返出地面，即淡水从洞穴顶部进入，卤水从洞穴底部抽出。采用反循环方式进行滤洗，获得腔体形状为上大下小的倒梨形，该形状发生上溶的接触面占主要，溶蚀速度快，如图 5.18 所示。

两种循环水溶造腔方式各有优劣。反循环水溶造腔排出的是腔体底部盐水，其密度相对较高，有利于提高造腔的效率；缺点是人为控制腔体形状困难，溶腔稳定性差、易坍塌，顶板保护措施效果不佳。正循环水溶造腔排出的是腔体上部盐水,其密度相对较低,造腔效率较低;优点是可以人为控制腔体形状,溶腔稳定性好不易坍塌,顶板保护措施也比较简单有效。

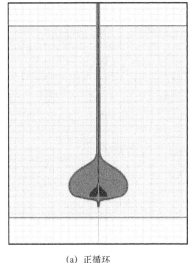 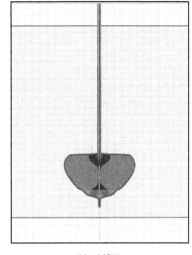

(a) 正循环　　　　　　　　　　　(b) 反循环

图 5.18　不同循环方式溶腔结果

在整个溶腔过程中,为满足设计要求,可交叉联合使用上述两种循环方式。但在造腔开始时,必须用正循环,否则会发生中心管被堵管现象。溶腔的初期即建槽阶段采用正循环,保证溶腔底部有足够的空间存放残渣,可防止残渣堵塞管道;建槽后采用反循环,可以提高溶蚀速率,中心管排出较高的卤水浓度。

5.5.4.4　注水排量的影响

注水流量是控制溶腔发展速度的最重要参数。确定注入流量的基本原则是:
(1)满足管内流的最优工作状态;
(2)尽量使排出的卤水浓度接近饱和;
(3)低水耗、低能耗;
(4)满足建腔周期要求。

水注入速度的确定由以下几个因素综合制约:管柱直径(避免冲蚀和较高的管内压力)、地面注入设备的工作能力、建腔周期的要求等。注水排量的设计需要综合考虑返出卤水浓度、地面注水泵压两方面要求,同时,在建腔周期和时间上要满足甲方要求。

不同建库地区返出卤水浓度要求不一样,如金坛储气库返出的卤水浓度及处理量要求:
(1)返出的卤水浓度要求大于 285g/L,处理量无要求,返出的卤水要求压力 0.25MPa。
(2)当返出的卤水浓度达不到要求时,需要循环造腔,以满足浓度要求。

以金坛储气库 MZ1 井为例,进行注水排量优化,正循环建槽取小排量 40m³/h,改变反循环排量,数值模拟结果见表 5.5 至表 5.10。

表5.5　金坛储气库注水排量30m³/h 溶腔结果

阶段	时间,d	腔体有效体积,$10^4 m^3$	腔体总体积,$10^4 m^3$	卤水浓度,g/L	注水压力,MPa
1	240	2.07	2.66	241.3	3.07
2	520	4.67	6.74	294.3	2.85
3	770	6.98	10.64	301.1	2.91
4	1090	10.1	15.46	305.9	3.05
5	1440	13.64	20.74	312.2	3.13
6	1690	16.34	24.33	316.1	3.19

表5.6　金坛储气库注水排量40m³/h 溶腔结果

阶段	时间,d	腔体有效体积,$10^4 m^3$	腔体总体积,$10^4 m^3$	卤水浓度,g/L	注水压力,MPa
1	240	2.07	2.66	241.3	3.07
2	440	4.54	6.22	287.4	3.01
3	640	6.93	10.22	293.1	3.06
4	905	10.32	15.40	301.3	3.11
5	1170	13.86	20.65	308	3.18
6	1340	16.28	23.87	312.1	3.26

表5.7　金坛储气库注水排量60m³/h 溶腔结果

阶段	时间,d	腔体有效体积,$10^4 m^3$	腔体总体积,$10^4 m^3$	卤水浓度,g/L	注水压力,MPa
1	240	2.07	2.66	241.3	3.07
2	390	4.66	6.39	271.8	4.17
3	525	6.98	10.23	278.9	4.27
4	710	10.34	15.47	289.2	4.38
5	895	13.95	20.81	300.2	4.57
6	1005	16.23	23.90	305.8	4.70

表5.8　金坛储气库注水排量80m³/h 溶腔结果

阶段	时间,d	腔体有效体积,$10^4 m^3$	腔体总体积,$10^4 m^3$	卤水浓度,g/L	注水压力,MPa
1	240	2.07	2.66	241.3	3.07
2	360	4.68	6.38	258.2	5.82
3	465	6.97	10.22	266.7	5.99
4	610	10.34	15.48	279.2	6.16
5	755	13.98	20.89	291.1	6.48
6	840	16.28	24.00	298.8	6.73

表5.9 金坛储气库注水排量100m³/h溶腔结果

阶段	时间,d	腔体有效体积,10⁴m³	腔体总体积,10⁴m³	卤水浓度,g/L	注水压力,MPa
1	240	2.07	2.66	241.3	3.07
2	340	4.68	6.31	245.9	7.98
3	430	6.98	10.21	254.4	8.22
4	550	10.31	15.41	267	8.47
5	670	13.94	20.89	283	8.95
6	740	16.24	24.05	292.3	9.35

表5.10 金坛储气库注水排量120m³/h溶腔结果

阶段	时间,d	腔体有效体积,10⁴m³	腔体总体积,10⁴m³	卤水浓度,g/L	注水压力,MPa
1	240	2.07	2.66	241.3	3.07
2	330	4.75	6.40	235	10.61
3	405	6.96	10.14	244.3	10.94
4	510	10.32	15.43	258.4	11.30
5	615	14.03	21.02	275.7	11.99
6	675	16.34	24.20	286.1	12.54

由表5.5至表5.10可以看出,建造相同的腔体有效体积$16 \times 10^4 m^3$时,不同排量建腔周期变化较大。排量30m³/h时,建腔周期为1690天;排量40m³/h时,建腔周期为1340天;当排量增大到120m³/h时,建腔周期为675天,时间大大缩短,储气库的建造尽量选择较大的排量来建腔,如图5.19所示。

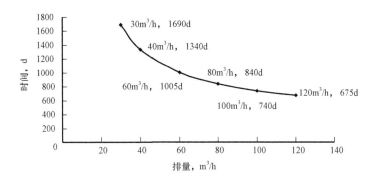

图5.19 不同排量建腔周期

然而,排量增大的时候,在溶蚀相同的溶腔体积时,腔体返出的卤水浓度相应降低,考虑金坛储气库返出卤水浓度要求大于285g/L,排量的选择不应较大。如排量在40m³/h时,卤水浓度在溶蚀第二阶段440天已达到287g/L,可以直接返到盐化厂处理,排量在120m³/h时,卤水浓度在溶蚀最后一个阶段440天达到286g/L。可见,采用大排量造腔,返出的卤水浓度很难达到返出卤水浓度要求,同时,地面注水泵的压力级别较高,如图5.20所示。

综合考虑以上两个方面,金坛储气库正循环建槽时,尽量采取小排量30~60m³/h,造腔后期采用排量80~100m³/h的溶腔方案,不仅在建腔初期能达到返出卤水浓度要求,同时,解决了单独利用小排量造腔的时间较长的问题。

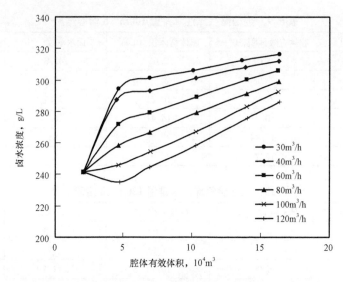

图 5.20　不同排量返出卤水浓度

5.5.4.5　管柱提升次数的影响

盐穴型地下储气库水溶建腔过程中,随着残渣物高度的增加,中心管的位置要逐渐提升;另外,为了保证形成形状规则的腔体形态,两口距也要相应地发生变化,这样中间管的位置也得被提升。为了研究管柱提升次数对溶腔形态的影响,选择地质模型后,管柱分别提升 3 次、5 次、7 次和 9 次,溶腔形态的结果如图 5.21 所示。

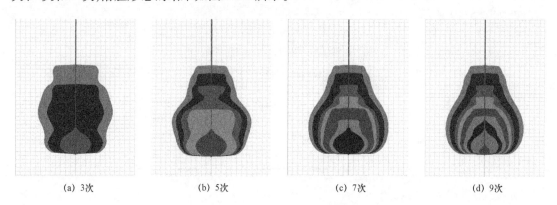

|(a) 3次|(b) 5次|(c) 7次|(d) 9次|

图 5.21　不同管柱提升次数溶腔结果

从图 5.21 可以看出,管柱提升次数从 3 次到 7 次溶腔形状的差别很大,随着管柱提升次数的增加,腔体形状越符合要求,越接近倒梨形,溶腔的边界连续性越好,腔体的稳定性越好;管柱提升次数 7 次和 9 次效果差别不大,腔体的形状变化不明显,形状基本规则,能满足建设腔体稳定性的要求,腔体提升次数越大、造成建腔成本增大,故在盐穴型地下储气库水溶建腔的过程中,管柱的提升次数不能太大。

盐穴型地下储气库建槽期管柱提升次数一般为 2~3 次,如盐穴型地下储气库底部建槽盐层品位低、多夹层,选择三步建槽,原因是两步建槽时很快达到溶解安息角,溶解作用停止,形成的有效体积有限;而三步建槽能够达到设计预期。以 YK 井建库为例,两步建槽时很快达到溶解安息角,溶解作用停止,形成的有效体积有限($0.5 \times 10^4 \text{m}^3$);而三步建槽能够达到设计预期($1.9 \times 10^4 \text{m}^3$),如图 5.22 所示。

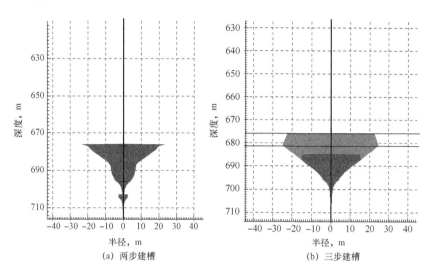

图 5.22　建槽期不同步骤溶腔对比图

5.5.4.6　管柱组合的影响

盐穴型地下储气库在水溶建腔过程中,下入两个同心套管(中间管和中心管),中心管直径较小,下入腔体的底部,为了保证在腔体溶蚀的过程中,排出浓度较高的卤水,位置应尽量靠下部,原因是盐穴型地下储气库腔体内卤水溶液由于重力分层的作用,浓度自下而上呈现分层的现象,浓度自下而上逐渐降低,越靠近底部的溶液浓度越高。另外,溶腔过程中不溶物在溶解过程,掉落在溶腔底部,为了保证中心管出口处不能被不溶物的杂质堵住,中心管在底部的位置和杂质的高度应保持一定的距离。中心管位置确定后,再确定中间管的位置,由于腔体的溶蚀过程主要发生在中间管和中心管之间,因此在盐穴型地下储气库水溶造腔过程中,中间管和中心管的距离必然对溶腔的形状和溶蚀速度有很大的影响。

为了讨论中间管和中心管距离(两口距)对溶腔的影响,正循环 140 天后进行反循环,在确定中心管位置一定的情况下,改变中间管和中心管的距离,即两口距的大小,在 160 天后溶腔的形状变化如图 5.23 所示。

从图 5.23 可以看出,两口距从 10m 增加到 50m 时,溶腔形状为一个腔体,两口距从 50m 增加 60m 时候,溶腔形状基本上保持上下两个腔体,整个腔体中断。可见,随着两口距的增加,溶腔形状变化比较明显。原因是:若两口距过小,溶腔有效溶蚀区间小,溶腔效率低,同时,形状和要求相差甚远;若两口距过大,由于溶蚀过程中对流扩散的作用,造成溶腔上部溶蚀的溶腔半径过大,而下部溶蚀速率太低,同样形成不规则的形态。两口距从 10m 增加到 40m,腔体的体积变化明显,并且随着两口距的增加,腔体体积也逐渐增大,提高两口距能扩大溶蚀空间,提高溶蚀速度,缩短建腔周期;然而,当两口距离从 40m 到 60m 时候,溶腔的体积增加不大,基本上保持不变,而腔体的连续性不好。因此,在盐穴型地下储气库溶腔过程中,要保持一定的两口距,两口距一般不低于 15m,这样既能提高溶腔速度,又能保证溶腔的形状的连续性和稳定性。

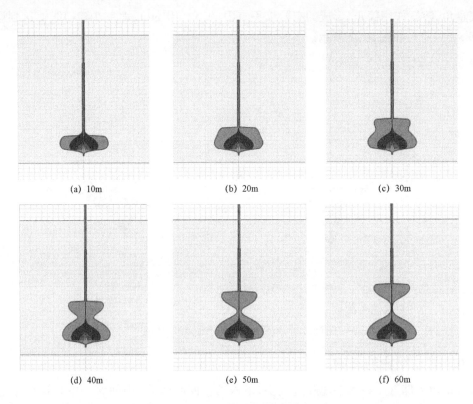

(a) 10m　　　　　　　(b) 20m　　　　　　　(c) 30m

(d) 40m　　　　　　　(e) 50m　　　　　　　(f) 60m

图 5.23　两口距不同时溶腔结果

5.5.5　金坛储气库造腔方案设计

5.5.5.1　地质情况

金坛 J1 井的含盐系分布于阜宁组四段,补心高 6.15m,盐层位于 880.9 ~ 1043.5m,厚度 162.6m,泥岩层 12 个,其中泥质夹层累计厚度 17.9m,泥岩层所占比例 11%,其中最大夹层厚度 2.8m,平均不溶物含量约为 12.4%,详见表 5.11。

表 5.11　J1 井盐层井段不溶物含量数据

层号	顶深,m	底深,m	层厚,m	泥质含量,%	解释结论
1	880.9	903.7	22.8	5.36	盐岩层
2	903.7	904.3	0.6	27.39	泥岩层
3	904.3	908.2	3.9	5.81	盐岩层
4	908.2	910.3	2.1	40.10	泥岩层
5	910.3	926.4	16.1	5.01	盐岩层
6	926.4	928.0	1.6	50.28	泥岩层
7	928.0	967.7	39.7	4.55	盐岩层
8	967.7	969.3	1.6	99.90	泥岩层

层号	顶深,m	底深,m	层厚,m	泥质含量,%	解释结论
9	969.3	976.5	7.2	6.23	盐岩层
10	976.5	977.3	0.8	27.85	泥岩层
11	977.3	979.6	2.3	5.69	盐岩层
12	979.6	982.4	2.8	99.90	泥岩层
13	982.4	984.6	2.2	6.39	盐岩层
14	984.6	985.2	0.6	20.81	泥岩层
15	985.2	987.1	1.9	6.50	盐岩层
16	987.1	989.6	2.5	99.90	泥岩层
17	989.6	1000.0	10.4	5.76	盐岩层
18	1000.0	1001.0	1.0	60.61	泥岩层
19	1001.0	1032.7	31.7	4.72	盐岩层
20	1032.7	1034.6	1.9	99.90	泥岩层
21	1034.6	1037.1	2.5	5.80	盐岩层
22	1037.1	1037.8	0.7	24.88	泥岩层
23	1037.8	1039.6	1.8	4.81	盐岩层
24	1039.6	1041.3	1.7	66.74	泥岩层
25	1041.3	1043.5	2.2	6.18	盐岩层

5.5.5.2 钻完井情况

J1 井完钻井身结构数据:

(1)钻头 $\phi444.5\text{mm} \times 496.60\text{m}$ + 套管 $\phi339.7\text{mm} \times 494.75\text{m}$;

(2)钻头 $\phi311.1\text{mm} \times 915.10\text{m}$ + 套管 $\phi244.5\text{mm} \times 913.07\text{m}$;

(3)钻头 $\phi216\text{mm} \times 1052\text{m}$。

其中井身结构如图 5.24 所示。

5.5.5.3 造腔施工方案

(1)井型:单井单腔;

(2)造腔目的层深度:造腔层段 913.07~1043.5m,厚度 130.43m;

(3)采用 $\phi177.8\text{mm}$ 造腔外管 + $\phi114.3\text{mm}$ 造腔内管实行造腔作业;

(4)单腔尺寸:溶腔体积 $25.28 \times 10^4\text{m}^3$,有效腔体体积约为 $19.73 \times 10^4\text{m}^3$;

(5)腔体形状:腔体整体形状为一个梨形,残渣位置 1000.9m,腔体最大直径约为 76.5m,高度约为 77.9m(腔体顶部距残渣位置);

(6)分 6 个阶段造腔,最后形成腔体体积 $19.73 \times 10^4\text{m}^3$,纯溶滴时间 1025 天,累计造腔时间 1206 天。

J1 井腔体形状设计示意图如图 5.25 所示,J1 井水溶造腔参数设计见表 5.12。

表 5.12　J1 井水溶造腔参数设计

造腔参数 造腔阶段		造腔模式	保护液界面深度 m	造腔外管深度 m	造腔内管深度 m	注水排量 m³/h	注水压力 MPa	保护液井口压力 MPa	卤水浓度 g/L	纯溶漓时间 d	累计注水量 m³	累计采卤量 m³	累计净体积 m³	累计造腔时间 d
1	1-A	正循环	1015	1015	1043	30	1.86	3.16	116.2	50	36000	35482	2159.3	59
	1-B	正循环	1015	1015	1035	30	2.16	3.44	182	125	125998	123588	10388.3	206
	1-C	正循环	1010	1015	1030	30	2.34	3.6	231.4	125	215998	211144	20700.9	353
2		反循环	990	1005	1025	50	3.47	4.12	286	180	432043	419938	50758	565
3		反循环	970	995	1015	80	5.66	4.79	273.9	170	758329	735888	88596.2	765
4		反循环	955	975	1005	80	5.82	4.89	283.9	120	988616	958302	118519.6	906
5		反循环	935	965	1000	100	8.31	5.75	286.8	140	1324457	1282720	164796.1	1071
6		正循环	923	953	1000	100	10.9	7.71	252.5	115	1600331	1549647	197278.6	1206

注：(1) 造腔时间包括纯溶漓时间，以及无法预期的造腔中断时间（约占造腔时间的 15%）。

(2) 本表中的涉及排量值、压力值和浓度值均是指某一造腔步骤或阶段期间的该参数的平均值。

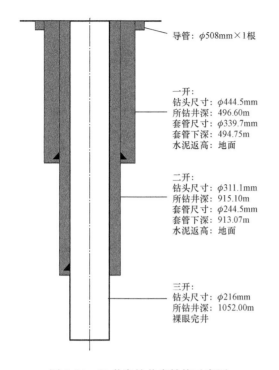

图 5.24　J1 井完钻井身结构示意图

导管：φ508mm×1根

一开：
钻头尺寸：φ444.5mm
所钻井深：496.60m
套管尺寸：φ339.7mm
套管下深：494.75m
水泥返高：地面

二开：
钻头尺寸：φ311.1mm
所钻井深：915.10m
套管尺寸：φ244.5mm
套管下深：913.07m
水泥返高：地面

三开：
钻头尺寸：φ216mm
所钻井深：1052.00m
裸眼完井

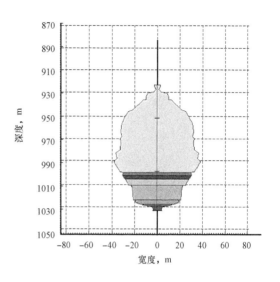

图 5.25　J1 井腔体形状设计示意图

5.6　盐穴型天然气地下储气库注采过程数值模拟

5.6.1　盐穴型地下储气库物理描述

盐穴型天然气地下储气库单腔示意图如图 5.26 所示。图中处于无限大盐岩层中的一个地下溶腔通过一竖直注采井筒与地面井口相连。

盐穴型天然气地下储气库的注采过程，是天然气从地面流入井筒，再经井筒流到溶腔，或逆向进行的过程。随着天然气的注入或采出，以及穴内气体和周围盐层的热交换，必然导致温度和压力随时间的变化。这些热工性能参数的改变，影响储气库的相关变量，如盐穴尺寸和形状、盐穴壁状态、盐穴内温度和压力、周围盐层温度和压力、库容量、垫层气量、水合物生成条件等。

将井筒、溶腔和周围盐层视为一个整体，考虑避免井口水合物生成、最大和最小压力、温度等约束条件，建立从井筒、溶腔以及和周围盐层

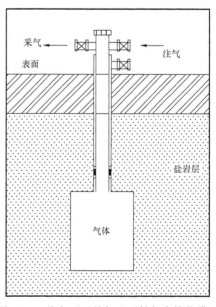

图 5.26　盐穴型天然气地下储气库简化模型
（单腔示意图）

相互耦合的不稳态注采动态数学模型及求解方法,模型可预测储气库的库容量、垫层气量以及注采过程中热工性能参数的变化,预测分析注采井筒中水合物形成规律,确定最佳的工作气与垫层气比等。

5.6.2 盐穴型天然气地下储气库数学模型

5.6.2.1 溶腔周围盐层温度场模型

将溶腔周围盐层考虑为以溶腔中心为轴线的轴对称问题,满足瞬态传热微分方程:

$$\frac{\partial t}{\partial \tau} = a\left[\frac{1}{r}\frac{\partial}{\partial r}\left(r\frac{\partial t}{\partial r}\right)\right] \quad (0 \leqslant r \leqslant \infty) \tag{5.18}$$

$$t\big|_{\tau=0} = 常数 \tag{5.19}$$

$$-\lambda\frac{\partial t}{\partial r}\bigg|_{r=R} = \alpha(t_w - t_r) \tag{5.20}$$

$$t\big|_{r=\infty} = \text{const} \tag{5.21}$$

其中 $$a = \frac{\lambda}{\rho_s c}$$

式中　a——盐层导温系数,kJ/(kg·℃);

　　　r——溶腔半径,m;

　　　λ——盐层导热系数,W/(m·℃);

　　　α——气体对流换热系数,W/(m²·℃);

　　　t_w——溶腔壁面温度,℃;

　　　t_r——溶腔内气体温度,℃;

　　　ρ_s——盐层的密度,kg/m³;

　　　c——盐层比热容,J/(kg·℃)。

5.6.2.2 溶腔模型

(1)连续性方程。

天然气的温度、压力和体积之间的关系遵循实际气体定律,溶腔有效体积 V_r 不变,故注采一段时间后,溶腔内的气体满足以下状态公式:

$$\frac{p_r}{nz_r RT} = \frac{p_{ri}}{n_i z_{ri} RT} \tag{5.22}$$

式中　n_i——注采前溶腔内的气体物质的量,$n_i = G\rho_{sc}/M_g$,kmol;

　　　n——腔内的气体物质的量,$n = (G \pm G_p)\rho_{sc}/M_g$,"+"表示注气过程,"-"表示采气过程;

　　　G_p——累计注采气体量,m³;

　　　G——溶腔内初始气体量,m³;

　　　p_{ri}, T_{ri}, z_{ri}——溶腔初始压力、初始温度、初始压缩因子;

p_r, T_r, z_r——溶腔压力、温度、压缩因子；

ρ_{sc}——标准状态下气体密度，kg/m^3；

M_g——气体的分子量，$kg/kmol$。

整理后，得到溶腔内气体温度与压力的关系为：

$$\frac{p_r}{z_r T_r} = \frac{p_{ri}}{z_{ri} T_{ri}}\left(1 \pm \frac{G_p}{G}\right) \tag{5.23}$$

（2）溶腔能量守恒方程。

注采过程中，溶腔内气体遵循热力学能量守恒定律，建立注采过程中溶腔内气体能量守恒方程：

$$nu = n_i u_i \pm \Delta n h_g + Q \tag{5.24}$$

式中　u——溶腔内气体内能，$kJ/kmol$；

u_i——溶腔初始气体内能，$kJ/kmol$；

h_g——流入（流出）气体焓，$kJ/kmol$；

Q——溶腔吸收盐层热流量，kJ。

其中，"＋"表示注气过程，"－"表示采气过程。

考虑天然气焓的计算式为：

$$h_g = M_g\left\{\begin{array}{l} a_0 T_g + \dfrac{1}{2}a_1 T_g^2 + \dfrac{1}{3}a_2 T_g^3 + \dfrac{1}{4}a_3 T_g^4 + \\[2mm] \left(B_0 R T_g - 2A_0 - \dfrac{4C_0}{T_g^2} - \dfrac{5D_0}{T_g^3} - \dfrac{6E_0}{T_g^4}\right)\rho_g + \\[2mm] \dfrac{1}{2}\left(2bRT_g - 3a - \dfrac{4d}{T_g}\right)\rho_g^2 + \dfrac{1}{5}\alpha\left(6a + \dfrac{7d}{T_g}\right)\rho_g^5 + \\[2mm] \dfrac{c}{\gamma T_g^2}\left[3 - \left(3 + \dfrac{\gamma\rho_g^2}{2} - \gamma^2\rho_g^4\right)\exp(-\gamma\rho_g^2)\right] \end{array}\right\} \tag{5.25}$$

式中　T_g——采出或注入气体的温度，K；

ρ_g——采出或注入气体的密度，$kmol/m^3$；

$A_0, B_0, C_0, D_0, E_0, a, b, c, d, \alpha, \gamma$——BWRS状态方程的11个参数。

对于纯组分 i 的11个参数和临界参数 T_{ci}、p_{ci} 及偏心因子关系为：

$$\rho_{ci}B_{0i} = A_1 + B_1\omega_i, \frac{\rho_{ci}A_{0i}}{RT_{ci}} = A_2 + B_2\omega_i, \frac{\rho_{ci}C_{0i}}{RT_{ci}^3} = A_3 + B_3\omega_i$$

$$\rho_{ci}^2\gamma_i = A_4 + B_4\omega_i, \rho_{ci}^2 b_i = A_5 + B_5\omega_i, \frac{\rho_{ci}^2 a_i}{RT_{ci}} = A_6 + B_6\omega_i$$

$$\rho_{ci}^3\alpha_i = A_7 + B_7\omega_i, \frac{\rho_{ci}^2 c_i}{RT_{ci}^3} = A_8 + B_8\omega_i, \frac{\rho_{ci}D_{0i}}{RT_{ci}^4} = A_9 + B_9\omega_i$$

$$\frac{\rho_{ci}^2 d_i}{RT_{ci}^2} = A_{10} + B_{10}\omega_i, \frac{\rho_{ci}E_{0i}}{RT_{ci}^5} = A_{11} + B_{11}\omega_i\exp(-3.8\omega_i)$$

式中　A_i, B_i——通用常数($i = 1, 2, \cdots, 11$)，见表5.13；

　　　ρ_{ci}——临界密度，可查表；

　　　ω_i——偏心因子，可查表。

表5.13　通用常数 A_i 和 B_i 值

i	A_i	B_i	I	A_i	B_i
1	0.443690	0.115449	7	0.0705233	-0.44448
2	1.284380	-0.920731	8	0.504087	1.32245
3	0.356306	1.70871	9	0.0307452	0.179433
4	0.544979	-0.270896	10	0.0732828	0.463492
5	0.528629	0.349261	11	0.006450	-0.022143
6	0.484011	0.754130			

对于混合物，BWRS方程应采用如下混合规则：

$$A_0 = \sum_i \sum_j y_i y_j A_{0i}^{1/2} A_{0j}^{1/2} (1 - K_{ij})$$

$$B_0 = \sum_i y_i B_{0i}$$

$$C_0 = \sum_i \sum_j y_i y_j C_{0i}^{1/2} C_{0j}^{1/2} (1 - K_{ij})^3$$

$$D_0 = \sum_i \sum_j y_i y_j D_{0i}^{1/2} D_{0j}^{1/2} (1 - K_{ij})^4$$

$$E_0 = \sum_i \sum_j y_i y_j E_{0i}^{1/2} E_{0j}^{1/2} (1 - K_{ij})^5$$

$$a = \left(\sum_i y_i a_i^{1/3}\right)^3, b = \left(\sum_i y_i b_i^{1/3}\right)^3, c = \left(\sum_i y_i c_i^{1/3}\right)^3$$

$$d = \left(\sum_i y_i d_i^{1/3}\right)^3, \alpha = \left(\sum_i y_i \alpha_i^{1/3}\right)^3, \gamma = \left(\sum_i y_i \gamma_i^{1/2}\right)^2$$

热力学能 u 的计算式为：

$$u = h_{gr} - z_r RT_r \tag{5.26}$$

式中　h_{gr}——注采后溶腔气体的焓，kJ/kmol。

溶腔注采初始气体的热力学能为：

$$u_i = h_{gi} - z_{ri}RT_{ri} \tag{5.27}$$

式中　h_{gi}, z_{ri}, T_{ri}——注采初始溶腔气体的焓、偏差因子、温度，且 h_{gr} 和 h_{gi} 的计算与式(5.25)中天然气焓值的计算方法相同。

溶腔与周围盐层的热交换是通过溶腔壁来进行的。溶腔内气体与溶腔壁面之间存在温差,气体与壁面通过对流进行换热,故溶腔吸收周围盐层的热流量有下式成立:

$$Q = \alpha(t_w - t_r)F \tag{5.28}$$

式中　α——气体对流换热系数,$W/(m^2 \cdot ℃)$;

　　　t_w——溶腔壁面温度,$℃$;

　　　t_r——溶腔内气体温度,$℃$;

　　　F——换热面积,m^2。

将式(5.25)至式(5.28)代入式(5.24)经整理后,得到溶腔注采过程所遵循的能量守恒方程为:

$$nM_g \left\{ \begin{aligned} &a_0 T_r + \frac{1}{2}a_1 T_r^2 + \frac{1}{3}a_2 T_r^3 + \frac{1}{4}a_3 T_r^4 + \\ &\left(B_0 R T_r - 2A_0 - \frac{4C_0}{T_r^2} - \frac{5D_0}{T_r^3} - \frac{6E_0}{T_r^4}\right)\rho_r + \\ &\frac{1}{2}\left(2bRT_r - 3a - \frac{4d}{T_r}\right)\rho_r^2 + \frac{1}{5}\alpha\left(6a + \frac{7d}{T_r}\right)\rho_r^5 + \\ &\frac{c}{\gamma T_r^2}\left[3 - \left(3 + \frac{\gamma\rho_r^2}{2} - \gamma^2\rho_r^4\right)\exp(-\gamma\rho_r^2)\right] - z_r R T_r \end{aligned} \right\}$$

$$= n_i M_g \left\{ \begin{aligned} &a_0 T_{ri} + \frac{1}{2}a_1 T_{ri}^2 + \frac{1}{3}a_2 T_{ri}^3 + \frac{1}{4}a_3 T_{ri}^4 + \\ &\left(B_0 R T_{ri} - 2A_0 - \frac{4C_0}{T_{ri}^2} - \frac{5D_0}{T_{ri}^3} - \frac{6E_0}{T_{ri}^4}\right)\rho_{ri} + \\ &\frac{1}{2}\left(2bRT_{ri} - 3a - \frac{4d}{T_{ri}}\right)\rho_{ri}^2 + \frac{1}{5}\alpha\left(6a + \frac{7d}{T_r}\right)\rho_{ri}^5 + \\ &\frac{c}{\gamma T_{ri}^2}\left[3 - \left(3 + \frac{\gamma\rho_{ri}^2}{2} - \gamma^2\rho_{ri}^4\right)\exp(-\gamma\rho_{ri}^2)\right] - z_{ri} R T_{ri} \end{aligned} \right\} \pm \tag{5.29}$$

$$\Delta n M_g \left\{ \begin{aligned} &a_0 T_g + \frac{1}{2}a_1 T_g^2 + \frac{1}{3}a_2 T_g^3 + \frac{1}{4}a_3 T_g^4 + \\ &\left(B_0 R T_g - 2A_0 - \frac{4C_0}{T_g^2} - \frac{5D_0}{T_g^3} - \frac{6E_0}{T_g^4}\right)\rho_g + \\ &\frac{1}{2}\left(2bRT_g - 3a - \frac{4d}{T_g}\right)\rho_g^2 + \frac{1}{5}\alpha\left(6a + \frac{7d}{T_g}\right)\rho_g^5 + \\ &\frac{c}{\gamma T_g^2}\left[3 - \left(3 + \frac{\gamma\rho_g^2}{2} - \gamma^2\rho_g^4\right)\exp(-\gamma\rho_g^2)\right] - z_g R T_g \end{aligned} \right\} + \alpha(t_w - t_r)F$$

式中 ρ_r——注采后溶腔内气体密度,$kmol/m^3$;

ρ_{ri}——注采前溶腔内气体密度,$kmol/m^3$。

5.6.2.3 井筒模型

(1)井筒流动方程。

建立注采气井工作气遵循动量平衡关系:

$$- \omega_g \Delta u_g = \pm \rho_g g A \Delta y \cos\alpha + A \Delta p + (F/4) S \Delta y \qquad (5.30)$$

其中
$$F = 2 f \rho_g u_g^2$$

$$\frac{1}{\sqrt{f}} = 1.14 - 2 \lg\left(\frac{k_s}{d_i} + \frac{21.25}{Re^{0.9}}\right)$$

式中 ω_g——气井内气体的质量流量,kg;

Δu_g——体积速度,m^3/s;

ρ_g——井中气体的密度,kg/m^3;

A——横截面积,m^2;

Δy——薄片的厚度,m;

α——井斜角,竖直井筒 $\alpha = 0°$,(°);

p——气井内工作气的压力,MPa;

S——井壁周长,m;

$F/4$——井壁对气体施加的剪切应力,遵循 Fanning 经验公式,N/m^2;

f——Fanning 摩擦系数,是雷诺数和井壁相对粗糙度的函数;

k_s——井壁绝对粗糙度,m;

d_i——井筒内径,m;

Re——雷诺数。

式中,"+"表示采气过程,"-"表示注气过程。

式(5.30)两边同除以 $A\Delta y$,并令 $\Delta y \rightarrow 0$,得到注采气井一维动量平衡微分方程:

$$\frac{dp}{\rho_g} \pm g\cos\alpha dy + u_g du_g + \frac{2 f u_g^2}{d_h} dy = 0$$

$$d_h = 4A/S \qquad (5.31)$$

式中 d_h——水力直径,m。

将井筒沿井深等分成若干计算井段,取气体温度为每一计算井段内的平均温度,在每一计算井段中对式(5.31)进行积分,得到计算每一段井筒中流动压力的计算式。

对于采气过程,计算管段出口处压力的计算式为:

$$p_{wh} = p_{bh}\left\{\exp(-2N_{gp}) + \frac{N_{fp1}}{2N_{gp}}[\exp(-2N_{gp}) - 1]\right\}^{\frac{1}{2}} \qquad (5.32)$$

式中 p_{wh}——计算段出口处的压力,MPa;

p_{bh}——计算段入口处的压力，MPa；

N_{fp1}——无量纲数，定义为 $N_{fp1} = \dfrac{4\,\overline{Z}\,\overline{f}\,R\Delta L\cos\alpha\,\overline{T}\omega_g^2}{d_h M_g A^2 p_{bh}^2}$；

N_{gp}——无量纲数，定义为 $N_{gp} = \dfrac{M_g g\Delta L\cos\alpha}{\overline{Z}R\,\overline{T}}$；

ΔL——井身长度；

$\overline{Z}, \overline{f}, \overline{T}$——该井身长度下的平均偏差因子、平均摩擦系数和平均温度。

对于注气过程，计算管段出口处压力、进口处压力的计算式分别为：

$$p_{wh} = \left\{ p_{bh}^2 - \frac{N_{fp}^*}{2N_{gp}}\left[1 - \exp(2N_{gp}) \right] \right\}^{\frac{1}{2}} \exp(-N_{gp}) \tag{5.33}$$

$$p_{bh} = p_{wh}\left\{ \exp(2N_{gp}) + \frac{N_{fp2}}{2N_{gp}}\left[1 - \exp(2N_{gp}) \right] \right\}^{\frac{1}{2}} \tag{5.34}$$

式中　N_{fp2}——无量纲数，定义为 $N_{fp2} = \dfrac{4\,\overline{Z}\,\overline{f}\,R\Delta L\cos\alpha\,\overline{T}\omega_g^2}{d_h M_g A^2 p_{wh}^2}$；

N_{fp}^*——无量纲数，定义为 $N_{fp}^* = \dfrac{4\,\overline{Z}\,\overline{f}\,R\Delta L\cos\alpha\,\overline{T}\omega_g^2}{d_h M_g A^2}$；

$\overline{Z}$——计算段内气体平均压缩因子；

$\overline{T}$——计算段内气体平均温度，℃；

$\overline{f}$——计算管段平均摩擦系数；

ΔL——井筒分段长度，m。

（2）井筒能量方程。

设井筒内为稳态绝热流动。在稳态流动的条件下，不考虑井筒与周围盐层的热交换，流出井筒的能量必须等于外界流入井筒的能量加上由于摩擦而产生的热量。井筒中气体的流动可由以下方程描述：

$$\Delta h_g = \pm\,(-g\Delta L - \Delta w_f) \tag{5.35}$$

$$\Delta h_g = \pm\,(h_{gt} - h_{gb}) \tag{5.36}$$

$$\Delta w_f = \frac{2\,\overline{f}v^2}{d_i}\Delta L \tag{5.37}$$

式中　Δw_f——由摩擦引起的能耗，kJ/kg；

Δh_g——井筒内气体的焓差，kJ/kg；

h_{gt}——井口处气体的焓，kJ/kg；

h_{gb}——井底处气体的焓，kJ/kg。

将天然气密度及焓的计算公式代入整理，得到井筒稳态流动能量方程为：

$$\pm \left\{ \begin{array}{l} \left\{ \begin{array}{l} a_0 T_\text{t} + \dfrac{1}{2} a_1 T_\text{t}^2 + \dfrac{1}{3} a_2 T_\text{t}^3 + \dfrac{1}{4} a_3 T_\text{t}^4 + \\[2mm] \left(B_0 R T_\text{t} - 2 A_0 - \dfrac{4 C_0}{T_\text{t}^2} - \dfrac{5 D_0}{T_\text{t}^3} - \dfrac{6 E_0}{T_\text{t}^4} \right) \rho_{\text{gt}} + \\[2mm] \dfrac{1}{2} \left(2 b R T_\text{t} - 3 a - \dfrac{4 d}{T_\text{t}} \right) \rho_{\text{gt}}^2 + \dfrac{1}{5} \alpha \left(6 a + \dfrac{7 d}{T_\text{t}} \right) \rho_{\text{gt}}^5 + \\[2mm] \dfrac{c}{\gamma T_\text{t}^2} \left[3 - \left(3 + \dfrac{\gamma \rho_{\text{gt}}^2}{2} - \gamma^2 \rho_{\text{gt}}^4 \right) \exp(-\gamma \rho_{\text{gt}}^2) \right] \end{array} \right\} - \\[20mm] \left\{ \begin{array}{l} a_0 T_\text{b} + \dfrac{1}{2} a_1 T_\text{b}^2 + \dfrac{1}{3} a_2 T_\text{b}^3 + \dfrac{1}{4} a_3 T_\text{b}^4 + \\[2mm] \left(B_0 R T_\text{b} - 2 A_0 - \dfrac{4 C_0}{T_\text{b}^2} - \dfrac{5 D_0}{T_\text{b}^3} - \dfrac{6 E_0}{T_\text{b}^4} \right) \rho_{\text{gb}} + \\[2mm] \dfrac{1}{2} \left(2 b R T_\text{b} - 3 a - \dfrac{4 d}{T_\text{b}} \right) \rho_{\text{gb}}^2 + \dfrac{1}{5} \alpha \left(6 a + \dfrac{7 d}{T_\text{b}} \right) \rho_{\text{gb}}^5 + \\[2mm] \dfrac{c}{\gamma T_\text{b}^2} \left[3 - \left(3 + \dfrac{\gamma \rho_{\text{gb}}^2}{2} - \gamma^2 \rho_{\text{gb}}^4 \right) \exp(-\gamma \rho_{\text{gb}}^2) \right] \end{array} \right\} \end{array} \right\} = \pm \left(-\rho g \mp \dfrac{2 \bar{f} \nu^2}{d_\text{i}} \Delta L \right) \quad (5.38)$$

式中 ρ_{gt}——井口处气体密度，kmol/m^3。

5.6.2.4 水合物生成预测模型

水合物生成必须满足两个基本条件，即组分条件和热力条件。组分条件是指系统应该包含低分子量的烃类气体或其液体，此外系统中还必须存在一定摩尔浓度的水；热力条件是指形成水合物的适合的温度和压力条件，也就是指水合物—水—气体或富烃液的三相平衡区。

根据相平衡准则，建立水合物生成的相平衡模型：

$$\frac{\Delta \mu^\text{W}}{R T_\text{s}} = \frac{\Delta \mu_\text{W}^0}{R T_0} - \int_{T_0}^{T_\text{s}} \frac{\Delta h_\text{W}^0 + \displaystyle\int_{T_0}^{T_\text{s}} \Delta C_{\text{pW}}^0 + b(T - T_0) \mathrm{d}T}{R T^2} \mathrm{d}T + \int_{p_0}^{p_\text{s}} \frac{\Delta V_\text{W}}{R T} \mathrm{d}p \quad (5.39)$$

式中 $\Delta \mu^\text{W}$——水在 β 相与水相的化学位偏差；

ΔC_{pW}^0——标准状态下 β 相与纯水相的热容差；

ΔC_{pW}——β 相与纯水相的热容差；

ΔV_W——β 相与 W 相之间的摩尔体积差；

T_s, p_s——水合物形成的平衡温度（K）和压力（MPa）；

T_0, p_0——标准态的温度、压力 $T_0 = 273.15\text{K}, p_0 = 0.1\text{MPa}$。

所得式（5.39）是关于温度和压力的积分方程式，对其进行积分得到 $\Delta \mu^\text{W}$ 关于温度和压力的函数关系式：

$$\frac{\Delta \mu^\text{W}}{R T_\text{s}} = \frac{\Delta \mu_\text{W}^0}{R T_0} - \frac{\Delta C_{\text{pW}}^0 T_0 - \Delta h_\text{W}^0 - \dfrac{b}{2} T_0^2}{R} \left(\frac{1}{T_\text{s}} - \frac{1}{T_0} \right) -$$

$$\frac{\Delta C_{pW}^0 - bT_s}{R}\ln\frac{T_s}{T_0} - \frac{b}{2R}(T_s - T_0) + \frac{\Delta V_W}{RT_s}(p_s - p_0) \tag{5.40}$$

整理后得到水合物生成条件的预测公式:

$$\frac{\Delta\mu_W^0}{RT_0} - \frac{\Delta C_{pW}^0 T_0 - \Delta h_W^0 - \frac{b}{2}T_0^2}{R}\left(\frac{1}{T_s} - \frac{1}{T_0}\right) - \frac{\Delta C_{pW}^0 - bT_0}{R}\ln\frac{T_s}{T_0} - \frac{b}{2R}(T_s - T_0) +$$

$$\frac{\Delta V_W}{RT_s}(p_s - p_0) = \sum v_i\ln\left(1 + \sum_j C_{ji}f_j\right) \tag{5.41}$$

式中　$\Delta\mu_W^0$——标准态($T = T_0 = 273.15\mathrm{K}$)下,水在完全空的水合物结晶晶格 β 相与纯水相的
　　　　　　化学位偏差;

　　　Δh_W^0——标准态下 β 相与纯水相的焓差;

　　　b——热容的温度系数;

　　　v_i——i 型空腔的百分数,$i = 1,2$;

　　　C_{ij}——j 组分对 i 型空腔的 Langmiur 常数;

　　　f_j——混合气体中 j 组分的逸度,Pa。

表 5.14　Langmiur 常数

组分	小孔穴		大孔穴	
	A_{1j}	B_{1j}	A_{2j}	B_{2j}
CH_4	6.0499	0.02844	6.2957	0.02845
C_2H_6	9.4892	0.04058	11.9410	0.04180
C_3H_8	−43.6700	0	18.2760	0.046613
iC_4H_{10}	−43.6700	0	13.6942	0.02773
N_2	3.2485	0.02622	7.5990	0.024475
CO_2	23.0350	0.09037	25.2710	0.09781
H_2S	4.9258	0.00934	2.4030	0.00633

表 5.15　水合物热力学基础数据($T_0 = 273.15\mathrm{K}$)

特性	单位	结构Ⅰ	结构Ⅱ
$\Delta\mu_W^0$	J/mol	1120	931
Δh_W^0(冰)	J/mol	1714	1400
$\Delta\mu_W^0$(液)	J/mol	−4207	−4611
ΔV_W^0(冰)	cm³/mol	3.0	3.4
ΔV_W^0(液)	cm³/mol	4.6	5.0
$\Delta C_{pW}^0(T > T_0)$	J/(mol·K)	−34.58	−36.86
$b(T > T_0)$	J/(mol·K)	0.189	0.181
$\Delta C_{pW}^0(T < T_0)$	J/(mol·K)	3.32	1.029
$b(T < T_0)$	J/(mol·K)	0.0121	0.0038

5.6.3　模型数值法求解

5.6.3.1　溶腔周围盐层温度场的求解

（1）控制方程的离散化。

在轴对称圆柱坐标系中，采用控制容积法来离散控制方程。在时间$[\tau,\tau+\mathrm{d}\tau]$内，对于每个控制单元体（节点顺次为$w,p,e$）：

$$\int_w^e \int_\tau^{\tau+\mathrm{d}\tau} \frac{\partial t}{\partial \tau} r\mathrm{d}r\mathrm{d}\tau = \int_\tau^{\tau+\mathrm{d}\tau} \int_w^e a\frac{1}{r}\frac{\partial}{\partial r}\left(r\frac{\partial t}{\partial r}\right) r\mathrm{d}r\mathrm{d}\tau \tag{5.42}$$

式中各项计算：

$$\int_w^e \int_\tau^{\tau+\mathrm{d}\tau} \frac{\partial t}{\partial \tau} r\mathrm{d}r\mathrm{d}\tau = (t_p - t_p^0) r_p \Delta r$$

$$\int_\tau^{\tau+\mathrm{d}\tau} \int_w^e a\frac{1}{r}\frac{\partial}{\partial r}\left(r\frac{\partial T}{\partial r}\right) r\mathrm{d}r\mathrm{d}\tau = a\left[\frac{r_e t_e - r_p t_p}{(\delta r)_e} - \frac{r_p t_p - r_w t_w}{(\delta r)_w}\right]\Delta\tau$$

将以上两式代入式（5.42），得：

$$a_p t_p = a_p^0 t_p^0 + a_e t_e + a_w t_w$$

$$a_p^0 = \frac{r_p \Delta r}{\Delta\tau},\ a_e = a\frac{r_e}{(\delta r)_e},\ a_w = a\frac{r_w}{(\delta r)_w}$$

式中　t_p^0——结点p初始时刻温度。

（2）温度场的求解。

由于离散方程是三节点关系式，故可采用三对角线矩阵解法 TDMA 求解溶腔周围盐层温度场的分布。结合边界条件式，盐层温度场各节点方程如下：

① 溶腔壁节点方程。

$$(1 + 2B_i F_0 + 2F_0) t_w^{k+1} - 2F_0 t_1^{k+1} = 2F_0 B_i t_f^{k+1} + t_w^k \tag{5.43}$$

② 点 1 方程。

$$-2F_0 t_w^{k+1} + (3F_0 + 1) t_1^{k+1} - F_0 t_2^{k+1} = t_1^k \tag{5.44}$$

③ 中心节点方程。

$$-F_0 t_{i-1}^{k+1} + (2F_0 + 1) t_i^{k+1} - F_0 t_{i+1}^{k+1} = t_i^k \qquad (2 \leqslant i \leqslant N) \tag{5.45}$$

④ 末节点方程。

$$-F_0 t_{N-1}^{k+1} + (3F_0 + 1) t_N^{k+1} - 2F_0 t_{w2}^{k+1} = t_N^k \tag{5.46}$$

式中　t_w——溶腔壁温，℃；

　　　t_i——第i个节点温度，℃；

　　　t_{w2}——无穷远处盐层温度，℃；

F_0——傅里叶(Fourier)准则数,$F_0 = \dfrac{a\tau}{l^2}$;

B_i——毕渥(Biot)准则数,$B_i = \dfrac{al}{\lambda}$;

N——节点总数;

l——节点间距,m。

5.6.3.2 溶腔内温度压力变化的求解

将溶腔注采过程的连续性方程式(5.6)和能量方程式(5.12)分别改写为只含有两个未知数溶腔压力 p_r 和溶腔温度 T_r 的方程,得到:

$$
\begin{cases}
F_{MB}(p_r, T_r) = \dfrac{p_r}{z_r T_r} - \dfrac{p_{ri}}{z_{ri} T_{ri}}\left(1 \pm \dfrac{G_p}{G}\right) = 0 \\[4mm]
F_{EB}(p_r, T_r) = nM_g\left\{
\begin{array}{l}
a_0 T_r + \dfrac{1}{2}a_1 T_r^2 + \dfrac{1}{3}a_2 T_r^3 + \dfrac{1}{4}a_3 T_r^4 + \\[3mm]
\left(B_0 R T_r - 2A_0 - \dfrac{4C_0}{T_r^2} - \dfrac{5D_0}{T_r^3} - \dfrac{6E_0}{T_r^4}\right)\rho_r + \\[3mm]
\dfrac{1}{2}\left(2bRT_r - 3a - \dfrac{4d}{T_r}\right)\rho_r^2 + \dfrac{1}{5}\alpha\left(6a + \dfrac{7d}{T_r}\right)\rho_r^5 + \\[3mm]
\dfrac{c}{\gamma T_r^2}\left[3 - \left(3 + \dfrac{\gamma\rho_r^2}{2} - \gamma^2\rho_r^4\right)\exp(-\gamma\rho_r^2)\right] - z_r R T_r
\end{array}
\right\} - \\[18mm]
\qquad n_i M_g\left\{
\begin{array}{l}
a_0 T_{ri} + \dfrac{1}{2}a_1 T_{ri}^2 + \dfrac{1}{3}a_2 T_{ri}^3 + \dfrac{1}{4}a_3 Tr_{ri}^4 + \\[3mm]
\left(B_0 R T_{ri} - 2A_0 - \dfrac{4C_0}{T_{ri}^2} - \dfrac{5D_0}{T_{ri}^3} - \dfrac{6E_0}{T_{ri}^4}\right)\rho_{ri} + \\[3mm]
\dfrac{1}{2}\left(2bRT_{ri} - 3a - \dfrac{4d}{T_{ri}}\right)\rho_{ri}^2 + \dfrac{1}{5}\alpha\left(6a + \dfrac{7d}{T_r}\right)\rho_{ri}^5 + \\[3mm]
\dfrac{c}{\gamma T_{ri}^2}\left[3 - \left(3 + \dfrac{\gamma\rho_{ri}^2}{2} - \gamma^2\rho_{ri}^4\right)\exp(-\gamma\rho_{ri}^2)\right] - z_{ri} R T_{ri}
\end{array}
\right\} \mp \\[18mm]
\qquad \Delta n M_g\left\{
\begin{array}{l}
a_0 T_g + \dfrac{1}{2}a_1 T_g^2 + \dfrac{1}{3}a_2 T_g^3 + \dfrac{1}{4}a_3 Tr_g^4 + \\[3mm]
\left(B_0 R T_g - 2A_0 - \dfrac{4C_0}{T_g^2} - \dfrac{5D_0}{T_g^3} - \dfrac{6E_0}{T_g^4}\right)\rho_g + \\[3mm]
\dfrac{1}{2}\left(2bRT_g - 3a - \dfrac{4d}{T_g}\right)\rho_g^2 + \dfrac{1}{5}\alpha\left(6a + \dfrac{7d}{T_g}\right)\rho_g^5 + \\[3mm]
\dfrac{c}{\gamma T_g^2}\left[3 - \left(3 + \dfrac{\gamma\rho_g^2}{2} - \gamma^2\rho_g^4\right)\exp(-\gamma\rho_g^2)\right] - z_g R T_g
\end{array}
\right\} - \alpha(t_w - t_r)F = 0
\end{cases}
$$

$$(5.47)$$

由于方程组比较复杂,采用收敛速度比较快的牛顿—拉夫森(N—R)迭代方法求解,迭代公式如下:

$$\frac{\partial F_{\mathrm{MB}}^{k}}{\partial p}\Delta p_{r}^{k+1} + \frac{\partial F_{\mathrm{MB}}^{k}}{\partial T}\Delta T_{r}^{k+1} = -F_{\mathrm{MB}}(p_{r}^{k}, T_{r}^{k}) \tag{5.48}$$

$$\frac{\partial F_{\mathrm{EB}}^{k}}{\partial p}\Delta p_{r}^{k+1} + \frac{\partial F_{\mathrm{EB}}^{k}}{\partial T}\Delta T_{r}^{k+1} = -F_{\mathrm{EB}}(p_{r}^{k}, T_{r}^{k}) \tag{5.49}$$

$$p_{r}^{k+1} = p_{r}^{k} + \Delta p_{r}^{k+1}$$

$$T_{r}^{k+1} = T_{r}^{k} + \Delta T_{r}^{k+1}$$

控制 $\Delta p_{r} \leqslant 0.1\mathrm{MPa}$,$\Delta T_{r} \leqslant 0.1^{\circ}\mathrm{C}$,经迭代得到溶腔压力 p_{r} 和溶腔温度 T_{r} 的值。

5.6.3.3　井筒内井底与井口的压力温度的求解

将井筒沿长度方向逐段依次计算,考虑井筒中的温度是随着压力不断变化的,在每一计算管段上顶部和底部的参数值同样要满足注采气过程能量方程中气体焓差的变化。

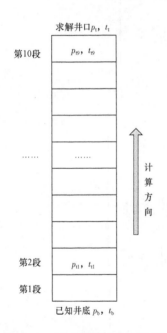

图 5.27　采气过程井筒计算图示

采气过程中,采气率一定时,井底参数与洞穴中的参数存在耦合关系,井底压力等于溶腔压力($p_{r} = p_{b}$),井底温度等于溶腔温度($t_{r} = t_{b}$)。采气过程的井筒计算如图 5.27 所示。

将井筒分段,由于已知井底压力和井底温度,故求解自井底由下向上计算。假设井底温度、压力为第一段的平均温度和平均压力,解方程组(5.50)得到第一段井筒的上部温度 t_{t1}' 和上部压力 p_{t1}'。然后取 t_{t1}' 和 t_{b} 的平均值为第一段井筒的平均温度,取求得的 p_{t1}' 和 p_{b} 的平均值为第一段井筒的平均压力,代入方程组(5.50),再次求解得到第一段井筒的上部温度 t_{t1}'' 和上部压力 p_{t1}''。此结果为第一段井筒的真实顶部温度 t_{t1} 和顶部压力 p_{t1}。接着进行第二段井筒的求解。以求得的 t_{t1} 和 p_{t1} 为第二段井筒的井底温度和井底压力,按照第一段井筒的求解步骤进行解方程组,依此类推,逐段进行求解计算至井口,得到 p_{t} 和 t_{t}。

注气过程中,井口温度保持设定值,限制一定的注气率。此时,井底压力等于溶腔压力($p_{r} = p_{b}$),井底的温度与洞穴的温度不相等。将井筒分段,已知井底压力 p_{b} 和井口温度 t_{t},首先自井底由下向上计算如图 5.28(a)所示。假设井口温度 t_{t}、井底压力 p_{b} 为第一段的平均温度和平均压力,与采气过程中的井筒求解方法相同,逐段求解方程组(5.51)得到井筒的井底温度 t_{b}' 和井口压力 p_{t}'。如图 5.28(b)所示,以求得的井口压力 p_{t}' 为

$$
\begin{cases}
p_\mathrm{t} = p_\mathrm{b} \left\{ \exp\left(-2\frac{M_\mathrm{g}\Delta L}{\bar{z}R\bar{\bar{T}}} \right) + \frac{2\bar{\bar{z}}^2\bar{f}\mathrm{w}^2 R^2 \bar{\bar{T}}^2}{M_\mathrm{g}^2 A^2 p_\mathrm{b} d_\mathrm{i}} \left[\exp\left(-2\frac{M_\mathrm{g}\Delta L}{\bar{z}R\bar{\bar{T}}} \right) - 1 \right] \right\}^{\frac{1}{2}} \\[4mm]
\left.
\begin{aligned}
& a_0 T_\mathrm{t} + \frac{1}{2}a_1 T_\mathrm{t}^2 + \frac{1}{3}a_2 T_\mathrm{t}^3 + \frac{1}{4}a_3 T_\mathrm{t}^4 + \\[2mm]
& \left(B_0 R T_\mathrm{t} - 2A_0 - \frac{4C_0}{T_\mathrm{t}^2} - \frac{5D_0}{T_\mathrm{t}^3} - \frac{6E_0}{T_\mathrm{t}^4} \right)\rho_\mathrm{gt} + \\[2mm]
& \frac{1}{2}\left(2bRT_\mathrm{t} - 3a - \frac{4d}{T_\mathrm{t}} \right)\rho_\mathrm{gt}^2 + \frac{1}{5}\alpha\left(6a + \frac{7d}{T_\mathrm{t}} \right)\rho_\mathrm{gt}^5 + \\[2mm]
& \frac{c}{\gamma T_\mathrm{t}^2}\left[3 - \left(3 + \frac{\gamma\rho_\mathrm{gt}^2}{2} - \gamma^2\rho_\mathrm{gt}^4 \right)\exp(-\gamma\rho_\mathrm{gt}^2) \right]
\end{aligned}
\right\} - \\[4mm]
\left.
\begin{aligned}
& a_0 T_\mathrm{b} + \frac{1}{2}a_1 T_\mathrm{b}^2 + \frac{1}{3}a_2 T_\mathrm{b}^3 + \frac{1}{4}a_3 T_\mathrm{b}^4 + \\[2mm]
& \left(B_0 R T_\mathrm{b} - 2A_0 - \frac{4C_0}{T_\mathrm{b}^2} - \frac{5D_0}{T_\mathrm{b}^3} - \frac{6E_0}{T_\mathrm{b}^4} \right)\rho_\mathrm{gb} + \\[2mm]
& \frac{1}{2}\left(2bRT_\mathrm{b} - 3a - \frac{4d}{T_\mathrm{b}} \right)\rho_\mathrm{gb}^2 + \frac{1}{5}\alpha\left(6a + \frac{7d}{T_\mathrm{b}} \right)\rho_\mathrm{gb}^5 + \\[2mm]
& \frac{c}{\gamma T_\mathrm{b}^2}\left[3 - \left(3 + \frac{\gamma\rho_\mathrm{gb}^2}{2} - \gamma^2\rho_\mathrm{gb}^4 \right)\exp(-\gamma\rho_\mathrm{gb}^2) \right]
\end{aligned}
\right\} \\[4mm]
= -\rho g - \frac{2\bar{f}\bar{\nu}^2}{d_\mathrm{i}}\Delta L
\end{cases}
\tag{5.50}
$$

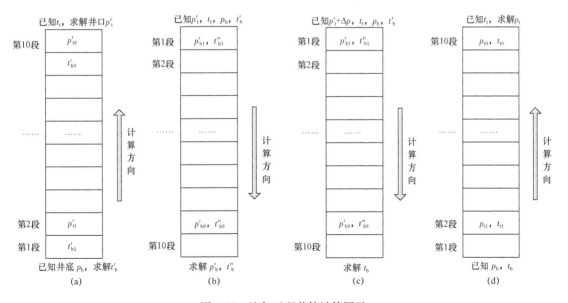

图 5.28　注气过程井筒计算图示

和已知的井底压力 p_b 的平均值为第一段井筒的平均压力,以求得的井底温度 t'_b 和已知的井口温度 t_t 的平均值为第一段井筒的平均温度,再代入方程组(5.51)。自井口由上向下计算,再次逐段求解得到井筒的井底温度 t''_b 和井底压力 p'_b。如图 5.28(c)所示,将第二次计算得到的井底压力 p'_b 与已知井底压力 p_b 比较,控制误差为 0.1MPa。若二者之差 Δp 大于控制误差,将 Δp 加入 p'_b 后,再自井口由上向下逐段计算,直至满足控制误差要求,此时得到的井底温度即为所求的井底温度 t_b。如图 5.28(d)所示,以井底温度 t_b 和 p_b 为初值,利用采气过程中的计算方法,自井底由下向上逐段计算得到井口温度和井口压力,由此得到的井口温度与给定井口温度间的误差极小,故可认为此时得到井口压力 p_t。

$$
\left\{
\begin{aligned}
&p_b = p_t \left\{ \exp\left(2\frac{M_g \Delta L}{\bar{z} R \bar{T}}\right) + \frac{2\,\bar{z}^2 \bar{f}\, w^2 R^2\, \bar{T}^2}{M_g^2 A^2 p_b d_i}\left[1 - \exp\left(2\frac{M_g \Delta L}{\bar{z} R \bar{T}}\right)\right]\right\}^{\frac{1}{2}} \\
&\left.\begin{aligned}
& a_0 T_t + \frac{1}{2}a_1 T_t^2 + \frac{1}{3}a_2 T_t^3 + \frac{1}{4}a_3 T_t^4 + \\
& \left(B_0 R T_t - 2A_0 - \frac{4C_0}{T_t^2} - \frac{5D_0}{T_t^3} - \frac{6E_0}{T_t^4}\right)\rho_{gt} + \\
& \frac{1}{2}\left(2bRT_t - 3a - \frac{4d}{T_t}\right)\rho_{gt}^2 + \frac{1}{5}\alpha\left(6a + \frac{7d}{T_t}\right)\rho_{gt}^5 + \\
& \frac{c}{\gamma T_t^2}\left[3 - \left(3 + \frac{\gamma \rho_{gt}^2}{2} - \gamma^2 \rho_{gt}^4\right)\exp\left(-\gamma \rho_{gt}^2\right)\right]
\end{aligned}\right\} - \\
&\left.\begin{aligned}
& a_0 T_b + \frac{1}{2}a_1 T_b^2 + \frac{1}{3}a_2 T_b^3 + \frac{1}{4}a_3 T_b^4 + \\
& \left(B_0 R T_b - 2A_0 - \frac{4C_0}{T_b^2} - \frac{5D_0}{T_b^3} - \frac{6E_0}{T_b^4}\right)\rho_{gb} + \\
& \frac{1}{2}\left(2bRT_b - 3a - \frac{4d}{T_b}\right)\rho_{gb}^2 + \frac{1}{5}\alpha\left(6a + \frac{7d}{T_b}\right)\rho_{gb}^5 + \\
& \frac{c}{\gamma T_b^2}\left[3 - \left(3 + \frac{\gamma \rho_{gb}^2}{2} - \gamma^2 \rho_{gb}^4\right)\exp\left(-\gamma \rho_{gb}^2\right)\right]
\end{aligned}\right\} = -\rho g + \frac{2\,\bar{f}\, v^2}{d_i}\Delta L
\end{aligned}
\right. \tag{5.51}
$$

5.6.3.4　水合物预测模型的求解

（1）以温度为判断依据。

将水合物预测模型的式(5.39)改写为仅关于温度的方程:

$$
\begin{aligned}
F_{wT}(T) &= \frac{\Delta \mu_W^0}{R T_0} - \frac{\Delta C_{pW}^0 T_0 - \Delta h_W^0 - \frac{b}{2}T_0^2}{R}\left(\frac{1}{T} - \frac{1}{T_0}\right) - \frac{\Delta C_{pW}^0 - b T_0}{R}\ln\frac{T}{T_0} \\
&\quad - \frac{b}{2R}(T - T_0) + \frac{\Delta V_W}{RT}(p - p_0) - \sum v_i \ln\left(1 + \sum_j C_{ji} f_j\right) = 0
\end{aligned} \tag{5.52}
$$

将前面求得的井口的压力值 p_{wh} 作为已知值代入式(5.52),求解关于温度的方程,得到在此压力下水合物生成的平衡温度 T_s,比较 T_s 与井口的温度 T_{wh},当模拟所得前后两个时间段的井口温度值小于等于 T_s 时,表明工作状态开始进入水合物的生成区域。可以通过向储气库注气的方式,使储气库的温度和压力升高,使气井的工作状态脱离水合物生成区。此即控制温度变量改变井口的工作状态,达到避免水合物生成的目的。

(2)以压力为判断依据。

将水合物预测模型的方程改写成仅关于压力的方程:

$$F_{wP}(p) = \frac{\Delta\mu_W^0}{RT_0} - \frac{\Delta C_{pW}^0 T_0 - \Delta h_W^0 - \frac{b}{2}T_0^2}{R}\left(\frac{1}{T} - \frac{1}{T_0}\right) - \frac{\Delta C_{pW}^0 - bT_0}{R}\ln\frac{T}{T_0} -$$

$$\frac{b}{2R}(T - T_0) + \frac{\Delta V_W}{RT}(p - p_0) - \sum v_i \ln\left(1 + \sum_j C_{ji}f_j\right) = 0 \tag{5.53}$$

将前面求得的井口的温度值 T_{wh} 作为已知值代入式(5.53),求解关于压力的方程,得到在此温度下水合物生成的平衡压力 p_s,比较 p_s 与井口的压力 p_{wh},当模拟所得前后两个时间段的井口压力值大于等于 p_s 时,表明工作状态开始进入水合物的生成区域。

5.6.4　模拟算例

已知某盐穴型地下储气库溶腔参数见表5.16,盐层热流参数见表5.17,井筒参数见表5.18。

表5.16　某盐穴型地下储气库溶腔参数

溶腔高度 m	溶腔平均直径 m	溶腔有效体积 $10^6 m^3$	最高运行压力 MPa	最小运行压力 MPa	溶腔最高温度 ℃	溶腔最低温度 ℃
135	55	25	16	5.5	45	30

表5.17　盐层热流参数

盐层密度,kg/m³	盐层比热容,J/(kg·℃)	盐层热传导系数,W/(m·℃)	盐层初温,℃	对流换热系数,W/(m²·℃)
2200	859	4.8	45	100

表5.18　井筒参数

井筒长度,m	井筒内径,m	井筒壁粗糙度,m	井筒倾角,(°)	井口温度(注气),℃
1250	0.2224	0.0003	0	25

约束条件: $p_{AMP} = 16MPa$, $T_{AMP} = 45℃$, $p_{min} = 5.5MPa$, $T_{min} = 30℃$。

溶腔和井筒的压力、温度迭代误差为: $|p_r^{k+1} - p_r^k| \leqslant 0.1MPa$, $|T_r^{k+1} - T_r^k| \leqslant 0.1℃$。

假设采气初期溶腔周围盐层无冷带,溶腔初始压力为最高运行压力,溶腔温度为最高温度,取采气时间为60天,采气率为 $0.3 \times 10^6 m^3/d$,

5.6.4.1　参数变化模拟

由图5.29可见,随着气体的采出,溶腔温度和溶腔壁温随之下降,且溶腔内气体与溶腔壁

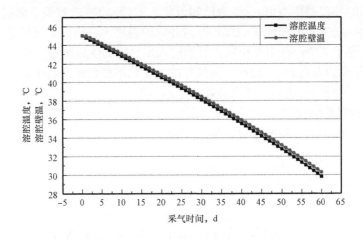

图 5.29　采气过程溶腔温度、壁温随时间变化

之间的温差逐渐加大。原因是采气使溶腔内气体温度下降的速率大于由于吸收周围盐层热量而使溶腔温度上升的速率。从图 5.30 可见,随着采气过程的进行,溶腔累计吸收周围盐层热流量逐渐增加,且到采气后期增加速度有所加快。

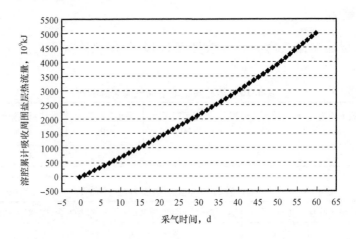

图 5.30　溶腔累计吸收周围盐层热流量随采气时间变化

图 5.31 表明,对于具有均温的溶腔周围盐层,随着采气的进行,盐层受溶腔温度影响,各节点温度开始逐点降低,采气 10 天后,盐层受影响距离约为 6m,距溶腔壁面约 0.8m 的节点温度已降到 43.7℃,距溶腔壁面约 2.3m 的节点温度降为 44.7℃。采气 60 天后,盐层受影响距离约为 16m,距溶腔壁面约 0.8m 的节点温度已降到 32.2℃。

由图 5.32 可见,采气过程时溶腔压力随气体采出逐渐下降,在采气率不变的情况下,压力呈直线下降。

5.6.4.2　连续注采算例

以 30 天为一个时间段,总计算时间为 180 天,连续进行 4 个采气过程和 2 个注气过程。取 1 天为一个计算时间步长,每个时间段取不同的注采率,见表 5.19。

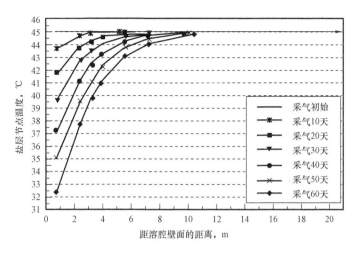

图 5.31 采气过程盐层节点温度随距溶腔壁距离变化

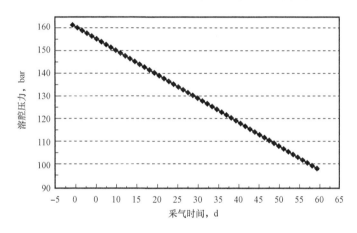

图 5.32 采气过程中溶腔压力随采气时间变化

表 5.19 连续注采时间参数

时间步长,d	注采起点—终点时间,d	注采总时间,d	注采率,$10^6 m^3/d$
1	0 ~ 30	30	0.25
1	31 ~ 60	30	0.17
1	61 ~ 90	30	0.1
1	91 ~ 120	30	−0.4
1	121 ~ 150	30	−0.3
1	151 ~ 180	30	0.45

注:注采率为"+"代表采气,注采率为"−"代表注气。

由图 5.33 可见,溶腔壁温在采气过程中始终高于溶腔温度,周围盐层向溶腔传热。在采气到 90 天开始注气时,随着气体的注入,溶腔温度、溶腔壁温和周围盐层温度逐渐升高。

图 5.34 中,对于具有均温的溶腔周围盐层,随着采气的继续,盐层各节点温度开始下降,至采气结束时,距溶腔壁面 0.8m 处节点的温度降为 33.8℃,距溶腔壁面 8m 处节点的温度降

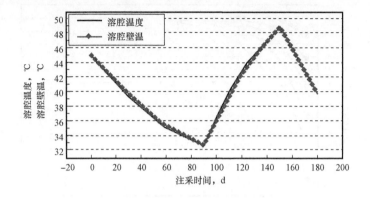

图 5.33　溶腔温度和溶腔壁温随注采时间变化

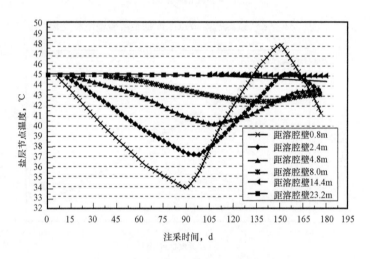

图 5.34　盐层节点温度随注采时间变化

为 43.7℃;在第 90 天开始注气时,距溶腔壁面 0.8m 处的盐层节点温度开始升高,而距溶腔壁面 2.4m 处节点的温度在注气前 2 天内仍在下降而后升高,距溶腔壁面 4.8m 处节点的温度在 105 天时才开始升高,而距溶腔壁面 14.4m 处节点的温度在整个连续注采过程中始终直线下降。同时,距溶腔壁面 23.4m 处节点没有受到溶腔温度的影响。

图 5.35 中,前 90 天的采气过程,溶腔压力随时间逐渐下降,且日采气量减少,其下降减缓。在 91~150 天中的注气过程中,溶腔压力随注采时间逐渐升高,再次进入采气过程,溶腔压力下降明显加快。

如图 5.36 所示,前 90 天中,井口温度、井底温度随时间逐渐下降,井底温度下降速率较井口温度下降速率快。进入注气过程,井口温度保持不变,井底温度随时间逐渐升高,但升高幅度不大。进入后期的采气过程初期,井口温度和井底温度迅速升高后再随时间下降。

5.6.5　多腔注采优化数学模型

盐穴型天然气地下储气库是由在地面统一管网、统一监控、统一调配的多个各自独立的地下盐岩溶腔组成。虽然与其他类型储气库相比,盐穴型地下储气库具有构造完整、夹层少、厚

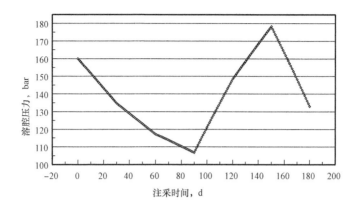

图 5.35　溶腔压力随注采时间变化

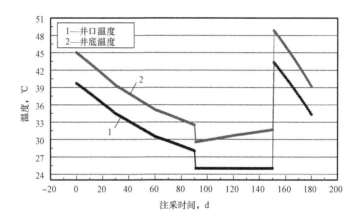

图 5.36　井口温度、井底温度随注采时间变化

度大、非渗透性好、注采气能力较高、调峰能力强等优点,最适合日调峰负荷的平衡,但短期大的注采调峰运行,会使溶腔内压力变化较大,导致地下盐岩溶腔蠕变收敛。国外有些盐穴型地下储气库每年平均蠕变收敛率达 2% 左右,这无疑直接影响盐穴型地下储气库的储气能力和正常运行。

2005 年,德国在 Xanten 盐穴型储气库设施中,将多个储气盐穴溶腔考虑为一整体,在几个溶腔内同时抽取,完成并联操作,在连续 90 天研究期间内,各腔抽出同量气体,这种并联操作比串联操作总收敛率减少,减少收敛的体积达 2.915m³,证明了并联操作的优越性。但储气库在多溶腔的联合注采运行过程中,各溶腔及注采井筒的尺寸、热力状态、运行约束等都各不相同,储气库在满足城市调峰需求时,若各单腔注采量的分配不尽合理,可能导致个别单腔压降过大,库容量减少等一系列不合理的运行问题。

针对盐穴型地下储气库注采运行特性,将盐穴型地下储气库多腔注采运行考虑为一个系统,建立盐穴型地下储气库多腔优化运行配产模型,基于复型调优法对模型进行求解,确定出库内各单腔的最佳采出量,研究成果可应用于盐穴型地下储气库注采运行方案的确定及多腔优化生产调度。

5.6.5.1 目标函数的建立

为避免溶腔短期大流量采气运行导致的蠕变收敛,在满足市场用气需求及单腔约束条件下,以溶腔群最小总压力降,建立采气优化运行配产的目标函数为:

$$\Delta p \ = \ \min \sum_{i=1}^{N} \Delta p_{ri} \tag{5.54}$$

式中 Δp_{ri}——各单腔压降,Pa。

由于溶腔内压力和温度是耦合变化的,为求采气时溶腔内天然气压力、温度变化,需联立求解溶腔控制方程组。

5.6.5.2 溶腔内控制方程的建立

将溶腔周围盐层考虑为二维,建立其径向瞬态导热微分方程:

$$\frac{\partial T_{srq}}{\partial t} \ = \ a\left(\frac{\partial^2 T_{srq}}{\partial^2 r} + \frac{2\partial T_{srq}}{r\partial r}\right) \quad (0 \leqslant r \leqslant \infty) \tag{5.55}$$

初始及边界条件:

$$-\lambda \left.\frac{\partial T_{srq}}{\partial r}\right|_{r=R_{rq}} = \alpha_{rq}(T_{wrq} - T_{rq})$$

$$T_{srq}|_{r\to\infty} = \text{const} \tag{5.56}$$

式中 T_{srq}——溶腔周围盐岩层温度,℃;

R_{rq}——溶腔半径,m;

α_{rq}——溶腔内天然气对流换热系数,W/(m²·℃);

T_{wrq}——溶腔壁面温度,℃;

T_{rq}——溶腔温度,℃。

溶腔在注采循环运行时,不断发生热质交换,考虑地下盐岩的多孔渗透特性及溶腔蠕变引起的有效体积变化,结合实际气体状态方程,建立溶腔连续性方程为:

$$\frac{p_{rq}(t)V_{rq}(t)M_g}{z_{rq}(t)RT_{rq}(t)} \ = \ m_{rqS} + \int_{t_0}^{t} \dot{m}_{pi}\mathrm{d}t \tag{5.57}$$

式中 $p_{rq}(t)$,$T_{rq}(t)$,$V_{rq}(t)$,$z_{rq}(t)$——t 时刻,储气库溶腔内天然气压力(MPa)、温度(K)、溶腔容积和压缩因子;

M_g——储气库溶腔内天然气摩尔质量,kg/kmol;

m_{rqS},$\dot{m}_{pi}$——溶腔内初始天然气的质量(kg)和注入或采出的质量流量(kg/d)。

考虑天然气在溶腔内膨胀和压缩引起的能量变化、天然气采出引起的腔内能量变化及腔内天然气与溶腔周围盐层热交换引起的能量变化,建立能量守恒方程:

$$\frac{\mathrm{d}T_{rq}}{\mathrm{d}t} \ = \ \frac{1}{V_{rq}\rho_{rq}c_p}\left[\frac{V_{rq}T_{rq}}{\rho_{rq}}\frac{\mathrm{d}\rho_{rq}}{\mathrm{d}t}\left(\frac{\partial p_{rq}}{\partial T_{rq}}\right) + \dot{m}_{pi}c_p(T_j - T_{rq}) + A_{rq}q_{wrq}\right] \tag{5.58}$$

式中 c_p——天然气比定压热容,kJ/(kg·℃);

T_j——进入溶腔内的天然气温度,K;

ρ_{rq}——进入溶腔内天然气的密度。

其中压力对温度变化项用式(5.59)表示:

$$\frac{\partial p}{\partial T} = \frac{z + T\frac{\partial z}{\partial T}}{T\left(\frac{z}{p} - \frac{\partial z}{\partial p}\right)} \tag{5.59}$$

热流量的计算见式(5.60):

$$q_{wrq} = \alpha_{rq}(T_{wrq} - T_{rq}) \tag{5.60}$$

式(5.60)中对流换热系数 α_{rq} 采用式(5.61)计算:

$$\begin{cases} \alpha_{rq} = 0.1\lambda_{rq}\left(\dfrac{\beta_{rq}g\rho_{grq}^2(T_{wrq} - T_{rq})c_{prq}}{\mu_{rq}}\right)^{\frac{1}{3}} \\[3mm] \beta_{rq} = -\dfrac{1}{\rho_{rq}}\left(\dfrac{\partial\rho_{rq}}{\partial T_{rq}}\right)_{p_{rq}} \end{cases} \tag{5.61}$$

式中 $\lambda_{rq},\beta_{rq},\mu_{rq}$——腔内天然气的导热系数[W/(m·℃)]、体积膨胀系数(K^{-1})和动力黏度(Pa·s)。

5.6.5.3 优化配产的约束条件

(1)满足城市调峰需求总量的约束。

$$Q_j = \sum_{i=1}^{m} q_i \tag{5.62}$$

式中 q_i——各单井的注入量;

m——井数;

Q_j——城市调峰用气量。

(2)满足溶腔注采井筒不被天然气冲蚀的约束。

在注采井筒中,天然气太高的流速会对井筒造成冲蚀,因此,天然气采出量 q_i 满足注采井筒不被天然气冲蚀的条件为:

$$q_i < q_e \tag{5.63}$$

式中 q_e——受冲蚀流速约束的井筒通过能力,m³/d。

由于冲蚀一般发生在井口,选择井口压力来计算冲蚀流量,有:

$$q_e = 5.164 \times 10^4 A_{jth}\left(\frac{p_{jtt}}{Z_{jt}T_{jt}\gamma_g}\right)^{0.5} \tag{5.64}$$

式中 A_{jth}——井筒截面积,m²;

p_{jtt}——井口压力,MPa;

$\overline{Z}_{jt}$,$\overline{T}_{jt}$——井筒内天然气平均压缩因子和平均温度(K);

γ_g——天然气相对密度。

(3)采气时满足溶腔最低运行压力的约束。

储气库溶腔最低运行压力,是指维持储气库设计的库容量和良好稳定性所需的最低设计压力,其值的确定需考虑溶腔采气能力、井口压力、溶腔稳定性等因素。德国盐层溶腔的运行压力设计经验,是以溶腔顶部深度计算溶腔最小运行压力 p_{rqmin}。

$$p_{rq} \geqslant p_{rqmin} \tag{5.65}$$

在溶腔达到最低运行压力的约束条件下,联立求解物质平衡方程和溶腔能量守恒方程,将达到最低运行压力对各单腔的限制,转换为对最大采出量的限制,得到:

$$q_i \leqslant q_{maxzc} \tag{5.66}$$

式中 q_{maxzc}——单注采井筒的最大采出量,m^3/d。

5.6.5.4 优化过程的求解

模型的决策变量是储气库内各单腔的采出量,目标函数和约束条件都是决策变量的函数。在满足约束条件下,首先设立储气库内各单井产量的初始值,通过求解储气库注采动态的数学模型,采用有约束条件的复形调优法进行优化计算,计算一次目标函数就要数值求解一次微分方程组。求出目标函数有极小值时,函数中自变量,即库内各井注采出量的最佳值。求解方法如下:

设初始复形中第一个顶点坐标,即各腔采出量 q_i^k($i=1,2,\cdots,m$,k 为时间步长)的初始值 $x=(q_i^k)$,此顶点坐标在每一时间步长下,首先应满足约束条件式(5.62)、式(5.63)和式(5.66),然后利用伪随机数确定初始复形的其余 $2n-1$ 个顶点。代入所建立的溶腔内连续性方程式(5.57)中,联立求解方程(5.55)、式(5.57)和式(5.58),方法如下:

采用隐式有限差分方法离散求解盐层导热模型[式(5.55)],确定岩盐溶腔壁面温度分布后,与各腔采出量一并代入式(5.57)和式(5.58),采用 N—R 迭代方法求解联立求解方程(5.57)和式(5.58),控制误差 $\Delta p_{rq} \leqslant 0.1MPa$,$\Delta T_{rq} \leqslant 0.1℃$,经迭代得到 $t+\Delta t$ 时刻的溶腔压力 p_{rq} 和溶腔温度 T_{rq}。在代入式(5.54)中,确定各顶点处的目标函数。从这一复形出发,通过反射、收缩和压缩的迭代计算,构造新的复形来代替原复形,使新复形不断向目标函数极小点靠近,一直搜索到极小点为止。此极小值点即为盐穴储库内单腔最佳采出量。

5.6.5.5 优化配产模拟算例

基于文献中盐穴型地下储气库的数据,选取 4 个有代表性的溶腔作为优化配产的研究对象,4 腔计划总采出量为 $2260 \times 10^4 m^3/d$,周围盐层温度 50℃,天然气组分、物性及盐层热物性参数见文献(曹琳,2009),各溶腔采气运行参数及约束条件见表 5.20,其中采气冲蚀流量速依据式(5.60)计算,最大采气能力依据式(5.61)计算。

表5.20 采气优化配产中溶腔参数及约束条件

井号	溶腔体积 $10^4 m^3$	井筒长度 m	井筒管径 in	井筒壁粗糙度 m	溶腔采气初始压力 MPa	溶腔采气初始温度 ℃	最低压力 MPa	最大采气能力 $10^4 m^3/d$	采气冲蚀流量 $10^4 m^3/d$
1	18.69	1000	7	0.0003	14.5	45	7.0	827	708.29
2	20.51	1150	7	0.0003	16	50	7.2	970	868.09
3	23.26	1205	7	0.0003	17	52	7.5	1114	947.12
4	20.13	1010	7	0.0003	16.5	51	7.3	860	752.82

分别针对均产采气和优化配产两种情况,进行了计算,结果见表5.21。

表5.21 均产和优化配产采气计算结果

单腔编号	均产配产采气结果				优化配产采气结果			
	均产采气量 $10^4 m^3/d$	溶腔压力 MPa	溶腔温度 ℃	溶腔总压降 MPa	优化采气量 $10^4 m^3/d$	溶腔压力 MPa	溶腔温度 ℃	溶腔总压降 MPa
1	565	13.818	43.34		304.65	14.168	43.75	
2	565	15.489	48.28	1.636	568.94	15.681	48.11	0.919
3	565	16.898	51.05		724.76	16.935	49.56	
4	565	16.097	49.89		661.65	16.297	48.13	

由表5.21可见,等量配产各单腔采出量,溶腔总压降高于优化配产0.717MPa。优化配产后,对于大容积采气能力高的溶腔,可实现大流量的采气,如3号溶腔井。对于容积小、初始温度压力最低的溶腔井1,经优化得到的采气量最小。对于1号溶腔井,单日采气后,溶腔压降达0.682MPa,而经过优化配产,同样满足城市用气调峰,1号溶腔井压降为0.332MPa。

图5.37和图5.38分别是均产配产和优化配产时,各溶腔压力随采气时间的变化曲线。由图可见,优化配产各溶腔压降明显低于均产配产。

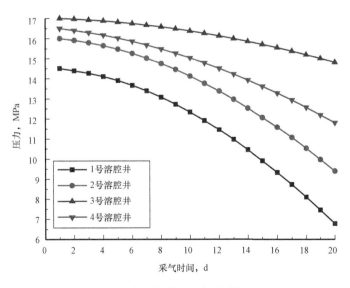

图5.37 均产配产时各单腔压力随采气时间的变化

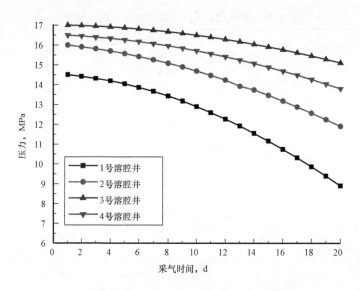

图 5.38　优化配产时各单腔压力随采气时间的变化

表 5.22 给出了市场需求变化时,盐穴型地下储气库 4 个溶腔的生产调度情况,可见在不同的市场需求下,储气库 4 个溶腔的生产调度呈现出多样性。在储气库溶腔数量增加的情况下,这种现象就更为明显。

表 5.22　盐穴型地下储气库多腔的运行策略

市场需求 $10^4 m^3/d$　　优化产量 $10^4 m^3/d$	1 号溶腔井 304.65	2 号溶腔井 568.94	3 号溶腔井 724.76	4 号溶腔井 661.65	备注
304 ~ 568	C	O	C	C	单腔满足要求
569 ~ 661	C	C	C	O	单腔满足要求
622 ~ 724	C	C	O	C	单腔满足要求
725 ~ 966	O	C	C	O	1 号和 4 号溶腔井两腔同运行
967 ~ 1029	O	C	O	C	1 号和 3 号溶腔井两腔同运行
1030 ~ 1230	C	O	C	O	2 号和 4 号溶腔井两腔同运行
1231 ~ 1293	C	O	O	C	2 号和 3 号溶腔井两腔同运行
1294 ~ 1386	C	C	O	O	3 号和 4 号溶腔井两腔同运行
1387 ~ 1691	O	C	O	O	1 号、3 号和 4 号溶腔井三腔同运行
1692 ~ 1955	C	O	O	O	2 号、3 号和 4 号溶腔井三腔同运行
1956 ~ 2260	O	O	O	O	4 腔同时运行

注:"C"表示不运行;"O"表示运行。

5.7　盐穴型天然气地下储气库多腔注采动态运行模拟软件

随着我国西气东输项目的实施,金坛盐穴型天然气地下储气库的建造,盐穴型储气库技术越来越受到关注。受中国石油勘探开发研究院廊坊分院的委托,笔者及所在课题组应用工程热力学、传热学和流体力学基础理论,通过对盐穴型地下储气库多腔运行过程进行分析,根据不同的工程需要,建立目标泛函及注采动态数学模型,编制应用程序,开发了盐穴型储气库多腔注采动态热力性质计算模拟软件。

5.7.1　模拟软件的主要功能

软件的模拟和预测的主要功能如下:
(1)计算天然气各种物性参数;
(2)计算和校核储气库各溶腔库容量及垫层气量;
(3)计算任意连续注采循环时,各个溶腔温度、压力;
(4)计算任意连续注采循环时,各个溶腔井口、井底温度压力;
(5)计算天然气注采量;
(6)压缩机设计校核计算;
(7)各溶腔水合物生成区间预测;
(8)定井口压力下储库多溶腔的优化配产。

5.7.2　软件开发工具

(1)软件开发平台。该软件的开发以微软公司开发的 Microsoft® Windows® 为平台,为用户提供一个基于图形的多任务、多窗口的操作环境。同时,在 Windows® 环境下运行的程序具有良好的交互性,可供用户存取所有可用内存资源,并实施自动内存管理。

(2)界面开发工具。采用可视化集成开发工具 C++Builder 所提供的可视化组件库,完成了界面设计、计算结果图形显示、数据库访问等功能。并将应用程序的开发、测试、查错等功能集于一体,大大降低了操作的复杂性,提高了开发效率。

(3)计算程序的编制语言。软件所有的后台计算程序,均采用美国 Mathwork 公司推出的一套功能强、效率高、便于进行科学和工程计算的交互式 Matlab 软件包。

5.7.3　参数处理

(1)提供默认值。计算过程中,对于一些参数,如标准状态压力和标准状态温度等,具有确定的值。一般情况下,用户不需要更改这些参数值,故将这些值列在软件的参数框中,用户可以直接使用,而不必再重复输入,提高了软件的易用性。

(2)输入参数类型化。根据模拟计算中需要的各输入参数性质的不同,将所有输入参数进行分类。在连续注采模拟计算中,主要包括工程信息参数、标准状态参数、气体性质参数、溶腔参数、盐层热流参数和时间段及井筒参数。通过对输入参数的分类,理清参数的结构和层次关系,方便工程人员的应用。

(3)引入数据库。采用 BDE(Borland Database Engine)数据库引擎来对数据库进行链接。其中输入参数数据库为使用操作方便,在输入参数窗体中展示给用户,可满足在程序执行过程中用户及时调用、添加、修改和删除数据。对于经过计算后输出的结果,可直接将其存入输出数据库,在输出结果窗体中以数据表、曲线图展现给用户,并可报表和输出文件的形式进行汇总。

5.7.4 软件结构及主要功能

软件的主界面由标题栏、菜单栏组成,如图5.39所示。

图5.40主界面中"分类计算"菜单栏中,可完成包括天然气物性参数的计算,库容量模拟设计计算和动态校核计算,垫层气量模拟计算,水合物生成预测,盐层温度场模拟计算(包括注采气过程)井筒、溶腔周围盐层温度场模拟计算,溶腔注采模拟预测(采气过程、注气过程分别计算),井筒注采模拟预测(采气过程、注气过程分别计算)。

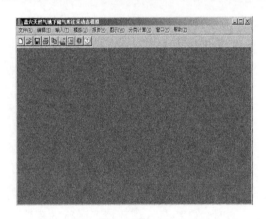

图5.39　软件主计算界面

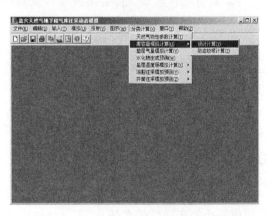

图5.40　分类计算主界面

图5.41　天然气物性参数计算界面

以天然气物性参数计算为例(图5.41),可计算在任意压力和温度天然气的相对密度、分子量、临界压力、临界温度、临界体积、对比压力、对比温度、压缩因子、密度、黏度、c_p/c_V、焓、内能等物性参数。

对于需要进行连续注采模拟计算的高级用户,主界面如图5.42所示。

其中"输入"菜单项包含有7个子菜单项,分别是工程信息、标准状态参数、气体参数、溶腔参数、盐层热流参数、时间段及井筒参数和输入参数汇总。根据井网尺寸及各井位置坐标,在主界面上按比例显示出各井相对位置,如图5.43所示。

图5.42　连续注采模拟计算主界面

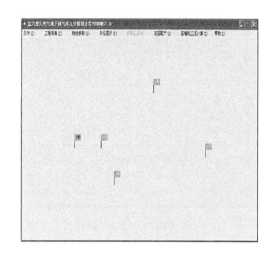

图5.43　井位显示窗口

该软件可同时计算多溶腔内注采情况,各溶腔(按1号、2号井分页输入,最大输入极限是40口井)位置处的详细地层参数及注采时间段和注采率的输入界面如图5.44和图5.45所示。

图5.44　1号溶腔井的输入窗口

图5.45　1号溶腔井的详细地层参数输入窗口

图5.46和图5.47是给出的1号溶腔井连续注采计算结果及图形显示(仅以一图示例)。

图5.48是连续注采模拟最终计算结果各溶腔的快捷显示。

图5.49是在保证以相同输气压力进入井网条件下,储库采气时,各溶腔定井口压力下的优化配产计算结果;图5.50是注气时,各溶腔的优化配产计算结果。

图5.51是多溶腔压缩机工况设计计算结果,图5.52是多溶腔压缩机工况校核计算结果。

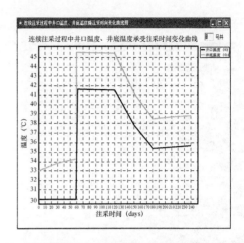

图 5.46　1 号溶腔井连续注采计算结果　　　图 5.47　1 号溶腔井井口温度和井底温度随注采时间变化

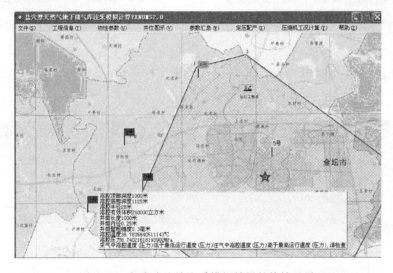

图 5.48　各溶腔连续注采模拟结果的快捷显示

图 5.49　采气时各溶腔优化配产计算结果　　　图 5.50　注气时溶腔优化配产计算结果

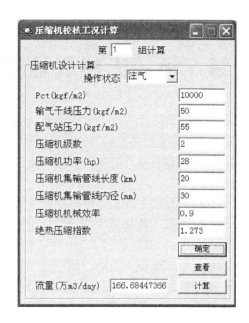

图 5.51　压缩机设计计算计算结果　　　　　图 5.52　压缩机校核计算结果

第6章 天然气地下储气库监测及优化配产

储气库正常运行有 3 个基本要求:一是核实储气库的库存量;二是防止气体在储气层中运移或泄漏;三是保证供气能力,也就是要保证储气库能实现最优化的运行。库存量是储气库正常运行的重要监测与控制内容,储气库的库存量是帮助生产技术人员分析、判断储气库工作状态的重要参数。

储气库的监测为其正常运转提供保证,监测不只是简单记录数据,而是对气体运移数据加以分析。监测气体泄漏情况,掌握储气库内的储气量,可保证在短期内能按预定产量向市场提供天然气。

与油气田定量开采不同,天然气地下储气库的运行既要保证城市调峰用气量,又要维持储气库一定的库容,避免发生边底水锥进及水淹,且注采气周期频繁交替,一个季节内储气库要注采占储量 40% ~60% 的气体,而同期天然气开采仅占储量的 3% ~5% ,因此,在储气库动态运行各个周期内,必须保证储气库各单井的注采能力。

6.1 储气库天然气泄漏损耗的构成

储气库不同于一般的油气藏,一般的油气藏的开发周期在 10 ~20 年,而一个成功建设的储气库的使用寿命要在 50 年以上(世界上第一座地下储气库已安全运行了 80 余年)。储气库的天然气损耗,一方面包含确实逃逸地下构造和集输气系统的天然气,同时,还包含因种种原因注入地下不能被采出的那部分天然气,储气库的天然气损耗主要由地质方面和工程方面构成。

6.1.1 地质方面的泄漏损耗

在满足城市用气高峰需求进行强注强采时,地质方面渗漏损失主要包括:

(1)冬季在储气库为满足城市调峰供气需求强采时,可能会导致储气库内压力降低较快,使储气库四周边底水入侵,导致在下一个周期注气,天然气在沿阻力最小路径前进时,部分气体进入含水层成为束缚饱和气体,形成内部渗漏损失。

若天然气地下储气库由枯竭油气藏建造,注气后原储层内残余的原油会溶解一部分天然气,这些天然气可能成为工作气,在采气过程被采出;也可能被永久封存在地下,不被采出。

(2)储气库的盖层一般为封闭条件较好的泥岩、页岩,泥岩、页岩的纯度越高,厚度越大,封闭性就越好。但由于盖层分布的不均衡,在向地下储气库注入天然气时,若注气压力过高,天然气就可能会推动边水向较低构造层位移动,当气水边界被推动到构造断层或构造溢出点时,天然气将从构造中溢出,造成天然气逃逸的外部泄漏损失。

(3)内部断层尤其是对油气起控制作用的边部断层,因注水作用、构造运动或注气压力过高,会破坏断层的封闭性,使气体通过低渗透通道漏失到不在储气库体系内的邻近气藏中去,也会导致天然气的外部漏失损失。

(4)垫层气量增加导致的损耗。天然气地下储气库的建造是一个较长期过程,对于利用废弃的油气藏、水藏改建的储气库,形成稳定的库容最长往往超过 10 年。10 年间储气库伴随着往复注采过程,库容在不断增大,导致不仅工作气量渐增,垫底气量也在递增。尤其对于含水层型储气库,增加的垫气量几乎达到增加库容部分的 50%,这部分气体永久沉积在地下,起着维护储层压力和库容的作用。虽然这部分天然气没有发生数量损失,但从经营和经济角度,由于不能被我们所利用,同样属于天然气损失。例如 20 世纪 80 年代美国地下储气库中总垫层气量达 $1080 \times 10^9 \mathrm{m}^3$,按当年天然气矿场平均价格 60 美元/$10^3 \mathrm{m}^3$ 计算,垫层气长期沉积资金达 64 亿美元。

(5)原油或地层水的溶解。若储气库由废弃的油藏或带有油环的气藏改建而成,注气后残余的原油将溶解部分天然气,这些天然气中的一部分可在采气过程中被采出,成为工作气,而另一部分则将长久被封存地下不能够发挥作用。同样,地层水中也会溶解一部分天然气。

储气库储层可能泄漏的主要通道,如图 6.1 所示。

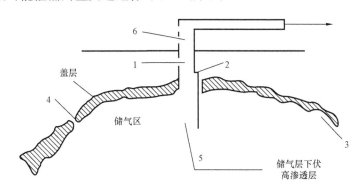

图 6.1 储气库可能泄漏的主要通道

1—通过套管接箍或腐蚀穿孔处漏气;2—通过盖层水泥胶结不良处、套管鞋或射孔段泄漏;
3—气体运移到储气区的溢出点;4—气体沿着构造轴线向下流动或流动到储气层下伏地层;
5—如果是含水层储气库,气体可能穿透含水层盖层;6—管路、压气站渗漏和阀门渗漏

6.1.2 工程方面的泄漏损耗

(1)注采井的泄漏。若注采井因套管螺纹泄漏、套管腐蚀破损,且生产套管存在固井质量问题,天然气将从井筒内产生泄漏,通过井套管周围漏失到其他储层中去。泄漏的天然气可进入到它所经过的砂层、水层,直至上窜到地面,这不仅会造成天然气的损失,还可能产生环保事故甚至安全事故。图 6.2 表示的是井深结构可能的泄漏点位置。

大多数储气库的注采井,都是利用原来的生产井,由于井史较长,加之当时的完井技术并不完善,导致很多老井的水泥和金属可能已经老化,这种情况会使气体沿井筒周围的通道流到其他产层或非产层中去。例如,20 世纪 70 年代,美国加利福尼亚州的 PDR 地下储气库的废弃老井未经妥善处理,由于储库运行压力过高迫使气体迁移离开储层,沿着固井不良或套管锈蚀的老井上升泄漏到地表,最终该储库不得不于 2003 年被迫关停。

天然气通过井套管周围的漏失有较强的隐蔽性,难以测出具体数量。通过环空带压老井

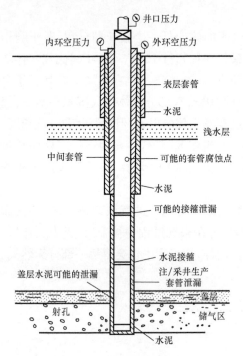

图 6.2　井深结构可能的泄漏点位置图

压力变化的解析解,求得老井渗透率,进而全隐式求解天然气沿老井泄漏的气水两相渗流模型,即可定量分析储气库运行压力和井眼尺寸等参数对储气库天然气泄漏量的影响。

环空带压是指由于储层的气体渗流到环空中,其压力被传导到了井口,从而在环空中产生一定的压力,将环空带压产生的原因统一看作是气体沿着水泥环泄漏造成的一维渗流问题,确定其解析解为:

$$p(z,t) = p_0 - \sum_{n=1}^{\infty} \frac{qp_{sc}T(-1)^{n+1}}{LT_{sc}AK\alpha^2}\sin(\alpha z)\,\mathrm{e}^{-c^2\alpha^2 t}$$

(6.1)

其中

$$\alpha = \left(n\pi - \frac{\pi}{2}\right)\frac{1}{L}$$

$$c^2 = \frac{K}{\phi\mu c_t}$$

式中　p_0——储气库压力,MPa;

L——井身长度,m;

p_{sc}——地面标准压力,MPa;

T_{sc}——地面标准温度,K;

A——水泥环面积,m^2;

K——老井渗透率,mD;

q——采气量,m^3;

ϕ——孔隙度;

μ——动力黏度,mPa·s;

t——时间,d;

c_t——偏差系数。

根据现场实测的实时环空带压数据,利用式(6.1)即可近似求得老井渗透率。建立天然气沿老井泄漏的气水两相渗流模型并采用全隐式解法进行求解。

算例分析:国内某拟建地下储气库中部埋深 2500m,储层渗透率 300mD,盖层为 0.03mD,储层孔隙度 0.2,天然气的黏滞系数为 1.813×10^{-5}Pa·s,注气时间为 200 天,注气速度为 40×10^4m^3/d,环空带压值如图 6.3 所示,计算结果如图 6.4 所示。

从图 6.4 中可以看出,连续注气 200 天时,天然气沿老井的泄漏量随着储气库运行压力的增加近似线性增加,储气库运行压力从 15MPa 增加到 30MPa,天然气沿老井的泄漏量从 10m^3 增加到 20m^3,增加了 1 倍。

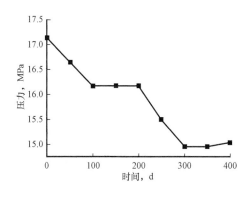

图6.3 环空带压值变化曲线

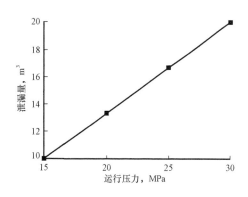

图6.4 运行压力与泄漏量的关系曲线

(2)地面管线或设备的泄漏。注采气管道、地面设施的腐蚀都会产生泄漏,这部分损失采用通常的阴极保护等常规措施,较易解决处理,但对管道被人为打孔盗窃而导致的天然气损失,一般只能在泄漏后压力的变化才能识别。

(3)注采气系统有组织的放空损失。注采井在压井作业后,需放喷排除井筒压井液恢复生产,同时,需要测定注采井产能的变化,通过放喷燃放一定数量的天然气,来测定几个不同制度下注采气系统的压力和产量,放喷一般通过点火把的方式,且这部分气量是经过计量的。放空也包括系统维修时,管道或设备减压放空,注气压缩机停机时注气系统从高压状态向低压状态平压,也要放空部分天然气,这些气体的损失一般是不可避免的。

(4)突发事故引起的天然气泄漏。突发事故引起的天然气泄漏包括注采井外力破坏、管线外力破坏等事故。储气库在发生突发事故时,控制系统会自动切断事故段与其他段的联系,因此,天然气泄漏一般局限在事故段上下游一段,损失量可通过计算确定。但对于气井发生的重大井喷着火事故,则需要根据气井的生产能力、井喷的时间估算天然气损耗量。

(5)凝液携带的天然气损失。作为凝析气藏改建的储气库,注气后可将反凝析在地层内的凝析油重新挥发在天然气中,这部分凝析油可随着天然气产出地面。因此,凝析气藏改建储气库后,可在很大程度上提高凝析油的采收率。

但与此同时,在天然气处理过程中,这部分凝析油在地面减压或低温状态下重新被分离出来,将携带走部分天然气。这部分天然气若被回收,需要进行再次降压分离,分离出的天然气因压力太低,无法进入天然气外输系统,因此将无法彻底回收,从而造成损失。损失量的大小,一方面取决于凝析油的含量、凝析油的组成和性质;另一方面,则取决于天然气处理系统的压力大小和凝液外输的温度。实际损失量与凝析油的数量呈正比,系统的处理压力越高,凝液外输的温度越低,携带量就越大,凝析油中轻质组分含量越多、凝析油密度越小,单位携带量就多。

同样,由废弃油藏改建的储气库,也可提高原油的采收率,采出的原油在地面分离后也会携带走部分天然气,从而造成损失。储气库盖层的密封性是评价储气库优劣的关键因素,而储气库运行过程中的压力变化及气油界面和油水界面变化,也是分析储气库是否正常运行的关键因素和主要监测对象。

综上可见,无论是从地质还是工程上,地下储气库天然气的各种泄漏或溢失,均能导致储气库中实际库存量小于账面上的储气量。储气库内气体的漏失,会使储气库供气能力逐年下降,如美国怀俄明州的 Leroy 地下储气库,在 20 世纪 80 年代连续 8 年的运行期间,由于储存的天然气大量流失,不得不于 80 年代末关闭。

6.2　储气库的动态监测

目前,国外在地下储气库注采过程中的动态监测技术已基本成熟,仪器设备齐全配套。但对地下储气库的监测内容因地质情况或各国对储气库的要求不同而略有差别。如法国储气库运行中,对注采气井不做井下生产动态监测,只是在井口及地面进行压力、流量和组分的实时测试。但大多数国家为了监测储气库井下的动态变化情况,一般都在储气库气水界面附近和盖层附近布置一批观察井,分别监测气顶、气水界面和盖层的密封情况。

在我国油气田开发过程中,动态监测已有一些成熟技术,如四川和长庆等油气田的动态监测工作都已积累了不少成功经验。近几年来,随着我国环渤海地区两大地下储气库群的建设运行,动态监测逐步走向正规,监测内容与监测工艺技术日臻完善。

6.2.1　储气库监测设计方案

科学合理的设计监测方案是储气库安全、优化运行的重要保障,国外特别重视储气库全生命周期动态监测,已形成了以井工程、圈闭密封性及储气库运行动态监测为核心的完备监测体系(图 6.5),还有以常规温压测量、特殊测井、微地震、产能测试及干涉雷达测量(In SAR)系统为主的监测方法和手段。在储气库边界和内部部署足够数量的监测井,再配置空间对地观测系统和全球定位 GPS 系统,形成空地一体化监测网。

监测井数为注采井数的 50% ~100%,甚至 150%,基本以新钻井为主,少量气藏开发老井修复利用为辅。通过建设运行全过程监测体系,及时掌握储气设施安全性和运行动态,为储气库科学建设、优化运行及安全生产提供第一手资料。

6.2.1.1　监测体系

监测体系主要包括井工程、圈闭密封性、内部运行动态监测 3 大方面,涵盖储气库建设运行全过程监测。

(1)井工程监测。建库前可利用老井井身质量检测、新井钻完井监测及试油试气、井下技术状况监测,确保气井完整性。

(2)圈闭密封性监测。对含气区域内盖层、断裂系统、溢出点、周边储层以及上覆渗透层和浅层水域进行天然气泄漏监测,确保注入气库的天然气能存得住。

(3)内部运行动态监测。监测注采井生产动态、储气层内部温压及流体性质、气液界面与流体运移、注采井产能等,了解单井注采气能力、储层性质、流体分布及变化等,指导气库扩容达产、优化配产配注及井工作制度调整。

图 6.5 所示为气藏型储气库监测井网示意图。

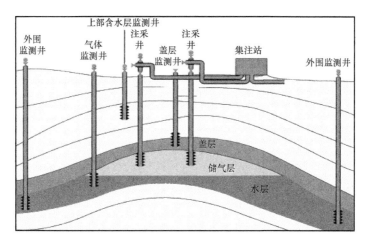

图6.5 气藏型储气库监测井网示意图

6.2.1.2 监测方式

（1）井工程监测。

建库前主要可利用老井测压,进行套管柱腐蚀程度及固井质量检测。新井钻井过程按照地质设计要求监测,新钻井试油试气参照行业相关规程进行。

通过建立储气库套管监测系统进行储气库运行过程井下技术状况监测,定期检测套管、接箍的损伤、腐蚀、内径变化及射孔质量和管柱结构等,对所有固井质量差的井及部位重点监测。

老井和新钻井井身质量监测一般采用固井声波测井、声波变密度测井、电磁探伤测井等方法,需满足储气库井完整性要求后方能投入使用。

（2）圈闭密封性监测。

在储气区控制断层外侧利用老井或新钻井,监测断层两侧地层较薄、侧向及垂向封闭性存在较大风险区域,定期观察压力变化、取样化验分析。在盖层岩性可能变化、厚度变薄及盖层内部断裂发育等区域之上的储层利用老井或新钻井,定期观察压力变化、取样化验分析。

在储气库周边及圈闭溢出点附近甚至浅层水等区域利用老井或新钻井,定期观察压力变化、取样化验分析。

另外,国外还采用地球化学监测、氦—钍微量元素测量直接判断圈闭天然气漏失。利用微地震技术解释由于注采交变应力产生的微地震事件及其应力应变强度,判断圈闭密封性失效风险。运用新近发展起来的空间对地观测技术,监测储气库含气区域及周边地表沉降。

（3）内部运行动态监测。

① 注采井生产动态监测。采气井监测对象包括油嘴、油气水产量、井口管压力和套管压力及温度等;注气井监测对象包括注气量、压缩机压力及温度、井口管压力和套管压力及温度等。

② 储气层内部温度、压力及流体性质监测。在储层利用老井或新钻井,监测静温及地温梯度、静压及压力梯度,进行井流物分析化验,掌握多周期注采后地层流体性质及变化规律。

③ 气液界面与流体运移监测。在储气库构造中高部、过渡带及周边区域利用老井或新钻井,重点监测流体运移主要方向及气液界面变化。利用气液界面仪和地震层析成像可确定气液界面;采用激发极化法电测、高精密重力测量、脉冲光谱伽马测井等方法可确定气液界面和

流体运移方向;采用4D地震和示踪剂法可监测流体运移方向和气驱前缘变化趋势。

④ 产能监测。分区分层选取代表井在不同注(采)气阶段进行系统试井和不稳定试井。2～3个周期完成全部井轮换测试,获取单井产能、有效渗透率、地层压力、井完善系数、地层连通性及地层边界性质等,分析井多周期注采气能力变化。对于多层合采合注情形,需展开注气剖面测井以了解单层吸气状况,进行采气剖面测井以分析单层产气状况和产出流体组分。

6.2.2　关井压力的应用

观察关井压力变化是判断有无泄漏存在的有效方法,若储气库的盖层有泄漏,则关井后所测出的压力曲线会低于其与正常关井压力曲线,如图6.6所示,当气体的泄漏速度大于水流入储气库的速度时,就会产生这种情况。

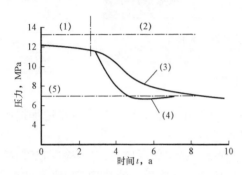

图 6.6　泄漏和无泄漏的储气库压力特征
(1)注气;(2)储气库关井;(3)未泄漏;
(4)泄漏;(5)原始含水层

如果某口井的关井压力低于其相邻井的压力,说明该井的套管存在泄漏现象,因此,国外储气库运行专家建议,每年对井进行一次为期一周的关井压力测量,这些测量会得到井间压力差的百分数数据,通过每次测量都可以确定是否有套管泄漏存在。若存在泄漏现象,通过对储气库和井下的动态模拟,可确定泄漏数据,并对一段时间内的损失量进行估算。确定套管泄漏速率的步骤为:

(1)掌握储气库泄漏前的正常运行状况;

(2)确定嫌疑井和相邻井的关井压力,在规定时间内测定嫌疑井关井压降,并与邻井相比较;

(3)绘出井的产能曲线,用储气层的模拟模型进行历史拟合;

(4)模拟储层作业井的压降、流量等参数,确定气体泄漏区域的压力,计算出注采曲线的泄漏点并画出具有典型斜率的曲线;

(5)通过一段时间的井口压力和泄漏曲线,来计算天然气的运移速率。

6.2.3　地下储气库监测的迟滞图

对地下储气层的监测,可通过对地层压力进行持续的观察并作图来完成,这样的图叫迟滞图,它是用在井底测得的拟压力 p/z 对经过修正的库存量作图。在各井底直接读出的压力数据并不反映平衡压力,必须要修正才能得到平衡压力。这就有可能把在各点实测的压力转化成按体积平均的压力进行监测。按年或按季在每个操作周期进行监测,始终使监测在连续的基础上进行。要注意有迟滞特点的在井口测出的虚拟压力数据必须按气泡平衡,即经过校正才能变成按体积平均的虚拟压力 p/z 数据。根据气库性质的不同,压力迟滞图包括纯气驱型和水驱型。

6.2.3.1　纯气驱型定容储气库的迟滞图

在对气藏做储气库可行性评价时,漏失是石油工程师要考虑的主要问题之一。用枯竭气藏做储气库,其中一个最大的好处就是天然气已经在里面保存了很长时间,用作储气库应该比较安全,不会有漏失。但此种说法并不完全正确,虽然气藏中的天然气的确安全地在其中储存了很久,且所处条件是十分安全的,但气藏投入开采后,情况会发生变化。最常见的变化就是水会侵入气藏,充满原来被天然气所占据的空间,有时水会完全充满气藏,开采结束时很可能只留下的一个很小的气顶。

纯气驱型定容储气库压力图的特点是一条通过原点的直线(图6.7),在注气结束时储量最高点 I_A 及抽气结束时储量最低点 I_B 之间所对应的压力 p/z 数值都落在一条通过原点的直线 OBA 上。这条直线的斜率 k:

$$k = RT/V \tag{6.2}$$

式中　R——气体常数;

　　　T——是储层平均温度,K;

　　　V——气体所占据的孔隙体积,m^3。

由图6.7可见,较大气库所对应的斜线斜率较小,与 I 轴接近;较小气库所对应的斜线的斜率较大,向竖轴靠近。如果储气库的储气量在有限地或连续地流失,直线 OBA 就会向右侧平移。

6.2.3.2　水驱型储气库的迟滞图

储气库内有驱动水流时,储气库的迟滞性状在抽气和注气期间有实质上的显著区别,如图6.8所示。在抽气期间,由于气体曾占据过的小孔被地下水侵占,压力下降的趋势变缓和;在注气期间则相反,随着压力的增加,水从气泡中被赶走,增加的气体体积减弱了压力上升的势头,如图6.8中线段 AB。

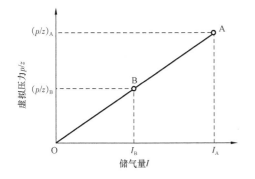

图6.7　纯气驱储气库的迟滞图

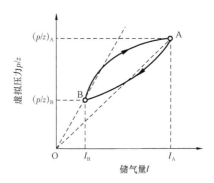

图6.8　水驱型储气库的迟滞图

假定在开始注气或抽气时含水层与气泡之间压力平衡,则当注气或抽气中止时,气泡内的压力就应是含水层的平衡压力,但这在地层中是绝对不可能的。由于岩石中孔隙内液体流动的阻力很大,因此,当实际注气或抽气中止时,气泡内的压力比含水层的压力要高或低,需经过很长一段时间压力才能平衡。所示抽气或注气结束时,有一个压力升或降的过程。

水侵气藏的注气过程,可能会发生异常现象。注入的气体不是以活塞的方式推动水,气水界面可能很不稳定和均匀,甚至气水界面不连续。气体总是倾向于在某一水平方向超越水,如果储层的形状是拱形的,气体就会沿拱形的顶部呈水平向下的方向运动,当到达拱形中部水平面以下时,气体的这种动态会产生两个问题:

（1）当气体以"指状"的形式在水中突进，水就会在气体的后面关闭，从主流中分隔出来的气体形成孤立的气包。尽管这些气包存在于储气库中，在技术上算在库存量之内，但实质上这部分气已经损失掉了，因为只有在采出大量的水后才能把它们采出来。

（2）气体会沿拱形构造的顶部指进达很远距离，一直到达水层的逸出点。这类水层有时根据其形状被称为鞍形。气体通过逸出点后，就从储气库中漏失掉了，有时以这种方式漏失掉的气量很大。

因此，最初向储气库中注气时，应该经过大量的研究。有时在鞍部附近钻一口观察井，来监测这一部位水的活动情况。当水充满整个储层时，在监测点看不到气，一旦观察井发现有气体存在，就说明气体已经向观察井运动到一定程度，需要采取措施进行控制。

6.3　地下储气库库存量核实

一般地下储气库库存量的核实可用容积法、物质平衡法和数值模拟法。

6.3.1　容积法

$$N_g = \frac{273.16 + 20}{273.16 + t_f} \frac{p_{fmax}}{0.0980665} \frac{1}{100 \cdot Z} FH\phi S_g = \frac{29.894}{Z} p_{fmax} FH\phi S_g \frac{1}{273.16 + t_f} \quad (6.3)$$

式中　N_g——储气库库存量，$10^8 m^3$；

　　　F——储气层含气面积，km^2；

　　　H——储气层含气有效厚度，m；

　　　ϕ——储气层有效孔隙度；

　　　S_g——储气层含气饱和度；

　　　t_f——储气层地下温度，℃；

　　　p_{fmax}——储气层最大储气压力，MPa；

　　　Z——天然气偏差系数。

6.3.2　物质平衡法

气藏物质平衡方法适用于采出程度大于10%的各种气藏，它是利用气藏动、静态资料来计算储气库库容量，当气田动态资料较多，且各项参数录取较为准确的情况下，该方法的计算结果是可靠的。

6.3.2.1　纯气驱型储气库

$$\frac{p}{Z} = \frac{p_i}{Z_i}\left(1 - \frac{G_p}{G}\right) \quad (6.4)$$

式中　G——原始条件下的地下储气库库容量，$10^8 m^3$；

　　　G_p——在 p_0 和 T_0 条件下的累计注采气量，$10^8 m^3$；

p——储气层的压力,MPa;

p_i——原始地层压力,MPa;

Z——天然气偏差系数;

Z_i——原始条件下气体偏差系数。

6.3.2.2 凝析气藏型储气库

对于具有天然水侵,而且岩石和流体均为可压缩的非定容气藏,随着采气过程中地层压力的下降,建立物质平衡计算如下:

$$N_g B_{gi} = (N_g - G_p) B_g + N_g B_{gi} \frac{C_{wi} S_{wi} + C_f}{1 - S_{wi}} (p_i - p) + (W_e - W_p B_w) + G_{in} B_{gin} \quad (6.5)$$

因为岩石和束缚水的弹性膨胀相对来说比较小,可以忽略不计,式(6.5)可简化为:

$$N_g B_{gi} = (N_g - G_p) B_g + (W_e - W_p B_w) + G_{in} B_{gin} \quad (6.6)$$

对于边部有限弱水体的气藏,在一定阶段内可忽略水侵作用,式(6.6)可进一步简化为:

$$N_g B_{gi} = (N_g - G_p) B_g + G_{in} B_{gin} \quad (6.7)$$

根据气体体积系数的定义可得:

$$B_{gi} = \frac{Z_i T}{p_i} \frac{p_{sc}}{T_{sc}}, B_g = \frac{ZT}{p} \frac{p_{sc}}{T_{sc}}, B_{gin} = \frac{Z_{in} T}{p} \frac{p_{sc}}{T_{sc}}$$

代入式(6.7)中得:

$$\frac{p}{Z} = \frac{p_i}{Z_i} - \frac{p_i}{Z_i N_g} \left(G_p - G_{in} \frac{Z_{in}}{Z} \right) \quad (6.8)$$

式中 p——某一时刻地层压力,MPa;

p_i——原始地层压力,MPa;

p_{sc}——标准压力,MPa;

T——储层温度,K;

T_{sc}——标准温度,K;

G_p——压力为 p 时刻的凝析气累计采出量,m³;

N_g——原始凝析气地质储量,m³;

B_{gi}——原始压力条件下凝析气体积系数;

B_g——某一压力条件下凝析气体积系数;

B_{gin}——注入气体积系数;

W_e——累计水侵量,m³;

W_p——累计产水量,m³;

B_w——地层水体积系数;

C_{wi}——地层水压缩系数,MPa⁻¹;

C_f——岩石孔隙体积压缩系数,MPa⁻¹;

S_{wi}——束缚水饱和度；

G_{in}——累计注气量，m^3；

Z_{in}——目前压力下注入气的偏差系数；

Z——两相偏差系数；

Z_i——原始凝析气的偏差系数。

6.3.3 数值模拟方法

储气库数值模拟技术是储气库地质、渗流理论、储库工程、现代数学与计算机技术的有机结合，是依赖数学手段，通过选取储层微小体积为计算单元，建立数学模型，进行数值求解。

对于枯竭纯气驱气藏型储气库，建立三维单相渗流模型；对于水驱气藏和含水层型储气库，建立三维两相渗流模型；对于枯竭油藏型储气库，建立三维三相渗流模型；对于凝析油气藏，建立三维三相多组分渗流模型。进一步考虑储气库边值条件和约束条件，采用数值模拟的方法，确定储气库注采动态参数，进而确定储气库库容量。详见本书第3章和第4章。

6.4 天然气储气库泄漏量的确定

6.4.1 计算库存量与实际库存量偏差的原因

在地下储气库的实际经营过程中，一些储气库常出现大量气体不明原因的漏失问题，导致气库中的实际库存量与账面上储气量（注采气调峰量与储库垫层气量之和）不等。根据国外资料介绍，计算库存量与实际库存量有差别的原因有下列3种：

（1）对地下储气库的原先储存的天然气量计算有误。

（2）注采过程中对天然气的计量有误。

（3）天然气从储气库中漏失：一是由于储气库内气体在采出时，库内压力下降，造成边底水的侵入，这就导致在下一个周期注气时，天然气要沿阻力最小的路径前进，使部分气体进入含水层成为束缚饱和气体，造成内部渗漏；二是在向储气库回注气体时，必须以更高的压力将气体从井口注入地下储气库内，这就极可能使天然气穿过覆盖着气藏的岩层逃逸，造成天然气的外部渗漏。在计算得出天然气量并与账面上的天然气存量进行对比，由差额得出渗漏量。

上述原因导致储气库中的实际库存量往往小于账面上的储气量。储气库气体的漏失，是供气能力（定储气量下的采出气量）逐年下降。如美国怀俄明州的 Leroy 地下储气库，在1975—1982年运行期间，由于储存的天然气大量流失，不得不于1982年停用。

6.4.2 泄漏量确定的分析法

储气库中天然气的漏失可以通过地层压力与体积变化关系检测出来。方法是：

（1）首先确定正常注采情况下压力与库存量的变化关系。

（2）比较连续两年的注采循环时，压力与库存量变化关系曲线：天然气的注入和采出，使储气库的压力发生变化，在每年注采循环都相同的情况下，若储气库没有漏失，则每年的压力与库存量变化关系应是相同的,否则,就存在泄漏。下面分别以定容气藏型储气库和水驱气藏型储气库为例,来叙述泄漏量的确定方法。

6.4.2.1 定容气藏型储气库

对于定容气藏,在改建储气库最初的注气过程中,存在着过渡循环周期。注入垫层气后,第一年中注入一部分工作气,在采气阶段注入的那部分工作气被采出。第二年,采出的工作气又被注入储气库中,而且再增注一些工作气。接着连续几年重复这种循环,直到储气库达到最大储气量。这一过渡循环期间的压力与库存量的关系如图6.9所示。

既然储气库以注采循环的方式运作,对于不同的两年,循环中的相同点(或相似点)可以互相比较,在稳定的、没有漏失的储气库中,如果气体计量准确的话,在很长时间里,压力与库存量的循环关系曲线都基本在同一区域变动。循环中的相同点基本相同,表明不存在漏失,图6.9即表明是定容气藏无气体泄漏的注采循环。

若气藏存在漏失,压力与库存量的关系曲线向右移动,如图6.10所示。反之,如果计量误差导致库存量不足,压力与库存量的关系曲线将向左移动。

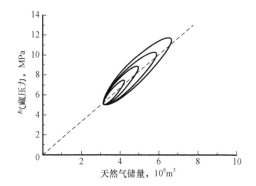

图6.9 定容气藏无气体泄漏的注采循环

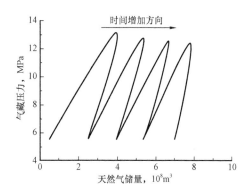

图6.10 定容气藏有气体泄漏的注采循环

6.4.2.2 水驱气藏型储库

水驱气藏改建为储气库时,压力与库存量的关系曲线完全不同。在许多时候,水驱气藏已经关井或是以很低的压力生产了很长时间,使得水侵入气藏。注气开始后,气必须把这部分水驱出去。在图6.11中,一部分垫层气在一个季节以一个连续的方式注入储气库中,然后气藏关井,等待下一次注气。有时为了使气藏中水的流出与气的注入相匹配,需要限制注气量。但不管以多大速度注气,在第一注气阶段结束后,气藏都要关井,地层压力下降。之后,其余的垫层气和一小部分工作气在第二个阶段注入。在冬天,工作气被采出来。在以后

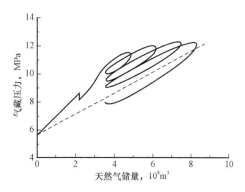

图6.11 水驱气藏型储库无泄漏的注采循环

的循环中,工作气全部注完,储库注采循环的形成过程如图 6.11 所示。

用压力—体积变化分析法不能用于确定有活跃水驱气库是否存在泄漏,因为这种气库有侵入水的压力支持。

目前,国外确定活跃水驱储气库气体漏失的方法,是根据储气库基本水淹之前累计采出气量的逐年变化。在水侵入井中使其产气能力迅速下降或接近零之前,活跃水驱储气库的产气量能力几乎不变。因此,对任意两个采出季节的对比,当供气能力已下降到一个给定的日产水平时,这两个采气阶段累计产量的差值再加上两个采气阶段之间可能会出现的总储气量的增加,将能指出气体漏失的大小。

如图 6.11 所示为一水驱气藏型储气库无泄漏的注采循环,由于储气库水驱效果很好,使采出季节的气库压力仅下降 0.276MPa。

6.4.3 泄漏量确定的数值求解法

分析法用于储气库实际储量的校核,精度较差,究其原因是由于储气库注采气周期交替频繁,气体流速快,不能动态确定注采过程各井点压力变化等原因造成的。

本节提出的数值模拟方法与参数自动拟合法相结合的泄漏量确定方法,首先动态确定储气库压力随时间的变化,再通过调整实际的注采量,拟合计算压力与实测压力,得出储气库的渗漏量,最后从账面上的库存量减去渗漏量,得出储气库的实际库存量。

6.4.3.1 实际库存量的确定

储气库的地层压力不仅与原气藏的物性参数分布有关,而且与注采量和时间有关,由于储气库是建立在原枯竭气藏上,与气田开采过程不同的是,全部注采井的静态参数和流动特性均已知,因此储气库储量变化的动态特征可通过储气库观察井和注采井的压力变化快慢反映出来。如果储气库在注采动态运行时有渗漏,则计算出的气井压力与实测压力误差就较大;反之,若没有渗漏,误差就较小。因此,本文在数值模拟结果的基础上,通过进行参数自动拟合,来动态确定储气库的渗漏量,并指明渗漏方向,从而计算储气库的实际库存量。具体步骤如下:

(1)根据已知的储层动、静态参数,在满足调峰注采量时,数值模拟出储气库的压力随时间的变化。

(2)在观察井处网格节点的计算压力与实测压力之差 $\Delta p = \max(p_{计算} - p_{实测})$,即为储库渗漏方向最大区域处。

(3)采用最小二乘法,建立以气井的计算压力与实测压力之差的代数平方和为目标函数:

$$E = \sum_{i=1}^{n} (p_{计算} - p_{实测})^2 \tag{6.9}$$

(4)通过反复调整注采量,代入数学模型计算出储库压力,再进行式(6.9)的计算,使目标函数达到最小,此时,调整后的注采量与实际注采量的差值,即为储气库的渗漏量。

$$Q_{渗漏} = \sum_i \sum_k (q_{ik} - q'_{ik}) + \sum_j \sum_k (q'_{jk} - q_{jk}) \tag{6.10}$$

式中　k——井数；

　　　i——注气时间，d；

　　　j——采气时间，d；

　　　q——实际注采量；

　　　q'——计算注采量。

（5）储库实际库存量 $Q_{实际}$：

$$Q_{实际} = Q_{设计} - Q_{渗漏} \tag{6.11}$$

式中　$Q_{设计}$——储库账面上库存量。

6.4.3.2　模拟算例

定容无水驱气藏 C 区，在采出原始地质储量90%后，变为枯竭气藏，转建天然气地下储气库，此时储气库枯竭压力为 2.24MPa，储库面积为（2.4×1.8）km²，设计储库库存量为 $2.15 \times 10^8 m^3$。在储气库开始调峰运行，库内有 4 口注采井、3 口观察井（图6.12）。储库的注采周期为 1 年，每个回采和注入时间均为 170 天，中间有 12 天关井时间，注采速度不变，连续运行 5 年。4 口注采井每天的注采量分别为：W2 井和 W3 井 $Q = 5.5 \times 10^4 m^3/d$；W4 井 $Q = 2.6 \times 10^4 m^3/d$；W1 井 $Q = 6.5 \times 10^4 m^3/d$。

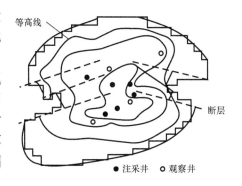

图 6.12　储气库结构示意图

运行中测定的边值条件为：

初始条件

$$p \big|_{t=0} = 5.35 MPa$$

边界条件

$$\partial p / \partial n \big|_{AB} = 0$$

将模拟区域按实际气藏面积划分为块中心网格系统，网格空间步长 $\Delta X = \Delta Y = 100m$，$\Delta Z = 5m$，网格数为 $24 \times 18 \times 4$，最大节点数为 1720，各网格节点处孔隙度 $\phi(\%)$、渗透率 $K(mD)$ 和储层厚度 $H(m)$ 等参数的取值均取自气藏内气井的实际运行资料。

利用 MATLAB 数学计算软件，编写了计算程序进行计算，图 6.13 是 4 口井在进行实际注采量时，采用数值模拟得到观察井 W22 的压力随时间变化曲线图。图 6.14 是以式（6.8）为目标函数，反复调整注采量后，当目标函数为极小值时，得到观察井 W22 压力值随时间变化并与实测值的比较曲线。表 6.1 是调整注采量前后储气库观察井点压力相对误差对比分析，从中可见渗漏量最大发生在观察井 W22 区域，且调整注采量后观察井和注采井压力变化趋于一致，总平均相对误差仅为 0.5%。

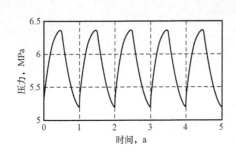

图 6.13　W22 井压力随时间变化曲线

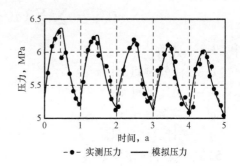

图 6.14　W22 井计算压力与实测压力比较曲线

表 6.1　调整注采量前后压力相对误差对比表

项　目		W11 井	W22 井	W33 井
压力相对误差,%	实际注采量时	1.43	3.55	2.41
	计算注采量时	0.33	0.57	0.40

注:相对误差 $\varepsilon = \dfrac{\mid p_{实测} - p_{计算} \mid}{p_{实测}} \times 100\%$。

进一步由式(6.9)计算得出连续 5 年注采运行总渗漏量:

$$Q_{渗漏} \approx 7.785 \times 10^7 \, \mathrm{m}^3$$

储库实际库存量 $Q_{实际}$ 为:

$$Q_{实际} = 2.15 \times 10^8 \, \mathrm{m}^3 - 7.785 \times 10^7 \, \mathrm{m}^3 = 1.715 \times 10^8 \, \mathrm{m}^3$$

即经过 5 年等量注采循环后,储库实际库存量为 $1.715 \times 10^8 \, \mathrm{m}^3$。

6.5　天然气地下储气库优化运行模拟分析

城市燃气的需求量冬季几乎是夏季的 3 ~ 4 倍,而气源的供气量是不能随用气的不均衡性同步供给的。因此,在城市附近建造天然气地下储气库来平抑用气峰值波动,是进行季节性调峰的最佳形式之一。天然气地下储气库的运行有如下特征:

(1)储气库的运行工艺过程是注采气周期频繁交替,压差变化较大,气体在井筒和地层之间双向流动,短时间注入采出气体量大,气体流速快。

(2)储气库注采量须根据城市调峰用气量来确定,且储气库的潜能必须保证整个冬季期间的天然气需求。

(3)由于储气库地质构造的非均质性和储层存储及传输流体能力的不同,若库内各单井配产量不合理,注入时,可能导致储气库内局部压力升高过快,使天然气溢失甚至发生危险;采出时导致储气库内某些局部压力降过大,使岩石骨架上覆压力增高过猛,底水锥进,降低储层原有的渗流特性。

(4)储气库注采量的变化,直接体现为库内压力的变化,因此在满足城市用气需求总量时,库内各单井注采量不同,储气库内总平均地层压力变化也不同。显然储气库在采出同量气体时,压降越小越好,这可避免储气库压力最终降为枯竭压力;反之,注入同量气体时,压力升高得越少越好,这可最大限度地储存工作气,避免压力超过储气库最大允许压力。

天然气地下储气库的上述特征要求对储气库优化运行管理的主要任务是:在满足城市注采调峰气量及允许的工艺制度下,要科学地分配库内各单井注采运行的注采量,保持储气库的潜能,使气井的操作达到最佳状态。

借助仿真技术由真实系统的数学模型,在保证储气库注采动态运行压力变化最小的基础上,通过分别选取冬夏季不同的目标函数,并建立相应的约束条件,得到储气库完整的优化仿真模型,利用系统动态模拟技术与多目标优化方法,对系统进行多目标优化计算,有效地利用了储气库生产能力,为实际天然气地下储气库的优化运行管理提供了理论分析依据。

6.5.1　纯气驱枯竭气藏储气库多目标优化数学模拟

6.5.1.1　目标函数及约束条件

(1)夏季注气时的目标函数及约束条件。

夏季在天然气用气低谷时,地下储气库进入注气阶段,即利用压缩机将剩余天然气注入地下储气库。注气过程中,既要考虑储气库内各单井的注气容量限制、各注采井井底地层压力对注气量的影响,又要以最大限度地降低储气库压缩机功耗为优化运行目标,所以是一个多目标的优化控制过程。

通过优化分析,控制调节储气库内各区域井底地层压力、储层压力变化,确定储气库各注采井的天然气注气量,通过对压缩机功耗目标的优化,在保证储气库的计划注气量不变的情况下,尽量节省注气成本。

① 夏季整个注气时间步长范围内,以压缩机站最小的功率消耗 N_T(单位:kW),将城市夏季剩余的天然气全部注入地下储气库。表达式为:

$$N_T = \min_{x \in R} f_1(X) = \min \sum_{i=1}^{m} \sum_{j=1}^{n} N_{ij}$$

$$N_{ij} = Mq_{ij}RT_{TL}\left[(p_{井口}/p_{TL})^{n-1/Mn} - 1 \right] \qquad (i = 1,2,\cdots m; j = 1,2,\cdots,n)$$

(6.12)

式中　N_{ij}——各单井压缩机功率,kW;

　　　m——井数;

　　　n——注气时间步长;

　　　$p_{井口}$——井口压力;

　　　q_{ij}——时间步长内的单井注入量,m^3/s;

　　　$p_{井口}$——井口压力;

　　　M——压缩机级数;

　　　T_{TL},p_{TL}——分别为长输管终端温度(K)和压力(MPa)。

② 注气时,储气库平均地层压力变化最小,表达式为:

$$\Delta p_j = \min_{x \in R} f_2(X) = \min\left(\sum_{i=1}^{M}\sum_{k=1}^{N} p_{ik}h_{ik}\phi_{kj} \Big/ \sum_{i=1}^{M}\sum_{k=1}^{N} h_{ik}\phi_{ik} - \bar{p}\right) \tag{6.13}$$

式中　Δp_j——储气库最小平均地层压力变化,MPa;

p_{ij},h_{ij},ϕ_{ij}——分别为网格节点处储层压力(MPa)、厚度(m)、孔隙度;

i,k——网格节点数;

$\bar{p}$——储库初始地层压力,MPa。

约束条件:

① 定时间步长下各单井注入总量的约束。

$$Q_j = \sum_{i=1}^{m} q_i \tag{6.14}$$

式中　q_i——各单井的注入量,m^3;

m——井数;

Q_j——城市剩余供气量,m^3。

② 库内各单井最大注入量的约束。

各单井最大的井口压力 $p_{井口max}$ 限制了其最大的注入量(这里 $p_{井口max}$ 是由地面设备限制和气层岩石的破裂压力所确定)。采用联立求解物质平衡方程、气井流入方程、油管内流动方程,求出在已知各井口压力约束条件下,对各井最大注入量 q_{0i} 的限制。得到:

$$q_i \leqslant q_{0i}$$

同时,优化管理模式还要确定在所讨论的时间步长下,井是否生产,所以完整的约束条件为:

$$0 \leqslant q_i \leqslant q_{0i} \tag{6.15}$$

式中　q_{0i}——各井最大注入量,m^3。

③ 储气库内各网格节点储层压力 p_{ij} 的约束。

$$p_{ij} \leqslant p_{AMP} \tag{6.16}$$

式中　p_{AMP}——最大允许压力,MPa。

根据国外储气库运行的实践经验,对纯气驱枯竭气藏型地下储气库的 p_{AMP} 值控制为原始地层压力(气田未开采时的静态压力)。

(2)冬季采气时的目标函数及约束条件。

对于纯气驱枯竭气藏型季节性调峰储气库,在冬季天然气用气高峰时,地下储气库需要最大量的开采,此时储气库优化运行时的目标函数是:

① 冬季整个采气时间步长范围内,使城市能获得储库最大的调峰采气量,表达式为:

$$Q = \max_{x \in R} f_{11}(X) = \max \sum_{i=1}^{m}\sum_{j=1}^{n} q_{ij} \qquad (i = 1,2,\cdots,m; j = 1,2,\cdots,n) \tag{6.17}$$

式中　m——井数;

n——采气时间步长;

Q——储库最大采气量,m^3;

q_{ij}——单井采出量,m^3。

② 同时,为了降低采气时储层形成的压力不均匀性,需要满足储气库平均地层压力变化最小,表达式为:

$$\Delta p_j = \min_{x \in R} f_{22}(X) = \min(\bar{p} - \sum_{i=1}^{M}\sum_{k=1}^{N} p_{ik} h_{ik} \phi_{kj} / \sum_{i=1}^{M}\sum_{k=1}^{N} h_{ik} \phi_{ik}) \tag{6.18}$$

约束条件:

① 给定时间步长下城市用气需求量的约束。

$$\sum_{i=1}^{n} q_i \leqslant Q_1 \tag{6.19}$$

式中　n——井数;

Q_1——给定时间步长下城市最高用气需求量,m^3。

② 各单井最大采出量的约束。

由于采出时须满足:$p_{井口} \geqslant p_{\min井口}$($p_{\min井口}$ 为通往集输管线的最小压力),即各单井最大采出量是受 $p_{\min井口}$ 约束,仍采用联立迭代求解的方法,将对各最小井口压力的约束转为对各井最大采出量的限制。得到:

$$0 \leqslant q_i \leqslant q_{0i} \tag{6.20}$$

③ 储库内各网格节点储层压力 p_{ij} 的约束。

$$p_{ij} \geqslant p_{\min} \tag{6.21}$$

式中　$p_{\min}$——储气库基压,指维持储气库设计的库容量所需的最低设计压力,通常是通过注入一定量的垫层气来实现的,MPa。

储气库采出最大极限量的天然气,只能达到库内垫层气体,即不可以低于最低设计压力。

综上,分别建立了调峰储气库冬夏季优化运行时,各单井注采量多目标的优化确定方法:夏季优化模型包括:式(3.28)和式(6.12)至式(6.16);冬季优化模型包括:式(3.28)和式(6.17)至式(6.21)。

6.5.1.2　优化模型的求解方法

多目标优化问题有很多求解方法,本文采用平方和线性加权法(权数用 α - 法求得),将多目标优化问题转化成单目标优化问题进行求解,步骤为:

(1)分别对各目标函数进行单目标优化计算。

由于储气库优化运行管理模型是一多约束条件、非线性优化问题,且约束条件为不等式约束条件,因此,对各单目标优化问题采用有约束条件的复形调优法求解,方法如下:

以储气库各单井注采量为优化运行变量,有:

$$X = \begin{bmatrix} x_1, x_2, \cdots, x_n \end{bmatrix}^{\mathrm{T}} = \begin{bmatrix} q_1, q_2, \cdots, q_n \end{bmatrix}^{\mathrm{T}}$$

对于夏季的注气过程,设初始复形中第一个顶点坐标,各单井注入量 $X = (q_i^k)_{N \times M}$ (这里: $N \times M$ 网格节点数, $i = 1, 2, \cdots, m, m$ ——井数,k ——时间步长)的初始值。此顶点坐标在每一时间步长下,首先应满足约束条件式(6.14)和式(6.15),其次为缩小初始变量的选取范围,以气井原始无阻流量作为预测单井注气量的基础,取其 1/3 为产量的下限,1/2 为产量的上限来确定各单井注入量 q_i^k 的初始值,然后利用伪随机数确定初始复形的其余 $2n - 1$ 个顶点,代入数学模型式(3.27)中,数值模拟计算出网格节点压力,检查该数值是否满足约束条件式(6.16),若不满足则重新设定顶点坐标,若满足该约束条件,则分别代入式(6.12)和式(6.13)确定各顶点处的目标函数。从这一复形出发,通过反射、收缩和压缩的迭代计算,构造新的复形来代替原复形,使新复形不断向目标函数极小点靠近,一直搜索到极小点为止。

对于冬季的采气过程,式(6.17)记为:

$$Q' = - Q = - \max \sum_{i=1}^{m} \sum_{j=1}^{n} q_{ij}$$

即 Q' 极小值的绝对值为 Q 的极大值,其余方法的求解同上文。

(2)利用 α – 方法确定各单目标函数的权系数 λ_i。

求出各单目标优化函数的最佳值及相应的极值点:

$$\min_{X \in R} f_i(X) = f_i^*(X^i) \qquad (i = 1, 2)$$

式中 X^i ——相应的单目标优化运行管理变量的最佳值。

$$f_i(X^j) = f_i^j \qquad (i, j = 1, 2)$$

求解权系数转化为解下列线性规划问题:

$$\min \alpha$$
$$s.t. \begin{cases} \sum_{i=1}^{2} \lambda_i f_i^j \leqslant \alpha & (j = 1, 2) \\ \sum_{i=1}^{2} \lambda_i = 1 \\ \lambda_i \geqslant 0 & (i = 1, 2) \end{cases} \qquad (6.22)$$

(3)利用平方和线性加权法将多目标优化问题转化成单目标优化问题进行优化计算。

$$\min_{X \in R} f_i(X) = \sum_{i=1}^{2} \lambda_i [f_i(X) - f_i^*(X^i)]^2 \qquad (\lambda_i \geqslant 0) \qquad (6.23)$$

式中 λ_i ——各目标函数的权系数。

若其最优解为 $[\lambda_1, \lambda_2, \alpha]$,则 $[\lambda_1, \lambda_2]$ 便是所求的权系数,将各权系数代入式(6.23),便将多目标优化问题转化为单目标问题,并利用单目标优化计算方法计算。可以证明,利用上述多目标优化方法所得到的优化结果为多目标优化问题的有效解。

6.5.1.3 模拟算例

某气田 M 区属底水驱气藏,面积为 $2.6 \times 3.4 \mathrm{km}^2$,储气库内有打开程度不完善的注采井 4

口、观察井 2 口。模拟区域划分为不均匀网格系统,采用块中心差分网格离散储库空间,网格数为 $26 \times 34 \times 10$,网格步长:x 方向 $27 \times 100\text{m}$,y 方向 $35 \times 100\text{m}$,z 方向 $9 \times 10\text{m}$ 和 $2 \times 20\text{m}$。各井点坐标和地层参数见表 6.2。气源冬夏季城市定值供气量为 $Q_m = 1.6 \times 10^6 \text{m}^3$,冬夏季城市需求量如图 6.15 所示。

表 6.2 井点坐标和地层参数表

参数	数值				参数	数值
	井 1	井 2	井 3	井 4		
井点坐标	(4,6,8)	(20,10,7)	(11,28,6)	(22,30,8)	气相密度(γ_g),g/cm³	0.21
渗透率 K,D	0.09	0.26	0.31	0.15	岩石压缩系数	0.000045
孔隙度,%	0.19	0.29	0.37	0.11	大气压力(p_0),kgf/cm²	1.033
储层厚度,m	90	195	159	120	长输管段终端温度,K	293

边值条件

$$p_i \big|_{t=0} = 4.8\text{MPa}$$

约束条件:

$$p_{\min井口} = 2.4\text{MPa}, p_{井口压力\max}16\text{MPa}, p_{\min} = 3.7\text{MPa}, p_{\text{AMP}} = 17.5\text{MPa}$$

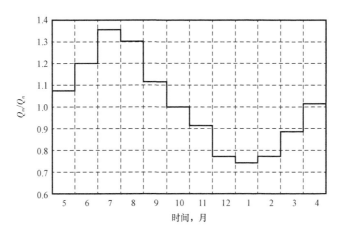

图 6.15 天然气冬夏季城市需求量曲线图

Q_m,Q_n—气源供给量和城市天然气需求量

夏季注入时,根据最大井口压力限制,近似解出对各单井注入量的约束:

$$0 \leqslant q_i \leqslant 1.5 \times 10^5$$

压缩机采用三级压缩,即 $M = 3$。多变指数 n 取为 1.3。

冬季采出时,由最小井口压力限制,得到对各单井采出量的约束:

$$0 \leqslant q_i \leqslant 2 \times 10^5$$

采用多目标优化问题的求解方法,利用计算机编程进行计算,求出各井最佳的配产的优化计算结果见表 6.3。

表 6.3 各井最佳的配产的计算结果

时间		5月	6月	7月	8月	9月	11月	12月	1月	2月	3月
各单井最佳配产$10^4 m^3$/月	q_1	0.62	2.39	5.248	3.92	1.45	-0.87	-4.93	-6.17	-4.92	-0.99
	q_2	3.55	8.29	14.11	11.97	5.17	-4.31	-16.89	-19.19	-16.71	-7.12
	q_3	5.40	11.2	14.77	13.86	6.19	-5.64	-17.47	-20.02	-17.82	-9.39
	q_4	2.21	4.63	5.98	6.18	2.18	-2.49	-7.93	-10.11	-7.79	-2.97

图 6.16 是 5—9 月 4 口井均产(即 $q_i = Q/4$)和最佳配产注入时,储库压力随时间的变化,可见最佳配产时,储气库平均压力的增加明显低于均产。

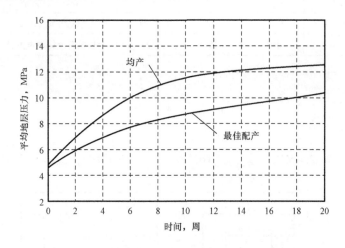

图 6.16 储库平均地层压力随时间变化曲线

多目标的优化结果,使得在夏季能以最低的生产费用进行最大量的注气,在冬季又能以最小的地层压降获得最大采气量。

结果分析:

(1)所建立的储气库冬夏季最佳动态管理配产模型,与传统意义的静态配产计算不同,由于考虑了储气库地层压力、地层参数和气体性质等的影响,遵循了气藏的生产规律,动态描述了气体流动过程,因此所获得的最佳配产结果更准确合理。

(2)储气库优化管理工作的任务是多方面的,且各项任务还可能互相抵触,即要保持储气库的储能,又要进行最大量的注采气,采用多目标的优化方法,综合考虑了不同的目标函数,保证了储气库经济合理的运行。

(3)所提出的动态仿真模型是技术分析模型,在储气库实际优化管理应用时,应结合储气库经济分析模型共同使用。例如,实例中当得出某井的采出量很小时,从运行维护费的角度可能就是不经济的,不如关井。

6.5.2 裂缝型地下储气库注采过程优化配产

6.5.2.1 地下储气库注采过程的压力分析

优化过程的计算,需要根据 3.7 节所建立的气水两相数值模型,[式(3.45)]及相关的初边值条件,求出地下储气库的地层压力,根据井筒内单相流体压力方程[式(7.14)],建立井口压力与井底地层压力的关系式(6.26),进而实现从压缩机进出口压力到注采井筒的井口压力,再到井底地层压力,最终与地层压力的关联。所以首先应分析储气库运行过程中各阶段压力变化关系,为储气库多井联合注采的优化运行确定出基础参数。

在不考虑储气库地面管线的压力变化时,储气库注采气运行过程中压力变化分别包括两部分:

(1)注气时的压力变化。

井筒内的压力变化:

$$\Delta p_{\uparrow 1} = p_{jtb} - p_{jtt} \tag{6.24a}$$

式中　p_{jtb}——储气库注采井筒的井底地层压力,MPa;

　　　p_{jtt}——储气库注采井筒的井口压力,MPa。

　　　地下储层内的压力变化:

$$\Delta p_{\uparrow 2} = p_{reE} - p_{reS} \tag{6.25a}$$

式中　p_{reE}——储气库注气阶段的终了压力,MPa;

　　　p_{reS}——储气库注气阶段的初始压力,MPa。

(2)采气阶段的压力变化。

井筒内的压力变化:

$$\Delta p_{\downarrow 1} = p_{jtb} - p_{jtt} \tag{6.24b}$$

地下储层内的压力变化:

$$\Delta p_{\downarrow 2} = p_{reS} - p_{reE} \tag{6.25b}$$

注采井筒内利用伯努利方程,将气体温度和压缩因子取平均值 $\overline{T}_{jt}$ 和 $\overline{Z}_{jt}$,并对伯努利方程式(7.13)从井底到井口进行积分,并整理得:

$$\begin{cases} p_{jtb}{}^2 = p_{jtt}{}^2 e^{2S} + 1.324 \times 10^{-18} \dfrac{f_{jt} (\overline{T}_{jt}\,\overline{Z}_{jt} q_{sc})^2}{d_{jt}{}^5} (1 - e^{2S}) & （注气） \\[4mm] p_{jtb}{}^2 = p_{jtt}{}^2 e^{2S} + 1.324 \times 10^{-18} \dfrac{f_{jt} (\overline{T}_{jt}\,\overline{Z}_{jt} q_{sc})^2}{d_{jt}{}^5} (e^{2S} - 1) & （采气） \end{cases}$$

其中

$$S = \frac{0.03415 \gamma_g L}{\overline{T}_{jt}\,\overline{Z}_{jt}}$$

f_{jt} 为井筒摩擦系数,根据管内流体形态,取:

$$f_{jt} = \left[1.14 - 4.606 \ln\left(\frac{\varepsilon}{d_{jt}} + \frac{21.25}{Re^{0.9}} \right) \right]^{-2}$$

式中　ε——注采井井筒内管道粗糙度;

　　　Re——井筒内流体流动雷诺数;

　　　γ_g——井筒内气体的容重。

若已知注采时间,则注采井筒内的压力变化可表示为:

$$\begin{cases} \Delta p_{\uparrow 1} = p_{jtb} - \left[p_{jtb}^2 - 1.324 \times 10^{-18} \dfrac{f_{jt}(\overline{T}_{jt}\,\overline{Z}_{jt}tq_{sc})^2}{d_{jt}^5}(1 - e^{2S})/e^{2S} \right]^{\frac{1}{2}} & \text{(注气)} \\[4mm] \Delta p_{\downarrow 1} = p_{jtb} - \left[p_{jtb}^2 - 1.324 \times 10^{-18} \dfrac{f_{jt}(\overline{T}_{jt}\,\overline{Z}_{jt}tq_{sc})^2}{d_{jt}^5}(e^{2S} - 1)/e^{2S} \right]^{\frac{1}{2}} & \text{(采气)} \end{cases}$$

$$(6.26)$$

式中　L——注采井筒的长度,m;

　　　d_{jt}——注采管内径,m;

　　　q_{sc}——标准状态下流量,m^3/s。

6.5.2.2　地下储气库多井联合注采运行的优化模型

（1）注气过程的目标函数模型。

① 以最小压缩机功耗为单目标的注气优化模型:地下储气库系统中,根据地下储气库的规模和天然气的增压范围,一般选取往复式压缩机,其理论功率的计算公式为:

$$N_{ydj} = 168.83 \frac{k}{k-1} p_{ysj} Q_{ysj} \left[\left(\frac{p_{yso}}{p_{ysi}} \right)^{\frac{k-1}{k}} - 1 \right] \qquad (6.27)$$

式中　N_{ydj}——理论功率,kW;

　　　p_{ysi},p_{yso}——往复式压缩机进口、出口状态下的压力,MPa;

　　　K——绝热指数;

　　　Q_{ysi}——气体在吸入状态下体积流量,m^3/s。

往复压缩机实际所需功率为:

$$N_{ysjS} = \frac{N_{ysi}}{\eta_c \eta_g} \qquad (6.28)$$

式中　N_{ysjS}——实际功率;

　　　η_c,η_g——往复式压缩机传动损失和机械效率。

依据裂缝型天然气储气库的地下储层压力分布的数值解、井筒内压力变化表达式(6.26),考虑注气时的各种约束条件,以最小压缩机功耗为目标函数的裂缝型地下储气库注气运行过程的单目标优化模型如下:

$$\begin{cases} \min\left\{ N_{ysj} = 16.883 \dfrac{k}{k-1} \dfrac{p_{ysi}Q_{ysi}}{q_0} \left[\left(\dfrac{p_{yso}}{p_{ysi}} \right)^{\frac{k-1}{k}} - 1 \right] \right\} \\[4mm] \Delta p_{\uparrow 1i} = p_{jtbi} - \left\{ \left[p_{jtbi}^2 - 1.324 \times 10^{-18} \dfrac{f_{jti}(\overline{T}_{jti}\,\overline{Z}_{jti}tq_{sci})^2}{d_{jti}^5}(1 - e^{2S}) \right]/e^{2S} \right\}^{\frac{1}{2}} \\[4mm] \Delta p_{\uparrow 2i} = p_{reEi} - p_{reSi} \qquad \text{[储层压力变化用式(6.24)耦合求解]} \end{cases} \qquad (6.29)$$

② 以最小平均井底压升为单目标的注气优化模型:在裂缝型储气库的注气过程中,整个含气区域内储层压力极大值出现在各单井井底处,各注采井井底地层压力变化是影响储气库库容

量的主要因素,应尽量调整各注气井的注气速率、合理分配各单井的注气量,使储气库在注气阶段储层内井底地层压力均衡增大,从而提高储气库的总库容量,保证注入更多的天然气量。

依据裂缝型天然气储气库的地下储层压力分布的数值解、井筒内压力变化表达式(6.26),考虑注气过程中其他各种限制因素,以最小平均井底压升为目标函数的裂缝型储气库注气运行的单目标优化模型如下:

$$
\begin{cases}
\min\left(\Delta \bar{p}_{wf} = \dfrac{1}{m} \sum_{i}^{m} \Delta p_{wfi} \right) \\[2ex]
\Delta p_{\uparrow 1i} = p_{jtbi} - \left(p_{jtbi}{}^2 - 1.324 \times 10^{-18} \dfrac{f_{jti}\,(\bar{T}_{jti}\,\bar{Z}_{jti}\,tq_{sci})^2}{d_{jti}{}^5}(1 - e^{2S})/e^{2S} \right)^{\frac{1}{2}} \\[3ex]
\Delta p_{\uparrow 2i} = p_{reEi} - p_{reSi} \qquad [储层压力变化用式(6.26)耦合求解]
\end{cases}
\tag{6.30}
$$

式中　p_{wfi}——储层各节点压力,MPa;

$\quad\ \bar{p}_{wf}$——储层平均压力,MPa;

$\quad\ m$——节点数。

③ 以最小压缩机功耗和最小平均井底压升为双目标注气优化模型:在裂缝型储气库注气过程中,在满足压缩机功耗最小的条件下,合理分配各井的注气量和注气速率,使储气库注气时储层内井底地层压力升高缓慢且均衡,这样既能减少注气过程中的压缩机功耗,又能提高地下储气库的总库容量,保证储气库运行的经济性。地下储气库注气运行的双目标优化模型为:

$$
\begin{cases}
\min\left\{ N_{ysj} = 16.883 \dfrac{k}{k-1} \dfrac{p_{ysi}Q_{ysi}}{q_0}\left[\left(\dfrac{p_{yso}}{p_{ysi}} \right)^{\frac{k-1}{k}} - 1 \right] \right\} \\[3ex]
\min\left(\Delta \bar{p}_{wf} = \dfrac{1}{m} \sum_{i}^{m} \Delta p_{wfi} \right) \\[2ex]
\Delta p_{\uparrow 1i} = p_{jtbi} - \left\{ \left[p_{jtbi}{}^2 - 1.324 \times 10^{-18} \dfrac{f_{jti}\,(\bar{T}_{jti}\,\bar{Z}_{jti}\,tq_{sci})^2}{d_{jti}{}^5}(1 - e^{2S}) \right]/e^{2S} \right\}^{\frac{1}{2}} \\[3ex]
\Delta p_{\uparrow 2i} = p_{reEi} - p_{reSi} \qquad [储层压力变化用式(6.24)耦合求解]
\end{cases}
\tag{6.31}
$$

(2)采气过程的目标函数模型。

依据裂缝型天然气储气库的地下储层压力分布的数值解、井筒内压力变化表达式(6.24),考虑采气过程中其他各种限制因素,以最小平均井底压降为目标函数的裂缝型储气库采气过程的优化模型为:

$$
\begin{cases}
\min\left(\Delta \bar{p}_{wf} = \dfrac{1}{m} \sum_{i}^{m} \Delta p_{wfi} \right) \\[2ex]
\Delta p_{\downarrow 1i} = (T_{reS}Q_\Delta)\bigg/\left[\dfrac{\varphi M_g V_{re}}{Z_{re}R_0\rho_{sc}} \left(\dfrac{p_{reS}}{p_{reE}} \right)^{-\xi} - (Q_{reS} \pm Q_\Delta)\xi\dfrac{T_{reS}}{p_{reE}} \right] \\[3ex]
\Delta p_{\downarrow 2i} = p_{reSi} - p_{reEi} \qquad [储层压力变化用式(6.25)耦合求解]
\end{cases}
\tag{6.32}
$$

其中

$$\xi = \frac{k-1}{k}$$

式中　Q_{reS}——储气库地下内初始天然气量，m^3；

　　　Q_Δ——天然气累积注采量，m^3。

（3）优化配产的约束条件。

裂缝型枯竭气藏储气库的多井联合注采运行调峰过程受到多种因素条件的制约，这些因素包括最大注采气量、储气库的约束压力、井口约束压力以及城市调峰注采气量等。

① 注气运行过程约束条件。

a. 计划注气量的约束。根据储气库的国家计划及城市剩余用气量，整个储气库的注入应满足：

$$Q_{jhz} = \sum_{i=0}^{N} q_{iscz} \qquad (6.33)$$

式中　Q_{jhz}——地下储气库的计划日注气量，m^3/d；

　　　q_{iscz}——地下储气库的单井日注气量，m^3/d；

　　　N——天然气注采井数，口。

b. 单井最大注气能力的约束。地下储气库注气运行过程中，井筒的最大注入量主要是由各注采井筒的最大井口压力决定的。最大井口压力是由地面设备所限制的。通常根据已知的各注采井的最大井口压力，应用垂直管流方程，得到该条件下单井注气能力约束：

$$0 \leqslant q_{isc} \leqslant q_{re\,maxi} \qquad (6.34)$$

式中　q_{isc}——各单井标态日注气量，m^3/d；

　　　$q_{re\,maxi}$——地下储层单井的最大注采量，m^3/d。

c. 储气库最高运行压力的约束。裂缝型地下储气库的最高运行压力约束着储气库的注气速度：

$$p_{wfi} \leqslant p_{max} \qquad (6.35)$$

式中　p_{wfi}——地下储气库的运行压力，MPa；

　　　p_{max}——地下储气库的最高运行压力，MPa。

裂缝型枯竭气藏储气库的最高运行压力，一般根据该区域储层的初始地层压力和储气库改建时的破裂压力来确定。在没有可借鉴的运行数据时，国外一般采用初始地层压力法和经验法来计算储气库的最高运行压力。初始地层压力法为储层最高运行压力选取为初始地层压力的80%～90%；经验法为储层最高运行压力选取为储气库整个含气区域顶部所在深度的函数。

② 采气运行过程的约束条件。

a. 计划采气量的约束。根据储气库的调峰比例计划和用户的需求，储气库必须依据计划供应，即储气库的采气量应满足式（6.36）约束：

$$Q_{jhtf} = \sum_{i=0}^{N} q_{iscc} \tag{6.36}$$

式中　Q_{jhtf}——地下储气库的计划日调峰供气量，m^3/d；

q_{iscc}——地下储气库的单井日标态采气量，m^3/d。

b. 单井最大采气能力的约束。储气库采气运行过程中，各注采井的井口压力必须满足如下条件：

$$p_{jtt} \geqslant p_{min} \tag{6.37}$$

式中　p_{jtt}——各注采井的井口压力，MPa；

p_{min}——注采井通往集输管线的最小压力，MPa。

c. 采气过程中各单井的最大采气量受 p_{min} 的约束，采用与求解最大注气量相同的方法，得到各已知井口压力约束下的单井采气量约束：

$$0 \leqslant q_{isc} \leqslant q_{re\,maxi} \tag{6.38}$$

d. 储气库最低运行压力的约束。

$$p_{re} \geqslant p_{min} \tag{6.39}$$

地下储气库的最小运行压力，是维持储气库设计库容量所需的最低设计压力，通常通过注入一定量的垫层气来实现。储气库最小运行压力应根据气藏废弃压力、边底水平衡压力、同时考虑地下储层的稳定性等因素确定。

6.5.2.3　储气库多井联合注采的优化算法求解

（1）遗传算法。

地下储气库多井联合注采的优化是需要合适的优化算法来实现的，而遗传算法（Genetic Algorithm，缩写为 GA）作为现代优化技术的计算方法具有较好的实用性、高效性和强鲁棒性。

遗传算法是一种以生物界自然选择和自然遗传机制为基础，将生物进化过程中适者生存规则与群体内部染色体的随机信息交换机制相结合的高效全局寻优搜索算法。该算法提供了一种求解非线性、多目标、多模型等复杂系统优化问题的通用框架，本质上是一种不依赖具体问题的直接搜索方法，广泛应用于多种学科和科技领域。与传统优化算法相比，遗传算法不依赖于某单一评估函数的梯度信息，而是通过模拟自然进化过程来搜索最优解。

选择、交叉、变异构成了遗传算法的基本操作，而构造目标适应度函数、群体的初始化、后代群体的繁殖、群体进化收敛判别、最优解的转化等构成了遗传算法的核心内容。遗传算法的主要计算步骤为：

① 编码。搜索之前将解数据表示成基因型的串结构数据。

② 初始群体的生成。随机产生 N 个初始串结构数据作为初始群体。以这 N 个串结构数据作为初始点开始迭代。

③ 适应性值评估检测。适应性函数表明个体或解的优劣性。

④ 选择、交叉、变异。根据生物学中适者生存法则，对遗传个体进行顺序繁殖、交叉繁殖和变异过程。

由于遗传算法在大量问题求解过程的优越性和广泛的应用,在 Matlab 计算工具箱中专门有关于遗传算法的特定工具箱,其中应用最广、完备性最好的为英国 Sheffied University 推出的基于 Matlab 的遗传算法 GA 工具箱。该遗传算法工具箱在世界近 30 个应用领域得到了广泛的、很好的测试,包括参数优化、多目标优化、非线性系统论证、各种模式的模型制作、神经网络设计、实时和自适应控制、故障诊断等。

GA 工具箱中的函数分类主要有:

① 创建种群函数。即种群的表示和初始化函数。

② 适应度计算函数,转换目标函数值,给每个个体一个非负的价值数。

③ 选择函数。选择一定数量的个体,对气索引返回一个列向量。

④ 交叉算子。通过给定的概率重组一对个体而产生后代。

⑤ 变异算子。通过给定的概率变异种群中的基因。

⑥ 多子群支持函数。通过高层遗传操作函数对多子群提供支持,功能之一是在子群中交换个体。也可将某单一种群通过函数修改数据结构,分为多个子种群,并将其保存在连续的数据单元块中。

(2)注采过程优化配产的遗传算法求解。

地下储气库注采调峰过程的多井优化过程主要有单目标优化与双目标优化两种类型。以注气过程中的最小压缩机功耗为单目标的优化计算为例叙述。对于一个储气库注采站的多个注采井地下储层和井筒来说,先给每个注采井筒分配一个注气量,该注气量需满足优化配产的约束条件。根据注气量推算出对应的各注气井口压力。最后,通过井口压力、天然气物性参数、实际工作流量和压缩机性能参数来计算压缩机的功耗。

在地下储气库优化配产过程中,首先创建优化配产目标函数程序,以备遗传算法后续的优化程序调用。该优化配产的遗传算法步骤简述为:

① 构造遗传算法随机种群。首先,分别给定优化配产的每个注采井注采量约束,即最大值 q_{remaxi}、最小值 q_{remini}、计算精度 Δq,利用式(6.40)确定自变量域需要划分的份数 n_{yh},计算染色体长度,即二进制字符串的长度 m_{yh}(满足条件 $2^{m_{\text{yh}}-1} < n_{\text{yh}} < 2^{m_{\text{yh}}} - 1$),划分的自变量域份数为 $2^{m_{\text{yh}}} - 1$ 份。

$$n_{\text{yh}} = (q_{\text{re maxi}} - q_{\text{re mini}})/\Delta q \tag{6.40}$$

② 随机产生一组 $0 \sim 2^{m_{\text{yh}}} - 1$ 的数值,由式(6.40)可以转换为自变量数值。将随机产生的这组数值转换成二进制字符串便得到一个种群。

$$q = q_{\text{mini}} + \frac{q_{\text{maxi}} - q_{\text{mini}}}{2^{m_{\text{yh}}} - 1}\text{rand}(2^{m_{\text{yh}}} - 1) \tag{6.41}$$

式中,rand( )为伪随机函数。

③ 将种群中的各染色体由基因型(二进制字符串)变为表现型[转换为十进制后由式(6.40)计算的自变量值]。得到随机的一组注(采)气率初值,将其作为初始条件代入裂缝型储气库的注采渗流模型[控制方程组(3.24)所示的耦合方程组]式(3.46a)中,计算出该条件下的地下储气库的储层压力,根据储层注采过程中的驱动力计算出注采井井底地层压力,将其

代入井筒模型中,得到各注采井的井口压力,计算得到压缩机出(进)口压力,然后再计算压缩机的功耗作为适应度值。该适应度值反映染色体的优劣,适应度值越趋近于极值(极大或极小值),其染色体越好。

④ 交叉过程。根据交叉率,用随机的方法确定需要进行交叉过程的染色体。采用单断点交叉法,随机产生需要交叉的基因位置。对选出的染色体进行交叉运算,即产生了若干组新的染色体。

⑤ 变异过程。根据变异率,对种群中的各个基因位置进行随机变异选择,变异的基因个数 = 种群染色体个数 × 染色体长度 × 变异率。

重复步骤③~步骤⑤,直至种群中各染色体表现型的标准差满足规定要求。此时,种群的染色体都在一个固定值附近,便得到了遗传算法该单目标函数的优化配产目标。以调峰注气过程为例,计算过程中以压缩机功耗为优化目标的遗传算法的流程如图6.17所示。

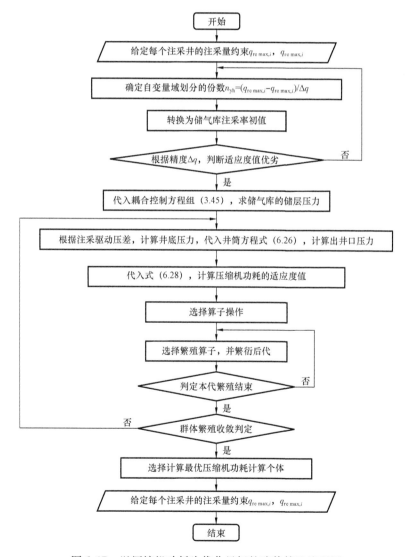

图6.17 以压缩机功耗为优化目标的遗传算法流程图

6.5.3 多井注采过程优化配产结果及分析

本节以第3章注采模拟时所选用的某裂缝气藏储气库模拟区域为研究对象。该储气库含气区域内共部署有46口新旧注采井,每一口注采井都有各自的工艺条件,如地层参数、井筒结构等。选取参数条件较为合适的5口注采井作为多井联合注采优化计算的模型,通过对这5口井的优化计算分析,总结出储气库采用多井联合注采进行调峰过程中的普遍规律,为整个地下储气库的联合注采调峰运行的优化配产提供参考。

6.5.3.1 注气优化结果及分析

该地下储气库的注气运行过程中,压缩机进口压力为4.37MPa,天然气绝热指数取1.28,井口的注气温度为35℃。5口井的计划总注入量为$210 \times 10^4 m^3/d$。注采井的基础数据、注气运行条件及各井优化配产约束条件见表6.4和表6.5。

表6.4 地下储气库优化配产中各注气井的基础数据

注采井编号	地层压力,MPa	井底深度,m	单井影响面积,km^2	储层厚度,m	井筒管内直径,mm	井壁粗糙度,mm
1#	27.91	2735.75	2.69	21.57	16.51	0.3
12#	27.45	2808.24	4.51	38.42	17.78	0.3
26#	27.81	2712.61	4.26	52.64	20.32	0.3
32#	27.76	2758.18	3.84	41.58	25.14	0.3
37#	27.18	2734.27	4.13	48.19	17.78	0.3

表6.5 注气过程优化配产中注气井参数及约束条件

注采井编号	储层内初始压力,MPa	储层内的初始温度,℃	最高压力,MPa	最大注气能力,$10^4 m^3/d$
1#	8	114	25.5	215.04
12#	7.5	114.5	26.5	278.68
26#	9	114.3	29	272.94
32#	8	114	28.5	308.98
37#	8	144.2	26.5	285.76

表6.6为地下储气库的5个注采井以平均注气速率运行时的压缩机功耗和平均井底压升。表6.7为地下储气库以最小压缩机功耗为优化目标的注气优化配产运行结果。

表6.6 平均注气运行压缩机功耗和平均井底压升

注采井编号	平均注气量,$10^4 m^3/d$	压缩机功耗,$10^4 kW$	注气井井底压升,MPa/d	平均井底压升,MPa/d
1#	42		1.29	
12#	42		3.08	
26#	42	74.175	2.05	1.67
32#	42		1.06	
37#	42		0.87	

由表6.7可知,以最小压缩机功耗为优化目标进行注气配产时,初始压力最高的注采井,经优化后其注入量最小。比较表6.6与表6.7可知,地下储气库的5口注采井的计划总注入量为$210 \times 10^4 m^3/d$时,经优化配产,压缩机功耗为$67.115 \times 10^4 kW$,比平均注气方式($42 \times 10^4 m^3/d$)运行后其压缩机功耗减少了9.52%。而此时的平均井底地层压力略有降低,变化不大。

表6.7　注气运行以最小压缩机功耗为目标优化配产结果

注采井编号	优化注气量,$10^4 m^3/d$	压缩机功耗,$10^4 kW$	注采井井底压升,MPa/d	平均井底压升,MPa/d
1#	81.7		2.54	
12#	48.6		1.14	
26#	11.4	67.115	1.48	1.616
32#	25.6		2.05	
37#	42.7		0.87	

表6.8为地下储气库以最小平均井底压升为优化目标的注气优化配产运行结果。可以看出,以最小平均井底压升为优化目标进行注气配产时,计划总注入量一定的条件下,储气库的5个注采井中,单井影响面积最小、含气储层厚度最小的注采井,经优化得到的注入量最小。地下储气库的5口注采井的计划总注入量为$210 \times 10^4 m^3/d$时,经优化配产,5口注采井的平均井底压升为1.17MPa/d;与平均注气$42 \times 10^4 m^3/d$运行相比,很大幅度地降低了其平均井底压升,使储气库各注采井附近储层压力增加更为均衡,有利于储气库的注气稳定性。

表6.8　注气运行以最小平均井底压升为目标优化配产结果

注采井编号	优化注气量,$10^4 m^3/d$	压缩机功耗,$10^4 kW$	注采井底压升,MPa/d	平均井底压升,MPa/d
1#	15.4		1.11	
12#	77.4		1.15	
26#	40.5	69.478	1.12	1.17
32#	39.9		1.18	
37#	36.8		1.29	

6.5.3.2　采气优化结果及分析

模拟区域地下储气库在采气运行优化配产过程中,采出的天然气输送到气管线起点时压力应降为6.25MPa,5口井的计划总采气量为$300 \times 10^4 m^3/d$。采气运行优化配产各注采井参数及约束条件见表6.9。

表6.9　采气优化配产中采气井参数及约束条件

注采井编号	采气初始压力,MPa	最小运行压力,MPa	最大采气能力,$10^4 m^3/d$	冲蚀流量,$10^4 m^3/d$
1#	25	12	527	345.29
12#	26.5	13.5	770	376.42
26#	25	13	726	450.25
32#	27	12.5	824	504.59
37#	26	13.5	650	381.54

地下储气库以最小平均井底压降为优化目标,地下储气库多井采气运行的优化配产结果见表 6.10。分析可知,在计划总采气量一定的条件下,以最小平均井底压降为优化目标进行储气库采气运行配产时,在储气库的 5 个注采井中,储层单井影响面积最小的储气库注采井,经优化配产后得到的采气量最小;反之,单井影响面积最大的注采井,经优化配产后得到的采气量最大。

表 6.10　采气运行以最小平均井底压降为目标优化配产结果

注采井编号	平均采气方案		优化采气方案	
	采气量,$10^4 m^3/d$	井底压降,MPa/d	采气量,$10^4 m^3/d$	井底压降,MPa/d
1#	60	2.41	32	1.45
12#	60	0.88	90	1.58
26#	60	1.97	41	1.63
32#	60	0.76	92	1.73
37#	60	2.73	45	1.61

由表 6.10 可见,在地下储气库 5 个注采井的计划总采气量为 $300 \times 10^4 m^3/d$ 时,平均采气时,其平均井底压降为 1.75MPa/d,而经优化配产后,平均井底压降为 1.6MPa/d,与平均采气相比,井底压降低了 0.15MPa/d,使储气库各注采井附近储层的压力能够更加均衡地降低,提高了储气库采气运行过程的安全稳定。

地下储气库在实际运行时,并不是储层含气区域的所有注采井都同时进行注采运行,而是根据城市调峰所需的市场需求量而不断变化的,储气库各注采井的生产与调度也随之改变。

本节以不同市场需求为例,结合本节中以最小平均井底压降为优化目标的地下储气库 5 个注采井的采气优化配产结果,根据假定的不同市场需求,讨论地下储气库在城市调峰时多井联合采气运行供应的生产调度问题。

由表 6.11 可知,在城市调峰的不同需求下,地下储气库多井优化运行的控制策略呈现多样性、复杂性的特点。当储气库注采井数量逐渐增加时,这种现象将更加明显。地下储气库多井的优化配产方案在以储气库安全、稳定、高效运行为原则的同时,还应考虑优化配产结果在地下储气库实际操作上的可行性,避免优化配产结果的可操作性不高,从而失去配产的实际意义。

分析上述优化配产结果可知,在裂缝型地下储气库多井优化配产的实际运行中,为了保证储气库运行过程的安全稳定,储气库应尽量维持一个较为稳定的运行状态,即在一段时间内优化分配各井的注采量,尽量保证在各注采井附近储层压力升高或降低均衡的前提下,尽量在储层物性较好的地层多注多采,而在储层物性较差的地层少注少采,使储气库的注采量能够满足城市用户的调峰需求。

表6.11　地下储气库多井联合采气调峰的运行策略

市场需求,$10^4 m^3/d$	1#	12#	26#	32#	37#	备注
<90	O	C	C	C	C	任一单井采气满足要求
90~100	O	C	C	C	O	在1#和37#两井间优化配产
100~120	C	C	O	C	O	在12#和37#两井间优化配产
120~160	C	O	C	O	C	在32#和26#两井间优化配产
160~185	O	C	O	C	O	在1#、26#和37#三井间优化配产
185~220	O	O	O	C	C	在1#、12#26#三井间优化配产
220~300	C	O	O	O	C	在12#、26#和32#三井间优化配产
300~345	O	O	O	C	O	在1#、12#、26#和37#四井间优化配产
345~380	C	O	O	O	O	在12#、26#、32#和37#四井间优化配产
380~410	O	O	O	O	O	5井同时优化配产

注:C(Close)表示不运行,O(Open)表示运行。

第7章 天然气地下储气库的垫层气及混气模拟

地下储气库的建设和运行,是一项投资巨大的工程,少则几千万美元,多则数亿美元。我国在建的金坛盐穴型地下储气库项目一期投资达157596万元。巨额的投资,制约了城市燃气工业的发展。

对于无论是枯竭油气田、地下含水层还是含盐岩层的地下储气库建设,最大的一笔初投资是用以维持储库一定容积、压力,防止水体侵入的垫层气。储库垫层气量占总储气量的30%~70%,达总投资的1/3~2/3。我国大张坨地下储气库,垫气量占总储气容量的50%,为$7.23 \times 10^8 m^3$。目前,世界上储气库都采用天然气作为垫层气,这将导致大量"死资金"沉积,例如1987年美国地下储气库中总垫层气量达$17800 \times 10^8 m^3$,其中垫层气量为$10200 \times 10^8 m^3$,在美国如果垫层气的需求量能减少10%,至少可多采出$100 \times 10^8 m^3$的天然气(在一次注采周期内),按当年天然气矿场平均价格60美元/$10^3 m^3$计算,就可节约6亿美元。

7.1 基本概念

在储气库运行过程中,整个库容量当中只有部分的天然气量允许被采出,而其余25%~75%的天然气要存留在储气库中为天然气的采出提供必要的压力,并维持溶腔形态的稳定,这部分气体被称为垫层气,允许被采出部分称为工作气。对于废弃油气藏改建的储气库和水层储气库垫层气量约占总库容量的40%~75%,盐穴型地下储气库的垫层气量随深度和运行压力区间的不同而不同,一般来讲应占总库容量的25%~50%。

天然气地下储气库需要垫层气来维持储库一定的压力和容积,以抑制地层水流动,防止水体侵入和保证储库工作的稳定性,垫层气是地下储气库中储气量的一部分,它在储气库调峰运行注采操作过程中不被采出。

7.1.1 垫层气的构成

地下储气库总垫层气量分为两部分:

(1)基础垫层气量。

当储气库压力降低到无法开采时,储气库内残存的天然气量,或称为"死气"。它是由气体吸附、相弥散和毛细管堵塞等原因引起的,确定不可回收的垫层气量有两个基本因素:水侵率和枯竭时的储气库平均压力。水侵率在这里被定义为枯竭时储气库里的平均水饱和度。水侵率依赖于储气库的不均匀性、产气率、流体和岩石的特性,如密度、黏度、相对渗透率、毛细管压力以及残余天然气饱和度等,这里的残余天然气饱和度是指在被水置换期间,天然气在水力梯度下流动的最低饱和度。不可回收的垫层气量是衡量储气库闲置资源的重要指标。这部分气体量约占总储气量的10%~15%,是无法开采出来的。在储气库建设中也称此部分气体量为基础垫层气量。

（2）附加垫层气量。

在基础垫层气量的基础上,为保证采气井能达到最低设计产气量所需要增加的垫层气量。若储气库运行的最低压力值升高或降低,则附加垫层气量将增多或减少。

7.1.2　垫层气的作用

垫层气的主要作用有:

（1）给储库提供能量,使储气库在采气末期也能维持一定的地层压力,从而保证调峰季节从储气库采出所储存的气量,以满足向用户地区输气的条件。

（2）抑制地层水流动,防止水体侵入储气库,保证储库工作的稳定性。

（3）提高气井产量,减少天然气在压缩机站的压缩级数。

垫层气量一般占储气库储气量的 30% ~70%,根据苏联及法国的经验,地下储气库中有效气与垫层气的最佳比值大约为 1∶1。垫层气量越大,所维持的储气库地层压力就越高,单井产量越高,所需采气井的数量就越少。但并不是垫层气量越大越好,垫层气量增大,储气库有效注采工作气量就要相应减小,整个储气库的生产能力就会降低,采收率大为降低;而且,储气库的储气投资和长期占用资金量就越大,储气成本就越高。因此,在地下储气库的设计上,应正确确定垫层气量和有效气量,这样既有助于改善储气库的技术工艺指标,又可以降低储气库的投资和运行费用。

决定储气库中垫层气量的因素很多,如储层深度、地层的地质物理参数、地层厚度、储气库运行制度、气井运行工艺制度、抽气结束时井口气压等;而井口气体压力又与用户类型、连接管线长度、直径、通过能力及终端压力等有关。

目前,减少垫层气量、增大工作气量、采用低价代用气作为垫层气,已成为国内外降低地下储气库投资和运行费用的最主要发展方向。

7.2　惰性气体作地下储气库垫层气

由于垫层气是新建地下储气库的一项较大投资,20 世纪 90 年代开始,随着储气规模的扩大,石油危机的出现,对天然气的投资显著增加,人们开始探讨如何降低储气库投资、减少运行成本、提高储气运营效率等技术问题。一些国家开始尝试用低价气体如惰性气体、空气或燃气压缩机的废气代替天然气作垫层气,替换出天然气供给用户,以达到削减储气库运行费用及减少维持储气库年费用的目的。

7.2.1　惰性气体的来源

（1）通过在空中燃烧天然气生产。

这种在空气中燃烧天然气生产的惰性气体,其成分主要是氮气（90%）和二氧化碳（10%）,不含硫化物。除了在注气前,要求干燥及分离出氧化氮外,无须进行其他处理。理论上燃烧 $1m^3$ 的天然气可产出 $8 \sim 9m^3$ 的惰性气体。生产惰性气体的自动发生器,主要由一个天然气燃烧室加上一个催化反应器组成。

（2）低温分离的氮气。

低温分离的氮气是指从空气中回收氮气,这种工艺是以最近开发的固体吸附剂保留某种气体的特性为基础的,所用技术之一是压力波动吸附技术,采用能高效吸附氧气的碳分子筛。生产能力为 $6000m^3/h$。分离装置能适应任何地点,每生产 $100m^3$ 氮气大约消耗 $42.4kW$ 电量。

(3)燃机废气。

每生产 $28.3m^3$ 的燃机废气(由氮气和二氧化碳组成),需要热量为 $126.6 \times 10^6 \sim 137.2 \times 10^6 kW$ 的天然气,原始废气含有氮氧化物、一氧化碳、氢气,在压缩前由催化反应器可将它们减少到濒于总混合物含量的 1%。原始废气还含有 19% 的水蒸气,通过压缩、中冷和最终的干燥脱水使水蒸气减少到 5%。

(4)锅炉烟道气。

从蒸汽锅炉来的废气脱水后精制而成的惰性气体,需用 $158.3 \times 10^6 \sim 189.9 \times 10^6 kW$ 的热量的天然气以生成 $28.3m^3$ 由氮气、二氧化碳和水组成的烟道气。用连续脱水器完成脱水。氮氧化物、一氧化碳、氢气和氧气经催化将减少到原来的 1/4,小于总混合物的 1%,腐蚀危害最大的氮氧化物也将大大减少。生产烟道气的工厂需要宽阔的工作环境,不能移动,也不能在短期内生产出所需的垫层气。

(5)温室气体。

近年来,文献中提出采用 CO_2 作垫层气的设想,并从 CO_2 导致温室效应和 CO_2 热力性质两个方面,研究了 CO_2 深埋作地下储气库的垫层气可行性,得出采用 CO_2 作地下储气库的垫层气,对于我国天然气工业发展和火力发电等形成的环保问题,是一举双赢的举措,既可节省沉积资金,又可实现碳隔离储存,减少温室效应。

7.2.2 采用惰性气作垫层气的经验

法国是第一个开展尝试用低价惰性气体来替换天然气,以达到削减储气库运行费用的目的。

法国贝讷(Beynes)储气库原储存合成气(H_2 和 CO_2),1972 年开始转为天然气储气库。采用向储气库的一侧注入符合管输标准的天然气,同时,从储库的另一侧采出合成气的方法进行替换。在转库结束时,已用天然气替换了全部工作气和 40% 合成气垫层气体积,其余 60% 合成气滞留在储气库的外侧,充当垫层气维持储气库的压力。运行实践表明,这部分合成气作为垫层气,没有污染工作的天然气质量,见图 7.1 储气库混合带范围的演变图。

在贝讷储气库成功用合成气作垫层气之后,法国又向其他埃普特河畔圣克莱尔(Saint - Clair - Sur - Epte)储气库、杰尔米尼苏斯库隆(Germigny - Sous - Coulombs)和圣依利尔储气库(Saint - Iller)推行以惰性气作垫层气。在这 3 个储气库中,惰性气占总垫层气量的 20%。在储气库运行中,工作气全部达到热值标准,没有被惰性气所污染。但对天然气注采井位置、注采强度、注采量没有进行研究。

1986 年秋,美国气体研究所在天然气技术协会的协调下,为实施储气库用惰性气作垫层气开展了一项研究计划,开发了一种能被美国天然气工业采用的系统方法。选取了得克萨斯输气公司的汉森(Hanson)储气库进行实例分析,在储气库的构造西侧注入氮气,长期模型运行表明,采出气中未检测到氮气。

1981—1985 年对丹麦南部岑讷(Tonder)市附近含水层构造用氮气作储气库的垫层气进

行可行性研究,采用三维两相油藏模拟计算模型,分析了以氮气作为垫层气时,储层压力和气体组分随时间和位置的变化,计算结果表明,注入的氮气占总储气量的 10% 时,不会影响天然气的使用。如果垫层气与工作气按 1:1 的比例考虑,这就意味着大约 20% 的垫层气可用氮气来代替天然气。

法国对 Saint - Clair - Sur - Epte 含水层型储气库进行数值模拟研究以及成功地将 20% 的垫层气用氮气来取代的实践经验,也证明了上述结论。

据预测,我国江苏金坛盐穴型地下储气库的垫层气量约为 33%。投资估算结果表明,要建设年供 $17 \times 10^8 \mathrm{m}^3$ 工作气规模的储气库群,其中垫层气投资占建设储气库总投资的 28.5%,约为 11 亿元,是一笔很大的资金投入。若使用价格更低廉的可替代气体作为垫层气,将能够减少投资,获得更大的经济效益。但我国目前还没有采用低价气替代注采天然气的工程实践。

盐穴型地下储气库在实际运行过程中,通常最大采出量只占盐穴内天然气总储量的 50% ~ 60%,盐穴内必须留有 40% ~ 50% 的天然气储量,以维持天然气的采出所需的必要压力和溶腔形态稳定。

目前,国外开始尝试采用氮气或工业废气等低价代用气替代天然气,充当盐穴型地下储气库垫层气。一种新型技术是使用特殊材料制成的囊状物容纳工作气,使垫层气和注采天然气不发生混气,该项技术已经在美国、澳大利亚、保加利亚以及其他 8 个欧洲国家取得了专利。按照美国专家 MRDek 预测,在美国的盐穴型地下储气库应用氮气取代天然气作为垫层气,能节省总投资的 10% ~ 15%。该项技术应用的优点,可以节省垫层气投资,保证天然气与湿溶腔的隔绝,可有效防止水合物生成,减少天然气的损失。但囊状薄膜在盐穴型地下储气库工程中得以使用,还需要解决以下问题:

(1)作为膨胀气囊的材料必须是兼有柔性和弹性的混合物,以避免在与粗糙的盐穴壁接触过程中造成损坏,且在高温和大压差变化时,具有结构完整性和抗张力性能。

(2)作为气囊材料的薄膜,是不可渗透的,孔隙必须小到可阻止注采工作气和垫层气的互相扩散。

(3)气囊材料必须具有足够的厚度和恰当的柔软性,在不断注气和采气的工作循环中,有足够的抗疲劳破坏性能。

7.2.3 惰性气体与天然气的混合特征及影响因素

7.2.3.1 混合特征

天然气地下储气库极大的调峰注采量,将引起压力和温度极大的变化,若采用惰性气体作垫层气,虽然可以达到削减储气库运行和管理费用的目的,但是相应地会发生惰性气与天然气的混气问题。惰性气体与天然气的混合,将导致采出的调峰天然气体杂质增多,热值降低;同时,不同物性气体分子在非均质地下孔隙空间互相碰撞,造成扩散阻力增大,产生局部阻塞,导致储气空间的减少。因此,在储气库的实际运行中,应尽量使惰性气体与天然气的混合减小到最低程度,从而保证满足用户要求的天然气质量。

图 7.1 是储气库建库初期单井注采天然气时,垫层气与工作气在理想状态下的分布示意

图。首先向储气库中注入惰性气体为部分垫层气,惰性气体将水驱开,形成一定的气区,当达到储气库设计的最低压力时,开始向储气库中注入天然气,随着天然气的注入,天然气逐渐将代用气体驱开,如图7.1中所示的Ⅰ区,为纯天然气区;由于气体的扩散,代用气与工作气之间必然会发生相互混合,形成混合带,如图中Ⅱ区;混合带之外便是纯惰性气体区(Ⅲ区);最外层为水区(Ⅳ区)。

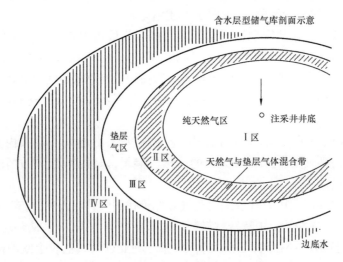

图7.1 储气库垫层气与工作气分布示意图

储气库运行时垫层气与工作气发生混合,是由两种气体混溶产生过渡带导致的,由于具有较大可压缩效应,这种混合过程是一种特殊的渗流扩散耦合问题,为保证调峰天然气质量,必须在天然气达到混合带前停止采气。

当进行回采时,由于气体之间的相互扩散,两种不同气体之间的混合带会逐渐变宽,随着采气井点压力的下降,水会逐渐侵入,当达到采气含水饱和度限制或采气点最低压力限制时,停止采气,此时储气库内剩余气体即为垫层气。

7.2.3.2 影响因素

惰性气与天然气的混合程度主要取决于以下影响因素:

(1)密度。当两种气体的密度差异较大时,由于重力作用将出现分层现象,减小混合。

(2)储层渗透率。储层在水平方向有较高的渗透性,将会增加气体之间的混合,垂直方向有较高的渗透性,将减少气体之间的混合。

(3)储层压力。高的储层压力会增加气体的混合速度。

(4)气体黏度。在高渗透性的储层,如果气体黏度差异较大,也会增加气体之间的混合。

具有下列条件之一就不能选用惰性气体作地下储气库的垫层气:

(1)总容积小于 $8500 \times 10 m^3$;

(2)注采井和观察井少于 10 口;

(3)储层有天然裂缝。

假设用惰性气体代替 20% 的垫层气(或约占总储量的 10%),并且惰性气体的价格是天然气的一半,那么容积 $8500 \times 10^4 m^3$ 的地下储气库用惰性气体作垫层气的最大经济效益是30

万元,这个数额不足以支付数据采集、工程分析和储层模拟的费用,无法回收到预期的经济效果。

7.3　CO_2 深埋作地下储气库垫层气的可行性

7.3.1　CO_2 导致温室效应

温室效应是地球大气层上的一种物理特性。假若没有大气层,地球表面的平均温度不会是现在的 15℃,而是低于 −18℃。这是因为地球红外线在向太空的辐射过程中被地球周围大气层中的某些气体或化合物吸收,大气层中的这些气体的功用和温室玻璃十分相似,都只允许太阳光进,而阻止其反射,进而实现保温、升温作用。大气层中气体浓度的增加会减少红外线辐射放射到太空外,地球的气候因此需要转变来使吸取和释放辐射的份量达至新的平衡。这种转变可包括全球性的地球表面及大气低层变暖,这就是有名的"温室效应"。大气层中被称为温室气体的主要有二氧化碳(CO_2)、甲烷(CH_4)、一氧化二氮(N_2O)、氯氟碳化合物(CFCs)及臭氧(O_3)。

全球变暖将可能导致地球两极的冰川融化,使海平面升高,侵蚀沿海陆地,引起海水沿河道倒灌,淹没许多城市;地球表面气温升高,各地降水和干湿状况也会发生变化,现在温带的农业发达地区,由于气温升高,蒸发加强,气候会变得干旱,农业区会退化成草原,干旱区会变得更干旱,土地沙漠化,使农业减产。

在 20 世纪,由于温室效应,使地球升温了整整 0.7℃。专家预测:如果地球表面温度的升高按现在的速度继续发展,到 2050 年全球温度将上升 2~4℃,南北极地冰山将大幅度融化,导致海平面大大上升,一些岛屿国家和沿海城市将淹于水中,其中包括几个著名的国际大城市:纽约、上海、东京。

现代化工业社会过多燃烧煤炭、石油和天然气,这些燃料燃烧后放出大量的 CO_2 气体,大约占温室气体总量的 65%。导致近 100 年里大气中的 CO_2 浓度上升了 30%。

火力发电厂是排放 CO_2 的最大行业。火力发电厂燃烧化石燃料后排放的 CO_2 占全球燃烧同种燃料排放量的 30%,大约占全球人类活动排放 CO_2 的 24%。除火力发电厂外,建材、陶瓷、水泥、玻璃、冶金及石油化工等行业也燃烧化石燃料,但是排放的 CO_2 数量相对较少。一座 50×10^4 kW 的燃煤发电厂每年约排放 400×10^4 t 的 CO_2。化石燃料的燃烧是在锅炉等工业设备中进行,这样就比较容易在管道系统中把 CO_2 分离和富集。

将 CO_2 存放在地下地层中的自然孔隙介质中,是目前最经济可靠的技术措施。CO_2 地质埋存具有以下优势:

(1)油气田开发中已经积累了 CO_2 埋存的专业技术经验;

(2)CO_2 在强化采油和强化煤层气开采方面,已经通过试验,获得了经济效益;

(3)天然 CO_2 气藏的赋存状态证明,有利的地质构造能够长时间埋存 CO_2。

CO_2 地质埋存的场所包括油藏储层和废弃的油气层、煤层(包括煤层气和未开采的煤层)大的空洞、开采过的大洞穴、盐丘、深部含水层等。CO_2 地质埋存是一项具有广泛运用前途的应用技术。有学者对世界范围内 CO_2 的地下贮存容量进行了估算,全球可用于贮存 CO_2 的陆地沉积盆地面积约 $0.7 \times 10^4 \sim 10^4$ km^2;假定平均可用厚度为 200m,平均含水层孔隙度为

10%，其可容纳的 CO_2 达 56×10^{12} t；若以 20% 平均孔隙度计算，全球陆地深部含水层容纳 CO_2 可达 $100 \times 10^{12} \sim 200 \times 10^{12}$ t，由此可存放人类几百年至几千年的 CO_2 的排放量。因此，地下深部埋存 CO_2 将可能是人类削减温室气体排放的一条有效而又科学的途径。

把 CO_2 运送到埋藏地点的最可行办法是利用管道输送，在 10MPa 和 10℃ 条件下将 CO_2 压缩成液体传输。美国为提高原油采收率，采用远距离输送高压液态 CO_2，最长的输送管是美国的绵羊山脉运输管道，它将南克罗拉多州的 CO_2 运至得克萨斯的二叠盆地，距离 656km。运输管道的花费主要决定于管道的长度，大约每公里 100 万 ~200 万欧元。

CO_2 的地下储存技术已受到发达国家政府、科技和产业界越来越多的关注和重视，从 1996 年开始，在挪威北海的 Sleipner 油田每年把 100×10^4 t CO_2 注入 900m 深处的盐水饱和砂层中。加拿大从 2000 年 10 月开始，每天通过管道把大约 5000t CO_2 从美国北达科他州的火力发电厂输送到位于 Williston Basin 盆地的 Weyburn 油田，并灌注到石炭碳酸盐岩储层中，以提高石油采收率，同时又使部分 CO_2 被永久地储存下来。

7.3.2　CO_2 作地下储气库垫层气的可行性

天然气地下储气库垫层气的作用既然是维持储库压力和保持储库稳定性，那么在选择作垫层气的气体时，其热力性质一方面应是可压缩性大，以便能在注气时为天然气提供更大空间，采气时提供更大的气驱作用；另一方面应黏度大，且与天然气有较大黏度差，不易于与注采天然气混合。

7.3.2.1　CO_2 的热力性质

在不同条件下，CO_2 以三种状态存在，即气态、固态和液态。在常温、常压下，CO_2 为无色无嗅的气体，其相对密度约为空气的 1.53 倍，在压力为 1atm、温度为 0℃ 时，密度为 1.98kg/m^3，动力黏度为 0.0138mPa·s。其化学性质不活泼，既不可燃，也不助燃，无毒。

(1)CO_2 的临界参数。

表 7.1 给出了 CO_2 的临界点参数值，其临界温度是 31℃。低于这一温度，在广泛的压力范围内，纯 CO_2 可以呈气态存在，也可以是液态存在。但是，超过这个温度后，不论压力有多高，CO_2 都以气态存在。

表 7.1　CO_2 的临界值

温度，K	压力，MPa	密度，g/cm^3	动力黏度，mPa·s	体积，cm^3/mol	偏差系数
304.2	7.495	0.467	0.03335	94.24	0.275

地下储存 CO_2 的温度、压力条件一般是 35℃、11MPa 左右。在 35℃、11MPa 条件下，CO_2 是一种超临界流体，每吨大约只需要 1.34m^3 的储存空间。目前，比较成熟的处理技术是储存在距地面 800m 或更深的地方，地热梯度为 25~35℃/km，压力梯度为 10.5MPa/km。因此，在多孔和可渗透的储存岩层中，CO_2 不需要特别的压力条件就可以储藏于地下。

(2)CO_2 的密度。

在温度不太低、压力不太高时，CO_2 密度可近似按理想气体状态方程式计算：

$$\rho = pM/(RT) \tag{7.1}$$

式中　ρ——密度,kg/m^3;

　　　T——绝对温度,K;

　　　p——压力,Pa;

　　　M——摩尔质量;

　　　R——气体常数。

若在高压、低温条件下,将 CO_2 气体按真实气体看待,其密度计算公式变为:

$$\rho = pM/(ZRT) \tag{7.2}$$

式中　Z——偏差系数。

偏差系数 Z 采用 Hall – Yarbough 法求得,计算公式为:

$$Z = \frac{1 + y + y^2 - y^3}{(1 - y)^3} - (14.76t - 9.76t^2 + 4.58t^3)y + (90.7t - 242.2t^2 + 42.4t^3)y^{(2.18+2.82t)} \tag{7.3}$$

$$Z = \frac{0.06125p_{pr}t\,\exp[-1.2(1 - t)^2]}{y} \tag{7.4}$$

式中　t——系数,$t = \dfrac{1}{T_{pr}} = \dfrac{T_{pc}}{T}$;

　　　T_{pc}——临界温度,K;

　　　T_{pr}——对比温度,K。

式(7.3)和式(7.4)中,y 可通过用 Newton—Raphson 迭代法解出,再代入式(7.4)中,可得出偏差系数 Z。

图 7.2 是计算得出的 CO_2 在不同温度下,密度随压力的变化关系图。

图 7.3 是采用式(7.2),计算得到的天然气在不同温度下,密度随压力的变化关系图。

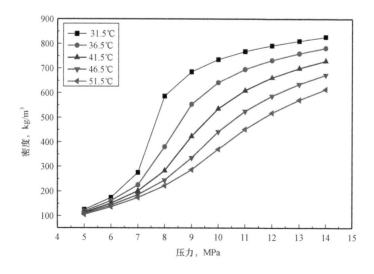

图 7.2　不同温度下 CO_2 密度随压力变化关系曲线

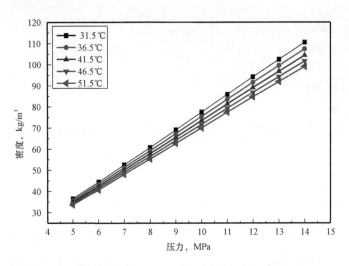

图7.3　不同温度下天然气密度随压力变化关系曲线

由图 7.3 可见,CO_2 密度随温度的升高而减少,随压力的升高而增大。

比较图 7.2 和图 7.3:在温度在 31.5 ~ 51.5℃、压力从 5MPa 变化 13MPa 时,CO_2 作为超临界流体,密度增加 5 ~ 8 倍,而天然气密度仅增加 2 ~ 3 倍。即在临界状态附近,CO_2 极高的可压缩性,能允许更多天然气注入;反之,采出时密度的剧烈下降,能给采出的天然气带来更大气驱作用。

(3)CO_2 黏度。

根据 CO_2 所处压力、温度条件下的密度和标准状态下的相对密度 γ_g,按式(7.5)计算其黏度 μ:

$$\mu = C \exp\left[x \left(\frac{\rho}{1000} \right)^y \right] \tag{7.5}$$

其中

$$x = 2.57 + 0.2781\gamma_g + \frac{1063.6}{T}$$

$$y = 1.11 + 0.04x$$

$$C = \frac{2.415(7.77 + 0.1844\gamma_g)T^{1.5}}{122.4 + 377.58\gamma_g + 1.8T} \times 10^{-4}$$

式中　T——CO_2 温度,K;

　　　γ_g——CO_2 相对密度;

　　　ρ——CO_2 密度,kg/m³。

图 7.4 是 CO_2 在不同温度下,黏度随压力的变化关系图。图 7.5 是采用式(7.5)计算得到的天然气在不同温度下,黏度随压力的变化关系图。

可见在温度 31.5 ~ 51.5℃、压力 5 ~ 13MPa 区间内,CO_2 是高黏度物质,同温同压下黏度是天然气的 10 倍以上。且在超临界区,随着压力升高,CO_2 黏度变化越来越大。即在临界区附近,注采气时 CO_2 较高的黏度和较大黏度变化率,可限制与天然气混合。

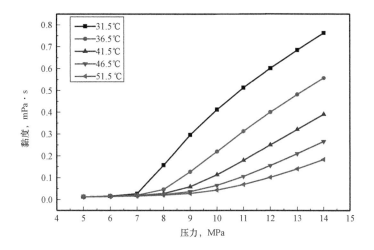

图 7.4　不同温度下 CO_2 黏度随压力变化关系曲线

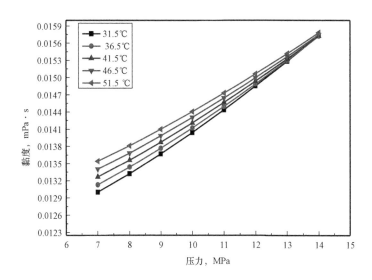

图 7.5　不同温度下天然气黏度随压力变化关系曲线

7.3.2.2　CO_2 和天然气混合气体的热力性质

采用 BWRS 方程预测轻烃及其混合物的热力学和容积数据具有很高的准确性。本文采用该方程计算了 CO_2 和天然气混合气体的热力性质：

$$z = 1 + \left(B_0 - \frac{A_0}{RT} - \frac{C_0}{RT^3} + \frac{D_0}{RT^4} - \frac{E_0}{RT^5} \right)\rho + \left(b - \frac{a}{RT} - \frac{d}{RT^2} \right)\rho^2 +$$
$$\frac{\alpha}{RT}\left(a + \frac{d}{T} \right)\rho^5 + \frac{c\rho^2}{RT^3}\left(1 + \gamma\rho^2 \right)\exp\left(-\gamma\rho^2 \right) \tag{7.6}$$

式中，A_0，B_0，C_0，D_0，E_0，a，b，c，d，α 和 γ 为 BWRS 状态方程的 11 个参数。对于纯组分这 11 个参数和临界参数 T_{ci}、p_{ci} 及偏心因子关系如下：

$$\rho_{ci}B_{0i} = A_1 + B_1\omega_i, \frac{\rho_{ci}A_{0i}}{RT_{ci}} = A_2 + B_2\omega_i, \frac{\rho_{ci}C_{0i}}{RT_{ci}^3} = A_3 + B_3\omega_i$$

$$\rho_{ci}^2\gamma_i = A_4 + B_4\omega_i, \rho_{ci}^2b_i = A_5 + B_5\omega_i, \frac{\rho_{ci}^2a_i}{RT_{ci}} = A_6 + B_6\omega_i$$

$$\rho_{ci}^3\alpha_i = A_7 + B_7\omega_i, \frac{\rho_{ci}^2c_i}{RT_{ci}^3} = A_8 + B_8\omega_i, \frac{\rho_{ci}D_{0i}}{RT_{ci}^4} = A_9 + B_9\omega_i$$

$$\frac{\rho_{ci}^2d_i}{RT_{ci}^2} = A_{10} + B_{10}\omega_i, \frac{\rho_{ci}E_{0i}}{RT_{ci}^5} = A_{11} + B_{11}\omega_i\exp(-3.8\omega_i)$$

其中，A_i 和 B_i 为通用常数（$i=1,2,\cdots,11$），见表7.2；ρ_{ci}为临界密度；ω_i 为偏心因子。

表7.2　通用常数 A_i 和 B_i 值

i	A_i	B_i	i	A_i	B_i
1	0.443690	0.115449	7	0.0705233	−0.44448
2	1.284380	−0.920731	8	0.504087	1.32245
3	0.356306	1.70871	9	0.0307452	0.179433
4	0.544979	−0.270896	10	0.0732828	0.463492
5	0.528629	0.349261	11	0.006450	−0.022143
6	0.484011	0.754130			

对于混合物，BWRS 方程提出采用如下混合规则：

$$A_0 = \sum_i \sum_j y_i y_j A_{0i}^{1/2} A_{0j}^{1/2} (1 - K_{ij})$$

$$B_0 = \sum_i y_i B_{0i}$$

$$C_0 = \sum_i \sum_j y_i y_j C_{0i}^{1/2} C_{0j}^{1/2} (1 - K_{ij})^3$$

$$D_0 = \sum_i \sum_j y_i y_j D_{0i}^{1/2} D_{0j}^{1/2} (1 - K_{ij})^4$$

$$E_0 = \sum_i \sum_j y_i y_j E_{0i}^{1/2} E_{0j}^{1/2} (1 - K_{ij})^5$$

$$a = \left(\sum_i y_i a_i^{1/3}\right)^3, b = \left(\sum_i y_i b_i^{1/3}\right)^3, c = \left(\sum_i y_i c_i^{1/3}\right)^3$$

$$d = \left(\sum_i y_i d_i^{1/3}\right)^3, \alpha = \left(\sum_i y_i \alpha_i^{1/3}\right)^3, \gamma = \left(\sum_i y_i \gamma_i^{1/2}\right)^2$$

采用 BWRS 状态方程，计算了在 CO_2 临界状态（31.5℃、7.3MPa）附近，CO_2 和天然气两组分混合气体在35℃时的热力学特性，图7.6是 CO_2 和天然气两种混合气体密度随压力变化的计算结果。

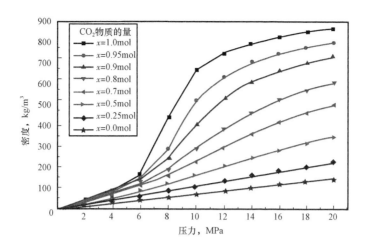

图7.6 温度35℃时 CO_2—CH_4 混合气体的密度随压力的变化关系曲线

可见在35℃、压力在6~18MPa区间,CO_2 作为超临界流体,密度增加了6倍,而天燃气密度仅增加2倍。即在临界状态附近,CO_2 具有极高的可压缩性。

采用 CO_2 作地下储气库的垫层气,对于我国天然气工业发展和火力发电等形成的环保问题,是一举双赢的研究项目,既可节省沉积资金,又可实现碳隔离储存,减少温室效应,是目前迫切需要解决的具有重要前瞻意义和经济价值的预研性应用基础研究课题。

本章通过阐述 CO_2 导致的温室效应及京都会议规定的 CO_2 减排目标,提出了 CO_2 深埋作为地下储气库垫层气的可行性,并通过进一步研究计算 CO_2 的热力性质,得出用 CO_2 气体作地下储气库垫层气是较为理想的选择。

7.3.2.3　CO_2 与 N_2 分别与天然气混合的射流对比模拟

为分析比较 CO_2 与 N_2 作为垫层气与天然气混合程度,用商用软件模拟了在 $1000m \times 20m$ 空腔内,分别充满40℃、7.4MPa 的 CO_2 与 N_2 计算条件下,在空腔的左上方有一个射流入射口,天然气入口气流速度是 $5m/s$,模拟的时间步长为 $86400s$(1天),连续模拟90天,得到射流气体混合情况如图7.7和图7.8所示。

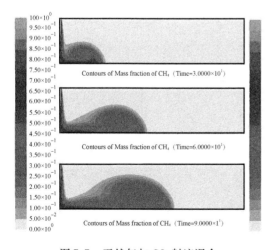

图7.7 天然气与 CO_2 射流混合

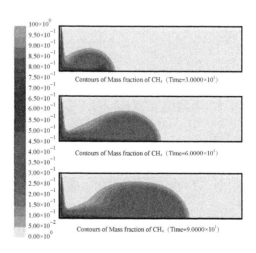

图7.8 天然气与 N_2 射流混合

可见采用 CO_2 作垫层气，相对于用 N_2 等惰性气体来说，其混合带的生成和发展较为缓慢，这是由于 CO_2 的高密度抑制了天然气向空腔内部的运移扩散，而 CO_2 的高黏度使得混合带的混合程度大大减弱。与之形成对比的是，用 N_2 作为垫层气，由于其密度较小，黏度较低，所以混合带的发展远比 CO_2 的迅速。

综上，以 CO_2 作储气库垫层气，不仅对于我国天然气工业发展和火力发电等形成的环保问题，是双赢选择，而且 CO_2 同时具有作为储气库垫层气良好的热力性质。

7.4 CO_2 作裂缝性碳酸盐岩储气库垫层气驱水扩容分析

裂缝性碳酸盐岩储层一般为低渗透气田，在开采后期的加压开采和水力压裂，导致储层被水侵严重且含有大量的微裂缝。以 CO_2 作低渗透裂缝性气藏储气库垫层气时，需要在考虑其溶解特性基础上，制订出注气驱水扩容和采气调峰的运行控制策略，以保证 CO_2 与边底水界面的稳定运移。

7.4.1 控制方程组的修正

以 CO_2 作低渗透裂缝性气藏储气库垫层气时，需要考虑基质内 CO_2 的溶解气水比，以 R_s 表示 CO_2 在水中溶解度的函数有：

$$R_s = f(x_c)$$

基质孔隙系统气相方程式(3.45b)变为：

$$- \tau_{gsf} = \frac{\partial}{\partial t} \left(\frac{\varphi_s S_{gs}}{B_{gs}} + \frac{\varphi_s R_s S_{ws}}{B_{ws}} \right) \tag{7.7}$$

式中　R——裂缝内 CO_2 的溶解气水比，$R = f(x_c)$；

　　　B_{gs}, B_{ws}——体积系数。

依据 Henry 定律计算低渗透储层内 CO_2 在边水中的溶解度，有：

$$x_c = \frac{f_c}{H_c} \tag{7.8a}$$

式中　x_c——水中 CO_2 的摩尔分数，即 CO_2 在水中的溶解度；

　　　H_c——Henry 系数；

　　　f_c——水中 CO_2 的逸度系数。

$$H_c = H_c^* \exp[V_c^\infty (p - p^*)/RT] \tag{7.8b}$$

式中　H_c——CO_2 的 Henry 系数；

　　　f_c——水中 CO_2 的逸度系数；

　　　x_c——水中 CO_2 的摩尔分数，即 CO_2 在水中的溶解度；

　　　H_c^*——在温度为 T、参考压力 p^* 下的 Henry 系数，通常由 CO_2 在纯水中溶解度的实验数据获得；

V_c^∞——无限稀释时 CO_2 的偏摩尔体积。

在已知 H_c^* 和 V_c^∞ 情况下，利用式(7.8b)可计算出任一压力 p 下的 Henry 系数。

$$\ln f_c = \frac{b_c}{b_m}(Z_m - 1) - \ln\left[Z_m\left(1 - \frac{b_m}{v_m}\right)\right] -$$

$$\frac{1}{2\sqrt{2}RT}\left(\frac{a_i}{b_i} - \frac{RT\ln\gamma_c}{c_0}\right) \cdot \ln\left[\frac{v_m + (\sqrt{2} + 1)b_m}{v_m - (\sqrt{2} - 1)b_m}\right] \tag{7.9}$$

式中 Z_m——水和 CO_2 的混合体系的压缩因子；

v_m——混合体系的摩尔体积，m^3/mol；

γ_c——混合体系中 CO_2 的活度，是与混合体系压力有关参数；

a_i, b_i, b_c, c_0——与 CO_2 状态方程有关且是关于温度的函数；

b_m——混合体系的斥力常数。

7.4.2 多周期驱水扩容的气水边界分析

国内某裂缝性碳酸盐岩低渗透枯竭气藏通过注气驱水扩容的方式逐步改建为天然气地下储气库。

图7.9 为气藏计划改建储气库的 Es_4^4 储层区域的部分井位布置。该区域储层扩容改建前含气区域面积为 $2km^2$，预计扩容结束过程后储层含气区域面积增大为 $12km^2$，储层的其他物性参数见表7.3。储层的具体计算网格步长为 $\Delta x = \Delta y = 20m$、$\Delta z = 5m$；注采井附近的加密网格步长为 $\Delta x = \Delta y = 5m$、$\Delta z = 2m$。动态模拟计算过程中的压力迭代误差与饱和度迭代误差为：

$$|\Delta p_g| \leqslant 0.1MPa, |\Delta S_w| \leqslant 0.01$$

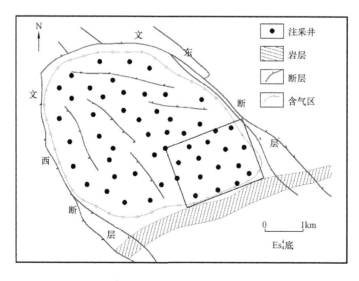

图7.9 Es_4^4 储层的平面含气构造与部分井位布置

表 7.3　某裂缝性碳酸盐岩低渗透枯竭气藏储层的物性参数值

参数名称	单位	数值
原始地层压力	MPa	38.29
原始地层温度	K	393.15
初始地层压力	MPa	4.56
初始地层温度	K	387.45
储层工作压力范围	MPa	12~28.5
储层渗透率范围	mD	1.27~6.12
储层平均渗透率	mD	4.62
储层孔隙度范围	%	8.8~13.9
储层平均孔隙度	%	10.25
顶部埋深	m	2680
储层厚度范围	m	35.4~75.6

储气库采用"多注少采"的多周期循环注采的扩容方式,其中注气阶段在含气区域边缘井注 CO_2 垫层气、中心区域注天然气,CO_2 和天然气的单井注气速率均为 $24×10^4 m^3/d$;而采气阶段只在中心区域采出天然气进行城市调峰,其单井采气速率为 $10×10^4 m^3/d$。模拟计算 10 个注采扩容周期,每个扩容周期为 1 年,其中注采工作过程见表 7.4。

表 7.4　某储气库完整扩容周期的运行工作过程

时间段	注采情况	注采时长,d
12 月 6 日—3 月 14 日	采气阶段	100
3 月 15 日—3 月 19 日	春季关井阶段	5
3 月 20 日—11 月 30 日	注气阶段	255
12 月 1 日—12 月 5 日	秋季关井阶段	5

图 7.10 为储气库多周期注采扩容时,每个注气周期结束后,储层内气水界面变化。由图 7.10可知,10 个扩容注采周期结束后,地下储层区域的总含气面积达到 $11.42 km^2$,基本充满整个地下储层,基本达到储气库的设计库容。在垂直方向上,当 CO_2 含量较少时,气体大量积聚在井口附近,随着注气量增加、CO_2 在水中的溶解量减少,逐渐形成驱替压力后,开始向下向外驱水扩容。

图 7.11 为扩容周期结束后,每个扩容注采周期内储层的总含气面积和储层压力较上一周期的增加量。分析可知,在扩容初期,储层的总含气面积随注采周期增加较快,储层压力增速也较快,说明 CO_2 驱水速率较大,驱替扩容效果良好;从第 6 个周期开始,储层总含气面积和储层压力的增速降低,这是由于随着储层压力增大,CO_2 驱边水的渗流驱动力下降所致。此时,在保证气水边界稳定条件下,应适当增加注气速率,来增大气驱水的驱动力,以达到快速扩容的目的。

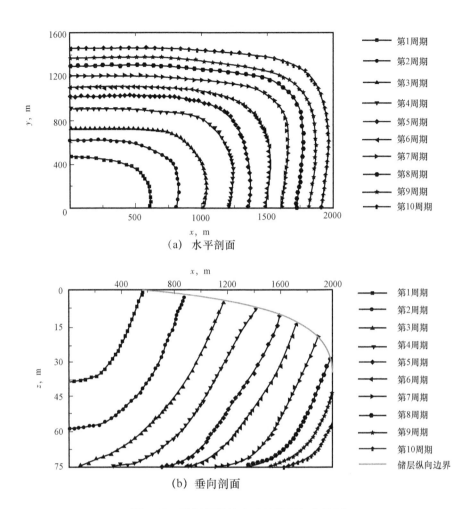

（a）水平剖面

（b）垂向剖面

图7.10　注气周期结束后的储层气水界面

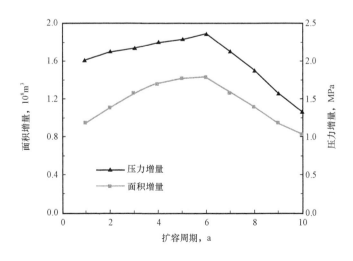

图7.11　扩容周期内储层的面积增量和压力增量

图 7.12 为扩容过程中储层内气体的动态库容量变化。分析可知,由于采用"多注少采"的扩容方式,总库容量和天然气储量呈波动式增加。在扩容注采开始时,地下储层内只含有天然气,储量 $12.15 \times 10^8 m^3$,在第 10 个扩容注气周期结束后,地下储层内的总库容量达到 $106.81 \times 10^8 m^3$,天然气的总储量达到 $74.63 \times 10^8 m^3$。在扩容注采过程中,CO_2 储量呈现阶梯式增长,这是由于 CO_2 作为垫层气"只注不采",故在储气库扩容过程的采气阶段,含气储层的边缘区域处于关井状态,气水边界区域的这种注采模式对气水边界的稳定是非常有利的。

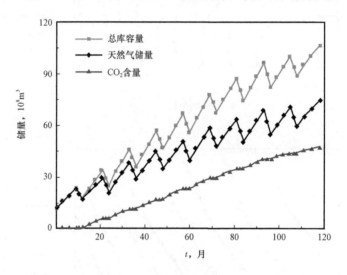

图 7.12　储层内动态库容量变化

7.4.3　气水界面影响因素分析

在储库扩容注采过程中,影响气水界面稳定运移的因素主要有 CO_2 溶解、井底流压、注气流量、储层微裂缝参数等,可以通过分析它们对气水界面运移的影响,给出储气库合理的扩容注采方案和气水界面稳定运移的控制策略,以保证地下储气库高效稳定的完成扩容建库。

图 7.13 为储气库以"多注少采"形式进行扩容时,两个注采周期之后,CO_2 的溶解对储气库的平面气水界面的影响。当考虑 CO_2 在边水中的溶解时,两个扩容注采周期之后,储层总含气面积由初始天然气含气面积 $2 km^2$ 增大为 $3.71 km^2$,若不考虑 CO_2 的溶解,储层总含气面积则增大为 $3.85 km^2$,图中气水边界也有一定的收缩,表明 CO_2 在边水中的溶解在一定程度上降低了储气库的扩容速度。

图 7.14 为储气库扩容时,CO_2 的溶解对储层内气体注入量的影响。由于 CO_2 溶于边底水,为了维持储气库相应的储层压力,需要注入更多的 CO_2 气体,导致储气库的总注气量增大。虽然 CO_2 的溶解在一定程度上降低了储气库扩容建造速度,然而,可以通过增加垫层气井注气速度的方式来弥补,这就是说,部分 CO_2 溶于边水不但没有减缓储气库的有效扩容,反而更有利于在地质储层中埋存更多的温室气体。

图 7.15 为在储气库扩容注采过程中,不同状态 CO_2 的储量变化。在天然气采气阶段,虽然没有继续注入 CO_2 垫层气,但超临界态 CO_2 含量微增、而溶解态 CO_2 含量微降,这是由于在

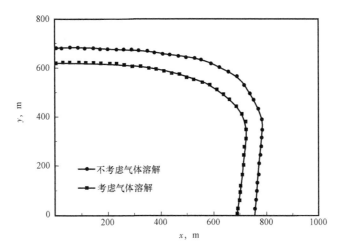

图 7.13　CO_2 溶解对储气库平面气水界面的影响

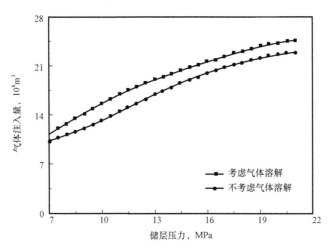

图 7.14　CO_2 溶解对气体总注入量影响

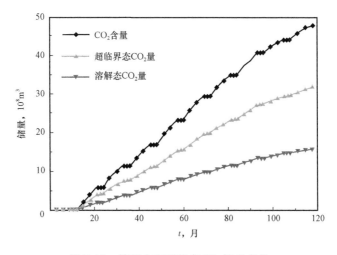

图 7.15　储层内不同状态 CO_2 储量变化

采气阶段储层压力降低导致 CO_2 溶解度降低,部分溶解态 CO_2 从边水中析出所致。溶解态 CO_2 在初期增幅较大,随后逐渐稳定,这是因为扩容后期 CO_2 在边水中达到饱和,此时,溶解态和超临界态 CO_2 与天然气工作气之间形成了一种动态平衡。

通过上述算例分析得出:

(1)采用"多注少采"的多周期注 CO_2 驱水扩容方式,经过 10 个扩容周期后总库容量基本达到储气库的设计库容;扩容速度在第 5 个注采周期达到最大,之后逐渐减缓。

(2)由于 CO_2 易溶于边水,需要通过加大边缘气井的注气流量来提高储气库的扩容速度;同时,有利于温室气体在地下储层中的埋存,且 CO_2 溶解度随储层压力而变化有利于注采过程中气水界面的稳定。

(3)定井底流压和定流量扩容时,适当地增加井底流压和中心区域气井的注入流量,降低边缘气井和高渗透区域气井的注入流量,能有效提高储气库的扩容速度,保证气水界面的稳定运移。同时,应通过观察井严密监控气水界面的运移,以防止气体从边水突破逃逸或高渗透带见水或水淹。

(4)较大的储层微裂缝密度能加速气水运移过程、加速扩容;而在裂缝—基质渗透率比值较大的储层区域应严密监控气水界面运移状况,以防止气体从边水逃逸或储库沿裂缝密集区被水侵。

7.5 地下储气库内混气数学模型的建立及求解

注入气与垫层气所形成的混合带是由分子扩散和微观对流分散造成的,以往建立的反映混合气体和水的三维两相多组分模型,由于在气相组分的连续性偏微分方程中,微观分子扩散项的数值比对流分散项小得多,甚至达到与模型的差分求解误差在一个数量级,因此,无法准确反映气气驱替混合时气体浓度的变化。本节通过建立三维两相渗流模型和三维气体扩散模型,采用跳跃式的求解方法(A leap - frog type solution technique),确定气—气混合时气体浓度的变化,模拟计算出气水储层中储气压力和气体组成与时间和空间的函数关系,为实际地下储气库注采动态的优化运行提供理论依据。

7.5.1 数学模型的建立

7.5.1.1 三维两相渗流模型

假设:(1)储库中流体和介质连续分布,每一种都充满着整个地层空间;(2)忽略地层温度变化,视地层等温;(3)气水不溶,且渗流符合达西定律;建立气、水质量守恒方程,运动方程,饱和度平衡方程和毛细管力方程:

$$\nabla(a_1 \nabla \phi_1) + \delta_a H Q_{Vl}/V = H \frac{\varphi}{B_1}\left[\frac{\partial S_1}{\partial t} + S_1(c_\varphi + c_1)\frac{\partial \phi_1}{\partial t}\right] \qquad (7-10)$$

$$S_g + S_w = 1$$

$$p_c(S) = \phi_g - \phi_w - \Delta r Z$$

得到了完整的三维两相渗流模型。详见 3.6.2 节,式(3.38)至式(3.40)。

7.5.1.2 扩散混合方程

垫层气与天然气在储库中的扩散,主要依靠分子扩散和对流扩散。对流扩散是由于气体在储气库中的整体渗流流动而引起的物质传递,而分子扩散是由于储气库不同位置处各气体浓度不同而导致气体由高浓度的地方流向低浓度处。

由于孔隙介质中的混合是一种扩散状过程,由分子扩散的斐克定律,气体扩散的质量流量为:

$$j_d = -K\phi\rho_g \mathrm{grad}\, C$$

式中 C——扩散气体质量浓度;

ϕ——孔隙度;

ρ_g——混合气的密度;

K——分散系数。

分散系数分别取值为:

纵向扩散

$$K_1 = \frac{D}{F_R\phi} + 0.5v\sigma d_p$$

横向扩散

$$K_2 = \frac{D}{F_R\phi} + 0.016v\sigma d_p$$

式中 D——分子扩散系数;

F_R——被水饱和的岩石的电阻率与水的电阻率之比的地层电阻率因数;

v——隙间速度;

σ——岩石非均质系数;

d_p——平均颗粒直径。

$$\text{扩散过程气体总质量流量} = \text{对流项} + \text{分散项} = \rho u C - K\phi\rho \mathrm{grad} C$$

建立对流扩散连续性方程:

$$\frac{\partial}{\partial x}\left[\left(K\phi\frac{\partial C}{\partial x}\right) - u_x C\right] + \frac{\partial}{\partial y}\left[\left(K\phi\frac{\partial C}{\partial y}\right) - u_y C\right] + \frac{\partial}{\partial z}\left[\left(K\phi\frac{\partial C}{\partial z}\right) - u_z C\right] + \delta_a q_v = \frac{\partial(C\phi)}{\partial t}$$

$$(7.11)$$

式中 u_x, u_y, u_z——x 方向、y 方向、z 方向体积流速分量。

7.5.1.3 边值条件

(1)初始条件:由于流动过程近似等温,初始条件即为储气库建造初始时刻或动态运行某一时刻压力、气水两相饱和度、混合带注入气和垫层气浓度的原始分布。

（2）边界条件:库边界为外边界条件,取为封闭边界,有:

$$\frac{\partial \phi}{\partial n}\Big|_{\Gamma_{外}} = 0$$

7.5.2　求解方法及步骤

7.5.2.1　瞬态压力和饱和度的求解

记

$$\hat{\phi}_1 = \phi_1^{n+1} - \phi_1^n, \hat{S}_1 = S_1^{n+1} - S_1^n$$

与空间离散相对应地在每一离散点用隐式差分格式离散偏微分方程(7.7),得差分方程如下:

$$\Delta a_1 \Delta \phi_1 - HQ_{Vl}/V = \frac{c}{B_1}\hat{S}_1 + \frac{e_1}{B_1}\hat{\phi}_1 \qquad (7.12)$$

其中

$$\Delta a_1 \Delta \phi_1 = \Delta_x a_1 \Delta_x \phi_1 + \Delta_y a_1 \Delta_y \phi_1 + \Delta_z a_1 \Delta_z \phi_1$$

$$\Delta_x a_1 \Delta \phi_1 = \frac{2}{\Delta X_{i+1} + \Delta X_{i-1}}\left(a_{1i+\frac{1}{2}}\frac{\phi_{1i+1}^{n+1} - \phi_{1i}^n}{\Delta X_{i+1}} + a_{1i-\frac{1}{2}}\frac{\phi_{1i-1}^{n+1} - \phi_{1i}^n}{\Delta X_{i-1}}\right)$$

$$\Delta_y a_1 \Delta \phi_1 = \frac{2}{\Delta Y_{j+1} + \Delta Y_{j-1}}\left(a_{1j+\frac{1}{2}}\frac{\phi_{1j+1}^{n+1} - \phi_{1j}^n}{\Delta Y_{j+1}} + a_{1j-\frac{1}{2}}\frac{\phi_{1j-1}^{n+1} - \phi_{1j}^n}{\Delta Y_{j-1}}\right)$$

$$\Delta_z a_1 \Delta \phi_1 = \frac{2}{\Delta Z_{k+1} + \Delta Z_{k-1}}\left(a_{1k+\frac{1}{2}}\frac{\phi_{1k+1}^{n+1} - \phi_{1k}^n}{\Delta Z_{k+1}} + a_{1k-\frac{1}{2}}\frac{\phi_{1k-1}^{n+1} - \phi_{1k}^n}{\Delta Z_{k-1}}\right)$$

$$c = H\varphi/\Delta t^n$$

$$e_1 = cS_1(c_\varphi + c_1)$$

$$V = (\Delta X_{i+1} + \Delta X_{i-1})(\Delta Y_{j+1} + \Delta Y_{j-1})(\Delta Z_{k+1} + \Delta Z_{k-1})/8$$

$$\Delta X_{i+1} = X_{i+1} - X_i$$

$$\Delta X_{i-1} = X_i - X_{i-1}$$

式(7.12)两端同减去 $\Delta a_1 \Delta \phi_1^n$,有:

$$\Delta a_1 \Delta \hat{\phi}_1 - HQ_{Vl}/V = \frac{c}{B_1}\hat{S}_1 + \frac{e_1}{B_1}\hat{\phi}_1 - \Delta a_1 \Delta \phi_1^n \qquad (7.13)$$

式(7.13)两端同乘以 B_1,分别写出气、水两相方程:

$$B_g \Delta a_g \Delta \hat{\phi}_g - HB_g Q_{Vg}/V = c\hat{S}_g + e_g\hat{\phi}_g - \Delta a_g \Delta \phi_g^n \qquad (7.14)$$

$$B_w \Delta a_w \Delta \hat{\phi}_w - HB_w Q_{Vw}/V = c\hat{S}_w + e_w\hat{\phi}_w - \Delta a_w \Delta \phi_w^n \qquad (7.15)$$

同时有：

$$S_g + S_w = 1$$

而

$$\hat{S}_g = S_g^{n+1} - S_g^n,\ \hat{S}_w = S_w^{n+1} - S_w^n$$

得到：

$$\hat{S}_w = -\hat{S}_g \tag{7.16}$$

再由水、气系统毛细管力方程：

$$p_c(S) = \phi_g - \phi_w - \Delta rZ$$

得到近似式：

$$\hat{\phi}_g = \hat{\phi}_w + (p_c^{n+1} - p_c^n) + (r_w^{n+1} - r_g^{n+1} - r_w^n + r_g^n) \approx \hat{\phi}_w = \hat{\phi} \tag{7.17}$$

将式(7.16)和式(7.17)两式代入式(7.15),并与式(7.13)相加,得到差分方程:

$$\Delta a \Delta \hat{\phi} = e\hat{\phi} + f \tag{7.18}$$

其中

$$\Delta a \Delta \hat{\phi} = B_g \Delta a_g \Delta \hat{\phi} + B_w \Delta a_w \Delta \hat{\phi}$$

$$e = e_g + e_w$$

$$f = (B_g + RB_w)HQ_g/V - B_g \Delta a_g \Delta \phi_g^n - B_w \Delta a_w \Delta \phi_w^n$$

$$R = Q_w/Q_g$$

压力方程式(7.18)的系数是压力和饱和度的函数,关于系数是非线性的,在对流动系数 a_1 系数项中,$a_1 = \dfrac{HKK_{rl}(S)}{\mu_1(p)B_1(p)}$。

K_{rl} 是相饱和度的函数,μ_1 和 B_1 是流体势的函数。

这样,将式(7.18)分裂为分数步长计算格式,它是由三个三对角方程组构成,每一个方程组均采用追赶法求解。

7.5.2.2　扩散方程的求解

扩散方程式(7.11)采用差分或有限元方法求解常常失效,本书基于特征线方法对此方程进行了求解,这一方法是考虑沿特征线(即流动方向)的离散,利用了扩散问题的物理力学性质,可有效克服数值振荡,采用沿特征线离散化可减少截断误差,从而可取较大的时间步长,节省计算量,保证数值解的稳定。

考虑式(7.11)的二维形式,改写成:

$$\frac{\partial(C\phi)}{\partial t} + u_x \frac{\partial C}{\partial x} + u_y \frac{\partial C}{\partial y} = \nabla[(K\phi \nabla C] + \delta_a q_v \tag{7.19}$$

对储气库求解区域进行剖分,设空间步长为 h,时间步长为 Δt 记 $x_i = ih$, $y_i = jh$, $t^n = n\Delta t$,则:

$$C_{ij}^n = C(x_i, y_j, t^{n+1})$$

令算子 $\dfrac{\partial}{\partial t} + u_x \dfrac{\partial}{\partial x} + u_y \dfrac{\partial}{\partial y}$ 的特征方向为 τ,将特征微分方程 $\dfrac{\partial x}{\partial t} = u_x$ 和 $\dfrac{\partial y}{\partial t} = u_y$ 在节点 (x_i, y_j, t^{n+1}) 离散为:

$$\bar{x}_i = x_i - u_x(x_i, y_j)\Delta t, \bar{y}_j = y_j - u_y(x_i, y_j)\Delta t$$

进一步令:

$$\phi = \sqrt{1 + u_x^2 + u_y^2}$$

沿特征方向 τ 在 (x_i, y_j, t^{n+1}) 处有:

$$\frac{\partial C}{\partial t} + u_x \frac{\partial C}{\partial x} + u_y \frac{\partial C}{\partial y}(x_i, y_j, t^n) = \phi \frac{\partial C}{\partial \tau}(x_i, y_j, t^n) = \frac{C_{ij}^{n+1} - C^n(\bar{x}_i, \bar{y}_j)}{\Delta t}$$

扩散项利用中心差商离散,记:

$$\delta_{\bar{x}}(K\phi\delta_x C)_{ij} = \nabla_h(K\phi\nabla_h C^{n+1}) = h^{-2}\left[(K\phi)_{i+1/2,j}(C_{i+1,j} - C_{i,j}) - (K\phi)_{i-1/2,j}(C_{i,j} - C_{i-1,j})\right]$$

则

$$\nabla(K\phi\nabla C)_{ij} = \delta_{\bar{x}}(K\phi\delta_x C)_{ij} + \delta_{\bar{y}}(K\phi\delta_y C)_{ij}$$

式中:δ_x, $\delta_{\bar{x}}$, δ_y, $\delta_{\bar{y}}$ 分别表示 x 方向和 y 方向的向前和向后的差商算子。

用 c 表示差分近似解,利用式(7.19)将特征方向导数沿特征方向离散,得如下特征线修正差分格式:

$$\frac{c_{ij}^{n+1} - T_h c^n(\bar{x}_i, \bar{y}_j)}{\Delta t} - \nabla_h(K\phi\nabla_h C^{n+1})_{ij} = \delta_a q_v^{n+1} \tag{7.20}$$

其中 c^n 是网格函数,因 (x_i, y_j) 不一定在网格点上,$c^n(\bar{x}_i, \bar{y}_j)$ 必须通过插值算子 T_h 得到,算子 T_h 采用双线性插值,记 $\alpha_x = \dfrac{x_k - x}{h}$,$\alpha_y = \dfrac{y_l - y}{h}$

定义

$$C_{k-r}^* = \alpha_y C_{k-r,l-1} + (1 - \alpha_y)C_{k-r,l} \qquad (r = 0, 1)$$

$$T_h C(x, y) = \alpha_x C_{k-1}^* + (1 - \alpha_x)C_k^*$$

式(7.20)左端附加扰动项 $\Delta t^2 \delta_{\bar{x}}(K\phi\delta_x)\delta_{\bar{y}}(K\phi\delta_y)\dfrac{c_{ij}^{n+1} - c_{ij}^n}{\Delta t}$ 后,写成算子乘积形式,并引进过渡值 $c^{n+1/2}$,写成交替方向计算格式:

$$\frac{c_{ij}^{n+1/2} - T_h c^n(\bar{x}_i, \bar{y}_j)}{\Delta t} - \delta_{\bar{x}}(K\phi\delta_x)c_{ij}^{n+1/2} - \delta_{\bar{y}}(K\phi\delta_y)c_{ij}^n = \delta_a q_v^{n+1} \tag{7.21}$$

$$\frac{c_{ij}^{n+1} - c_{ij}^{n+1/2}}{\Delta t} - \delta_{\bar{y}}(K\phi\delta_y)(c_{ij}^{n+1} - c_{ij}^n) = 0 \tag{7.22}$$

式(7.21)和式(7.22)均由若干个一维问题组成,每个一维问题均具有三对角系数矩阵,可采用追赶法求解。

7.5.2.3 求解步骤

(1)给出各网格节点的压力、工作气和垫层气的摩尔分数(以下简称为两参数)的上一时间步长计算值(p_i, C_i)(或初始值),及其他相关地层参数。

(2)由初始值(p_i, C_i)确定出各物性参数的值,依据式(7.18)确定下一时间步长的p_{i+1}^0(上角标代表迭代次数);由初始值p_i及式(3.39)得到在该压力场作用下的速度分布u_{i+1}^0,再由式(7.20)及由初始值(p_i, C_i)确定求出下一步的C_{i+1}^0。

(3)以初始值(p_i, C_i)和步骤(2)的两参数计算值p_{i+1}^0、C_{i+1}^0的平均值$(\overline{p_{i+1}^0}, \overline{C_{i+1}^0})$作为下一步迭代计算的计算条件进行步骤(2),即由平均值$(\overline{p_{i+1}^0}, \overline{C_{i+1}^0})$查图得出各物性参数的值,仍以初始值$p_i$作为上一时间步长的压力分布值,依据式(7.14)确定下一步的p_{i+1}^1;由平均值$\overline{p_{i+1}^0}$及式(7.18)得到在该压力场作用下的速度分布u_{i+1}^1,进一步求出C_{i+1}^1。

(4)重复进行步骤(3),只不过平均值$\overline{p_{i+1}^1}$、$\overline{C_{i+1}^1}$取为p_{i+1}^0与p_{i+1}^1和C_{i+1}^0与C_{i+1}^1的平均值,而以初始值p_i作为上一时间步长的压力分布值,直至$|p_{i+1}^{n+1} - p_{i+1}^n| < \varepsilon_P$、$|C_{i+1}^{n+1} - C_{i+1}^n| < \varepsilon_y$,迭代过程结束,$(p_{i+1}^{n+1}, C_{i+1}^{n+1})$即为下一时间步长的两参数迭代计算值。

(5)步骤(1)~步骤(4)完成了一个时间步长内的迭代计算过程,将步骤(4)最后确定的两参数场计算结果$(p_{i+1}^{n+1}, C_{i+1}^{n+1})$记为$(p_{i+1}, C_{i+1})$,$(p_{i+1}, C_{i+1})$可作为步骤(1)中的上一步结果进行下一时间步长的迭代计算。

7.5.3 单井模拟算例

本节设计了一理想状况下的单井水驱型地下储气库,通过模拟以CO_2作垫层气的注采动态过程,分析注采过程中的动态变化,以及影响气体混合的因素。

7.5.3.1 储气库基本参数

某一理想的具有封闭边界的水驱型枯竭气藏,枯竭压力$p_{枯竭} = 8.4\text{MPa}$,地层温度$T_i = 21℃$,绝对渗透率$K = 270\text{mD}$,有效孔隙度$\phi = 0.125$,储气面积为$2000\text{m} \times 2000\text{m}$,储层平均厚度$5\text{m}$,深度为$1000\text{m}$,盖层与地层均符合要求。转为建造地下储气库时,储气库最低设计压力$p_{min} = 9.24\text{MPa}$,最大允许压力为原始地层压力$p_{max} = 15.6\text{MPa}$,储气库中心一口注采气井,在储库边界上设8口排水井,注气时,排水井的排水量为$82.5\text{m}^3/\text{d}$;采气时,水井均关闭。储气层为均质各向同性。初始时地层完全为水所充满,地层压力处于平衡状态,地面标准条件为$p_{sc} = 0.101325\text{MPa}$,$T_{sc} = 20℃$。

7.5.3.2 注采模拟结果及分析

建库初期,首先向储气库中注入CO_2作为部分垫层气,CO_2注入量为$8.45 \times 10^4\text{m}^3/\text{d}$,在达到储气库最低设计压力$9.24\text{MPa}$时,须连续注入12.3天,$CO_2$注入量达$1039356\text{m}^3$,如图7.16至图7.18所示,为注入气结束后,储气库内压力、含水饱和度以及CO_2气浓度分布图。

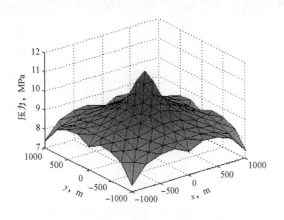

图 7.16　压力分布图

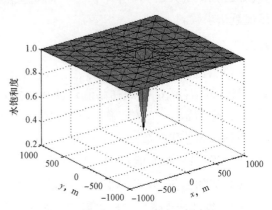

图 7.17　含水饱和度分布图

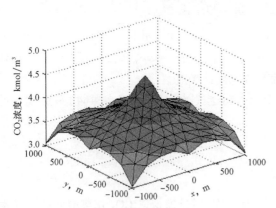

图 7.18　CO_2 气浓度分布图

继续以 $8.45 \times 10^4 \mathrm{m}^3/\mathrm{d}$ 的注入量在向储气库中注入天然气。从图 7.19 可见,最初 12 天为注入 CO_2 阶段,天然气的浓度为 0;第 13 天开始注入天然气后,由于气体的对流扩散及分子扩散,天然气与 CO_2 气体之间会发生混合,注气井处的天然气浓度会逐渐变大;运行到第 22 天时,井口天然气的浓度达到 1,此后井口天然气的浓度一直为 1。

图 7.20 是井口处 CO_2 的浓度随时间的变化,从 13 天到 20 天 CO_2 的浓度由 1 降为 0,此时天然气的累计注入量为 $67.6 \times 10^4 \mathrm{m}^3$。

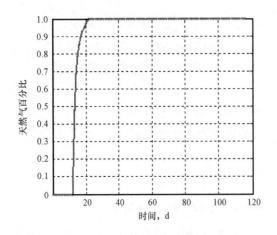

图 7.19　注采井天然气浓度变化

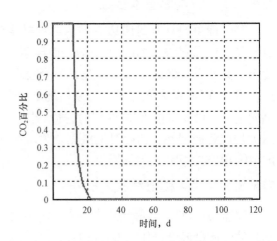

图 7.20　注采井 CO_2 浓度变化

停止注气时,储气库内压力及含水饱和度分布如图 7.21 和图 7.22 所示。

如图 7.23 和图 7.24 所示,为注入天然气结束时,储气库内天然气及 CO_2 各自浓度变化,从图中可以看出,注气井周围区域内,全部为天然气,随着井半径的扩大,天然气的浓度逐渐减低,CO_2 浓度逐渐增大,此区域即为天然气与 CO_2 的混合带,一直到天然气浓度降为 0,此时区域为纯 CO_2 区。

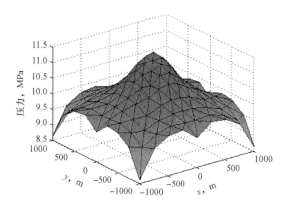

图 7.21　压力分布图(注气结束时)

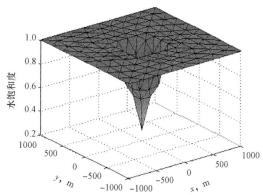

图 7.22　含水饱和度分布图(注气结束时)

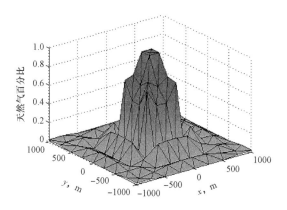

图 7.23　天然气浓度分布图(注气结束时)

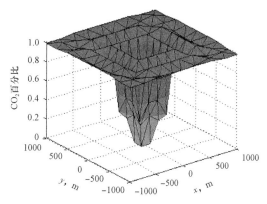

图 7.24　CO_2 浓度分布图(注气结束时)

模拟结果表明,连续注入天然气,在达到储库最大允许压力 15.6MPa 时,需 120 天,此时储库总储气量为 $1.015 \times 10^7 m^3$。

7.5.4　储库模拟算例

由于目前国外还没有 CO_2 作垫层气的工程实践,本文借鉴文献提供的丹麦某含氮储层的水驱气藏储气库的运行数据,将氮气换为 CO_2,进行了数值模拟研究。

(1)储库基本情况。

某底水驱气藏储气库原所在的地层为含 CO_2 储层,CO_2 气体所占体积为 $1.2 \times 10^8 m^3$,底水所占体积为 $2.8 \times 10^8 m^3$,原始气水界面海拔 $-980m$,两相区界面海拔 $-960m$,储层总厚度 21m,

含 CO_2 量为95%,面积为$(3 \times 3) km^2$,库内有打开程度不完善的注采井4口。原始地层压力为8.6MPa,在最初排出一定量 CO_2 气体后转为建造地下储气库,注入天然气直到储气库压力比原始地层压力高10%,为研究储气库动态运行时工作气与 CO_2 的混合问题,对不同的残余 CO_2 气量,分别进行5次回采和注入循环的模拟。每个回采和注入时间均为175天,中间有7天关井时间,注采速度不变,其中1号井和2号井: $q = 8.2 \times 10^4 m^3/d$,3号井和4号井: $q = 6.4 \times 10^4 (m^3/d)$ 。

约束条件为: $p_{min} = 4.42MPa$, $p_{AMP} = 9.52MPa$; $S_{rw} = 0.15$, $S_{gc} = 0.14$, $S_{gr} = 0.26$ 。

① 模拟1:在最初 CO_2 气排出量为55%,储库平均地层压力降为3.21MPa。

② 模拟2:在最初 CO_2 气排出量为75%,储库平均地层压力降为2.24MPa。

(2)模拟结果分析。

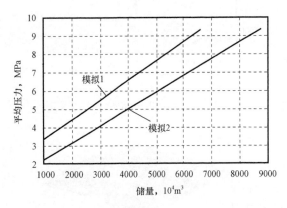

图7.25 储气库平均压力随储量的变化

图7.25是向储气库注气时,储气库压力随储量的变化。在连续注入天然气达到最大允许压力时,模拟1和模拟2天然气总储量分别达 $6130 \times 10^4 m^3$ 和 $7780 \times 10^4 m^3$ 。连续注入天然气达到满足最小设计基压 $p_{min} = 4.42MPa$ 时,模拟1须补充垫层气量为 $2150 \times 10^4 m^3$,占整个垫层气量的34.3%。模拟2须补充垫层气量为 $3440 \times 10^4 m^3$,占整个垫层气量的64.2%。

图7.26是注气50天后,井1和井3在海拔 $-940m$ 时, CO_2 浓度沿平面方向的变化,可见天然气注入量越大, CO_2 浓度降低越快。

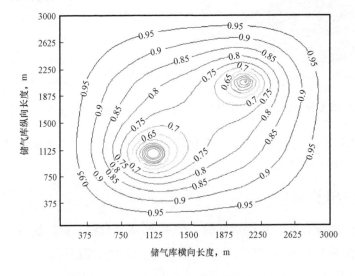

图7.26 CO_2 浓度沿储气库平面方向的变化

图 7.27 是在第 1 采气循环末,3 号井天然气浓度随时间的变化。可见随着采气时间的延长,回采气体中天然气的浓度下降得越来越快。模拟 1 在连续采出 175 天时,天然气浓度已降为 65% ;模拟 2 浓度降低较慢,最低为 88% 。

图 7.28 是每一注采循环末,天然气浓度随时间的变化,可看出虽经几次注采循环,回采的天然气流中仍含有原储库残存的 CO_2 气体,但由于每次注入循环的为纯天然气,与 CO_2 对流扩散的结果,使每次循环末天然气浓度均有提高。模拟 2 在第 5 循环末采出的天然气浓度已接近 100% 。若在储气库的垫层气量中,天然气所占比例大于 85% ,混气问题也不会发生。

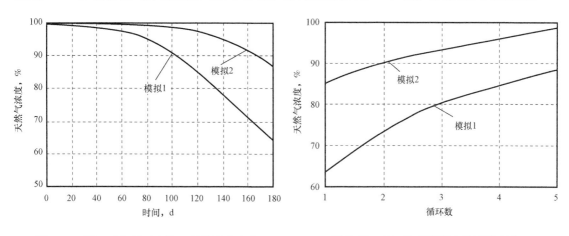

图 7.27 第 1 采气循环末期 3 号井浓度变化   图 7.28 每一注采循环末浓度的变化

为保证回采天然气的质量要求,避免回采气流中天然气与 CO_2 的混合,若垫层气内 CO_2 或残余气所占比例越大,则注采循环气体量占储库总储量应越小。本文算例模拟 1 中,若回采天然气浓度要求为 100% ,则必须调峰注采循环气体量 $\leqslant 41.5\%$;对模拟 2 调峰注采循环气体量应 $\leqslant 62.4\%$ 。

第8章 天然气地下储气库地面注采工艺模拟

储气库地面工程作为储气库的一部分,其建设不仅受长输管道运行压力和管输量的影响,而且受储气库运行压力(最高与最低注采压力)、注采气周期、最大注采气量、采出气的温度和组分等诸多因素的影响,每一个因素的变化都将带来建设规模和建设方案的改变。可以说下游天然气市场调峰的需求和建库的地质条件将确定储气库最终规模和建设方案,同时,也将影响未来储气库的运行成本。

储气库地面集输系统是储气库组成的重要部分。储气库建成后更多地要靠经济合理的布局、优化的运行参数提高储气库的使用率,降低运营成本。因此,根据不同的地下构造,配套建设经济合理的地面集输设施,地上、地下整体优化,降低储气库综合运营成本也是十分必要的。

目前,国内外针对储气库的研究主要集中在以下几个方面:

(1)城市燃气负荷预测与调峰储气量计算研究。

近几年,我国天然气工业迅猛发展,天然气储备不均衡现象日益突出。为了缓解冬夏天然气用气不均衡问题,储气库已经用于城市燃气调峰,以满足季节性调峰需求。但是由于经验不足,往往通过人为估算制订调峰方案,缺乏科学性。因此,有一些学者针对储气库的调峰量进行系统化研究,结合对城市燃气负荷预测来进行在地下储气库调峰量预测计算。

(2)储气库运行及检测。

国内外针对各类型地下储气库的结构特点、建设现状及发展趋势,建立储气库内气体在注采过程的压力预测模型,从而实现储气库监测及储量核实,储气库垫层气等方面的计算研究。研究的重点是建立地下储气库地质模型,包括气藏构造形态及储层性质研究、天然气储量测算及储气能力研究等。同时,结合储气库运行过程实施注采井动态监测作业中,并研究储气库动态监测及注采效果分析方法,包括气藏动态监测、方案调整优化、油气界面控制及动态分析预测等研究工作。目前,储气库动态监测及分析技术已经用于喇嘛甸油田等多个地下储气库各类方案编制及注采效果评价中。

(3)储气库外输管网的仿真模拟。

目前,国内外已经有许多储气库运行单位及研究人员采用商业软件针对储气罐的注采系统及外接管网进行运行的管网仿真,可以为储气库的运行及与上下游天然气的输送系统的衔接提供帮助,但是管网仿真模拟并不能优化储气库地面管网及注采方案的优化运行。

8.1 地下储气库地面系统的组成及特点

8.1.1 地下储气库地面系统的组成

地下储气库地面系统主要由注采气管网、注采气站、压气站及输气管线组成。

8.1.1.1 注采气管网

注采气管网是由井场至注采站间的管线组成,主要包括单井采气管线、采气汇管、单井注气管线、注气汇管和计量管线等。当储气库注气时,自注采站增压后的天然气经注采气管网分输至各井口,经计量后注入地下储气库;当储气库采气时,天然气经井口紧急切断阀,经计量后通过集输管网输送至注采站。

根据储气库所辖注采井的井位和井数的不同,储气库注采气管网一般采取放射状(图8.1)、枝状(图8.2)或二者相结合的注采气方式。集输系统最常用的布置方式为枝状结构,井连接到管线,管线又连接到更大的管线,井口设有计量仪。在某些情况下,井通过专门的管线直接与注采站相连,这些井的计量仪可以设在靠近或直接设在注采站的每条管线上。

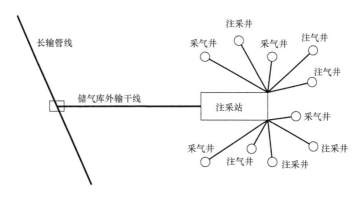

图 8.1 放射状管网集气方式

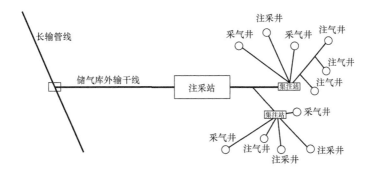

图 8.2 枝状管网集气方式

注采气系统与一般气田的集输系统相同,只是管线要粗一些,容积大一些,这样才能和储气库的大井眼井相匹配。

8.1.1.2 注采气站及天然气处理流程

(1)注气流程。

地下储气库的注气流程有两种基本形式:① 靠注气压缩机增压注气,如图8.3所示;② 靠采气干线的管压注气,如图8.4所示。

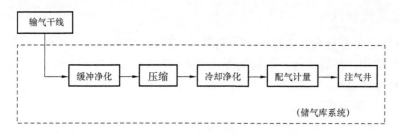

图8.3　靠注气压缩机增压注气示意图

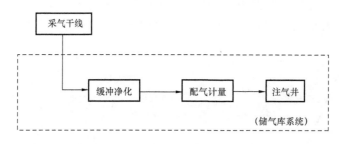

图8.4　靠采气干线的管压注气示意图

　　两种流程的差别在于是否设注气压缩机。这需要结合整个注采气系统全面考虑,只有当储气库采气干线连接处的管压高于最大注气压力时,才不需设注气压缩机。显然,在大多数情况下需要设注气压缩机。当储气库与输气干线的增压站相距不远时,可考虑将注气压缩机放在增压站,与增压站共用水、电等配套工程,以简化储气库的流程并可减少整个注采气系统的总投资。

　　注气压缩机的工况与储气库地层状态密切相关,在注气过程中,压缩机出口压力随地层压力升高而升高,变化幅度很大,在流程设计中要充分考虑适应这种变化。为此,可采取两种措施:一种是设置多级压缩机,每一级压缩机均可独立运行,也可逐级串联运行;另一种是设置高低压天然气引射器。在注气初期,只投运第一级压缩机,然后再根据地层压力上升情况顺次投运下一级。在每一级压缩机开始投运的一段时间内,为保证压缩机在高效率区运行,可将来气"分流":一部分进入压缩机增压(可酌情调整压缩机的运转台数),作为高压动力气进入高低压引射器;另一部分则不经压缩直接进入高低压引射器,引射器出口的混合气体压力,即为适宜的注气压力。随地层压力的上升,当注气所需压力接近压缩机出口额定压力时,停用引射器。

　　压缩后的天然气必须冷却(高温气体直接注入,会在气井套管和周围水泥环引起不均衡的应变)、净化。苏联常采用4级净化,最后使天然气中润滑油含量在$0.4 \sim 0.5 \mathrm{g}/1000 \mathrm{m}^{3}$。冷却净化流程如图8.5所示。

图8.5　天然气冷却净化流程图

（2）采气流程。地下储气库的采气流程有两种基本形式：① 完全依靠地层的压力将采出的天然气输至输气干线（图8.6）；② 靠地层压力和外输气压缩机增压将采出气输至输气干线（图8.7）。

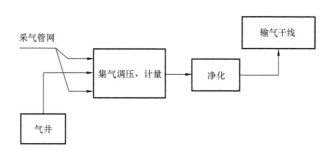

图8.6　靠地层压力将采出的天然气输至输气干线的流程图

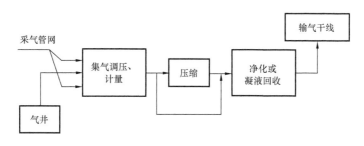

图8.7　靠地层压力和外输气压缩机增压将采出气输至输气干线的流程图

两种流程的差别在于是否设外输气压缩机。在大多数情况下，很容易做到最低采气压力高于外输所需压力，可不设外输气压缩机。这可以简化流程，节省地面工程的投资和动力消耗。

在下列两种情况下应设外输气压缩机：

① 输气干线的管压很高，采出气如果单靠地层压力外输则要求过多的垫气量；

② 需要深度回收采出气中的凝液，采用压缩—膨胀机制冷。

（3）采出气的净化流程。

回采的天然气必须处理成符合管输标准的干气才能外输。通常，这种处理以净化为主要目的，回收天然气凝液只是附带的。因为注入地下储气库的天然气来自输气干线，而气体在进入干线之前一般已经过回收凝液的处理。对于建在枯竭气藏中的地下储气库，在注采开始的几个周期内由于保留了原气藏中的气，采出气中重组分较多，但呈逐渐减少的趋势。是否需要专门设置回收凝液的装置，应通过全面的经济技术对比，还可以配合地面工程的分期建设，在一期工程中设置一些活动式的简易装置（比如橇装式的辅助制冷设施），在二期工程中再酌情拆除或完善。对于采出气量大且重组分含量多，注入气未经深度处理的地下储气库及在油田开发初期，为储存伴生气而建的储气库，需要设置专门的凝液回收装置，比如采用压缩—膨胀机制冷，将采出气进行深冷分离。

采出气的净化宜采用自然冷却与节流膨胀致冷相结合的冷冻分离法，使天然气中的水蒸气和重烃在较低的温度下部分冷凝并分离（图8.8）。

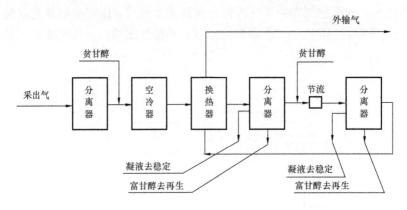

图 8.8　冷冻分离法流程图

此流程的优点是：

① 能使外输气的水露点和烃露点均达到管输要求，而"甘醇吸收法脱水"只能达到水露点的要求。

② 在空冷器入口注入水合物抑制剂(甘醇类溶液或甲醇)，可以充分利用自然冷源。采气周期一般在冬春季节，气温较低，冬天空冷器出口温度可以低于外输管线埋地处的土壤温度。

③ 经过"空冷"的天然气，利用采气压力与外输压力之间的压差节流膨胀致冷，只需要较小的压差即能达到净化要求的低温。

④ 流程灵活。如果最低采气压力与外输压力之间的压差太小，在采气后期节流产生的低温不能满足干气的露点要求，可在空冷器入口喷入雾状的浓度较高的甘醇溶液，即可起到"吸收脱水"的作用。

8.1.1.3　压气站

压缩机通常设在离井近的中心站，用于注气或采气，有时注气和采气时都用。压缩机一般用于注气，因为地下储气库的压力比管网系统的压力高。在有压缩机的情况下，为了提高采出能力，采气时也用压缩机。有些情况下，埋藏很浅、压力很低的气藏用作储气库时，注气时用管线中的压力就足够了，在采气时候使用压缩机，压气站的主要设备包括压缩机、净化设备和冷却塔。

地下储气库压气站的工作特点是气体压力、流量以及压缩机都有很大的可变性。

由于地下储气库一般为注采合一，压缩机的管线连接方法，要使压缩机能够进行各种组合操作，并且在必要时根据压力等级的不同实现二级或三级压缩。

由于地下储气库压缩机优先选用往复式压缩机，压缩机出口气体含有润滑油，进入地层后，能够降低气井井底附近地区的渗透率。因此，需采用分油器、活性炭吸附罐或陶瓷过滤器将压缩气体中的油分除掉。

在地下储气库地面工程中，用于天然气增压的压缩功是最大的动力消耗，适宜的压缩比对节能降耗和合理分配压缩系数都很重要。一般地下储气库都设置注气压缩机，井口的最大注气压力是由地层的物性决定的，由这个压力可以推算注气压缩机出口压力。在额定出口压力的前提下,只能通过优选入口压力来确定适宜的压缩比。压缩机入口压力与输气干线至储气库的节点处管压相对应,节点处的管压既要与输气干线系统协调一致,又要兼顾注气压缩机合理的压缩比。在多数情况下,输气干线与储气库之间通过单线连接,在采气周期这个接点处的压力就左右着采出气的外输压力,也影响着最小采气压力。

为了考虑注气初期注气量小、注气压力低,有时设计采用两级压缩。低压时,单级压缩,或并联运行,从压缩机气缸排出的天然气通过冷却器进入压缩机排出汇管。随着压力不断升高,改为串联运行,天然气经第一级压缩机气缸排出后,经过一个中间冷却器进入二级压缩机气缸,再通过一个二级冷却器进入一级压缩机排出汇管。美国 Honor Ranchor 储气库在气藏压力为 10850 ~ 26950kPa 时就采用两级压缩。

为优化运行,Honor Ranchor 储气库的发动机和压缩机配有一个可改变发动机转速和压缩机负荷的自动控制系统。压缩机正常运行时常要进行流量控制。

8.1.1.4 输气管线

用于将气体从输送系统送到储气库库区,以及将自储气库采出的气体送入输气干线,或者送给用户。连接管线的费用常常占储气库总投资的很大一部分。

连接管线的长度、方向按照设计任务确定或者供配气计划协同解决。在工艺设计中需要根据输量确定管线的直径,有关的方法可以参考《输气管道设计与管理》(中国石油大学出版社,2009)的有关内容。

8.1.2 地下储气库地面系统特点

(1)注入气无须净化处理。天然气通过长输管线输送至地下储气库,在注入前,已经过天然气生产系统的脱酸、脱水、轻烃回收等净化工艺,因此无须进一步净化处理。

但是,由于天然气经过长距离的输气管线,输气管线内可能会存在腐蚀产物等杂质,要求在天然气进入压缩机前应当设置分离过滤器,处理后的天然气应符合压缩机对气质的技术要求。

(2)注采气管网差异大。由于一般采用注采合一,因此注采气管网为一套。但是由于注气工艺与采气工艺具有较大的差别,注气时运行时间较长,注气速率低于采气速率。如对于任 11 单井最大日注气量为 $37.5 \times 10^4 m^3$,最大日采气量为 $88.89 \times 10^4 m^3$。其他最大日注气量为 $11 \times 10^4 ~ 22 \times 10^4 m^3$,注气井数基本在 20 口左右,最大日采气量为 $13 \times 10^4 ~ 50 \times 10^4 m^3$。

不同的地下储气库类型,注气需要的压力、速率等差别较大,地面系统的差别也较大。

(3)注气时,初期注气量小,压力低;高峰期注气量最大,压力升高;末期注气量减少,压力达到最高。采气时,初期采气量小,压力最高;采气量减少,压力达到最低值。注气压缩机需要适应压力条件的变化。

(4)采出气要进行净化处理。根据采出气携带组分不同,应采用不同露点控制工艺。不同类型地下储气库采出气携带组分参见表 8.1,枯竭油气藏型储气库需要对采出气的烃露点和水露点进行控制,含水层型储气库和盐穴型储气库需要对采出气的水露点进行控制。

表 8.1　不同类型地下储气库采出气携带的组分

地下储气库类型	采出气携带组分
枯竭油气藏型	水、凝析液、黑油
含水层型	水
盐穴型	水、盐

8.2　地下储气库地面采气净化处理工艺模拟

夏季期间,天然气通过管线系统输送过来并注进储气库。这些注入的天然气通常是满足管道输送等级要求的,已经经过脱水操作,含水量低。注入天然气的库里存在一些水分,这些水分可以来自活跃水驱,或者是一个已测定容积的储气库中本来就有的。然而就一切实际情况而论,库中总是要存在水分的。当注入的干气开始与这些水分相接触的时候,一部分水分就会通过汽化进入天然气中,然后,储气库中的天然气就处于水饱和的状态。储气库中的温度比外界环境温度明显偏高后,天然气就能包容足够多的水分。在产出气期间,被水饱和的温暖天然气会被抽取出来,处于极低的环境和地面温度中。这一温度上的变化将引起部分天然气中的水汽冷凝成液态。

8.2.1　天然气水合物模拟分析

8.2.1.1　气体饱和水含量及水露点

气体内是否会出现液态水和气体饱和水含量密切相关,处于饱和与过饱和状态的气体才能有液态水析出。天然气的饱和水含量取决于天然气的温度、压力和气体组成。确定气体饱和水含量的方法有三类,即图解法、实验法和状态方程法。用状态方程法时必须已知天然气的组成,选择一种状态方程,在计算机上进行多组分相平衡计算,求得天然气的饱和水含量。本节主要介绍图解法,也简要地提及实验法。

图 8.9 为 GPSA(天然气处理设备供应商协会)给出的一幅天然气饱和水含量与气体压力和温度的相关关系图。由图 8.9 可知,天然气饱和水含量随气体压力和温度而变化,压力升高、温度降低,饱和水含量下降。

工业上常用天然气水露点表示天然气饱和水含量。如图 8.9 所示,在一定压力下同天然气水含量相对应的温度称为天然气水露点,简称露点。处于露点状态时,天然气内的水蒸气开始凝析结露,出现微量液态水,因而图 8.9 也称天然气露点图。在某一压力下,气体露点越低,气体内水含量越少。气体实际温度高于露点,气体处于未饱和状态,无液态水析出;低于露点,气体过饱和,有液态水析出。因而用露点表示气体水含量更直观、更方便。图 8.9 还以虚线表示了水合物生成线。温度低于水合物生成温度时,是气体和水合物(温度低于水冰点为气体、冰、水合物)之间的平衡;温度高于水合物生成温度时,是气体和液态水之间的平衡。

图 8.9 的曲线是按天然气不含酸气、相对密度 0.60,与纯水接触条件下绘制的。相对密度大于 0.6、气体与含盐水接触都会降低气体的饱和水含量,可乘以含盐修正系数和相对密度

修正系数进行修正。由于水中含盐和气体相对密度大于0.60,都使气体饱和水含量降低,在气体脱水设备计算中也可不乘修正系数,使脱水设备的设计偏于保守。

含盐修正系数:

$$C_s = 1.0001 - (4.9201 \times 10^{-4})x_s - (1.6743 \times 10^{-6})x_s^2 \tag{8.1}$$

相对密度修正系数:

$$C_g = 0.1732 + 0.0329T - 4.0723 \times 10^{-4}T^2 + 1.4874 \times 10^{-6}T^3 + (1.2577 -$$
$$0.0480T + 5.7812 \times 10^{-4}T^2 - 2.0541 \times 10^{-6}T^3)\gamma_g - (0.4822 - \tag{8.2}$$
$$0.0169T + 2.0425 \times 10^{-4}T^2 - 7.0444 \times 10^{-7}T^3)\gamma_g^2$$

式中 x_s——水内盐含量,g/L;

γ_g——气体相对密度;

T——气体温度,℃。

水含量单位除用 mg/m^3 外,国外文献中还常用 ppm(体积)和 ppm(质量)。它们间的转换关系为:

$$1ppm(体积) = \frac{M\rho_v}{M_m} mg/m^3$$

$$1ppm(质量) = \rho_v mg/m^3$$

式中 M——相对分子质量;

M_m——气体平均相对分子质量;

ρ_v——常态(101.325kPa、15℃)下的气体密度,kg/m^3。

国外学者认为:酸气[H_2S 和(或)CO_2]含量小于10%、压力低于34atm 时,图8.9 是可靠的,平均误差约小于5%。随压力、温度和酸气含量增加,图的误差也随之增大。

8.2.1.2 水合物结构

水合物是在一定温度和压力条件下、天然气的某些组分与液态水生成的一种外形像冰、但晶体结构与冰不同的笼形化合物。在水合物中,水分子通过氢键形成不同形式的腔室,每个腔室能容纳一个气体分子。水和气体分子间通过范德华力相互吸引,形成稳定结构,如图8.10所示。

天然气通常是由多种气体,如 H_2S,CH_4,CO_2,C_2H_6,C_3H_8,iC_4H_{10} 和 nC_4H_{10} 等组成的混合物,同时含有形成Ⅰ型和Ⅱ型两种结构的组分,但一般只形成一种结构(Ⅰ型和Ⅱ型中较为稳定的结构)的水合物,具体结构主要取决于混合物的组成。气体混合物中最大的分子通常决定所形成水合物的结构类型。含有丙烷和丁烷等的天然气混合气,一般形成Ⅱ型结构水合物。不含丙烷以上重组分的天然气,一般形成Ⅰ型结构水合物。

水合物相对密度为 0.96~0.98,因而轻于水、重于液烃。在水合物内水的质量分数约为90%,烃类和非烃类气体分子约为10%。

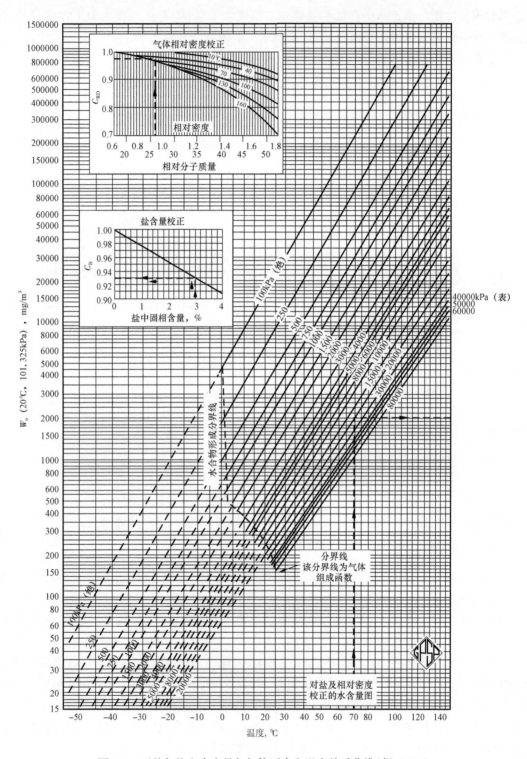

图 8.9　天然气饱和水含量与气体压力和温度关系曲线（据 GPSA）

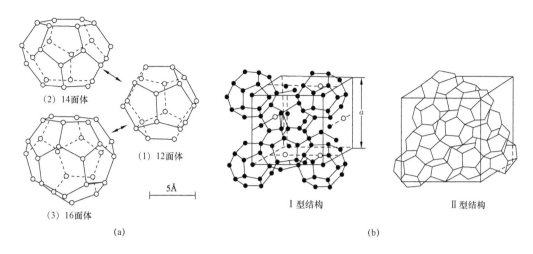

图 8.10 水合物结构

8.2.1.3 水合物生成条件及预测

气体在高压、低温并存在液态水时才能生成水合物,这是生成水合物的两个必要条件。此外,气体压力波动或流向突变(如孔板、弯头、管线上计量气体温度的温度计井)产生搅动或有结晶核(固体腐蚀产物、水垢等)存在都会促进产生水合物。

根据气体饱和水含量和露点只能判断气体内是否有液态水析出,能否生成水合物还取决于气体的压力、温度和组成。预测生成水合物温度和压力条件的方法主要有图解法、经验公式法、平衡常数法和分子热力学模型法 4 类。目前,推荐采取分子热力学模型法。

分子热力学模型法是将宏观的相态平衡和微观的分子间相互作用相结合而提出的,由于分子热力学模型推导严密,计算准确度高,因此,在预测水合物生成条件、计算无水合物形成时天然气中最大允许含水量和抑制剂加入量的计算中被广泛采用。但分子热力学模型法计算过程比较复杂,需要利用计算机求解。

预测气体水合物的分子热力学模型是以相平衡理论为基础的。在天然气水合物体系中一般有三相共存,既水合物相、气相、富水相或冰相。根据相平衡准则,平衡时多组分体系中的每个组分在各相中的化学位相等。通常以水作为考察对象,因此在平衡状态下,水在水合物相 H 中的化学位应等于水在富水相或冰相 α 中的化学位,即:

$$\mu_W^H = \mu_W^\alpha \qquad (8.3)$$

式中 μ_W^H——水在水合物相 H 中的化学位;

μ_W^α——水在平衡共存的水相或冰相 α 中的化学位。

若以水在完全空的水合物相 β(晶格空腔未被水分子占据的假定状态)中的化学位 μ_W^β 为基准态,则式(8.3)可以写成:

$$\mu_W^\beta - \mu_W^H = \mu_W^\beta - \mu_W^\alpha \qquad (8.4)$$

或者

$$\Delta\mu_{\mathrm{W}}^{\beta-\mathrm{H}} = \Delta\mu_{\mathrm{W}}^{\beta-\alpha} \tag{8.5}$$

由此可见,预测水合物形成条件的热力学模型是由描述固态水合物相的热力学模型和描述与其共存的富水相热力学模型两部分组成。

(1)水合物相模型:

van der Waals 和 Platteeuw(1959)根据水合物晶体结构特点,应用统计热力学方法,结合 Langmuir 气体等温吸附理论推倒出计算空水合物晶格和填充晶格相态的化学位差的公式:

$$\Delta\mu_{\mathrm{W}}^{\beta-\mathrm{H}} = -RT\sum_{i=1}^{2} v_i \ln\left(1 - \sum_{j=1}^{N_\mathrm{C}} \theta_{ij}\right) \tag{8.6}$$

$$\theta_{ij} = C_{ij}f_j \Big/ \left(1 + \sum_{j=1}^{N_\mathrm{C}} C_{ij}f_j\right) \tag{8.7}$$

式中　i——水合物晶格空穴的类型,$i=1,2$;

　　　j——客体分子的类型数目;

　　　v_i——水合物晶格单元中 i 型空穴数与构成晶格单元的水分子数之比,系水合物结构的特性常数,对 I 型结构水合物有 $v_1 = \dfrac{2}{23}$ 和 $v_2 = \dfrac{3}{23}$,对 II 型结构水合物有 $v_1 = \dfrac{16}{136}$ 和 $v_2 = \dfrac{8}{136}$;

　　　θ_{ij}——i 型空穴被 j 类客体分子占据的概率;

　　　f_j——客体分子 j 在平衡各相中的逸度,由状态方程计算;

　　　C_{ij}——客体分子 j 在 i 型空穴中的 Langmuir 常数,它反映了水合物空穴中客体分子与水分子之间相互作用的大小;

　　　N_C——气体混合物中可生成水合物的组分数目。

逸度 f_j 通常由状态方程计算。Langmuir 常数 C_{ij} 是与温度有关的常数,计算公式为:

$$C_{ij} = \frac{4\pi}{kT}\int_0^R \exp\left(-\frac{W(r)}{kT}\right)r^2\,\mathrm{d}r \tag{8.8}$$

式中　$W(r)$——在半径为 R 的球形空穴中客体分子与晶格水分子之间的势能总和,常用 Kihara 势能函数模型根据加和性假设计算;

　　　r——客体分子偏离球形空穴中心的距离;

　　　T——绝对温度;

　　　k——Boltzman 常数;

　　　R——球形空穴的半径。

Langmuir 常数 C_{ij} 是影响水合物相热力学模型的计算准确性的关键参数。因此,国内外许多学者在 Langmuir 常数 C_{ij} 的计算方法上做了很多的研究工作,形成了多种计算模型,如 Parrish—Prausnitz 模型(1972)、Ng—Robinson 模型(1976)、John—Paradopoulos—Holder 模型(1985)和 Barkan—Sheinin(1993)总结的方法。一般多采用 Du—Guo(1990)提出的计算模型:

$$C_{ij} = \frac{a_{ij}}{T}\exp\left(\frac{b_{ij}}{T} + \frac{d_{ij}}{T^2}\right) \tag{8.9}$$

式(8.9)中的常数 a_{ij}，b_{ij} 和 d_{ij} 的值(Zou—Guo,1994)列于表8.2和表8.3中。

表8.2　式(8.9)的常数——Ⅰ型水合物结构

水合物气体分子	小孔穴			大孔穴		
	$a_{1j} \times 10^3$ atm^{-1}	$b_{1j} \times 10^{-6}$ K	$d_{1j} \times 10^{-6}$ K^2	$a_{2j} \times 10^3$ atm^{-1}	$b_{2j} \times 10^{-3}$ K	$d_{2j} \times 10^{-6}$ K^2
H_2S	0.205524	4.132616	0.04971297	2.996861	3.863937	0.03503699
N_2	4.5636342	2.238340	0.03760140	15.698622	2.019100	0.02647857
CO_2	0.0077331	4.182526	0.04476948	0.798349	3.645359	0.03139116
CH_4	4.9645410	2.491661	0.04483127	18.023820	2.485241	0.03437270
C_2H_6	0.0	0.0	0.0	0.668585	3.990423	0.04418244
C_3H_8	0.0	0.0	0.0	8.069303	3.758783	0.05125781
iC_4H_{10}	0.0	0.0	0.0	0.0	0.0	0.0

表8.3　式(8.9)中的常数——Ⅱ型水合物结构

水合物气体分子	小孔穴			大孔穴		
	$a_{ij} \times 10^3$ atm^{-1}	$b_{ij} \times 10^{-3}$ K	$d_{ij} \times 10^{-6}$ K^2	$a_{2j} \times 10^3$ atm^{-1}	$b_{2j} \times 10^{-3}$ K	$d_{2j} \times 10^{-6}$ K^2
H_2S	0.1883427	4.123483	0.04761199	27.27341	3.216273	0.0144906
N_2	6.4542640	2.215764	0.03923895	120.75250	1.747789	0.0120343
CO_2	0.0073848	4.170493	0.04473858	0.076425	2.904281	0.0141507
CH_4	3.5492000	2.477784	0.04361085	66.91961	2.237595	0.0136718
C_2H_6	0.0	0.0	0.0	8.091788	3.999290	0.0229563
C_3H_8	0.0	0.0	0.0	0.190252	5.491728	0.0377868
iC_4H_{10}	0.0	0.0	0.0	0.000491	7.224780	0.0458508

(2)富水相模型:

对于纯水相(液态水或冰),Marshall 等人(1964)提出了计算 $\Delta\mu_W^{\beta-\alpha}$ 的公式:

$$\frac{\Delta\mu_W^{\beta-\alpha}}{RT} = \frac{\Delta\mu_W^0}{RT_0} - \int_{T_0}^{T}\frac{\Delta h_W}{RT^2}\mathrm{d}T + \int_{T_0}^{T}\frac{\Delta V_W}{RT}\left(\frac{\mathrm{d}p}{\mathrm{d}T}\right)\mathrm{d}T \tag{8.10}$$

式中　Δh_W——水在完全空的水合物晶格与纯水相之间的摩尔焓差;

　　　ΔV_W——水在完全空的水合物晶格与纯水相之间的摩尔体积差;

　　　$\Delta\mu_W^0$——在 T_0(通常取273.15K)和零压条件下,水在完全空的水合物晶格与冰之间的化学位差。

对于含烃类溶质的富水相,Holder 等(1980)假定 ΔV_W 与温度无关,在对(8.10)进行简化后提出 $\Delta\mu_W^{\beta-\alpha}$ 的计算公式为:

$$\Delta\mu_W^{\beta-\alpha} = \frac{\Delta\mu_W^0}{RT_0} - \int_{T_0}^{T} \frac{\Delta h_W}{RT^2} dT + \int_{0}^{p} \frac{\Delta V_W}{RT} dp - \ln a_W \tag{8.11}$$

$$\Delta h_W = \Delta h_W^0 + \int_{T_0}^{T} \Delta C_{PW} dT \tag{8.12}$$

$$\Delta c_{PW} = \Delta c_{PW}^0 + b(T - T_0) \tag{8.13}$$

式中　　Δh_W^0——$T_0 = 273.15K$ 时水在完全空的水合物晶格与纯水相之间的摩尔焓差;

　　　　Δc_{PW}^0——$T_0 = 273.15K$ 时水在完全空的水合物晶格与纯水相之间的比热容差;

　　　　b——比热容的温度系数;

　　　　a_W——富水液相中水的活度;

　　　　$\Delta\mu_W^0, \Delta h_W^0 \cdot \Delta V_W^0 \cdot \Delta C_{PW}^0$——常数,均需通过实验数据回归求得,对不同的水合物结构需
　　　　　　取不同的数据,见表8.4。

表8.4　式(8.11)和式(8.12)中的物理常数(Yang－Guo,1996)

参　数	单位	I 型水合物	II 型水合物
$\Delta\mu_W^0$(液)	J/mol	1120	931
Δh_W^0(液)	J/mol	-4297	-4611
Δh_W^0(冰)	J/mol	1714	1400
ΔV_W^0(液)	cm³/mol	4.6	5.0
ΔV_W^0(冰)	cm³/mol	3.0	3.4
ΔC_{PW}^0(液)	J/(mol·K)	$T > T_0$: -34.583 + 0.189$(T - T_0)$ $T < T_0$: 3.315 + 0.0121$(T - T_0)$	$T > T_0$: -36.861 + 0.181$(T - T_0)$ $T < T_0$: 1.029 + 0.00377$(T - T_0)$

水的活度 a_W 可按下式计算:

$$a_W = f_W^\alpha / f_W^0 = \gamma_W x_W \tag{8.14}$$

式中　　f_W^α——富水相中水的逸度;

　　　　f_W^0——相同条件下纯水的逸度;

　　　　γ_W——富水相中水的活度系数;

　　　　x_W——富水相中水的摩尔浓度。

对于冰相,$\gamma_W = 1.0, x_W = 1.0, a_W = 1.0$。

对于不含抑制剂(醇类或电解质)的富水相,活度系数 $\gamma_W \rightarrow 1.0$。在低压下烃类及氮气等气体在水中溶解度很小,x_W 近似看作是 1.0,因此可取 $a_W \approx x_W = 1.0$。但在高压下,则需根据烃类气体在水中的溶解度 x_j 求取 x_W。Holder 等推荐的计算公式为:

$$x_j = f_j x_{0j} \exp\left[-\frac{\overline{V}_j(p-1)}{82.06T}\right] \tag{8.15}$$

$$x_{0j} = \exp(A_{0j} + B_{0j}/T) \tag{8.16}$$

$$x_W = 1 - \sum_{j \neq W} x_j \tag{8.17}$$

式中 f_j——客体分子 j 在气相中的逸度,用状态方程计算;

A_{0j}, B_{0j}——客体分子 j 的常数,见表 8.5;

$\overline{V}_j$——客体分子 j 在富水相中的偏摩尔体积,对乙烯取 60,其他组分取 32。

表 8.5 式(8.16)中的系数

组分	A_{0j}	B_{0j}	组分	A_{0j}	B_{0j}
CH_4	-15.826277	1559.0631	C_2H_4	-18.057885	2626.6108
C_2H_6	-18.400368	2410.4807	N_2	-17.934347	1933.381
C_3H_8	-20.958631	3109.391	O_2	-17.160634	1914.144
iC_4H_{10}	-20.108263	2739.7313	H_2S	-15.103508	2603.9795
nC_4H_{10}	-22.150557	3407.2181	CO_2	-14.283146	2050.3267

在富水相中含水合物抑制剂(醇类或电解质)的情况下:对非电解质抑制剂富水相中水的活度系数 γ_W 可按 Anderson 和 Prausnitz 提出的 UNIQUAC 方程计算;对电解质抑制剂,γ_W 则采用 Sander 等扩展了的 UNIQUAC 模型计算。水的摩尔浓度 x_W 可根据抑制剂加量经相平衡计算求出。UNIQUAC 模型所用的水与抑制剂之间的交互作用系数列于表 8.6 中。

表 8.6 UNIQUAC 模型所用的水与抑制剂间的交互作用系数(a_{ij})

抑制剂	甲醇	乙醇	乙二醇	丙二醇	二甘醇	三甘醇	Na^+	Ca^+	Cl^+
a_{12}	431.0	196.5	-129.7	439.9	41.46	258.4	-1411.3	-2912.6	-461.0
a_{21}	-313.02	-252.1	-124.1	-186.7	-195.3	-273.5	8158.5	-461.8	-437.5

将式(8.6)和式(8.10)代入式(8.5),得水合物相平衡方程:

$$\frac{\Delta\mu_W^0}{RT_0} - \int_{T_0}^{T} \frac{\Delta h_W}{RT^2}dT + \int_0^p \frac{\Delta V_W}{RT}dp = \ln a_W - RT\sum_{i=1}^{2} v_i \ln\left(1 - \sum_{j=1}^{N_C} \theta_{ij}\right) \quad (8.18)$$

水合物形成条件判断的计算过程如图 8.11 所示。

8.2.1.4 防止生成水合物的方法

破坏生成水合物的必要条件即可防止水合物的生成,如加热气流,使气体温度高于气体水露点,使系统内不产生液态水;对气体进行脱水,使气体露点降至气体工艺温度以下;在气流内注入水合物抑制剂,使生成水合物的温度降低至气体工艺温度之下等。

(1)水合物抑制方法。

自 1934 年起,人们一直在同输送管线中的水合物进行着不懈的斗争,防止水合物的生成,也就是破坏水合物生成的相平衡条件。目前已被采用的方法包括 4 个方面:

① 分离出输送介质中的水,使含水量低于某一标准值。

② 给系统加热,使温度高于某一压力下水合物的生成温度,这种方法对大部分陆上埋地管线是可以采用的。但对海底输气管线,由于气体在中途无法加热且它的比热容很小(与液体相比),停输后,管线周围的温度场很快破坏,温度迅速降低,则可能形成水合物。

③ 使系统压力降低至水合物的生成压力之下。在实践中很少采用这种方法。不过这种

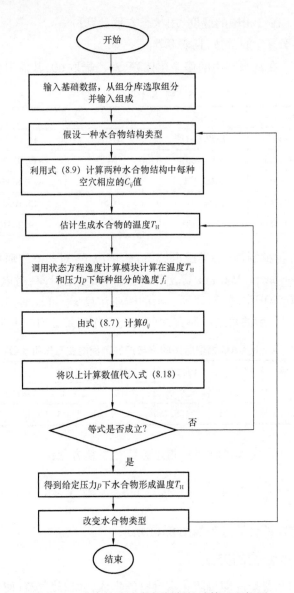

图 8.11 水合物形成条件判断的计算过程框图

方法有时可用来消除管道内已生成的水合物堵塞。当管道完全被水合物堵塞后,采用加热消除堵塞的方法往往比较困难,因为很难确定水合物堵塞的准确位置。若在堵塞的管线两端降压,使水合物的相平衡温度降至周围环境温度之下(如果可能),此时在环境加热下会使水合物分解,在水合物分解之后再用清管器来清扫管线。但这种方法往往需要花费数天的时间。

④ 利用抑制剂防止水合物生成。这是一种广泛采用的防止和消除水合物的方法。常用的抑制剂有热力学抑制剂、动力学抑制剂和抗聚结剂三类。

a. 热力学抑制剂:传统的热力学抑制剂,如甲醇、乙二醇、氯化钠以及其他电解质组成的抑制剂已在石油工业中使用多年。但实验表明,这些物质并不能阻止水合物的结晶,尤其在高驱动势下更是如此。但却能够附着在晶体表面抑制水合物的生长和集结。热力学抑制剂所加的剂量浓度很高(占水相的 10%~60%),能够改变水相或水合物相的化学势,使水合物曲线移向更低的温度或更高的压力。几种常见的热力学抑制剂:

ⅰ.甲醇。甲醇可用于任何操作温度,由于甲醇沸点低、蒸气压高,更适于较低的操作温度,在高温下使用热损失较大。一般情况下,喷注的甲烷散发到气相部分不再回收,而液相水溶液经蒸馏后可循环使用。但许多文献中都认为回收甲烷在经济上是不合算的。而且甲烷具有毒性,液相不回收,废液处理又是一大难题。而且在含盐量高的海水中能够导致氯化钠沉淀和钙盐从水中分离。

ⅱ.乙醇。乙醇和甲醇在性质和缺点上都有相似之处,但其效率不如甲醇高,通常只限于在某些地方使用。不过它具有一个显著特点——运输费用低。

ⅲ.异丙醇。异丙醇抑制效率更低,达到相同的抑制效果所需的剂量是甲醇的 2 倍,且不能和水形成连续相。在含盐量非常低时,异丙醇将分解成单独的一相,这就使抑制效果打了折扣。但在钻井液中异丙醇能够在减少由于回流特性形成的表面张力的同时抑制水合物的产生。异丙醇的蒸气压、燃点以及黏度都比乙二醇低。

ⅳ.乙二醇。乙二醇黏度比甲醇大,沸点更高且不易燃烧,并且可以回收再利用,达到相同抑制效果须加剂量为甲醇的 2 倍左右。

由以上可以看出,大多数热力学抑制剂的费用参数是由分子量和其在水中的电离作用决定的。分子量越小,达到相同抑制效果所需剂量就越少。在没有特殊应用的场合通常采用甲醇作为抑制剂,在需要密度高、黏度大的场合时,乙二醇为最佳选择。当然,有时为了提高效果常将多种抑制剂混合使用。

热力学抑制剂除了费用高以外,还有其他致命的弱点:

ⅰ.溶于水相或气相而导致热量损失。这使得很难估计究竟多少水合物溶于水相,通常为了确保安全,常常加入过量的抑制剂。

ⅱ.烃凝析液的污染。甲醇在处理流体后在丙烷凝析液中积累,剩余的甲醇在聚丙烯厂能使催化剂中毒,且置换甲醇费用很高。

ⅲ.从废水中回收费用高。通常可以回收水合物抑制剂甲醇量的 80%~90%,但相应的处理设备造价昂贵,需要庞大的储罐和加注设备,这些设备影响到整个海上平台的面积大小和开采设备的投资。

b. 动力学抑制剂(KI)。动力学抑制剂(KI)添加剂量很小(<1%)时就可收到明显效果,这种抑制剂并不改变水合物的热力学特性,然而,却能够抑制水合物形成核晶,并阻止水合物的生长。在水合物缓慢长大阶段,聚结过程可能会受到抑制,也可能不受影响,但当抑制剂停止加注时,水合物则会迅速结晶堵塞管线。

c. 抗聚结剂(AA)。抗聚结剂是一种聚合物和表面活性剂。早在 1972 年,Yuliew 首先提出采用表面活性剂来控制水合物。最近几年中,IFP 所研究的大范围具有表面活性的物质中只有一部分具有商业价值。AA 抑制剂添加的浓度也很低(质量分数 <1%)。它允许水合物的产生,但在液态烃共存的情况下却能有效地防止水合物的聚结沉降,因此,水合物晶体和液体一起运移而不会堵塞管线。

对 AA 抑制剂来说,水合物形成前的乳化作用相当重要。因为聚结作用与注入点的混合过程和管中紊流状况有密切关系。在油包水乳状液中,该抑制剂性能尤佳,因为将水从油相分离成水滴即可避免聚结。这种水合物抑制剂在穿越水合物相平衡曲线时仍可保持悬浮状态。

采用抑制剂的经济性问题也很突出：一方面消耗的抑制剂需要大量资金；另一方面，将大量抑制剂送到管线起点也需耗费资金。采用抑制剂还存在毒性和管线设备腐蚀问题。尽管寻找新的更有效抑制方法的工作数十年来从未间断，但目前仍无代替甲醇、乙二醇这类物质的抑制剂。

（2）抑制剂用量确定。

抑制剂用量由3部分组成：在水相内所需的抑制剂量、气相损失和在液烃内的溶解损失。水相内抑制剂浓度是防止水合物生成的关键。甘醇抑制剂的经验注入量为 $0.8 \sim 1.4 \mathrm{m}^3$（甘醇）$/10^6 \mathrm{m}^3$（气）。

① 水相用量。设要求水合物生成温度降低 ΔT，水相内所需抑制剂质量浓度可根据 Hammerschmidt（1939）提出的半经验公式计算：

$$C_{\mathrm{m}} = \frac{100 \Delta TM}{K_{\mathrm{H}} + \Delta TM} \tag{8.19}$$

式中 C_{m}——抑制剂最低质量分数，%；

ΔT——水合物生成的温度降，℃；

M——抑制剂分子量；

K_{H}——经验常数，甲醇取 1297、乙二醇和二甘醇取 2220，乙二醇取 1222，二甘醇取 2427。

加入系统内的甘醇抑制剂常为水溶液，在随气体流动中吸收气体内的水分使抑制剂质量分数降低，流出系统时抑制剂浓度最小，该浓度必须大于式（8.19）表示的最低质量分数 C_{m} 才能有效地抑制水合物的形成。

根据物料平衡，气体中脱出水量应等于抑制剂浓度稀释所需的水量，即：

$$w_{\mathrm{g}} = I\left(\frac{100 - C_{\mathrm{out}}}{C_{\mathrm{out}}} - \frac{100 - C_{\mathrm{in}}}{C_{\mathrm{in}}}\right) = I\left(\frac{100}{C_{\mathrm{out}}} - \frac{100}{C_{\mathrm{in}}}\right) \tag{8.20}$$

式中 w_{g}——气体内脱出水量，$\mathrm{mg/m}^3$；

C_{in}——进入系统的抑制剂浓度，$\mathrm{mg/m}^3$；

C_{out}——流出系统的抑制剂浓度，$\mathrm{mg/m}^3$；

I——纯抑制剂用量，$\mathrm{mg/m}^3$。

若使 $C_{\mathrm{out}} = C_{\mathrm{m}}$，则有：

$$w_{\mathrm{g}} = I\left(\frac{K_{\mathrm{H}} + \Delta TM}{\Delta TM} - \frac{100}{C_{\mathrm{in}}}\right) \tag{8.21}$$

若向系统注纯抑制剂，即 $C_{\mathrm{in}} = 100$，则式（8.21）可改写为：

$$w_{\mathrm{g}} = I\frac{K_{\mathrm{H}}}{\Delta TM} \tag{8.22}$$

在抑制剂水相用量计算中，应遵守两条原则：

a. 流出系统的抑制剂浓度 C_{out} 应大于按式(8.21)计算的 C_m。

b. 使用甘醇溶液作抑制剂时,注入管线系统的抑制剂浓度 C_{in} 尽量在 60%~75% 范围内。当系统不确定因素(流量、温度、压力)较多时,C_{in} 与 C_{out} 的浓度差一般不超过 10%。若系统稳定、温度高于 -7℃,容许抑制剂有较大浓度差时,最大也不宜超过 20%。若为设备(如换热器)防冻,由于防冻效果受甘醇喷雾状态的影响,应采用更小的抑制剂浓度差,如 5%。

② 气相损失量。甘醇类抑制剂的蒸发损失很小,每 $10^6 m^3$ 气体内乙二醇蒸气的估算值为 $0.0035 m^3$,在抑制剂用量计算中常可忽略。甲醇在气相内的蒸发损失较大,可用图 8.12 估算。图中横坐标为 $a = \dfrac{\text{甲醇在气相含量,mg/m}^3}{\text{甲醇在水溶液内质量浓度,\%}}$,压力、温度条件指系统出口处参数。

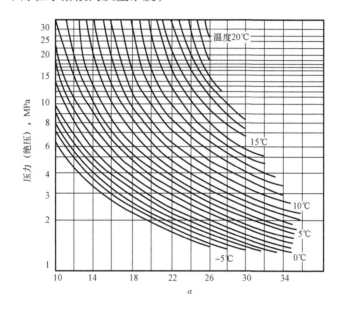

图 8.12　气相的甲醇损失

③ 液烃内损失量。甘醇在烃液内的溶解量和甘醇分子量、温度、甘醇溶液内的质量浓度有关。甘醇分子量越大,溶解量越多,三甘醇在烃液内的溶解量最大,乙二醇最小;温度越高,溶解量增多;甘醇在水溶液内质量浓度越大,溶解量越多。甘醇在烃液内的溶解度常在 0.01%~0.1%(质量分数)范围内。甲醇在烃液内的溶解量比甘醇类抑制剂高得多,可按液烃质量的 0.5% 估算。

(3)注醇工艺分析。

水合物热力学抑制剂是目前广泛使用的一种防止水合物形成的化学剂。通过改变水溶液或水合物的化学位,使水合物的形成温度更低或压力更高。对热力学抑制剂的基本要求是:① 尽可能大地降低水合物的形成温度;② 不与天然气的组分反应,且无固体沉淀;③ 不增加天然气及其燃烧产物的毒性;④ 完全溶于水,并易于再生;⑤ 来源充足,价格便宜;⑥ 冰点低。实际上,很难找到同时满足以上 6 项条件的抑制剂,但①~④是必要的,目前常用的抑制剂只是在上述某些主要方面满足要求。

常见的热力学抑制剂有醇类(如乙二醇、甲醇、甘醇类)和电解质(如 $CaCl_2$)。向天然气中加入这类抑制剂后,可改变水溶液或水合物相的化学位,从而使水合物的形成条件移向较低的温度或较高的压力范围。目前,在天然气和凝析气管线中,甲醇与乙二醇是应用最广泛的水合物抑制剂。由于甲醇沸点低(64.6℃),使用温度高时气相损失过大,多用于操作温度较低的场合(小于10℃)。为保险起见,在管线正常输气、关闭或重新开启的情况下,必须注入足够量的化学剂来使相平衡线移至预期操作压力和操作温度之外。

甲醇与乙二醇抑制剂性能的差别主要体现在以下几个方面,实际操作中,要根据实际生产状况和现场条件选择合适的抑制剂。

① 甲醇抑制剂投资费用低,但甲醇的挥发性比乙二醇的要高,因此气相损失大,故设备操作费用高。乙二醇抑制剂投资费用高,但操作费用低。

② 甲醇的抑制效果优于乙二醇。

③ 为防止甲醇气相损失,甲醇适于低温操作;在常温情况下,乙二醇的黏度就大于甲醇,乙二醇适合较高温度操作,低温操作可能导致其黏度太大。

甲醇在不同温度下的黏度:15℃时为0.6405mPa·s,20℃时为0.5945mPa·s,25℃时为0.5525mPa·s,30℃时为0.5142mPa·s。

乙二醇在16℃时的黏度为25.66mPa·s。

④ 甲醇具有中等程度的毒性,可通过呼吸道、食道及皮肤侵入人体,人体中毒量为5~10mL,致死剂量为30mL;而乙二醇无毒。

水合物形成温度计算研究:

对于高压集气管线,不同气田的水合物形成条件差别很大,准确预测水合物形成条件是防止天然气管道和设备冻堵、保障安全生产的前提和关键。

目前,预测水合物生成的方法主要有水合物压力、温度预测的经验图解法以及相平衡理论法和统计热力学方法,国内外学者提出了许多天然气水合物预测模型,预测各种模型形式不尽相同,基本上都是在van der Waals – Patteeuw模型的基础上发展起来。水合物预测模型的研究主要集中在以下两个方面:不含醇类或电解质水合物生成条件的研究;含醇类和电解质水合物生成条件的研究。预测天然气水合物形成条件的模型有两种:一是在试验或现场测试水合物形成温度和压力的基础上,拟合得到的经验或半经验模型;二是借助试验,根据水合物形成时的热力学相态平衡理论得到的模型。在常用的预测天然气水合物生成方法中,相平衡常数法、相对密度法和BailHe法虽然计算过程不同,但都需要进行读图,既费时又容易产生误差,经验计算公式计算不精确,只能进行初步估算。热力学水合物理论预测模型由于是建立在理论模型的基础上,通过计算值和实验值对比,总的来说,计算精度高于经验或半经验模型。因此,采用热力学方法进行计算研究,计算简捷,数值准确。

目前,应用较多的水合物计算程序主要有:CSMGem,CSMHYD,DBRHydrate,Multiflash和PVTsim等。采用计算机编程,模块化后可直接应用的水合物预测程序,可用于含抑制剂体系水合物生成条件的计算。

8.2.2 水合物形成条件模拟计算及抑制方案模拟

8.2.2.1 水合物形成条件模拟计算

(1)纯甲烷气水合物生成条件预测。

纯甲烷气水合物生成条件预测结果如图8.13所示,图中的数据点为 Mahmood 和 Madddox (1993)实验结果。由图可知,预测结果和实验结果十分吻合,具有很高的预测精度。

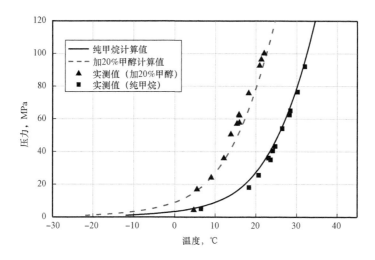

图8.13　纯甲烷气水合物生成条件预测结果与实测值的比较

(2)预测组成为甲烷84.5%、乙烷8.7%、丙烷3.8%、二氧化碳3.0%的天然气的水合物形成温度并与实验数据进行对比。

预测结果与实测数据(Mahmood 和 Maddox,1993)的比较如图8.14所示,二者吻合程度相当高。

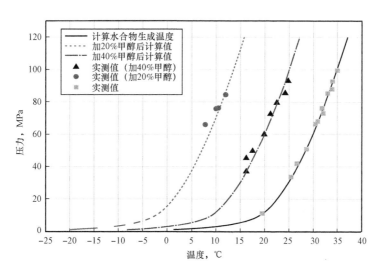

图8.14　混合物形成条件预测结果与实测值的比较

8.2.2.2　不同水合物抑制剂用量模拟分析

对某天然气输送管道的组分,计算抑制剂的用量。从天津市博迪化工有限公司查到甲醇、乙醇、异丙醇和乙二醇的价格和对这几种抑制剂利用以上优化计算模型得到的投资见表8.7。

表 8.7 输送每吨介质所需花费的抑制剂费用

抑制剂	价格,元/t	用量,kg/d	费用,元/d
甲醇	2500	93	23.5
乙醇	22000	141	308
异丙醇	6600	184	121
乙二醇	6400	105	67.2

从以上计算可知甲醇和乙二醇是费用较小的抑制剂。

甲醇蒸气压较高,有相当一部分存在于气相中不易回收。乙二醇挥发性较差,大部分存在于液相中便于回收。在工业上常采用乙二醇作为水合物抑制剂,以降低费用。

假设某储气库流体组成见表 8.8,压力为 9000kPa,温度 30℃,输量为 $120 \times 10^4 m^3/d$。水合物抑制的方法为抑制剂(采用乙二醇)和加热。计算得到水合物形成温度为 18℃,两者的运行费用分别为:抑制剂 13511 元,加热 9834 元。

表 8.8 管道参数和流体组成

参数		数值
管径,in		10
管长,km		50
环境温度,℃		1
总传热系数,W/(m²·K)		2.5
管壁粗糙度,mm		0.05
组分摩尔分数,%	H_2O	0.039013
	CO_2	0.40022
	N_2	0.71395
	C_1	81.232
	C_2	7.3486
	C_3	3.3503
	iC_4	0.59287
	nC_4	1.1099
	iC_5	0.44823
	nC_5	0.45885
	C_6	0.61386
	C_{7+}	3.69231
C_{7+} 分子量		117
油气比,$m^3/10^6 m^3$		450

8.2.2.3 注甲醇方案和加热炉方案的经济性对比

用现场提供的数据划分水气比区间,在最大的采气量时,计算不同集配站含水量和不同集配站注醇注入量。甲醇价格为 3400 元/t,采气周期为 150 天,计算 35 年的注醇总投资。模拟计算得到不同水气比注醇法与加热法的结果如图 8.15 所示。

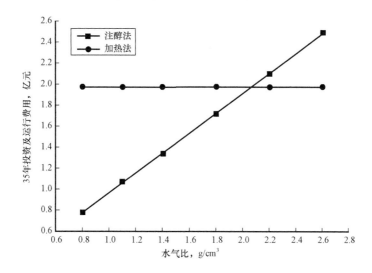

图 8.15　不同水气比注醇法与加热法经济性比较

通过上述分析可得,当水气比≥2.1g/m³ 时,加热炉的总费用低于注醇法,此时防冻堵措施采用加热法为主,并保留注醇的方式,经济性好。该方案使用加热炉,操作方便,可是存在初期投资大的问题。

8.2.2.4　集配站注乙二醇方案模拟分析

另一种防治水合物形成方案为集配站注乙二醇(图 8.16)。原有的流程气液分离器液相不经过乙二醇再生塔,直接去凝析油处理系统;因此,修改原有的流程,气液分离器改为三相分离器,气相去天然气处理系统,液相去凝析油处理系统,乙二醇去乙二醇再生系统。因此,在集配站注乙二醇不仅可以防治水合物,同时也可回收再生,可以降低整体的注醇成本。

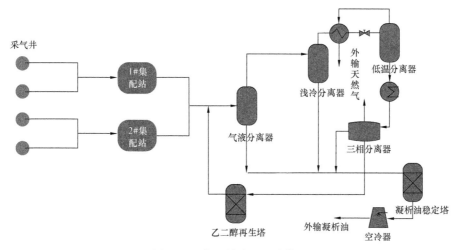

图 8.16　集配站注乙二醇模型

注醇方案设计分为两部分:软件计算和后期处理计算。软件计算主要是根据气体成分、抑制剂添加量、水含量利用软件计算水合物相平衡的数值和最低水合物热力学抑制剂质量浓度。后期处理计算主要是根据软件计算的结果利用现场实际的产水量推导出最小的热力学抑制剂(乙二醇)的注入量。

根据方案设计的结果图 8.17 可知,随着抑制剂浓度的上升,其抑制剂注入速度也随之上升,但是抑制剂注入的速度并不是越快越好,需要结合现场管线温度和压力参数进行经济性比较,从中筛选出一个合适的注醇方案。

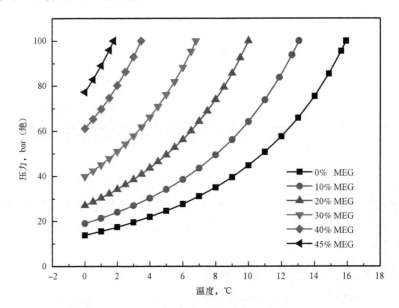

图 8.17 不同乙二醇浓度下天然气水合物形成 $p—T$ 曲线

随着乙二醇注入浓度的上升,天然气水合物相平衡曲线逐渐向低温、高压方向移动,即在该注入浓度下,天然气水合物的生成条件愈加的苛刻。可知随着抑制剂浓度的上升,其抑制剂注入速度也随之上升,但是抑制剂注入的速度并不是越快越好,需要结合现场管线温度和压力参数进行经济性比较,从中筛选出一个合适的注醇方案。选取了 40% MEG 位最佳的注醇方案。

根据方案设计的结果可知,随着抑制剂浓度的上升,其抑制剂注入速度也随之上升,但是抑制剂注入的速度并不是越快越好,需要结合现场管线温度和压力参数进行经济性比较,从中筛选出一个合适的注醇方案。

8.2.3 天然气脱水及水露点控制

天然气脱水工艺主要有吸附法脱水、甘醇吸收脱水和低温脱水 3 类。根据采用的回收工艺不同,脱水要求的深度也不同。

(1)吸附法:采用的吸附剂(干燥剂)有分子筛、硅胶和活性氧化铝。分子筛脱水是最常用的方法,适用于将水露点降到 -100 ~ -70℃的场合。硅胶适用于露点 -60 ~ -40℃。吸附是在充填干燥剂的容器中进行的,吸附完成后转为再生,再生还包括加热和冷却两步。为此至少由两台吸附器轮流操作。

（2）甘醇吸收脱水：采用芳烃气提可将天然气露点降到 –95 ～ –40℃，脱水到这样的露点，需要三甘醇的浓度达到99.99%～99.999%。如气中含有较多芳烃，该法的投资和成本低于吸附法，还可回收粗芳烃，避免环境污染和提高经济效益。

（3）低温脱水：天然气凝液回收一般都要在不同程度的低温下进行。预先脱水是为了防止在生产过程中产生水合物堵塞。如果向气流注入水合物抑制剂，在很多场合也可以取代预先脱水。如果冷冻温度不低于 –35℃，可采用甘醇作为抑制剂。更低温度可采用甲醇，也能代替其他方法用于深冷分离。如果天然气含硫化氢及二氧化碳，也可用甲醇作溶剂来脱除。

8.2.3.1 吸附法脱水

（1）常用干燥剂品种及特性。常用的天然气干燥剂（吸附剂）主要有分子筛、硅胶和活性氧化铝3种。

① 分子筛。分子筛以其晶间结构的近似尺寸划分类型。4A级分子筛的晶间直径为4.2～4.7Å，对H_2S，CO_2和醇类等极性化合物有很强的吸附性，常用于气体脱水。有的3A级分子筛的晶间直径为3.2～3.3Å，只吸附水和更小的分子。分子筛对不同直径的分子有很强的筛选能力，但不能认为能绝对准确。这是因为孔穴直径不可能都很准确、表面也会附着大直径的分子，而且分子并不是圆形的。

② 硅胶。硅胶有很强的吸水能力，但对水的脱除能力比分子筛差。

硅胶接触到游离水会很快破碎。直径4mm或更大的玻璃球状的硅胶不适用于天然气脱水。进入硅胶吸附床的气体不能含有游离水。经常在吸附床入口处加一层特殊的不受水滴影响的阻水级硅胶。

硅胶的晶间孔隙直径大于20Å，还能吸附天然气中天然汽油。颗粒状硅胶用于含有重质烃的气体时很少发生结焦。

③ 活性氧化铝。活性氧化铝有几种不同的类型，纯度和吸水能力不同，形状也不同。晶间孔隙很大，对水有亲合性，也吸附醇、甘醇和重质烃。其吸水能力与硅胶相近。

活性氧化铝是商业吸附剂中最硬的一种，它们常用于吸附剂易受到物理性破坏的场合。液体水或凝析液的段塞流能够导致硅胶和分子筛的破损，但不能损坏氧化铝。

（2）干燥剂的选择。干燥剂的选择主要考虑工艺需要和降低成本。主要成本包括购买和更换干燥剂的费用和燃料的费用。表8.9为用于气体干燥的吸附剂的成本和适用场合。

表8.9 用于气体干燥的吸附剂的成本和适用场合

吸附剂类型	脱水程度,%	最低露点,℃	相对成本	干燥剂燃料消耗,m^3/kg	特点
活性氧化铝	80～90	–65	最低	0.044	强度最高,不怕游离水
硅胶	80～90	–80	中等	0.044	工艺气含有重质烃时不会焦化,入口气有游离水,吸附剂会被严重损坏
分子筛	95～99.9	–100	最高	0.062	吸水能力受温度和相对湿度影响比另两种小,游离水、重质烃或杂质会降低吸附能力

注：表中数据供对比，仅供概念性参考。

如表8.10所示,分子筛能够处理温度最高的气体,并且比活性氧化铝和硅胶脱水程度深。分子筛的成本也最高,因此,它常在其他干燥剂不能满足工艺要求的情况下使用。

当工艺要求的脱水程度小于90%时,可以选择活性氧化铝和硅胶。活性氧化铝比硅胶成本低。

压缩机出口气体含有的重质烃和润滑油会被吸附,并且在再生时会发生结焦。这将导致吸附剂失效,从而增加吸附剂的更换频率。颗粒状硅胶不像球状硅胶以及活性氧化铝那样容易结焦。

另一个影响活性氧化铝和硅胶的选择的因素是水以液体状态进入塔时,硅胶与液态水接触会引起爆裂。活性氧化铝不受游离水影响。在使用硅胶作干燥器时,需采用阻水层,但这比正常的材料成本高,不经济。应用硅胶作干燥剂时,阻水缓冲层高度占塔的10%~20%。

（3）常用干燥剂物性。常用干燥剂主要物性见表8.10。

表8.10　常用干燥剂主要物性

品种	形状	容重,kg/m³	粒径,mm	比热容,kJ/(kg·K)
分子筛	条形	640~705	3或1.5	1.000
分子筛	球形	670~720	2~5	1.000
硅胶	球形	720~785	2~7	1.050
活性氧化铝	球形	830	2~6	

注:各生产厂有差别,表内数据仅供参考。

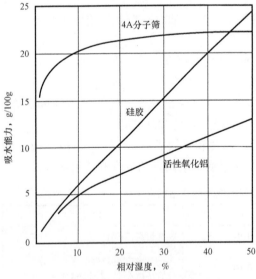

图8.18　常用吸附剂在天然气
相对湿度50%以下的吸水能力比较

（4）饱和吸水能力。如果天然气含水不饱和,即相对湿度较低时,其吸水能力将下降。

图8.18表示常用吸附剂在天然气相对湿度50%以下时的吸水能力。饱和吸水能力是指24℃时干燥剂吸水达到饱和时的吸水能力。可以看出分子筛受相对湿度的影响较小。

如果天然气含水不饱和,即相对湿度较低时,其吸水能力将下降。其中分子筛受天然气湿度影响较小,硅胶或活性氧化铝影响很大。

希望在吸附脱水前用甘醇等预先脱水的办法来减少吸附剂用量,是没有实际意义的。

（5）流动状态下的吸水能力。前面提到的吸水能力是指达到饱和时的数值。天然气在吸附床内是流动的,不可能床层内的干燥剂全部达到饱和。

吸水过程由床层进口到出口是逐渐向前推进的。气流由进入床层到离开床层中的不同位置处的含水会有很大差别。气流开始进入床层是有一个传质区（Mass Transfer Zone,简称MTZ）。传质区内的含水不可能达到饱和,参看

图 8.19(a)。随吸水过程继续进行,从进口起逐渐出现饱和区,参看图 8.19(b)。饱和区的长度逐渐加长,到传质区的前锋达到床层出口处为止,参看图 8.19(c)。此时如继续运行,出口气体的含水量将超标。

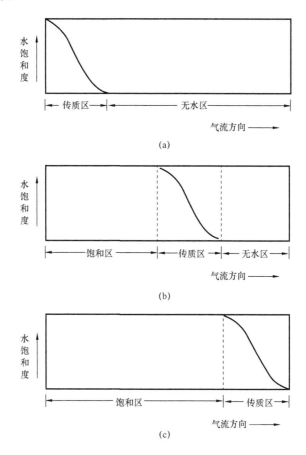

图 8.19 吸附过程床层含水推进过程

饱和区的长度只需按上述各种条件调整后的实际饱和吸水能力,扣除残留水量推算就可以了。应当注意到分子筛床层填充量是按两年后的吸水能力计算的,在运行初期的吸水能力要比后期高得多。如果吸附周期不变,在吸附停止时床层内还有一段较长的无水区。

无水区中会有少量残留水和其他被吸附的物质,具体与吸附剂的性能有关。如果采用 4A 分子筛,无水区内可有 CO_2,H_2S 和甲烷。如气中含有较多 CO_2,则无水区内其他物质会因吸附力较低而被 CO_2 置换掉。在这种情况下,吸附周期开始时干气中 CO_2 含量极少,随后被吸附的 CO_2 被水置换出来。干气中 CO_2 含量会很快上升。如果下游有干冰问题,对 CO_2 含量有严格要求时,应通过计算查明带来的影响。

(6)吸附剂再生。吸附剂再生包括加热和冷却两步。图 8.20 为典型的 8h 再生过程温度变化曲线,再生气温度为 260℃。T_1 为进气温度,T_2 为解吸开始温度(约 120℃),T_3 为解吸基本完成的温度,T_4 为加热终止后气出口温度(约比再生气低 30℃),T_5 为冷却终止温度。T_5 会比 T_1 略高,在转为吸附后,床层温度会很快被来气冷却。

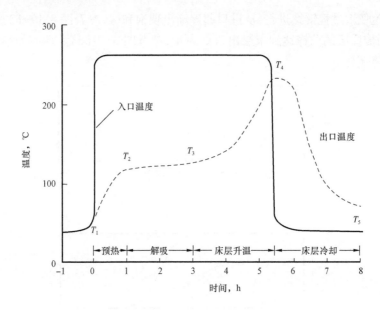

图 8.20　再生过程气温变化曲线

在预热期间,主要是床层升温,烃类和二氧化碳会被解吸。被吸附的水主要是吸收潜热,很少有水分被解吸。解吸段的热主要是补偿吸附热,所以温升很小。床层升温阶段主要用于除掉残余水,此时温升较快。如果允许残留水略高一点,T_4可以降低,但 T_2 和 T_3 不必改动。如果周期不是 8h,横坐标可以按比例拉长或缩短,不会对计算有明显影响。

8.2.3.2　甘醇吸收脱水

(1)工艺特点。

一般的甘醇脱水主要用于天然气的管道输送,要求水露点能达到 -5℃就可以了。对于天然气凝液回收来说,这是远远不够的。要想用甘醇吸收法获得更低的露点,主要靠提高甘醇浓度、增加甘醇循环量和采用更多的吸收塔理论板数。提高甘醇浓度是最关键的条件,因为甘醇不够就不可能得到与其相应的露点。后两个办法只能在一定限度内起到较好作用,增加过多后效果不明显,而且经济上不合理。

要想使天然气露点降到 -95 ~ -70℃,需要将甘醇浓度提高到 99.99%~99.999%。由于受甘醇分解温度限制,不可能单靠提高温度来增加浓度。天然气气提能使三甘醇浓度提到99.7%,耗气量已经很大。而且用气越多甘醇损失越多,也影响分馏塔传质效率。负压蒸馏法在残压 100mmHg 的条件下,三甘醇浓度不过 99.8%。采用芳烃气提可以用较少的能耗达到所需要的高浓度甘醇。该法是称为 DRIZO 法的专利技术。其优点有:

① 天然气中往往含有芳烃和环烷烃(主要是苯、甲苯、乙苯和二甲苯),在甘醇吸收过程中能较好地溶于三甘醇。再生时用于气提可以得到很高浓度的甘醇。

② 再生气中95%以上的芳烃得到回收,作为粗芳烃可用于提高汽油辛烷值,或其他化工原料提高经济效益。

(2)流程描述。

脱水流程与常规甘醇脱水相似,差别是再生时采用了自身积累的芳烃气提。

进气经过分离除掉游离的水、油和杂质后进入吸收塔。塔顶注入高浓度三甘醇(贫液)，吸收气中的水分。吸水后的甘醇(富液)先到再生分馏塔顶部换热，再与再生后的热贫液换热到100~150℃，进入压力0.35~0.65MPa的闪蒸分离器。加热闪蒸是为了分掉低沸点的烃，减少以后常压三相分离的废气损失，同时也减少富液乳化问题。闪蒸气冷却分离后可作为自用燃料。闪蒸后的富液与缓冲罐内的贫液换热升温后进入分馏柱进行浓缩。图8.21所示为甘醇气提再生脱水流程。

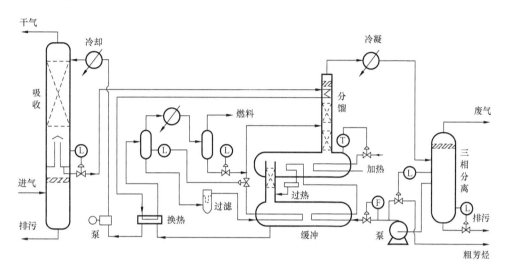

图8.21 甘醇气提再生脱水流程

再生分馏部分由分馏柱、加热釜、气提柱和缓冲罐组成一个整体。其中设置了多组换热盘管，使热能得到合理利用。塔顶气经冷凝后到三相分离器分出不凝气、芳烃和水。芳烃经换热和过热后成为过热气态，进到气提柱下部作为气提气循环使用。

当在一座新建储气库里首次启动一套脱水系统的时候，应该大约每周检查一次甘醇液中的污物，尤其是氯化物。从库中产出的天然气中经常存在含盐水分。如果分离设备不能充分起作用的话，盐分就会进入甘醇液中。如果甘醇液中的盐分累积得足够多的话，就能把再生器中的燃烧加热管包裹起来。这样一来，就能引起燃烧加热管过热，最终失去作用。

(3)设备选择要点。

由于流程与气提法相近，除不同部分外不再重复。

当今吸收塔已采用规整填料取代传统的板式塔板，从而可使塔径和高度都减少很多。由于塔内液量相对很少，传质较差，每块理论板的高度(HETP)远高于一般分馏塔。按常规甘醇吸收塔数据推算，需填料5.2m(10块泡罩板)。如相当于三个理论板，则HETP相当于1.7m。如采用6~8个理论板，则需10~14m高的规整填料。

不同填料的性能会有较大差异，如采用持液较好的填料，是否能减少填料高度，需要进行小型试验才能确定。采用填料塔后塔径可减少近40%，塔顶需要较好的扑雾器，达到每百万立方米气的甘醇损失2.7L。如果来气含有沸点200℃或更高的烃类组分，再生釜下面的缓冲罐液面上可能聚集一些轻油。需要有能人工撇油的措施。

8.2.3.3　低温脱水

降低天然气温度,使部分水蒸气和重烃凝析成液体,与气流分开,从而降低了天然气中的含水量和重烃组分。

常用节流方法获取低温,如井口节流前后压力分别为 23.5MPa→15.1MPa,降低了 8.4MPa,若 D_i 按 3℃/MPa 估算,可降低气体露点 25℃左右。应根据节流后的工况估计能否生成水合物,若可能生成水合物,必须采取措施,如加热分出的液体,使之不能冰冻和形成水合物,或注甲醇、乙二醇等防冻剂。

8.2.3.4　脱水方法选择要点

(1)分子筛吸附是要求水露点很低时最成熟但造价最高的方法。实际设计往往出现以下问题,需要在设计中注意:

① 采用低压气再生时,泄压和充气速度过快,导致分子筛粉碎,有的甚至只使用一两个月就需要连续注甲醇来弥补,为此需要经过计算选用并设置合适的充气和泄压阀。

② 分子筛寿命一般应达到 3 年以上,但实际往往只用两年。除气流污染和充泄压过快外,还与未按实际吸附能力调整吸附周期有关。新分子筛的吸附能力比设计取值可高出 40% 或更多,在第一年如适当延长运行周期,可减少再生次数和延长分子筛寿命,到第三年以后还可考虑适当缩短切换时间,这在设计中应当考虑。

③ 4A 分子筛能吸附二氧化碳,会出现干气中含碳先低后高现象。这是因为吸附开始阶段,床层内吸附了很多二氧化碳,随后又被水置换出来。采用 3A 分子筛不存在这个问题,但不能吸附二氧化碳。

(2)芳烃气提法甘醇脱水

该法适用于气中含芳烃较多的场合,造价和成本低于分子筛。在国外已经成熟,但国内缺少经验。如果芳烃含量高,应考虑引进。

(3)低温注抑制剂法

天然气凝液回收一般都采用不同程度的低温,采用注水合物抑制剂应是最经济的方法。不低于 -35℃的场合采用注乙二醇的方法,在国内已经成熟。低于 -35℃ 时,可采用注甲醇法。是否需要对液烃中的甲醇进行回收,取决于甲醇用量。如果液烃量较少,甲醇用量不多,可以考虑不回收。

国内引进的注甲醇法的膨胀机深冷装置,在技术上是成熟的。如果采用蒸馏法回收甲醇,只是能耗略高和流程复杂一些,技术上是可靠的。

8.2.4　脱轻烃及烃露点控制

对于枯竭油藏需要控制采出气的烃露点,在地面系统进行轻烃的脱出,从而达到控制烃露点的目的。从天然气中回收凝液,称凝液回收或轻烃回收。首先要把需要凝析的组分液化与以甲烷为主体的气体分离,其方法主要有:油吸收、固定床吸附和冷凝法等。

8.2.4.1　油吸收

两种烃类互溶的特点是:分子量和沸点越接近的两种烃类互溶性越大,分离越难;压力越高、温度越低,溶解度越大。利用烃类的互溶特性,在高压、低温下用吸收油吸收天然气内的各种组分,特别是凝液组分。吸收了各种组分的富吸收油在低压、高温下与吸收质蒸馏分离,使吸收油得到再生,循环使用。

吸收油为直链烷烃的混合物,类似于汽油或煤油,但馏程较窄,分子量为 100~200。吸收温度较低(如 -34℃)时,可选分子量 120~140 的吸收油;常温吸收时,应选分子量大的吸收油,如 180~200。分子量小的吸收油,单位质量吸收油的分子数较多,可减少吸收油的循环量,但蒸发损失大,被气体带出吸收塔的损失多。吸收油的沸点应高于从气体中所吸收的最重组分的沸点,便于在蒸馏塔内吸收油的解吸再生,在塔顶分离出吸收质。吸收压力除考虑气体内各组分在油中溶解度外,还应考虑气体的外输压力,一般应在 3.5~6.2MPa 范围内。

用油吸收法回收气体内的较重烃类时,其简要流程如图 8.22 所示。原料气经气/气换热器和冷剂蒸发换热器(用制冷剂为介质提供气体冷量的换热器)冷却后进吸收塔。吸收塔的结构与甘醇脱水塔类似,贫油自上而下流经各层塔板,气体自下而上在各层塔板上与贫油接触,气体内的各种烃类溶入吸收油。脱除较重烃类的贫气由塔顶流出,吸收了气体内烃类的富油由塔底流出。

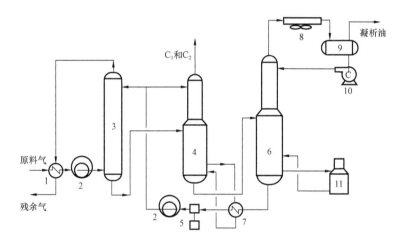

图 8.22　贫油吸收流程

1—气/气换热器;2—冷剂蒸发器;3—吸收塔;4—富油脱乙烷塔;5—贫油泵;6—分馏塔;
7—贫油/富油换热器;8—空冷器;9—回流罐;10—回流泵;11—重沸炉

富油进入脱乙烷塔,塔底贫油/富油换热器起重沸器作用,在塔底热量和烃蒸气的汽提下,吸收油释放吸收质 C_1 和 C_2 的同时也带出部分 C_{3+}。在脱乙烷塔的上半部分为再吸收部分,塔顶部注入的贫油再次吸收解吸组分 C_{3+},仅有气态 C_1 和 C_2 自塔顶流出。脱乙烷塔的塔顶气可做燃料,或增压后进入气体外输管线。离开脱乙烷塔的富油进入分馏塔,塔底温度略低于吸收油沸点,蒸出从气体内吸收的 C_3,C_4 和 C_{5+} 等组分,并从塔顶流出、冷凝为 NGL(天然气凝液)。塔底流出的产品为再生后的贫吸收油,循环使用。

油吸收厂的优点是:气体压降小,只有 200~350kPa,厂内管线和设备均可由碳钢制造;缺点是:回收工艺复杂,设备多,能耗大,乙烷回收率很低或基本上不回收。其他烃类的典型回收率为:C_3,80%;C_4,90%;C_{5+},98%。

20世纪60年代,随膨胀机在气体轻烃回收中得到成功应用后,贫油吸收厂正逐步退出气体加工工业。

8.2.4.2　固定床吸附

用固定床回收轻烃时,吸附周期常为2~3h,称为"快循环"。固体吸附剂再生过程热耗集中,需负荷很大的再生炉,且吸附床笨重而昂贵。因而很少用于轻烃回收,只在特定情况下使用,如用于偏远地区控制气体烃露点。

8.2.4.3　冷凝法

降低气体温度将导致NGL析出。压力恒定,温度越低,析出的凝液越多。使气体获得低温需要制冷,常用3种制冷方法,即制冷剂制冷、节流膨胀和气体通过膨胀机膨胀制冷。

(1)制冷剂制冷。

利用制冷剂汽化时吸收汽化潜热的性质,使之与天然气换热,使天然气获得低温,这种制冷方法称蒸气压缩制冷,或机械制冷,或外部冷剂制冷。氨、氟利昂和丙烷是天然气轻烃回收中常用的制冷剂。冷剂的制冷过程如图8.23所示,原料气与来自低温分离器的销售气换热,使原料气降温。之后,原料气进入冷剂蒸发换热器,在壳程内制冷剂汽化过程中吸收管程内天然气的热量,使气体获得低温。低温天然气进入分离器分出NGL,流出分离器的冷贫气经换热器与原料气换热,提高贫气温度后进入销售管网。为防止生成水合物,在原料气降温前注入乙二醇,吸收水分的乙二醇富液进入再生设备提浓。

若用氨、氟利昂为冷剂,可使天然气获得约-25℃的低温;丙烷为冷剂时,可使气体温度降至-40℃左右。制冷剂制冷回收天然气凝液的典型回收率为:C_3,85%;C_4,94%;C_{5+},98%。

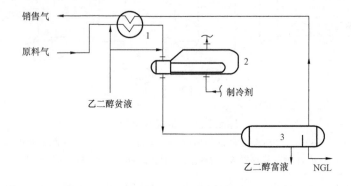

图8.23　机械制冷流程
1—气/气换热器;2—冷剂蒸发器;3—分离器

(2)节流膨胀制冷。

原料气与低温分离器来的销售气换热、降温后,由节流阀节流降压,气体获得低温(图8.24)。在分离器内凝析的NGL与气体分离。与冷剂制冷相比,节流膨胀制冷依靠气体自身压力制冷,属气体"自制冷过程"。

节流膨胀前后,气体的焓值相等,温降大小主要取决于气体初终态的压力和温度。若将甲烷从10MPa降至0.1MPa,节流前甲烷温度越低,节流后气体温降越大(表8.11),因而原料气

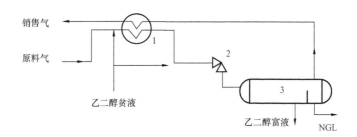

图 8.24 节流制冷流程

1—气/气换热器;2—节流阀;3—分离器

与销售气的换热环节极为重要,不但节省能量,还使节流后天然气温度更低,获得更高的 NGL 收率。节流制冷设备简单、投资少,适用于原料气压力较高的场合;缺点是能耗高、效率低、NGL 的收率低。若节流后气体压力较低,则需用压缩机增压至管输压力。

表 8.11 原料气温度与节流温降的关系

温度,℃		温降,℃
节流前	节流后	
27	−20	47
−23	−87	64
−43	−137	94

按图 8.25 可构成节流制冷循环,使天然气液化成液化天然气(LNG)。天然气经压缩后通过换热器和节流阀,由于节流使气体压力和温度下降,但开始还达不到天然气液化所需的低温,在收液罐内没有 LNG 凝析。节流后的低压、低温气体由收液罐进入换热器,在低压气温度提高的同时,使高压气体降温,低压气返回压缩机入口。上述过程反复进行,使节流前高压气体的温度越来越低,最终在收液罐中出现凝析液,即液化天然气。图 8.25 所示原理流程即为著名的林德(Cavl Von Linde)节流制冷循环,早在 1895 年就申请了专利,最早用于空气液化。近代天然气液化工业始于 20 世纪 60 年代,制冷工艺也有了长足的进步。

(3)透平膨胀机制冷。

用透平膨胀机代替节流阀,即为透平膨胀机制冷。高压气体通过透平膨胀机进行绝热膨胀时,在压力和温度降低的同时,对膨胀机轴做功。轴的另一端常带有制动压缩机为气体增压,气体在膨胀机内的等熵效率约为 80%,机械效率为 95%~98%。气体在膨胀机内的膨胀近似为等熵过程。在同样初终态气体压降下,比节流膨胀获得的气体温降更大。膨胀机制冷也属自制冷过程。

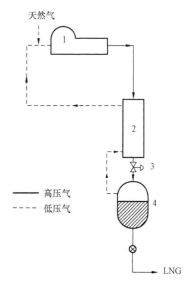

图 8.25 林德节流制冷循环

1—压缩机;2—逆流式换热器;

3—截流膨胀阀;4—收液罐

图 8.26 表示透平膨胀机制冷的典型流程。原料气分出游离水及凝析油后进入分子筛脱水塔,使气体水含量降低至 $0.85mg/m^3$ 以下,避免在下游的冷凝过程中出现水合物。脱水后的干气经与脱甲烷塔来的冷天然气进行二级换热降温后进入低温分离器(膨胀机入口分离器),分出凝析油。低温气体通过透平膨胀机膨胀,气体温度可降至 $-100 \sim -73℃$(足以使大量乙烷液化),进入脱甲烷塔。脱甲烷塔实为分馏塔,轻组分为甲烷以蒸气从塔顶流出,重组分为 C_{2+} 以液体由塔底流出。由上向下脱甲烷塔的温度逐步升高,低温分离器分出的凝析油在塔温接近油温处进入脱甲烷塔,分出凝液内的甲烷,使塔底产品内甲烷和乙烷的物质的量之比小于 $0.02 \sim 0.03$,NGL 得到一定程度的稳定。脱甲烷塔的塔底温度低于环境温度,可用燃气压缩机的出口气体作为塔底重沸器的热媒,产生汽提气,使塔底流出的 NGL 有符合规定的雷特蒸气压。原料气温度较高,可用作脱甲烷塔侧线换热器的热源,减少重沸器的负荷。

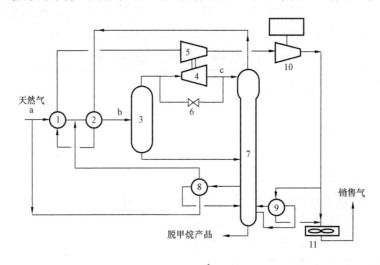

图 8.26 透平膨胀机制冷典型流程

1——一级气/气换热器;2—二级气/气换热器;3—膨胀机入口分离器;4—透平膨胀机;5—制动压缩机;6—旁通 J – T 阀;
7—脱甲烷塔;8—侧线换热器;9—重沸器;10—再增压压缩机;11—空冷器;a,b,c—气体 3 个不同的状态点

膨胀机制冷气体加工厂部分设备的典型参数范围见表 8.12。气体通过膨胀机膨胀时,由于气体温度降低,在膨胀机出口的气流内带有析出的凝液,膨胀机容许出口气流内带有少量液体(一般小于 10%)。饱和状态下 CO_2 的冰点为 $-56℃$,在低温气体内能形成干冰,堵塞或损害膨胀机转子流道和脱甲烷塔顶部几层塔板,因而应控制原料气内 CO_2 含量(摩尔分数为 $0.5\% \sim 1\%$)。

表 8.12 深冷厂部分设备操作参数

名称	压力,MPa	温度,℃	回收率[1],%
原料气	$4.15 \sim 6.20$		
低温分离器	$4.1 \sim 6.2$	$-68 \sim -34$	$6 \sim 8$
膨胀机出口	$0.65 \sim 3.1$	$-100 \sim -73$	
脱甲烷塔	$0.65 \sim 3.1$	$-100 \sim -73$	$8 \sim 12$

① 占原料气的分数。

上述膨胀机制冷流程适用于原料气较贫,C_{2+} 含量为 $0.33 \sim 0.4L/m^3$ 的情况。若原料气较富时(大于 $0.4L/m^3$),应考虑在上述流程的两台气/气换热器间增设一套由冷剂制冷的气体冷却器,并在冷却器下游设凝液分离器,以减少膨胀机出口的液体负荷。

8.2.4.4　回收方法比较和选择

在以上介绍的回收方法中,油吸收法已很少使用,固定床吸附法使用范围也很窄,冷凝法是使用最广的轻烃回收方法。

在冷凝法中,制冷剂制冷法的冷剂与天然气有独立的循环系统,在换热器内完成能量交换,使气体获得低温,因而在制冷过程中天然气的压能损失很小。节流制冷和膨胀机制冷都要消耗气体压能使气体获取冷量,但膨胀机制冷接近等熵过程,制冷温度低、液体回收率高,膨胀机输出的轴功还可为气体增压,是使用最广泛的 NGL 回收方法。与制冷剂冷凝法相比,尽管价格较高,但操作简单、易于制造成模块式橇装装置。膨胀机出口的低温气体内含液率一般应小于 10%,故不适用于很富的气体。在不回收 C_2、原料气较富时,用冷剂制冷法回收 NGL 常较经济。节流的优点是,简单易行、设备投资小,对流经节流阀流体的含液率没有要求,在原料气压力很高、有剩余压力可供利用时,也常用节流制冷。事实上,在冷剂制冷循环内,也依靠节流膨胀使液态冷剂降压、降温,蒸发汽化吸收汽化潜热,为天然气提供冷量。

选择制冷方法应考虑:(1)原料气的压力温度,含"可液化组分" C_{2+} 或 C_{3+} 的多少;(2)市场需求,要求的冷凝温度和凝液回收率;(3)气体处理量的大小和装置规模等因素,经比选后确定。根据现场情况,也可将节流制冷、膨胀机制冷和冷剂制冷有机组合,达到高效、节能,获取最大利润。

根据气流获得温度的高低,分为浅冷、中冷和深冷。温度高于 $-45\,^{\circ}\!C$ 以上称"浅冷", $-100 \sim -45\,^{\circ}\!C$(有文献定为 $-115\,^{\circ}\!C$)为中冷,低于 $-100\,^{\circ}\!C$ 为深冷。由于气体轻烃回收在低温下进行,对钢材选择有严格要求。一般钢材只能用于 $-29\,^{\circ}\!C$ 以上温度,经夏比冲击试验、低温性能好的碳钢可用于 $-45\,^{\circ}\!C$ 以上温度;中冷时可用 3.5% 的镍钢;深冷温度下,应采用不锈钢。因而,浅冷、中冷和深冷所用的钢材和建设费用完全不同,也是选择轻油回收方法经济比较的一项重要内容。

8.3　储气库充气过程模拟

8.3.1　充气过程模拟的原理

工程上经常遇到向一容积不变的刚性容器充气的情况。考虑一条输气管线向容器(容积 V 不变)的充气过程。由于管线内气体的压力大于容器内气体的压力,所以管线内的气体不断进入容器内,直到容器内气体的压力等于管线内气体的压力为止。

据此,可根据计算精度要求,确定时间步长,计算在某个时间段内的平均充气量、压力和温度。

8.3.2　冲气模型建立

由于充气计算不仅涉及 p 和 T(压力、温度)之间的关系,而且还与传热和时间有关,因此计算相当复杂,靠手工难以完成,必须借助计算机编制合适的软件来完成。

鉴于充气过程的复杂性,本设计在进行容器充气过程计算方法研究时,采用了适当的假设和简化,这些假设包括:

(1)气体的压缩因子为 1.0;

(2)容器内为混合均匀的理想气体;

(3)不考虑气体流经安全阀时的截流降温效应;

(4)在整个充气过程中容器内的气体不发生相变;

(5)在整个充气过程中管道内的压力 p 和温度 T 保持不变。

在以上假设的基础上建立了两种充气模型——等温模型、绝热模型。

8.3.3　等温充气

如果充气过程中系统与外界有相当好的传热条件,可保持充气时容器中气体的温度不变,这种充气就是等温充气过程。

8.3.3.1　过程分析

由克拉贝龙方程 $pV = nRT$ 可知对于状态 1 和状态 2 有:

$$\frac{p_1 V_1}{p_2 V_2} = \frac{n_1 R T_1}{n_2 R T_2} \tag{8.23}$$

由于充气过程是等温的,故 $T_1 = T_2$;且对于同一个容器其体积是不变的,故 $V_1 = V_2$,所以式(8.23)可变为:

$$\frac{p_1}{p_2} = \frac{n_1}{n_2} \tag{8.24}$$

即将求压力变化问题转化为求容器内气体物质的量的变化问题。欲求容器内气体物质的量的变化,就必须对充气量的计算方法有所了解。

8.3.3.2　充气量的计算

通过安全阀充气与通过安全阀放气是一样的,只是要明确系统的背压是指哪里的压力。在管道向容器充气的过程中,管道为高压端,容器为低压端,容器内的压力即为系统的背压,它随着充气过程的进行是不断变化的。

(1)临界流动压力和临界流动压力比。

安全阀的背压 p_2 和进口压力 p_1 之间有一比值,以 δ 表示。当进口压力 p_1 不变而降低出口压力 p_2 使 $p_2/p_1 \leqslant \delta_x$ 时,进一步降低出口压力 p_2 而流量却不再增加,此时流量称为临界流量,δ_x 称为临界流动压力比。

临界流动压力比仅与气体的绝热系数有关,可用式(8.25)计算:

$$\delta_x = \left(\frac{2}{k+1}\right)^{\frac{k}{k-1}} \tag{8.25}$$

式中 δ_x——气体介质的临界流动压力比;

　　k——气体的绝热指数, $k = c_p/c_V$, c_p 为介质的比定压热容, c_V 为介质的比定容热容。

　　根据油田的经验 δ_x 一般取 0.546。

（2）临界流动——气体或蒸汽通过泄压阀的充气量。

当下游压力小于临界流动压力或临界流动压力比 $\delta_x \leqslant 0.546$ 时, 充气量可用式(8.26)计算:

$$W = \frac{AC_1Kp_1\sqrt{M}}{100\sqrt{T_1Z}} \tag{8.26}$$

$$C_1 = 387\sqrt{k\left(\frac{2}{k+1}\right)^{\frac{k+1}{k-1}}}$$

式中 W——流量, kg/h;

　　k——气体的绝热指数, $k = c_p/c_V$, c_p 为介质的比定压热容, c_V 为介质的比定容热容;

　　A——要求的阀门排出面积, cm^2;

　　K——排除系数, 可从阀门制造商那里获得, 一般取 0.975;

　　p_1——阀的上游压力, 它等于阀的设定压力加允许超压, 再加大气压, kPa(绝);

　　M——气体或蒸汽的分子质量;

　　T_1——上游压力下的气体温度, K;

　　Z——流动条件下的压缩因子, 对于理想气体 $Z = 1$。

（3）次临界流动——气体或蒸汽通过泄压阀的充气量。

当下游压力大于临界流动压力或临界流动压力比 $\delta_x \geqslant 0.546$ 时, 充气量可用下列公式之一计算:

$$W = \frac{548AF_2K\sqrt{Mp_1(p_1-p_2)}}{100\sqrt{ZT_1}} \tag{8.27}$$

$$W = \frac{AC_1Kp_1K_b\sqrt{M}}{100\sqrt{T_1Z}} \tag{8.28}$$

其中

$$C_1 = 387\sqrt{k\left(\frac{2}{k+1}\right)^{\frac{k+1}{k-1}}}$$

$$F_2 = \sqrt{\left(\frac{k}{k-1}\right)r^{\left(\frac{2}{k}\right)}\left[\frac{1-r^{\left(\frac{k-1}{k}\right)}}{1-r}\right]}$$

$$K_b = \frac{548F_2\sqrt{1-r}}{C_1}$$

式中　W——流量,kg/h;

　　　F_2——次临界流动系数;

　　　K_b——由背压引起的流量修正系数;

　　　r——绝对背压,$r = \dfrac{p_2}{p_1}$;

　　　k——气体的绝热指数,$k = c_p/c_V$,c_p 为介质的比定压热容,c_V 为介质的比定容热容;

　　　A——要求的阀门排出面积,cm^2;

　　　K——排除系数,可从阀门制造商那里获得,一般取 0.975;

　　　p_1——阀的上游压力,它等于阀的设定压力加允许超压,再加大气压,kPa(绝)。

　　　p_2——阀门出口的下游压力,kPa(绝)。

　　　M——气体或蒸汽的分子质量;

　　　T_1——上游压力下的气体温度,K;

　　　Z——流动条件下的压缩因子,对于理想气体 $Z = 1$。

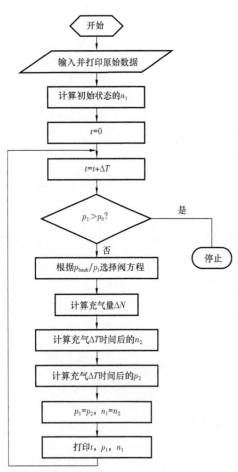

图 8.27　等温充气计算程序框图

8.3.3.3　等温充气算法

用数值方法求解等温充气时容器内的温度、压力(p、T)随时间 t 的变化过程包含了许多重复计算工作。目前,一般都使用计算机计算。根据以上的分析,等温充气的算法为:

(1)输入并打印原始数据,包括容器内流体的温度、压力和物性参数以及容器体积。

(2)由输入的数据,根据理想气体状态方程计算出初始状态下容器内的气体的物质的量。

(3)由阀门方程计算出某一时间段内的充气量,并将其转化为摩尔流量。

(4)用上一步计算出的摩尔流量乘以这一时间段,可得这一时间段内的物质的量的变化量。

(5)用初始状态下容器内气体的物质的量加上容器内气体物质的量的变化量,可得现在这一状态下容器内气体的物质的量。

(6)由克拉贝龙方程计算出现在这个状态下容器内气体的压力。

(7)重复(2)—(6),直至充气过程结束(容器内气体的压力大于管道内气体的压力)。

8.3.3.4　等温充气计算程序框图

根据上述算法,等温充气过程的计算程序可按图 8.27 的过程进行编制。

8.3.4 绝热充气过程

如果系统的绝热条件非常好,系统与外界之间不存在热交换,或者充气过程进行得非常快,系统还来不及与外界进行热量交换充气过程已经结束,那么这种充气过程就是绝热充气过程。

8.3.4.1 过程分析

由克拉贝龙方程 $pV = nRT$ 可知对于状态 1 和状态 2 有:

$$\frac{p_1 V_1}{p_2 V_2} = \frac{n_1 R T_1}{n_2 R T_2} \tag{8.29}$$

在绝热充气过程中 $T_1 \neq T_2$,但是对于同一个容器其体积是不变的,故 $V_1 = V_2$,所以式(8.29)可变为:

$$\frac{p_1}{p_2} = \frac{n_1 T1}{n_2 T2} \tag{8.30}$$

所以欲求出容器内介质的压力变化,必须求出容器内气体物质的量的变化和容器内介质温度的变化。管道内的气体通过安全阀不断流入容器内,通过阀方程可以求出容器内气体物质的量的变化;绝热充气过程是理想的热力学过程,其温度变化可以由热力学基本公式推出。

8.3.4.2 充气量的计算

同等温充气过程中充气量的计算。

8.3.4.3 绝热充气过程中温度变化的计算

考虑输气管线向容器(容积 V 不变)的充气过程。取容器内容积为控制容积,充气前容器内气体的参数为 p_1,T_1 和 m_1。打开阀门,管线中气体流入容器。一段时间后关闭阀门,这时容器内气体的参数为 p_2,T_2 和 m_2。输气管线中气体的参数以 $p_0(p_0 > p_1)$,T_0 和 h_0 表示之。为分析方便,假定管线中的气体与输气管线中的气体是同一种气体。

因为 V 不变,所以边界功 $\delta W = 0$。又控制容积只有一个入口,故离开容器的气体质量 $\delta m_e = 0$,容器内气体质量的变化等于进入容器内的气体的质量,即 $\delta m = \delta m_i$。如果容器有绝热措施,或者充气进行得比较快,致使系统与外界没有充分的换热时间,这时就可认为 $\delta Q = 0$,假设充入气体的动能、位能均可忽略,则系统的能量方程可以写为:

$$h_0 \delta m = \mathrm{d} U \tag{8.31}$$

此式说明:控制容积内能的增加等于充入气体带入的能量。

利用理想气体的性质,式(8.31)写成:

$$c_p T_0 \delta m = \mathrm{d}(mu) = m \mathrm{d}u + u \mathrm{d}m = c_v m \mathrm{d}T + c_v T \mathrm{d}m$$

式中充入的气体质量 δm 就等于容器中质量的增加 $\mathrm{d}m$,因而:

$$\frac{\mathrm{d}m}{m} = \frac{\mathrm{d}T}{kT_0 - T} \tag{8.32}$$

由于 $\dfrac{\mathrm{d}p}{p} + \dfrac{\mathrm{d}V}{V} - \dfrac{\mathrm{d}m}{m} - \dfrac{\mathrm{d}T}{T} = 0$，而且 $dV = 0$，带入式（8.32），则得：

$$\frac{\mathrm{d}p}{p} = \frac{kT_0}{(kT_0 - T)T}\mathrm{d}T \qquad (8.33)$$

这就是充气过程中压力变化与温度变化的微分关系。现在进一步认为输气管线的容积相对充灌容器的容积 V 来说足够大，也就是说充气过程中管线中的气体参数保持不变。这时，充气前后容器中的压力与温度的关系为：

$$\int_1^2 \frac{\mathrm{d}p}{p} = \int_1^2 \frac{kT_0}{(kT_0 - T)T}\mathrm{d}T$$

或

$$\ln\frac{p_2}{p_1} = -\left[\ln\frac{kT_0 - T_2}{T_2} - \ln\frac{kT_0 - T_1}{T_1}\right]$$

$$= \ln\left[\left(\frac{kT_0 - T_1}{T_1}\right)\left(\frac{T_2}{kT_0 - T_2}\right)\right]$$

所以

$$\frac{p_2}{p_1} = \frac{T_2}{T_1}\left(\frac{kT_0 - T_1}{kT_0 - T_2}\right) \qquad (8.34)$$

或

$$\frac{T_2}{T_1} = \frac{k}{\dfrac{T_1}{T_0} + \left(k - \dfrac{T_1}{T_0}\right)\dfrac{p_1}{p_2}} \qquad (8.35)$$

由理想气体状态方程可知：

$$\frac{T_2}{T_1} = \frac{p_2}{p_1}\frac{n_1}{n_2}$$

与上式联立可解出：

$$\frac{p_2}{p_1} = \frac{k}{\dfrac{n_1}{n_2}\dfrac{T_1}{T_2}} - \frac{k}{\dfrac{T_1}{T_0}} + 1 \qquad (8.36)$$

容器内气体的物质的量的变化可以通过阀方程求出，式（8.36）的右边的变量均为已知值或可以求出的，故 $\dfrac{p_2}{p_1}$ 可以求出，带入式（8.35）即可求出 $\dfrac{T_2}{T_1}$。

8.3.4.4　绝热充气算法

（1）输入并打印原始数据，包括容器内流体的温度、压力和物性参数以及容器体积。

（2）由输入的数据，根据理想气体状态方程计算出初始状态下容器内的气体的物质的量。

（3）由阀门方程计算出某一时间段内的充气量，并将其转化为摩尔流量。

（4）用上一步计算出的摩尔流量乘以这一时间段，可得这一时间段内的物质的量的变化量。

（5）用初始状态下容器内气体的物质的量加上容器内气体物质的量的变化量，可得现在这一状态下容器内气体的物质的量。

（6）用上一节中求温度的方法求出状态2下的温度 T_2。

（7）由克拉贝龙方程计算出现在这个状态下容器内气体的压力。

（8）重复（2）—（7），直至容器内气体压力大于管道内气体压力。

8.3.4.5　绝热充气计算程序框图

根据上述算法，绝热充气过程的计算程序可按图8.28的过程进行编制。

8.3.5　充气模拟计算结果

由于还没有现成的软件可以模拟容器的充气过程，所以本章只能将程序运行的结果给出，而不能像泄压计算那样给出两种结果的比较。

（1）等温充气计算结果。

等温充气计算的参数设定如下：最终压力为4000kPa；泄放温度为298.15K；系统背压为101.3kPa；

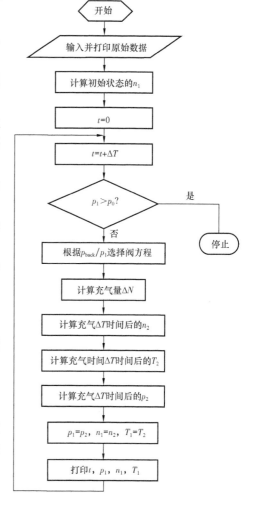

图8.28　绝热充气计算程序框图

泄压面积为50.24cm^2。

本程序采用变步长法控制时间变量，最初的10次循环每次时间增加1s，且每次运行结果都输出；后面的每10s循环一次，每循环5次输出一次，即每50s输出一次。

以程序运行结果中的时间为横坐标，压力为纵坐标作图，可得如图8.29所示等温充气 p—t 关系曲线。

（2）储气库充气过程计算结果。

模拟地下储气库的充气过程，计算的参数设定如下：最终压力为10000kPa；泄放温度为

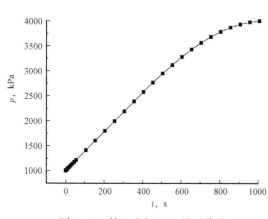

图8.29　等温充气 p—t 关系曲线

298.15K;系统背压为2000kPa;库容为2000000m^3。

以程序运行结果中的时间为横坐标,压力、摩尔质量为纵坐标作图,可得如图 8.30 和图 8.31所示关系曲线。

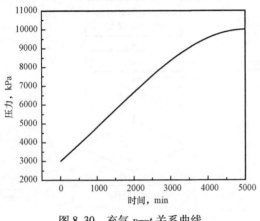

图 8.30　充气 p—t 关系曲线　　　　图 8.31　充气质量变化关系曲线

8.4　储气库采气过程模拟分析

由于采气计算不仅涉及 p 和 T(压力、温度)之间的关系,而且还与传热和时间有关,因此计算相当复杂,靠手工难以完成,必须借助计算机编制合适的软件来完成。

鉴于采气过程的复杂性,本设计在进行容器采气过程计算方法研究时,采用了适当的假设和简化,这些假设包括:

(1)气体的压缩因子为 1.0;

(2)容器内为混合均匀的理想气体;

(3)不考虑气体流经采气阀时的截流降温效应;

(4)在整个采气过程中,容器内的气体不发生相变;

(5)在整个采气过程中,除了通过采气阀流出容器的气体以外再没有流体流进或流出容器。

在以上假设的基础上建立了两种采气模型,分别是等温模型和绝热模型。

8.4.1　等温采气过程

如果采气过程中系统与外界有相当好的传热条件,以致可保持采气时容器中气体的温度不变,这种采气就是等温采气过程。

8.4.1.1　过程分析

由克拉贝龙方程 $pV = nRT$ 可知,对于状态 1 和状态 2 有:

$$\frac{p_1 V_1}{p_2 V_2} = \frac{n_1 R T_1}{n_2 R T_2} \tag{8.37}$$

由于采气过程是等温的,故 $T_1 = T_2$;且对于同一个容器其体积是不变的,故 $V_1 = V_2$,所以式(8.37)可变为:

$$\frac{p_1}{p_2} = \frac{n_1}{n_2} \tag{8.38}$$

即将求压力变化问题转化为求容器内气体物质的量的变化问题。容器内的气体是通过采气阀泄放的,所以欲求容器内气体物质的量的变化,就必须对阀门的采气过程以及泄放量的计算方法有所了解。

8.4.1.2　泄放量的计算

进行采气计算分析的主要依据标准为 API-520 和 API-521。要使泄放系统设计既安全又合理,首先应确定泄放的控制工况。这在本章的第二节已经做了详细的阐述,读者可在需要时参考。

(1)临界流动压力和临界流动压力比。

安全阀的背压 p_2 和进口压力 p_1 之间有一比值,以 δ 表示。当进口压力 p_1 不变而降低出口压力 p_2 使 $p_2/p_1 \leqslant \delta_x$ 时,进一步降低出口压力 p_2 而流量却不再增加,此时流量称为临界流量,δ_x 称为临界流动压力比。

临界流动压力比仅与气体的绝热系数有关,可用式(8.39)计算:

$$\delta_x = \left(\frac{2}{k+1}\right)^{\frac{k}{k-1}} \tag{8.39}$$

式中　δ_x——气体介质的临界流动压力比;
　　　k——气体的绝热指数,$k = c_p/c_V$,c_p 为介质的比定压热容,c_V 为介质的比定容热容。
根据油田的生产经验 δ_x 一般取 0.546。
(2)临界流动——气体或蒸汽通过采气阀的泄放量。
当下游压力小于临界流动压力或临界流动压力比 $\delta_x \leqslant 0.546$ 时,泄放量可用下式计算:

$$W = \frac{AC_1 K p_1 \sqrt{M}}{100 \sqrt{T_1 Z}} \tag{8.40}$$

其中

$$C_1 = 387\sqrt{k\left(\frac{2}{k+1}\right)^{\frac{k+1}{k-1}}}$$

式中　W——流量,kg/h;
　　　k——气体的绝热指数,$k = c_p/c_V$,c_p 为介质的比定压热容,c_V 为介质的比定容热容;
　　　A——要求的阀门排出面积,cm^2;
　　　K——排除系数,可从阀门制造商那里获得,一般取 0.975;
　　　p_1——阀的上游压力,它等于阀的设定压力加允许超压,再加大气压,kPa(绝);
　　　M——气体或蒸汽的分子质量;

T_1——上游压力下的气体温度,K;

Z——流动条件下的压缩因子,对于理想气体 $Z = 1$。

(3)次临界流动——气体或蒸汽通过采气阀的泄放量。

当下游压力大于临界流动压力或临界流动压力比 $\delta_x \geqslant 0.546$ 时,泄放量可用下列公式之一计算:

$$W = \frac{548AF_2K}{100} \frac{\sqrt{Mp_1(p_1 - p_2)}}{\sqrt{ZT_1}} \tag{8.41}$$

$$W = \frac{AC_1Kp_1K_b}{100} \frac{\sqrt{M}}{\sqrt{T_1Z}} \tag{8.42}$$

其中

$$C_1 = 387 \sqrt{k\left(\frac{2}{k + 1}\right)^{\frac{k+1}{k-1}}}$$

$$F_2 = \sqrt{\left(\frac{k}{k - 1}\right)r^{\left(\frac{2}{k}\right)}\left[\frac{1 - r^{\left(\frac{k-1}{k}\right)}}{1 - r}\right]}$$

$$K_b = \frac{548F_2\sqrt{1 - r}}{C_1}$$

式中 W——流量,kg/h;

F_2——次临界流动系数;

K_b——由背压引起的流量修正系数;

r——绝对背压,$r = \dfrac{p_2}{p_1}$;

k——气体的绝热指数;

A——要求的阀门排出面积,cm^2;

K——排除系数,可从阀门制造商那里获得,一般取 0.975;

p_1——阀的上游压力,它等于阀的设定压力加允许超压,再加大气压,kPa(绝);

p_2——阀门出口的下游压力,kPa(绝);

M——气体或蒸汽的分子质量;

T_1——上游压力下的气体温度,K;

Z——流动条件下的压缩因子,理想气体 $Z = 1$。

8.4.1.3 等温采气算法

用数值方法求解等温采气时容器内的压力、温度(p、T)随时间 t 的变化过程包含了许多重复计算工作。目前,一般都使用计算机计算。根据以上的分析,等温采气的算法如下:

(1)输入并打印原始数据,包括容器内流体的温度、压力、物性参数、容器体积等。

(2)由输入的数据,根据理想气体状态方程计算初始状态下容器内气体的物质的量。

（3）由阀门方程计算出某一时间段内的泄放量，并将其转化为摩尔流量。

（4）用上一步计算出的摩尔流量乘以泄放时间，可得这一时间段内物质的量的变化量。

（5）用初始状态下容器内气体的物质的量减去容器内气体物质的量的变化量，可得现在这一状态下容器内气体的物质的量。

（6）由克拉贝龙方程计算出现在这个状态下容器内气体的压力。

（7）重复（2）—（6），直至采气过程结束（采气时间到达15min或者压力已经泄放到初始时的1/2）。

8.4.1.4　等温采气程序框图

根据上述算法，等温采气的计算程序可按图8.32进行编制。

8.4.2　绝热采气过程

如果系统的绝热条件非常好，系统与外界之间不存在热交换，或者采气过程进行得非常快，系统还来不及与外界进行热量交换采气过程就已经结束，那么这种采气过程就是绝热采气过程。

8.4.2.1　过程分析

由克拉贝龙方程 $pV = nRT$ 可知对于状态1和状态2有：

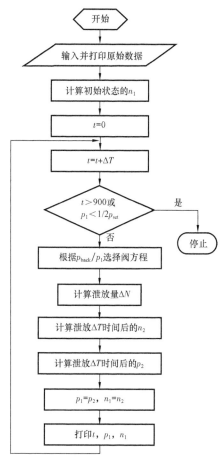

图8.32　等温采气计算程序框图

$$\frac{p_1 V_1}{p_2 V_2} = \frac{n_1 R T_1}{n_2 R T_2} \tag{8.43}$$

在绝热采气过程中 $T_1 \neq T_2$，但是对于同一个容器其体积是不变的，故 $V_1 = V_2$，所以式（8.43）可变为：

$$\frac{p_1}{p_2} = \frac{n_1 T_1}{n_2 T_2} \tag{8.44}$$

所以欲求出容器内介质压力的变化，必须求出容器内气体物质的量的变化和容器内介质温度的变化。容器内的气体是通过采气阀泄放的，所以欲求容器内气体物质的量的变化，就必须对阀门的采气过程以及泄放量的计算方法有所了解；在绝热采气过程中容器壁对容器内的气体传热，给出过程的等熵效率，就可以求出容器内介质温度的变化。

8.4.2.2　泄放量的计算

进行采气计算分析的主要依据标准为 API－520 和 API－521。要使泄放系统设计即安全又合理,首先应确定泄放的控制工况。这在本章的第二节已经做了详细的阐述,读者可在需要时参考。

(1)临界流动压力和临界流动压力比。

安全阀的背压 p_2 和进口压力 p_1 之间有一比值,以 δ 表示。当进口压力 p_1 不变而降低出口压力 p_2 使 $p_2/p_1 \leqslant \delta_x$ 时,进一步降低出口压力 p_2 而流量却不再增加,此时流量称为临界流量,δ_x 称为临界流动压力比。

临界流动压力比仅与气体的绝热系数有关,可用下式计算

$$\delta_x = \left(\frac{2}{k+1}\right)^{\frac{k}{k-1}} \tag{8.45}$$

式中 δ_x——气体介质的临界流动压力比;

k——气体的绝热指数。

根据油田的经验 δ_x 一般取 0.546。

(2)临界流动——气体或蒸汽通过采气阀的泄放量。

当下游压力小于临界流动压力或临界流动压力比 $\delta_x \leqslant 0.546$ 时,泄放量可用式(8.46)计算:

$$W = \frac{AC_1Kp_1}{100}\frac{\sqrt{M}}{\sqrt{T_1Z}} \tag{8.46}$$

(3)次临界流动——气体或蒸汽通过采气阀的泄放量。

当下游压力大于临界流动压力或临界流动压力比 $\delta_x \geqslant 0.546$ 时,泄放量可用下列公式之一计算:

$$W = \frac{548AF_2K}{100}\frac{\sqrt{Mp_1(p_1-p_2)}}{\sqrt{ZT_1}} \tag{8.47}$$

$$W = \frac{AC_1Kp_1K_b}{100}\frac{\sqrt{M}}{\sqrt{T_1Z}} \tag{8.48}$$

8.4.2.3 绝热采气过程中温度变化的计算

绝热采气过程中,一个非常重要的参数是等熵效率 η_s,η_s 的值在 0～100% 之间变化。当 η_s 的值为 0 时,过程实际上是等焓过程,流体在膨胀时焓值不会变化,但由于过程是不可逆的,所以膨胀前后流体的熵值会有变化;当 η_s 的值为 100% 时,过程实际上是等熵过程,流体在膨胀时需要从外界获得一定的热量来保持熵值不变。η_s 的计算方法如下:

$$\eta_s = \frac{H_1 - H_2}{H_1 - H_{2s}} \tag{8.49}$$

式中 H_1——状态 1 下容器内气体的焓值;

H_2——状态 2 下容器内气体的焓值;

H_{2s}——当气体经过等熵过程由状态 1 变化到状态 2 时,状态 2 的焓值。

在计算绝热过程中的温度变化时,用户需要自己确定并输入绝热效率 η_s,并由式(8.49)反算出 H_2, H_2 的表达式为:

$$H_2 = H_1 - \eta_s(H_1 - H_{2s}) \tag{8.50}$$

H_{2s} 是经过理想的等熵过程之后流体的焓值,是可以确定的,所以 H_2 的值是可以确定的,根据理想气体的焓值与比定压热容之间的关系,可以求得状态 2 下的温度 T_2。T_2 的表达式为:

$$T_2 = \frac{H_2}{c_p} \tag{8.51}$$

8.4.2.4　绝热采气算法

用数值方法求解绝热采气时容器内的压力、温度(p、T)随时间 t 的变化过程包含了许多重复计算工作。目前,一般都使用计算机计算。根据以上的分析,绝热采气的算法如下:

(1)输入并打印原始数据,包括容器内流体的温度、压力、物性参数、容器体积等。

(2)由输入的数据,根据理想气体状态方程计算初始状态下容器内气体的物质的量。

(3)由阀门方程计算出某一时间段内的泄放量,并将其转化为摩尔流量。

(4)用上一步计算出的摩尔流量乘以泄放时间,可得这一时间段内物质的量的变化量。

(5)用初始状态下容器内气体的物质的量减去容器内气体物质的量的变化量,可得现在这一状态下容器内气体的物质的量。

(6)输入等熵效率 η_s,并用上一节的方法求出状态 2 下的温度 T_2。

(7)由克拉贝龙方程计算出现在这个状态下容器内气体的压力。

(8)重复(2)—(7),直至采气过程结束。

8.4.2.5　绝热采气程序框图

根据上述算法,绝热采气的计算程序可按图 8.33 进行编制。

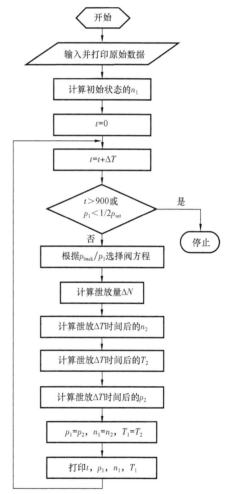

图 8.33　绝热采气计算程序框图

8.4.3　等温采气模拟计算结果

等温采气程序的参数设置如下:设计压力 4000kPa;泄放压力 4000kPa;泄放温度

373.15K;采气时间15min;系统背压101.3kPa;采气面积50.24cm²。

本程序采用变步长法控制时间变量,最初的10次循环每次时间增加1s,且每次运行结果都输出;后面的每10s循环一次,每循环5次输出一次,既每50s输出一次。

程序运行后的结果见表8.13。

表8.13 压力、泄放量、气体存量随时间的变化(等温采气程序运行结果)

时间,s	压力,kPa	泄放量,kg/h	气体存量,kmol
0	4000	0	1289.337
1	3995.737	138697.7	1287.963
3	3987.221	138549.8	1285.218
6	3974.474	138254.5	1281.109
10	3957.532	137812.5	1275.648
15	3936.445	137225.1	1268.851
21	3911.275	136493.9	1260.738
28	3882.098	135621.2	1251.334
36	3849.002	134609.5	1240.665
45	3812.086	133461.9	1228.766
75	3691.508	129379.6	1189.9
125	3498.96	122631.2	1127.835
175	3316.454	116234.8	1069.007
225	3143.469	110172	1013.248
275	2979.506	104425.5	960.3971
325	2824.096	98978.64	910.3029
375	2676.791	93815.94	862.8217
425	2537.17	88922.52	817.8171
475	2404.832	84284.33	775.1599
525	2279.397	79888.08	734.7277
575	2160.504	75721.13	696.4045
625	2047.812	71771.53	660.0801

利用HYSYS模拟计算结果见表8.14。

表8.14 压力、泄放量、气体存量随时间的变化(等温采气HYSYS模拟计算结果)

时间,s	压力,kPa	泄放量,kg/h	气体存量,kmol
0	4000	0	1480.57177
39.65525	3875	133962.2	1428.069368
80.41021	3750	129300.6	1375.988633
122.3412	3625	124658.4	1324.328818
165.5331	3500	120035.6	1273.088948

时间, s	压力, kPa	泄放量, kg/h	气体存量, kmol
210.0803	3375	115432.2	1222.267833
256.0888	3250	110848.2	1171.864079
303.6774	3125	106283.6	1121.876102
352.9803	3000	101738.4	1072.302142
404.1497	2875	97212.52	1023.14027
457.359	2750	92705.92	974.3884005
512.8071	2625	88218.56	926.0443045
570.7238	2500	83750.38	878.1056173
631.3756	2375	79301.3	830.5698494
695.0751	2250	74871.26	783.4343956
762.1916	2125	70460.15	736.6965447
833.1654	2000	66067.89	690.3534875
869.6353	1937.5	63878.79	667.3291039

以上述两组结果中的时间为横坐标,压力为纵坐标作图,如图 8.34 所示。

由图 8.34 可以看出,程序的计算结果与 HYSYS 的计算结果相比,程序的计算方法先完成采气;且随着泄放过程的进行,在同一时间点下两者的压力差越来越大,最大的压力差发生在采气结束时,相对压力误差为:

$$\delta = \frac{2047 - 23882047}{2388} = -14.3\%$$

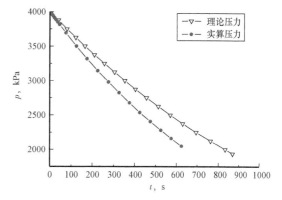

图 8.34 等温采气 p—t 关系曲线

由上述计算可知,采用程序计算方法先完成采气,且随着采气时间的延长,两种方法所计算出的压力差值越来越大,下面分析产生误差的原因。

由于本设计假设气体为理想气体,压缩因子 $Z=1$,所以导致一开始容器中气体的物质的量就与由 HYSYS 算出的气体的物质的量不同,程序运行出的结果比 HYSYS 的计算结果小 13% 左右,且随着采气过程的不断进行,两者之间的差值越来越大,最后达到 20%。

在整个采气过程中,HYSYS 计算出的泄放速率比由程序计算出的泄放速率要高,但两者的差别很小。

对于等温采气来说,体积和温度都是固定的,所以达到泄放终点时容器中所剩余的气体物质的量也是一定的。由于使用程序的算法计算出的气体的物质的量少,再加上泄放速率两者几乎相同,所以程序计算出的结果先达到采气终点。

采用两种不同的方法所计算出的容器中剩余气体的物质的量的差值随着泄放的进行而不断加大,且等温采气过程中压力与气体的物质的量成正比,所以导致随着泄放时间的延长,两种方法所计算出的压力的差值也越来越大。

8.4.4 绝热采气模拟计算结果

设计压力:4000kPa;泄放压力:4000kPa;泄放温度:373.15K;采气时间:15min;系统背压:101.3kPa;采气面积:50.24cm²。参数设置如上,时间的控制与等温时的控制方法相同。

程序运行后的结果见表8.15。

表8.15 压力、温度、泄放量、气体存量与时间的关系(绝热采气程序运行结果)

时间,s	压力,kPa	温度,℃	泄放量,kg/h	气体存量,kmol
0	4000	100		1289.337
1	3993.056	99.87845	104770.8	1287.518
3	3979.196	99.63534	104605.9	1283.886
6	3958.489	99.27084	104276.8	1278.455
10	3931.041	98.78528	103784.9	1271.248
15	3896.997	98.17919	103132.5	1262.295
21	3856.537	97.45326	102322.8	1251.637
28	3809.878	96.60837	101359.6	1239.319
36	3757.266	95.64557	100247.6	1225.395
45	3698.981	94.56605	98992.19	1209.928
75	3511.588	90.99899	94579.12	1159.884
125	3221.94	85.16848	87469.94	1081.529
175	2958.236	79.47724	80946.24	1009.037
225	2717.973	73.92087	74955.64	941.9263
275	2498.903	68.49512	69450.84	879.76
325	2299.012	63.19592	64389.05	822.1385
375	2116.488	58.01937	59731.54	768.6978

采用以上的方法设置 HYSYS 中的各种参数,其中压力、温度和背压的设置均与上节中的设置相同,调整阀门系数 c_V,使得由 HYSYS 计算出的初始泄放量与由程序计算出的初始泄放量相同。

值得注意的是,由于 HYSYS 软件的时间控制与本程序不一样,所以只能保证泄放开始30s 后两者的泄放速率基本相同。

软件运行后的结果见表8.16。

表8.16 压力、温度、泄放量、气体存量与时间的关系(绝热采气 HYSYS 软件运行结果)

时间,s	压力,kPa	温度,℃	泄放量,kg/h	气体存量,kmol
0	4000	100	0	1334.804107
18.08074	3875	97.36975	103379.5	1302.439873
36.83869	3750	94.66531	100372.7	1269.840019

续表

时间, s	压力, kPa	温度, ℃	泄放量, kg/h	气体存量, kmol
56. 32327	3625	91. 88214	97354. 43	1236. 995621
76. 59444	3500	89. 01738	94323. 93	1203. 888959
97. 70773	3375	86. 0631	91281. 15	1170. 519314
119. 7318	3250	83. 01322	88225. 59	1136. 875357
142. 744	3125	79. 86101	85156. 71	1102. 944738
166. 8318	3000	76. 59901	82073. 92	1068. 71394
192. 0947	2875	73. 21884	78976. 57	1034. 168127
218. 6463	2750	69. 71114	75863. 95	999. 2909466
246. 6175	2625	66. 06533	72735. 29	964. 0643091
276. 1598	2500	62. 26942	69589. 7	928. 4681014
307. 4499	2375	58. 30973	66426. 22	892. 4798748
340. 6951	2250	54. 17041	63243. 77	856. 0748041
376. 1427	2125	49. 83347	60041. 1	819. 2237987
414. 0879	2000	45. 2777	56816. 81	781. 8945569
454. 9022	1875	40. 48255	53568. 89	744. 0381912

以上述两组结果中的时间为横坐标,压力、温度为纵坐标作图,如图 8.35 和图 8.36 所示。

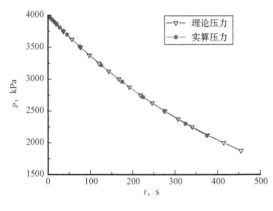

图 8.35 绝热采气 p—t 关系曲线

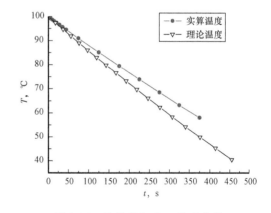

图 8.36 绝热采气 T—t 关系曲线

可以看出,程序运行的结果与 HYSYS 的计算结果相比,程序先完成采气,两个结果的压力几乎没有误差,但是在同一时间点下两者的温度差越来越大,最大的温度差发生在采气结束时,即采气开始后 375s 时,两者之间的差值高达 9℃。

（1）温度误差分析。

由图 8.36 可知,程序运行的实算温度比由 HYSYS 软件运行出的理论温度高,且随着泄放时间的延长,两个结果的误差越来越大,下面分析产生这种情况的原因。

与等温采气相同,绝热采气也采用了理想气体状态方程来计算气体的物质的量,对比表

8.16 和表 8.17 中气体存量一栏可以清楚地看出,由程序运行出的气体的物质的量比由 HYSYS 软件计算出的气体的物质的量要少,且随着采气时间的延长两者之间的差值越来越大。

绝热采气过程中,容器与外界没有热量传递,但容器壁与容器内气体之间存在传热效应,在采气过程中容器壁向容器内的气体传递热量,这个热量值是一定的,由于程序运行出的气体的物质的量比由 HYSYS 软件计算出的气体的物质的量要少,所以程序算法中每摩尔气体得到的热量比又 HYSYS 软件计算出的每摩尔气体得到的热量要多,故程序的温度计算结果要高一些,且随着泄放时间的延长两者之间的差值越来越大,故两者之间的温度差也越来越大。

(2)压力误差分析。

由图 8.36 可以看出,两种不同的方法计算出的压力吻合的相当好,误差几乎为 0。

在绝热采气过程中,压力的计算与气体的物质的量以及温度都有关,如果不考虑温度的影响,那么压力应该如图 8.35 所示的那样,即程序运行的结果比由 HYSYS 软件运行出的结果低;由于需要考虑温度的影响,且由程序运行出的温度比由 HYSYS 软件计算出的结果高,而压力与气体的物质的量和温度成正比,所以由程序计算出的压力与由 HYSYS 软件运行出的压力基本相同。

8.5　地面注采气工艺流程设计及优化

地下储气库注采气工艺流程模拟,即对天然气的脱水、增压、分离等工艺过程进行平衡的热力混合物料衡算,确定工艺流程各状态点的热力参数以及工艺流程的重要性能指标,既是对天然气处理工艺流程进行系统分析的重要手段,也是地下储气库地面工艺过程的优化分析的基础。工艺流程的一个主要性能指标就是功耗。通过流程模拟比较出不同工艺过程的循环效率的优劣。

8.5.1　工艺流程模拟的方法

工艺流程模拟一般采用序贯模块法,该方法是按流程模块的先后次序对流程进行求解。序贯模块法就是用一个单元模块库来处理各单元的模拟,每个单元模块负责一个相应的单元计算。这种过程单元模块是面向模块的,即单元模块的功能是在给定单元的输入与单元过程参数后,求解单元模型方程得到单元输出。比如,只要单元设备各输入物流的有关变量已知就能调用模块计算输出物流的各个变量。而对于整套流程中各流股连接方程则是将一个单元模块的输出流股值规定为由流程拓扑所要求的另一个单元模块的输入流股值,从而达到系统内各单元之间的联结、传递信息的目的。

在一定的温度和压力条件下,组成一定的物系,当气液两相接触时,在相间将发生物质交换,直至各相的性质(如温度、压力和气相、液相组成等)不再变化为止。达到这种状态时,称该物系处于气液平衡状态。而其中任何一个条件的改变,都会破坏原有的平衡。平衡时两相的组成通常互异,各种分离过程正是利用这种平衡组成的差别来进行的。

天然气是一种多组分的气体混合物,从天然气中回收轻烃、脱水、压缩等工艺过程中,都需要利用气相、液相际间平衡组成互不相等的原理,实现质量传递来达到组分分离的目的。因此,研究和掌握表示物系平衡时温度、压力和组成的关系,亦即相平衡数据的计算和处理,对于拟定分离工艺路线,设计计算各种传质设备,操作管理装置有很大的意义。

流程模拟计算涉及的公式繁多。这些公式的主体部分来自热力学理论,少量计算公式是从实验数据中归纳得出的经验公式,其中细节部分采用从实验数据中归纳(例如状态方程的某些参、系数)的经验公式占多。

详细内容参考 R. C. Reid. J. m. Prausnitz 和 B. E. Poling 编著的 *The Properties of Gases and Liquids* 第 4 版(McGraw – Hill Book Company,1987 年出版)和参考 M. Prausnitz 编著的 *Molecular Thermodynamics of Fluid – Phasw Equilibria* 第 2 版(Prentice – Hall Inc. ,1985 年出版)。

8.5.2　工艺流程设备模块的模拟

从地下储气库地面天然气处理工艺流程可知,虽然流程方式多种,但都离不开以下流程设备:压缩机、膨胀机、气液分离器、节流阀、物流混合器和换热器等。

流程中各个设备模块应设计如下:由设备入口的物流参数以及设备参数,通过求解物流衡算方程、热量衡算方程和设备约束方程,最终得到设备出口处的物流参数,这些物流参数包括流体的流量 F、温度 T、压力 p、摩尔分率 Z、焓值 H 和熵值 S 等基本热力参数。

下面对流程中各个设备模块进行介绍。

(1)气液分离器模块。

$$F_1 = F_2 + F_3 \tag{8.52}$$

$$H_1 = H_2 + H_3 \tag{8.53}$$

$$Z_{2i} = K_i Z_{3i} \quad (i = 1,2,3,\cdots,N) \tag{8.54}$$

$$Z_{1i} F_1 = Z_{2i} F_2 + Z_{3i} F_3 \quad (i = 1,2,3,\cdots,N) \tag{8.55}$$

物流在气液分离器中经历的是一个等温等压的闪蒸过程,式(8.52)至式(8.55)分别为物料平衡、能量平衡和相平衡关系式,计算可得到物流经气液分离器后的气相流量、气相摩尔分率、液相流量和液相摩尔分率,还可以进一步得出各自相应的焓值和熵值。

(2)物流混合器模块。

$$H_3 = H_1 + H_2 \tag{8.56}$$

$$F_3 = F_1 + F_2 \tag{8.57}$$

$$Z_{3i} F_3 = Z_{1i} F_1 + Z_{2i} F_2 \quad (i = 1,2,3,\cdots,N) \tag{8.58}$$

该模块计算两股物流经物流混合器混合后的热力参数。由物料平衡式(8.57)和式(8.58)计算混合物流量和组分的摩尔分率,由能量平衡式(8.56)确定混合物熔值,进而根据等熔条件并利用软件中的闪蒸程序确定混合物的气、液流量和温度。

(3)节流阀模块。

$$F_1,\ p_1,\ T_1,\ Z_1,\ H_1,\ S_1 \longrightarrow \boxed{节流阀} \longrightarrow F_2,\ p_2,\ T_2,\ Z_2,\ H_2,\ S_2$$

$$H_1 = H_2 \qquad\qquad (8.59)$$

$$F_1 = F_2 \qquad\qquad (8.60)$$

$$Z_{1i} = Z_{2i} \qquad (i = 1,2,3,\cdots,N) \qquad (8.61)$$

该模块计算物流经节流阀后的热力参数。由于节流过程物流流速大、时间短,可认为是一等熔过程。根据等熔条件,利用闪蒸程序确定物流节流后的温度、气液相流量和熔、熵值。

(4)压缩机模块

$$F_1,\ p_1,\ T_1,\ Z_1,\ H_1,\ S_1,\ \eta_s \longrightarrow \boxed{压缩机} \longrightarrow F_2,\ p_2,\ T_2,\ Z_2,\ H_2,\ S_2$$

$$H_2 = H_1 + (H_{2S} - H_1)/\eta_s \qquad\qquad (8.62)$$

$$F_1 = F_2 \qquad\qquad (8.63)$$

$$Z_{1i} = Z_{2i} \qquad (i = 1,2,3,\cdots,N) \qquad (8.64)$$

压缩机模块计算物流经压缩后的热力参数,需要知道压缩机的绝热效率 η_s 和压缩后的压力。由入口物流的流量和状态参数,利用 p—R 余熔、余熵计算方程计算入口物流的熔、熵值。根据等熵条件,计算可得到等熵压缩终了的温度、物流熔值,然后根据等熔条件利用闪蒸程序求出物流压缩后的终了温度 T_2,进而计算出口物流的熔、熵值。

(5)膨胀机模块

$$F_1,\ p_1,\ T_1,\ Z_1,\ H_1,\ S_1,\ \eta_s \longrightarrow \boxed{膨胀机} \longrightarrow F_2,\ p_2,\ T_2,\ Z_2,\ H_2,\ S_2$$

$$H_2 = H_1 - \eta_s(H_1 - H_{2S}) \qquad\qquad (8.65)$$

$$F_1 = F_2 \qquad\qquad (8.66)$$

$$Z_{1i} = Z_{2i} \qquad (i = 1,2,3,\cdots,N) \qquad (8.67)$$

该模块计算物流经膨胀机后的热力参数,需要知道膨胀机等熵效率和膨胀后压力,模拟方法同压缩机模块相似。

8.5.3　储气库地面处理工艺模拟计算

京58地下储气库地面工艺流程如图8.37所示。模拟计算该流程的计算结果。见表8.18。

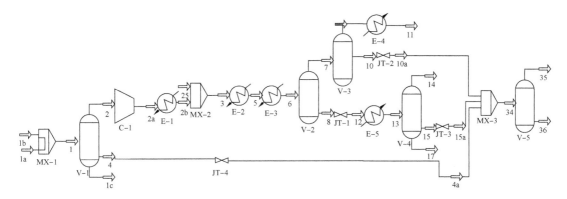

单元操作一览表				
名称	类型	输入物流	输出物流	能流号
MX-1	混合	1a,1b	1	
V-1	分离	1	2,4,1c	
C-1	机泵	2	2a	2.01E+02
E-1	热/冷2a	2a	2b	202
MX-2	混合	25,2b	3	
E-2	热/冷3	3	5	203
E-3	热/冷5	5	6	204
V-2	分离	6	7,8	
V-3	分离	7	9,10	
E-4	热/冷9	9	11	203
JT-1	阀	8	12	
E-5	热/冷12	12	13	205
V-4	分离	13	14,15,17	
JT-2	阀	10	10a	
JT-3	阀	15	15a	
JT-4	阀	4	4a	
MX-3	混合	10a,15a,4a	34	
V-5	分离	34	35,36	

图8.37　京58工艺处理流程图

表 8.17　物流模拟计算结果

物流名称	气化分率	温度 ℃	压力 kPa	摩尔流量 kmol/h	质量流量 kg/h	焓值 kJ/kmol
1a	0.9974	40.00 *	6000.00 *	1712	32371.61	3.65×10^5
1b	1	275.54	6000.00 *	24.31	437.94	1.63×10^5
1	0.9975 *	40	6000	1736.31	32809.56	3.54×10^5
2	1.0000 *	40	6000	1709.13	32044.46	4.60×10^5
4	0.0000 *	40	6000	4.46	355.8	-9.57×10^4
1c	0.0000 *	40	6000	22.72	409.29	-9.90×10^5
2a	1	68.65	8200.00 *	1709.13	32044.46	2.14×10^6
2b	1	40.00 *	8150	1709.13	32044.46	-2.86×10^5
25	0.1988	70.00 *	10700.00 *	15.38	819.11	-3.83×10^5
3	0.9978 *	37.13	8150	1724.51	32863.57	-6.69×10^5
5	0.9777	4.00 *	8100	1724.51	32863.57	-4.02×10^6
6	0.9514	−25.00 *	8050	1724.51	32863.57	-7.26×10^6
7	1.0000 *	−25	8050	1640.75	29442.78	-5.82×10^6
8	0.0000 *	−25	8050	83.76	3420.8	-1.45×10^6
9	1.0000 *	−25	8050	1640.75	29442.78	-5.82×10^6
10	0.0000 *	−25	8050	0	0	0.00×10^0
11	0.9973	12.75	8000	1640.75	29442.78	-2.47×10^6
12	0.3551	−44.16	600.00 *	83.76	3420.8	-1.45×10^6
13	0.5485	35.00 *	2550	83.76	3420.8	-7.27×10^5
14	1.0000 *	35	2550	45.73	1017.14	3.35×10^4
15	0.0000 *	35	2550	37.81	2399.9	-7.60×10^5
17	0.0000 *	35	2550	0.21	3.74	-9.14×10^3
10a	0.0000 *	−25	1600	0	0	0.00×10^0
15a	0.055	32.84	600.00 *	37.81	2399.9	-7.60×10^5
4a	0.2344	35.01	600.00 *	4.46	355.8	-9.57×10^4
34	0.0751 *	32.67	1600	42.28	2755.71	-8.56×10^5
35	1.0000 *	32.67	1600	3.18	74.7	2.88×10^3
36	0.0000 *	32.67	1600	39.1	2681.01	-8.59×10^5

注:带"*"数据表示已知参数。

　　京 58 由实验室分析的气液数据见表 8.18,该组成属于低含凝析液气藏。重组分 C_{11+} 以上馏分的结构复杂,一般很难用试验方法详细描述其物理性质,然而这部分对流程模拟计算是很敏感的,利用模拟计算软件,通过输入 C_{11+} 组分的密度、相对密度和摩尔分数,得到表 8.19 所示的劈分结果。

表 8.18　京 58 井气液组成分析和井流物组成

组分	摩尔分数,%		
	分离器液	分离器气	井流物
N_2		0.36	0.3571
CO_2		0.37	0.3670
C_1		85.4	84.7109
C_2	0.38	7.69	7.6310
C_3	1.42	3.96	3.9395
iC_4	1.15	0.68	0.6838
nC_4	2.6	0.81	0.8244
iC_5	3.29	0.29	0.3142
nC_5	3.97	0.22	0.2503
C_6	17.83	0.17	0.3125
C_7	26.03	0.05	0.2596
C_8	21.52		0.1736
C_9	11.92		0.0962
C_{10}	6.48		0.0523
C_{11+}	3.41		0.0270

表 8.19　重组分 C_{11+} 劈分结果

碳数	摩尔分数
11	0.00364
12	0.00321
13	0.00284
14	0.00251
15	0.00222
16	0.00196
17	0.00174
18	0.00154
19	0.00136
20	0.00120
21	0.00106
22	0.00094
23	0.00083
24	0.00073
25	0.00065
26	0.00057

8.6 储气库注采气水力计算参数优化

来自输气管线的天然气经计量和压缩后分配至注气井。一般注采气管线共用同一管网,有些储气库也采用单独的管网注气和采气。采用单独的管网比较实用,因为注气速率和采气速率不一样、压力等级也不同。对于储气库来说,与气田相比,管网尺寸要大一些,因为高峰采气速率较高。

本节主要介绍关于地面注采气管网的水力计算与管径优化选取。

8.6.1 储气库地面集输管网水力计算模型

8.6.1.1 输气管水力计算公式

进行输气管水力摩阻系数的计算时,先计算雷诺数以确定管路的流态,再根据流态选择不同的计算公式。雷诺数可按下式计算:

$$Re = \frac{wd}{\nu} = \frac{4Q_s}{\pi \, d\nu} \tag{8.68}$$

由于 $\nu = \dfrac{\mu}{\rho_s}$,$\rho_s = \Delta \rho_a$,$\rho_a = 1.205\,kg/m^3$,故:

$$Re = \frac{4\Delta \rho_a Q_s}{\pi \, d\mu} = 1.534 \frac{Q_s \Delta}{d\mu} \tag{8.69}$$

式中　　w——流速,m/s;

$\quad\quad\quad d$——管道内径,m;

$\quad\quad\quad \nu$——流体的运动黏度,m/s^2;

$\quad\quad\quad Q_s$——流量,m^3/s;

$\quad\quad\quad \rho_s$——流体的密度,kg/m^3;

$\quad\quad\quad \rho_a$——空气的密度,kg/m^3;

$\quad\quad\quad \Delta$——相对密度;

$\quad\quad\quad \varepsilon$——管内壁粗糙度,mm;

$\quad\quad\quad Re$——雷诺数;

$\quad\quad\quad \lambda$——水力摩阻系数。

输气管的雷诺数常高达 $10^6 \sim 10^7$,为输油管的 $10 \sim 100$ 倍。干线输气管一般都在粗糙区工作,不满负荷时在混合摩擦区,只有居民区的配气支管常在水力光滑区。故有的文献只列出混合摩擦区和粗糙区之间的临界雷诺数 Re_2:

$$Re_2 = 11/\varepsilon^{1.5} \tag{8.70}$$

输气管的管壁粗糙度一般比输油管小。对于新管,苏联常取管壁绝对当量粗糙度 $e = 0.03\,mm$,我国通常取 $0.05\,mm$,美国则取 $0.02\,mm$。

各流态区 λ 的计算公式与输油管类同。但近年来,苏联在输气管的设计中更倾向于使用水力光滑区,混合摩擦区和粗糙区都适用的综合公式,其形式如下:

$$\lambda = 0.067 \left(\frac{158}{Re} + \varepsilon \right)^{0.2} \tag{8.71}$$

在水力光滑区,$158/Re \gg \varepsilon$,式(8.71)变为:

$$\lambda = 0.067 \left(\frac{158}{Re} \right)^{0.2} = 0.1844/Re^{0.2} \tag{8.72a}$$

在粗糙区,$158/Re \ll \varepsilon$,式(8.72a)变为:

$$\lambda = 0.067 \varepsilon^{0.2} = 0.067 \left(\frac{2 \times 0.03}{1000d} \right)^{0.2} = 9.587 \times 10^{-3} d^{-0.2} \tag{8.72b}$$

鉴于输气管几乎都在粗糙区和混合摩擦区工作这一情况,西方国家广泛采用输气管水力摩阻系数的专用公式,其中使用较为广泛的是威莫斯(Weymouth)公式和潘汉德尔(Panhandle)公式。

威莫斯公式:

$$\lambda = \frac{0.009407}{\sqrt[3]{d}} \tag{8.73}$$

潘汉德尔公式(修正式):

$$\lambda = 0.0147 Re^{-0.0392} \tag{8.74a}$$

考虑到式(8.69),并取 $\mu = 1.09 \times 10^5 \mathrm{Pa \cdot s}$,潘汉德尔公式又可表示为:

$$\lambda = 0.00924 \left(\frac{d}{Q_s \Delta} \right)^{0.0392} \tag{8.74b}$$

威莫斯公式发表于1921年,由生产实践归纳而来。当时正值输气管发展初期,管路输气量小、气体净化程度低、制管技术落后、管内壁较为粗糙。显然,这已不符合现代情况,用它计算大型长距离输气干管的输量要比实际输量小10%左右。文献推荐,在气体净化程度较低、管径小于0.35m的矿场集气、输气管路计算中采用威莫斯公式。对大型长距离输气干管,美国等西方国家则采用潘汉德尔公式。

将式(8.72b)、式(8.73)和式(8.74b)分别代入输气管的基本公式得输气管常用流量计算公式。

苏联近期公式:

$$Q_s = 0.393 \alpha \varphi E d^{2.6} \left(\frac{p_Q^2 - p_Z^2}{Z \Delta T L} \right)^{0.5} \tag{8.75}$$

威莫斯公式:

$$Q_s = 0.3967 d^{8/3} \left(\frac{p_Q^2 - p_Z^2}{Z \Delta T L} \right)^{0.5} \tag{8.76}$$

潘汉特尔公式:

$$Q_s = 0.393Ed^{2.53}\left(\frac{p_Q^2 - p_Z^2}{Z\Delta^{0.961}TL}\right)^{0.51} \tag{8.77}$$

式中 α——流态修正系数,$\alpha = 0.96 \sim 1.0$,粗糙区取 1.0;

    φ——管路接口的垫环修正系数,无垫环时 $\varphi = 1$,垫环间距 $12m$ 时 $\varphi = 0.975$,间距为 $6m$ 时 $\varphi = 0.95$;

    E——输气管效率系数,实际输气量与计算输气量之比,为保证输气管投产一段时间后,仍能达到设计的输气能力,一般取 $E = 0.9 \sim 0.95$,对气体净化程度高的大口径管路取上限值,文献推荐 $d = 0.35 \sim 0.45m,E = 0.9$;$d = 0.5 \sim 0.6m,E = 0.92$;$d = 0.66 \sim 0.7m,E = 0.94$;$d > 0.76m,E = 0.95$。对气体中含凝析液量为 $0.7g/m^3$ 的集气管取 $E = 0.77$;

    d——内径,mm;

    p_Q——起点压力,Pa;

    p_Z——末点压力,Pa;

    Z——压缩因子;

    Δ——相对密度;

    T——温度,℃;

    L——管道长度,m。

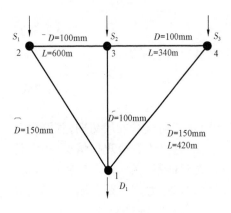

图 8.38 简单管网示意图

8.6.1.2 管网模型

图 8.38 为任意的简单管网,为了更好地运用上述模型建立合适的管网系统模型,特作如下规定:

在每个网环中,所有赋给支管的参考流向都必须一致,要么是顺时针、要么是逆时针;如果流向和参考流向一致,则流向为正,否则,流向为负;

两个网环公共的支管流向必须一致;

流向节点的流量为正,流离节点的流量为负。

(1)连续性方程。

对管网中的每一个节点,由克希荷夫第一定律:任一节点的载荷等于支管内流入和流出节点的流量总和,可得:

$$\sum_{j=1}^{N_i}(\rho\omega A)_{ij} = D_i - S_i \qquad (i = 1,\cdots,N) \tag{8.78}$$

或改写为:

$$\sum_{j=1}^{N_i}(W_i)_{ij} = D_i - S_i \qquad (i = 1,\cdots,N) \tag{8.79}$$

式中　i——管网中第 i 个节点；

　　　j——连接到第 i 个节点上的第 j 条管线；

　　　N_i——连接到第 i 个节点上的管线数；

　　　N——管网中总节点数；

　　　D_i——流出第 i 个节点的流量；

　　　S_i——流入第 i 个节点的流量；

　　　ρ——密度，kg/m³；

　　　ω——速度，m/s；

　　　W_i——质量流量，kg/s。

（2）能量方程。

对任何一个封闭的环网都运用克希荷夫第二定律，可得如下能量平衡方程：

$$\sum_{k=1}^{N_i} \Delta p_{kl} = 0 \qquad (l = 1, \cdots, M) \tag{8.80}$$

式中　kl——第 l 个环第 k 个管线；

　　　l——网中第 l 个环；

　　　N_l——第 l 个环中的支管数；

　　　M——管网中的总环数。

管网方程组由连续性方程式（8.79）和能量方程式（8.80）组成。假设管网由 N 个节点组成，则可写出 N 个连续性方程，然而，只有其中 $N-1$ 个是线性无关的，因此只有 $(N-1)$ 个方程是可以列入方程组的。对于这 M 个管网环的每一个环，都可写出一个能量平衡方程，从而得到 M 个独立的能量方程。由网络图论可以证明，一个由 N 个节点、M 个互不重叠的环和 L 条管线组成的管网满足以下方程：

$$L = N - 1 + M \tag{8.81}$$

也就是说：

$$M = L - N + 1$$

因此，可以写出 $L-N+1$ 个能量平衡方程。这样，总的方程数就有 $N-1+L-N+1=L$ 个。既然未知数是 L 条管线各自的流量，就可以得到方程组的完整解。

（3）通用管网基本方程。

假设管网中有 N 个节点，L 条支管。则方程组有 $N-1$ 个连续性方程和 $L-N+1$ 个能量方程。连续性方程可表示为：

$$\sum_{j=1}^{N_i} B_{ij} W_{mj} = D_i - S_i \qquad (i = 1, \cdots, N-1) \tag{8.82}$$

能量方程可写为：

$$\sum_{j=1}^{L} B_{ij} \Delta p_j = 0 \qquad (i = 1, \cdots, N-1) \tag{8.83}$$

其中

$$B_{ij} = \begin{cases} +1 \\ 0 \\ -1 \end{cases}$$

根据规定,当液体流出节点时,B 的值为 -1;当液体流入节点时,B 的值为 $+1$;若没有管线连接到节点,则 B 的值为 0;对于能量方程,如果流向在开始时和参考方向一致的话,则 B 为正值,否则,B 为负值。

将式(8.83)代入式(8.82),方程组就可变为:

$$\sum_{j=1}^{L} B_{ij} \eta_i \Delta p_j = D_i - S_i \qquad (i = 1, \cdots, N-1) \qquad (8.84)$$

这样,连续性方程组和能量方程组可表示为:

$$\sum_{j=1}^{L} A_{ij} \Delta p_j = R_i \qquad (i = 1, \cdots, L) \qquad (8.85)$$

其中

$$A_{ij} = \begin{cases} B_{ij} \eta_j & (i = 1, \cdots, N-1) \\ B_{ij} & (i = 1, \cdots, L) \end{cases} \qquad (8.86a)$$

$$R = \begin{cases} D_i - S_i & (i = 1, \cdots, N-1) \\ 0 & (i = 1, \cdots, L) \end{cases} \qquad (8.86b)$$

用矩阵形式,式(8.86)可写为:

$$A \Delta p = \boldsymbol{R} \qquad (8.87)$$

式(8.87)为求解管网中各支管的压降 Δp 自线性方程组。运用矩阵运算可求出每条管线中的压降,由于系数矩阵的一些元素不是常量,而是各个管网中的 W_m 的函数,W_m 又是压降 Δp 的函数,在计算中就必须将式(8.87)与水力计算公式联立,迭代求解。

8.6.2　储气库地面注采气管网系统优化计算方法

对于储气库地面注采气系统,气体的注入与采集工程是主体工程。储气库管网系统的投资费用主要包括管网造价,各中间站造价以及运行费用。其中一个集注站的投资可高达近千万元。管材费用也高达每公里数万元。因而对储气库地面注采气系统进行优化设计,可以收到显著的经济效益。

随着计算机的出现,应用现代最优化理论和方法,对注采气管网系统中方案、参数进行优化,使其达到最优配置,从而提高质量、降低工程投资。

集/注管网的优化,是一个多学科互相交叉运用的问题。其中涉及最优化方面的数学理论、技术经济评价以及如何通过计算机实现的问题。一般可采取以下步骤:

（1）形成问题，是最高层次的抉择问题，比如设计地面储气库注采气系统流程，需要确定是采用树状管网还是环状管网。只有在此基础上才能进行具体的研究。

（2）建立数学模型，得到目标函数，确定约束条件。

（3）结合实际，分析目标函数中的自变量，选取适当的最优化方法。

（4）利用最优化方法求解模型，得出目标函数达到最小（或最大）时的自变量值。

（5）检验模型。与工程实际结合，完善模型及计算方法。

8.6.2.1　星式注采气系统网络的拓扑优化设计

星式网络拓扑形式完全是由这种网络的多级管理功能所决定的。在这种网络中，各顶点分别处在不同级别的点集合中。同级顶点集合中，各点具有相同的物理意义。低级顶点受到高级顶点的管理，且这种隶属关系具有唯一性。图 8.39 所示为两级星式注采气系统网络，图 8.40 所示为三级星式注采气网络系统。

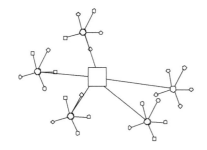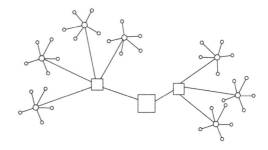

图 8.39　两级星式注采气系统网络示意图　　　图 8.40　三级星式注采气系统网络示意图

通常，网络中顶点间连接介体（如管线等）的造价是十分昂贵的，一般为整个系统的 50%~80%。因此，进行网络的拓扑优化、几何优化对降低整个网络系统的造价是十分重要的。

本节从注采气系统问题中抽象出任意级星式网络模型，建立了优化问题的数学模型，提出了求解的方法。

8.6.2.2　问题的数学模型

为讨论方便，定义如下参数：N—星式网络的级数；S_0—星式网络中最低级别点的集合，$S_0 = (S_0^{(1)}, S_0^{(2)}, \cdots, S_0^{(m_0)})$，其中：$m_0$ 为 S_0 的维数；S_i—第 i 级别点的集合（$i = 1, 2, \cdots, N$），$S_i = (S_i^{(1)}, S_i^{(2)}, \cdots, S_i^{(m_i)})$，其中：$m_i$ 为 S_i 的维数；R—最高级别点，且 $S_N = \{R\}$，$m_N = 1$；U_i—S_i 中各点的几何位置向量（$i = 1, 2, \cdots, N$）；$U_i = (u_{i1}, u_{i2}, \cdots, u_{im_i})$，$u_{ij} = (x_{ij}, y_{ij}) \in R^2$，$U_0$ 为已知量，S—网络中所有顶点的集合，$S = \bigcup\limits_{i=0}^{N} S_i$，且 $S_i \cap S_j = \{\Phi\}$（$i \neq j$）；V_{ijk}—点 $S_{i-1}^{(k)}$ 与点 $S_i^{(j)}$ 间的距离函数；W_{ijk}—相应的权因子；f_{ij}—点 $S_i^{(j)}$ 的自身造价。

优化问题的数学模型可表示为：

P：求 δ, U, M。

$$\min \quad F(\delta, U, M) = \sum_{i=1}^{N} \sum_{j \in S_i} \sum_{k \in S_{i-1}} V_{ijk} W_{ijk} \delta_{ijk} + \sum_{i=1}^{N-1} \sum_{j \in S_i} f_{ij} \tag{8.88}$$

$$\text{s. t.} \begin{cases} \sum_{j \in S_i} \delta_{ijk} = 1 & (i = 1,2,\cdots,N; \forall k \in S_{i-1}) & (8.89) \\ |S_i| \geqslant m_i^l & (i = 1,2,\cdots,N-1) & (8.90) \\ U \in D & (8.91) \end{cases}$$

$$\delta_{ijk} = \begin{cases} 1 & \text{如果 } k \in S_{i-1} \text{ 与 } j \in S_i \text{ 之间有连接关系} \\ 0 & \text{否则} \end{cases} \quad (8.92)$$

其中：$\delta = \{\delta_{ijk} \mid \delta_{ijk} \in \{0,1\}, i = 1,2,\cdots,N; j \in S_i, k \in S_{i-1}\}$；$U = (U_1, U_2, \cdots, U_N)$；$M = \{m_i \mid i = 1,2,\cdots,N-1\}$；$m_i^l$——$S_i$ 的维数下界；D——U 的可行域。

约束(8.89)、(8.90)表示隶属关系的唯一性，约束(8.31)表示子集合的维数下限约束，也可同时加上上限约束；约束(8.92)为几何约束。

在问题 P 中，目标函数中既有连续变量又有连续变量，大大增加了求解难度。当然，在问题规模很小时，可利用最优性条件和分支定界法来求解。但对于规模较大的问题，整数集合 M、$0 \sim 1$ 变量 δ_{ijk} 的决定取决于一个很大的组合数，以致使计算量达到难以接受的程度。从数学上可以证明，问题的一些子问题为 NP – hard 问题。因此，寻求有效的启发式算法是有意义的。

由于 M 也作为设计变量待定，大大增加了问题的可行解数目，通常可在假定 M 为已知量的情况下求解问题 P。为此，提出一种分级优化方法。对于 M 为设计变量的情况，本文给出一种动态规划解法。

8.6.2.3 分级优化法

分级优化是解决复杂问题的有效途径。在已知 M 的情况下，提出用两级优化法进行星式网络的优化设计：拓扑级和几何级优化，两级优化之间通过迭代来协调。

(1)拓扑级优化。

假设在初始设计或上轮设计中，已求得几何向量 U。拓扑优化问题为在已知 S 及 U 的情况下，求出网络的最优拓扑形式。

令子集合 $SS_i^{(j)}$ 表示集合 S_i 中所有与 S_{i+1} 中第 j 个节点间有连接关系的点的集合。拓扑级优化问题可提成：

$$P_1: \text{求 } SS_i^{(j)} \quad \forall i \in \{0,1,\cdots,N-1\}; \forall j \in \{1,2,\cdots,m_{i+1}\} \quad (8.93)$$

$$\min \quad F_t = \sum_{i=1}^{N-1} \sum_{j=1}^{m_{i+1}} \sum_{k \in SS_i^{(j)}} V_{ijk} W_{ijk} \quad (8.94)$$

$$\text{s. t} \quad SS_i^{(j)} \cap SS_i^{(k)} = \{\phi\} \quad (i \neq k) \quad (8.95)$$

$$\bigcup_{k=1}^{m_{i+1}} SS_i^{(k)} = S_i \quad (i = 0,1,\cdots,N-1) \quad (8.96)$$

$$SS_i^{(k)} \neq \{\phi\} \quad (i = 0,1,\cdots,N-1; k = 0,1,\cdots,m_{i+1}) \quad (8.97)$$

问题 P_1 也可提成求具有约束要求的最优生成树问题。为此,构造有向图 $G(V,E)$。其中 V 为顶集,E 为边集,且

$$\left.\begin{array}{l} V = S_0 \cup S_1 \cup \cdots \cup S_N \\[2mm] E = \bigcup_{i=0}^{N-1} \bigcup_{j=1}^{m_i} \bigcup_{k=0}^{m_{i+1}} \{e_{ijk}\} \end{array}\right\} \tag{8.98}$$

其中:$\{e_{ijk}\}$ 为 S_i 中第 j 个点向 S_{i+1} 中第 k 个点所做的投射边。于是,P_1 也可表述为:

P_1':在 $G(V,E)$ 上求最优生成树 T,使 $T = \min_{NT}(T_i)$

$$\text{s. t.} \qquad \text{Indeg}(V_i) = 0 \qquad (\forall i \in S_0)$$

$$\text{Indeg}(V_i) \geq 1 \qquad (\forall i \in S_1 \cup S_2 \cup \cdots \cup S_N)$$

$$\text{Outdeg}(V_i) = 1 \qquad (\forall i \in S_0 \cup S_2 \cup \cdots \cup S_{N-1})$$

$$\text{Outdeg}(R) = 0 \qquad (R \text{ 为根点})$$

其中:NT 为所有可行树的总数;$\text{Indeg}(V_i)$ 表示 V_i 的入次;$\text{Outdeg}(V_i)$ 为 V_i 的出次。

不难看出,$G(V,E)$ 是由 N 个完全二分子图所组成,每个二分子图上的可行子图总数为:

$$NT_i = (m_{i+1})^{m_i} + \sum_{k=1}^{m_{i+1}} (-1)^k C_{m_{i+1}}^{m_{i+1}-k} (m_{i+1}-k)^{m_i} \tag{8.99}$$

由组合理论可求得 NT:

$$NT = \prod_{i=0}^{N-2} (m_{i1})^{m_i} + \sum_{k=1}^{m_{i+1}} (-1)^k C_{m_{i+1}}^{m_{i+1}-k} (m_{i+1}-k)^{m_i} \prod_{i=0}^{N-2} \sum_{k=0}^{m_{i+1}} (-1)^k \frac{(m_{i+1})!(m_{i+1}-k)^{m_i}}{k!(m_{i+1}-k)!} \tag{8.100}$$

NT 是一个很大的数,直接求解 P_1 或 P_1' 仍很困难。本文提出降维规划法,其基本思想是先用 Greedy 算法得到部分解,然后用规划法得到全部解。算法主要步骤为:

① 给定整数 I;

② 将 S_i 中各点按贪心法分配给 S_{i+1} 中各点,且保证每个划分子集合的维数为 I;

③ 如果各划分子集合间无交则转(4),否则,$I = I+1$;转(2);

④ 检查是否求得满足无交条件的最大数 I? 如果求得,则转(5);否则,$I = I+1$,转(2);

⑤ 将未被划分的所有点用 $0 \sim 1$ 规划进行划分;

⑥ $0 \sim 1$ 规划的解与贪心法的解合成为问题 P_1 的解。

数值算例表明,降维法对求解大规模问题是有效的。

(2)几何级优化。

假设已确定了网络的拓扑关系 $SS_i^{(j)}$($i = 0,1,\cdots,N-1$;$j = 1,2,\cdots,m_i$),则几何级优化问题可提成:

P_2:求 U。

$$\min \quad F_g = \sum_{i=1}^{N-1} \sum_{j \in S_{i+1}} \sum_{k \in SS_i^{(j)}} V_{ijk} W_{ijk} \tag{8.101}$$

$$\text{s. t} \quad g_i(U) \leqslant 0 \qquad (i = 1,2,\cdots,q) \tag{8.102}$$

P_2 为非线性规划问题,求解的方法很多,这里不再赘述。当 P_2 为无约束问题时,根据网络的拓扑特点和最优性条件,可推得 P_2 的解由下列非线性方程组的解给出:

$$\sum_{k \in SS(j)} \frac{\partial V_{ijk}}{\partial x_{ij}} W_{ijk} \bigg|_{j \in S_i} + \frac{\partial V_{i+1,m,j}}{\partial x_{ij}} W_{i+1,m,j} \bigg|_{\substack{m \in S_{i+1} \\ j \in S_i}} = 0 \tag{8.103}$$

$$\sum_{k \in SS(j)} \frac{\partial V_{ijk}}{\partial y_{ij}} W_{ijk} \bigg|_{j \in S_i} + \frac{\partial V_{i+1,m,j}}{\partial y_{ij}} W_{i+1,m,j} \bigg|_{\substack{m \in S_{i+1} \\ j \in S_i}} = 0 \quad (i = 0,1,\cdots,N-1; j = 1,2,\cdots,m_i) \tag{8.104}$$

8.6.3 参数优化问题

8.6.3.1 数学模型

进行注采气系统参数优化,也就是要确定管径、注气量、注气压力,极小化管网投资、管网的动力能耗和热力能耗。这可表达成如下优化问题:

OPT:求 D, Q, T。

$$\min \quad F[D,Q,T = K_D \sum_{i=1}^{N_p} f_i(D_i)L_i + K_p \sum_{i=1}^{N_p} (p_{iL} - p_{iR})G_i + K_T \sum_{i=1}^{N_p} D_i L_i (\overline{T}_i - T_0) \tag{8.105}$$

$$\text{s. t} \quad p_i \leqslant \overline{p} \qquad (\forall i \in S_p) \tag{8.106}$$

$$T_i^{\ R} \geqslant \underline{T} \qquad (\forall j \in S_t) \tag{8.107}$$

$$Q^l \leqslant Q \leqslant Q^u \tag{8.108}$$

$$T^l \leqslant T \leqslant T^u \tag{8.109}$$

$$D \in S_D D \tag{8.110}$$

式中　D——管径设计变量;

　　　Q——流量设计变量;

　　　T——温度设计变量;

　　　K_D, K_T——常系数;

　　　K_p, T_0——常系数;

　　　$f_i(D_i)$——价格函数;

　　　L_i——i 号管段的长度

　　　p_{iL}, p_{iR}——i 号管段的端点压力;

　　　$\overline{T}_i$——近似平均温度;

　　　$\overline{p}$——回压上限;

　　　$\underline{T}$——温度下限;

　　　S_p——回压约束节点集合;

　　　S_t——温度约束节点集合;

S_DD——D 的可取值集合；

Q^u, Q^l——Q 的约束上界、下界；

T^u, T^l——T 的约束上界、下界。

目标函数第一项为管线一次性投资费用；第二项为动力能耗费用；第三项为热力能耗费用。约束(8.106)为回压约束；约束(8.107)为温度约束；约束(8.108)~(8.110)为变量界限约束。

当视 D 为连续变量时，OPT 为非线性规划问题，求解这个非线性规划问题便得到参数优化问题的最优解。温度、压力等参量是设计变量的隐函数。而设计变量又通过系统分析方程关联在一起。

OPT 是有约束的非凸非凹非线性规划问题，它的求解过程是较复杂的，需要一些数值技术和软件编制技巧。常用的计算方法有：序列二次规划法、混合罚函数方法与修正 POWELL 法和复形调优法，下面将对此分别介绍：

8.6.3.2　遗传算法的实现

遗传算法一般过程可分为初始化、选择、交叉和变异 4 个主要组成部分。下面仅对遗传算法应用于该优化问题时的构造过程进行介绍，算法实现框图如图 8.41 所示。

(1)初始化。

① 编码。在确定了设计变量和约束条件，并建立了优化模型之后，首先需要进行编码，即把管径信息用数字串表示，也就是说，这个数字串是相应管径的基因型，而管径是基因的表现型。

② 产生第一代群体。通过编码随机产生 M 个个体形成初始群体，每个个体就是由所有管段的基因编码按一定顺序连接在一起的数字串，这个顺序即为管段的标号顺序。

(2)评价与选择。

① 评价。按照编码规则，对群体中的每个个体进行解码，还原出管网的管径信息，调用稳态分析程序进行计算，根据所选具体方法的不同，将结果代入式(8.105)的分式或总式中，先求出原目标函数值，对其进行一定变换得到适应值 $F_{ki}(i=1,2,\cdots,M)$。通过评价，按照适应度大小，存优汰劣，组成优良亲本群体，用于繁殖下一代。这样不断重复，使得群体适应度的水平逐代提高。

② 选择。对于多目标优化问题，常采用权重系数变化法和并列选择法进行求解，前者是

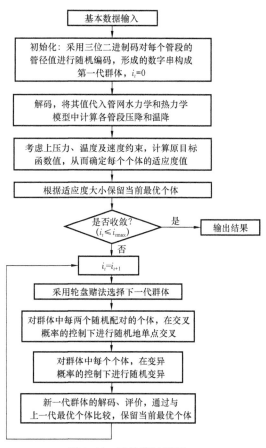

图 8.41　遗传算法框图

指根据各个目标函数的重要程度确定其权重系数,然后把该多目标问题转化为一个单目标问题,对其进行选择、交叉及变异运算。后者是指先将群体中的全部个体按子目标函数的数目均等划分为一些子群体,对每个子群体分配一个子目标函数,各个子目标函数在其相应的子群体中独立地进行选择运算,最后把各自选择出的一些适应度较高的个体组成一个新的完整群体,然后进行交叉和变异运算。如此这样不断地进行"分割—并列选择—合并"过程。两种方法都运用了保留最优个体策略,并且在进行选择运算时,均采用了比例选择法。

(3)交叉。

对于随机配对的个体,随机设定交叉点位置,将双亲的基因码链在此进行交换。

(4)变异。

对于随机选定的要变异个体,随机选取变异点,然后进行变异,形成一个新个体。这里采用基本位变异,即对个体编码串中以变异概率随机指定的某一位基因座上的基因值进行变异运算(由 1→0 或由 0→1)。

然后,对新一代群体再进行评价、选择、交叉、变异,如此循环往复,使群体中的个体适应度和平均适应度不断提高,直至最优个体的适应度不再提高,则迭代过程收敛,算法结束。

可以看出,遗传算法的寻优规则不是定性的,群体的产生、选择、交叉及变异都是由概率决定的,但是所采用的这种随机操作并不等于盲目,正是随机使得算法具有了全局寻优的可能。

8.6.3.3 模拟优化算例

某储气库其井场布局如图 8.42 所示,该储气库地面集输系统采用放射状及枝状组合布局,共设置集注站 3 座,每座管理 6 口井,集注站到每口井的距离均为 100m。注采井共 18 口,注气期将根据各井情况,使用其中的 7～9 口井注气,采气期使用其中的 9～18 口井采气。采气井口温度为 40～50℃,气库注气高峰时总日注气量为 $675 \times 10^4 m^3$,采气高峰时总日采气量为 $1600 \times 10^4 m^3$,储气库运行参数见表 8.20。根据外输压力要求,储气库外输压力需要 8.2MPa,为了减少注采站内露点控制所需的乙二醇注入量,需要首先在集注站节流至 16MPa,天然气的组分具体见表 8.21,计算结果见表 8.22。

表 8.20　储气库主要运行参数表

阶段		单井日注(采),$10^4 m^3$	井口压力,MPa	总日注(采)气,$10^4 m^3$
注气	初期	71	21.1	500
	高峰期	75	22.8	675
	末期	71	25.2	500
采气	初期	100	21.7	900
	高峰期	90	18.4	1600
	末期	75	18.2	900

表 8.21　输送天然气组分表

组分	CH_4	C_2H_6	C_3H_8	iC_4H_{10}	nC_4H_{10}	N_2	CO_2	He	合计
摩尔分数,%	94.7	0.55	0.08	0.01	0.01	1.92	2.71	0.02	100

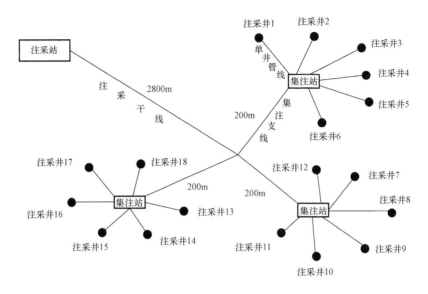

图 8.42　典型储气库布局图

集输管线主要包括注采干线、集注支线和单井管线。根据注采井一般均距离注采站较近，常常不超过 5km，其间的压降较小。基于此，优化选择集输管线在不同输量下的管径变化。对于注采合一而建的管线，管线的输气量应满足采气规模，管线的设计压力应满足注气时的最高压力。

根据井场布局图 8.16，选择计算管线，即集注站—注采井，管线距离为 100m，注气末时井口的最大压力为 25.2MPa。依据不同的输量、不同的集注站出站压力应用优化软件计算单井管线管径，具体计算结果见表 8.22 和表 8.24。依据不同的管径、不同的集注站出站压力应用优化软件计算不同管径在不同压降下的输送能力，具体计算结果见表 8.23 和表 8.25。

表 8.22　注气时单井管线不同输量下管径随压降变化的计算结果

输量	管径随压降变化，mm					
$10^4 m^3/d$	0.01MPa	0.03MPa	0.05MPa	0.1MPa	0.3MPa	0.4MPa
50	168.3	168.3	168.3	114.3	114.3	114.3
75	219.1	168.3	168.3	168.3	168.3	168.3
100	219.1	219.1	168.3	168.3	168.3	168.3

表 8.23　注气时单井管线不同管径下输送能力随压降变化的计算结果

管线	输送能力随压降变化，$10^4 m^3/d$					
	0.05MPa	0.1MPa	0.15MPa	0.2MPa	0.3MPa	0.4MPa
ϕ88.9mm×10mm	17.7	25.1	30.8	35.6	—	—
ϕ114.3mm×12.5mm	34.9	49.4	60.6	—	—	—
ϕ168.3mm×17.5mm	99.1	136.8	—	—	—	—
ϕ219.1mm×22.2mm	200.3	—	—	—	—	—

表8.24　单井管线采气时不同输量下管径随压降变化的计算结果

输量 $10^4 m^3/d$	管径随压降变化,mm					
	0.01MPa	0.03MPa	0.05MPa	0.1MPa	0.3MPa	0.4MPa
50	168.3	168.3	168.3	114.3	114.3	114.3
75	219.1	168.3	168.3	168.3	168.3	168.3
90	219.1	219.1	168.3	168.3	168.3	168.3
100	219.1	219.1	168.3	168.3	168.3	168.3

表8.25　单井管线采气时不同管径下输送能力随压降变化的计算结果

管线	输送能力随压降变化,$10^4 m^3/d$					
	0.05MPa	0.1MPa	0.15MPa	0.2MPa	0.3MPa	0.4MPa
$\phi 88.9mm \times 8mm$	19.4	27.4	33.6	—	—	—
$\phi 114.3mm \times 10mm$	37.9	53.6	—	—	—	—
$\phi 168.3mm \times 16mm$	99	125.4	—	—	—	—

可以看出,当井口注气和采气分别采用一套管网时,注气管线管径可取为$\phi 168.3mm$,采气管线的管径也可取为$\phi 168.3mm$。考虑到注气和采气不能同时进行,因此该枯竭油藏储气库可以采取注采一套注采管网。

8.7　注采工艺系统能耗评价分析

8.7.1　能效评价体系建立原则

注采站地面工艺系统能效评价指标体系是由多个互相关联、互相补充的指标按照一定的层级结构组成的有机整体,是衡量系统能效的重要依据并直接影响对注采系统能效监测与评价的结果。建立一套科学高效的能效指标评价体系是进行系统能效评价的重要基础,指标体系的代表性和完备性是正确评价能效水平的前提。构建注采站地面工艺系统能效评价指标体系需要以系统分析理论为指导,遵循以下几个方面的原则:

(1)系统性原则。能效评价指标体系应综合、完整地反映注采站地面工艺系统的用能情况,形成科学、准确的能效评价指标体系。

(2)独立性原则。系统中存在多个具有交叉信息的指标,这些指标均可以对系统状态进行描述,在构建评价体系时应选择具有独立性、代表性的指标,从而提高评价的科学性和准确性。

(3)层次性原则。注采站地面工艺系统可分为不同的层次,包括注气系统和采气系统,每个系统又可以从效率和能耗的角度通过不同的指标进行评价,整个体系就是由这些来自不同层次的指标构成的,所以指标体系的构建应具有层次性。

(4)可操作性原则。评价体系中的指标应具有可测性,获取指标的方式是可行的,并且指标便于量化和比较,在满足评价要求及提出节能措施所需信息的条件下,尽量减少指标数量,保证指标的内涵清晰。

（5）实际性原则。能效评价指标体系的建立应储气库的实际情况出发,建立一套具有包容性和针对性的体系结构。

（6）导向性原则。构建能效指标评价体系时要注意体现国家政策导向、立足于业根本进行综合考虑,要能够体现出对系统节能运行的指导作用。

（7）时效性原则。随着生产技术和统计理论的不断发展,评价体系应不断地做出调整和修改,同时为了保持体系的稳定性和指导性,应避免对体系中的主要指标做出过于频繁和巨大的修改。

8.7.2 能效评价方法理论研究

8.7.2.1 能效评价方法的确定

能效评价方法表见表8.26。

表 8.26 能效评价方法表

评价方法	特性	应用对象
德尔菲法	由专家主观对技术指标进行评价;通过征求专家意见做出合理判断	贯穿整个评价体系结构、指标、权重及指标评判的专家咨询
层次分析法	将复杂的多指标综合评价问题简单化;实用、简洁,且可以与其他的评价方法配合使用	分析和确定指标的权重
模糊隶属函数法	用隶属度表示事物与某一标准的接近程度	指标的无量纲化
线性加权法	计算简单易懂,包含全部原始数据指标变量	评价值的计算

上述评价方法只是对系统能效水平进行综合评价的工具,需要根据评价的不同阶段,选择适当的、合理的评价方法加以组合运用,形成一套科学的评价体系。论文构建能效评价模型的具体过程如图8.44所示。

8.7.2.2 能效评价方法的理论基础

（1）德尔菲法。

德尔菲法就是通过征询专家小组成员的意见的方式得出结论,综合评价指标体系的建立是一个非常复杂的过程,该过程的每一个环节都会用到德尔菲法;同时,需要不断进行完善,最终确定科学、合理的评价体系。基于综合评价指标体系的层次性原则,为了能科学、高效、清楚地反应评价对象的状况,采用德尔菲法构建的评价体系结构如图8.44所示。

图8.44中,A为一级指标,即被评价对象;B为二级指标,即准则层指标;C为三级指标,即评价体系的基本指标。该结构具有如下特征:

① 由左至右的支配关系,左边层次是右边层次的集合;

② 结构中层次数不受限制,层数取决于评价目的及系统性质;

③ 同一层次的元素内容发生变化时不会对整个系统结构产生影响;

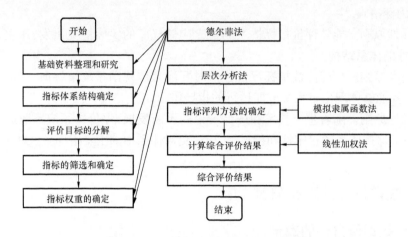

图 8.43　构建能效评价模型的具体过程

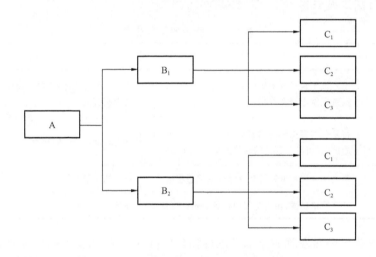

图 8.44　德尔菲法构建的评价体系结构

④ 层次之间的联系比同一层次各元素之间的联系要紧密,如果同一层次内部的元素联系过于紧密以至于无法忽略,则说明构建体系时没有严格遵循独立性原则。

利用德尔菲法构建的指标体系结构一旦确定,上、下层评价指标的隶属关系就被确定了。以某一准则层的评价指标氏为例,它所支配的三级指标为 $C_1, C_2, \cdots, C_n$。

根据它们对 B_i 的相对重要度来确定各自的权重值,从而构造评价体系的判断矩阵。若能定量给出 $C_1, C_2, \cdots, C_n$ 对于 B_i 的重要度,就能直接确定三级指标的权重。但大多数情况下,不能直接给出其相对重要度,这就需要采取适当的方法确定指标的权重。

(2)层次分析法。

层次分析法就是将与决策有关的元素分解成目标、准则、方案等层次,在此基础上进行定量和定性分析的决策方法。指标权重是用来表征某一评价指标在整个评价中的重要程度,它是对被评价对象重要度的定量描述,要区别对待各评价指标在综合评价中的作用。具体流程如图 8.45 所示。

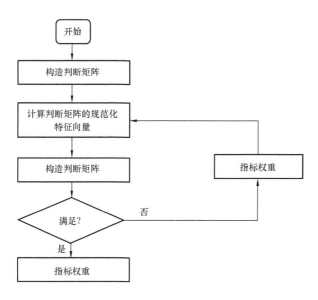

图 8.45 层次分析法确定评价指标

（3）模糊隶属函数法。

模糊隶属函数法就是利用隶属度函数进行模糊综合评价。通过指标无量纲化处理使其具有可比性,才能进行综合评价。采用模糊隶属函数法对评价指标进行无量纲化处理,具体步骤如下:

① 确定各个能效评价指标的上下限。确定各评价指标的最大值 $X_{\max}$ 和最小值 $X_{\min}$ 对于正向指标,最优值为 $X_{\max}$;对于逆向指标,最优值为 $X_{\min}$。

② 确定各个能效指标的模糊隶属度函数类型。

（4）线性加权法。

线性加权法就是将指标的量化值乘以指标的权重值得到各指标的评价值,通过求和得到总评价值,本文采用线性加权法进行能效综合评价。具体计算公式如下:

① 准则层各指标的最终得分。

$$F_i = \sum_{j=1}^{n} F_{ij} W_{ij} \tag{8.111}$$

式中 F_i——第 i 个准则层指标的评价值;

F_{ij}——第 i 个准则层指标的第 j 个指标层指标的标准量化值;

W_{ij}——第 i 个准则层指标的第 j 个指标层指标相对准则层的权重;

i——要评价的准则层指标的序号;

j——要评价的准则层指标下的指标层指标的序号;

n——要评价的准则层指标的指标层指标的数目。

② 被评价目标的综合评价得分。

$$F = \sum_{j=1}^{m} F_i W_i \tag{8.112}$$

式中　F——被评价指标体系的综合得分值；

　　　F_i——被评价指标体系中第 i 个准则层指标的得分值；

　　　W_i——被评价指标体系中第 i 个准则层能耗指标相对目标层的权重；

　　　i——被评价指标体系中准则层指标的序号；

　　　m——被评价指标体系中准则层指标的数目。

8.7.3　储气库注采工艺系统能耗评价的主要问题

目前存在的问题包括：

（1）气田开采地面系统运行效率评价指标如管输效率、装置负荷率、综合能耗等，不能完全用来评价储气库注采系统。

（2）储气库注采系统运行效率受储层物性、调峰模式、装置处理效果、注采参数等因素影响，各因素影响程度不明确。

（3）注气工艺和采气工艺处理方式不同，单纯地采用综合单耗并不能充分体现两种工艺的运行特点。

（4）注气过程，注采井内压力是逐渐升高的，因此，对压缩机出口压力的要求也是逐渐增加，严重影响压缩机的电力消耗，因此单独采用压缩机用电单耗在整个注气周期中会出现明显的变化，且在不同储气库的对比应用中也无法统一指标。

（5）采气过程，不同运行时期，采出气压力和温度不同，经过节流脱水后参数并不相同，尤其是采出气的温度会显著变化，会影响处理系统的热交换和凝析液处理、乙二醇再生装置的负荷，从而影响采出气处理工艺的能耗。因此，会造成整个采气周期处理系统能耗负荷的变化，且在不同储气库的推广应用中也无法统一指标。

8.7.4　储气库注采工艺系统能耗评价体系的建立及应用分析

8.7.4.1　储气库注采工艺系统 AHP＋模糊综合评价法流程

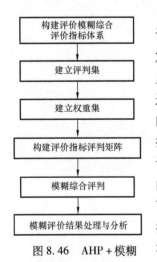

图 8.46　AHP＋模糊综合评价法流程框图

模糊综合评价法，就是应用评价因素模糊关系合成的原理，对被评判事物综合评价的方法。在进行模糊评价前要建立评价模型，确定各评价指标评语的隶属度计算方法。对于定性指标，通过咨询厂里技术人员、专家对各个指标重要程度进行判断后，采用 1 ~ 9 标度法进行权重的计算，并带入隶属度函数。对于定量指标，通过查阅相关的行业标准、规范进行评分，并按照比例确定该指标的隶属度，定量指标最终隶属度的确定可由现场专家进行修改。综合评判时，由于评判的因素较多，且部分因素之间无可比较性，会导致权数难以分配的问题，因此采用多层次评判模型，AHP＋模糊综合评价的顺序是由下层往上层进行的，先是求得二级指标的隶属度向量，再将所有二级指标的隶属度向量进行复合计算，得到一级指标的评价结果向量；所有一级指标模糊评价结果向量复合计算得到整个系统的评价结果向量。评价的流程如图 8.46 所示。

（1）储气库注采系统指标的确定。

储气库由于注采工艺自身的特性，存在大量的节流，产生比较大的压能损耗。提高注采系统过程中的能量利用，减少能量损耗是解决能源问题的关键。因此，为了更加顺利地开展节能降耗工作，合理地评价注采过程的能量分布情况显得尤为重要。储气库注采系统主要用能环节为注气系统、采气系统。此次研究以整个储气库注采系统为评价对象，遵循对应的指标规范，建立注气系统，采气系统的指标体系与评价准则，对储气库注采系统现有的能量利用水平进行评价。

在进行储气库注采系统用能评价时，既有泵效率、炉效率等定量指标，还有工艺流程及用能设备的适应性等定性的指标。由于评价因素的复杂性、评价对象的层次性、评价标准中存在模糊性，使得评价该问题需要用到定性以及定量的方法。模糊综合评价的第一步是构建评价对象的指标体系，通过对呼图壁储气库注采系统实际运行水平的调研，并且查阅了相关的规范、文献，确立了储气库注采系统的评价指标体系。储气库注采系统系统可分成 3 个子系统，分别为注气系统、采气系统和公共服务系统（简称公服系统）。每个子系统都有各自的指标层（表 8.27）。

表 8.27　储气库注采系统指标层

	子系统层	指标层	
系统层 A	采气系统 B_1	设备	热媒炉效率 C_{11}
			外输泵效率 C_{12}
			注醇泵效率 C_{13}
			乙二醇泵效率 C_{14}
			三股流换热器的适应性 C_{15}
			气气换热器的适应性 C_{16}
		能耗	热媒炉电耗 C_{17}
			泵机组能耗 C_{18}
			热媒炉耗气 C_{19}
	注气系统 B_2	设备	压缩机机组效率 C_{21}
		能耗	压缩机能耗 C_{22}
			集注站其他设备能耗 C_{23}
	公服系统 B_3	设备	采暖炉效率 C_{31}
		能耗	公寓用电 C_{32}
			其他公共耗电 C_{33}
			采暖炉用气 C_{34}
			公寓用水 C_{35}

（2）因素分类以及评判集的建立。

确定指标集 $U = \{u_1, u_2, \cdots, u_m\}$，$u_i$ 表示评价对象的主要评价指标；建立评判集 $V = \{v_1, v_2, \cdots, v_n\}$，$v_n$ 表示评价指标有 n 种评价等级。

（3）因素权重集的构建。

子系统各评价指标的重要程度，不同专家有不同的看法，利用层次分析法可以更科学、更严谨地对专家的权重进行估算。

层次分析法大体上分为 4 个步骤,即:

① 建立层次结构模型。由于 3 个子系统间工艺、用能设备的差异性较大,用能指标无可比性,因此,将储气库注采系统指标权重结构分为两级:第一级为注气系统,采气系统,公服系统;第二级为两个子系统各自的评价指标。

② 构造因素判断矩阵。一级指标的权重确定以采油厂统计历年的能耗占比来进行分配,二级指标以问卷的形式,通过咨询现场生产单位的技术人员及专家,对储气库注采系统用能评价体系中各指标的重要性赋值,根据专家对各子环节的二级评价指标进行两两比较,由 $1 \sim 9$ 标度法得出相应的判断矩阵 A。

$$
A = \begin{pmatrix}
A & A_1 & A_2 & \cdots & A_n \\
A_1 & u_{11} & u_{12} & \cdots & u_{1n} \\
A_2 & u_{21} & u_{22} & \cdots & u_{2n} \\
\vdots & \vdots & \vdots & & \vdots \\
A_n & u_{n1} & u_{n2} & \cdots & u_{nn}
\end{pmatrix}
$$

其次用"方根法"法计算评价因素指标的相对权重,首先求权重向量 $\overline{W}_i$:

$$
\overline{W}_i = \left(\prod_{j=1}^{n} u_{ij} \right)^{\frac{1}{n}} \qquad (i = 1,2,3,\cdots,n) \tag{8.113}
$$

将 $\overline{W}_i$ 的值进行归一化处理,得到评价因素权重单位向量 W_i:

$$
W_i = \frac{\overline{W}_i}{\sum\limits_{k=1}^{n} \overline{W}_k} \qquad (i = 1,2,3,\cdots,n) \tag{8.114}
$$

③ 判断矩阵的一致性检验。一致性检验的方法是计算判断矩阵最大特征值 $\lambda_{\max}$ 与一致性指标 CI:

$$
CI = \frac{\lambda_{\max} - n}{n - 1} \tag{8.115}
$$

将 CI 与随机一致性指标值 RI 作比,作为一致性检验判别式,即 $CR = CI/RI$,若 $CR < 0.1$,则认为该判断矩阵通过一致性检验。平均随机一致性指标 RI 取值见表 8.28 所示:

表 8.28　平均随机一致性指标 RI 值

矩阵阶数	RI
3	0.5149
4	0.8931
5	1.1185
6	1.2494

矩阵阶数	RI
7	1.3450
8	1.4200
9	1.4616
10	1.4874

④ 权重向量的求解。将得到的二级指标权重与相对应子系统的一级指标权重相乘即可得到储气库注采系统评价指标权重向量 $W_{总}$：

$$W_{总} = W_{一级} W_{二级} \tag{8.116}$$

（4）评价指标评判矩阵的构建。

确定隶属度函数，本文选择抛物型分布函数，$\mu_{\nu_1(x)}$、$\mu_{\nu_2(x)}$、$\mu_{\nu_3(x)}$、$\mu_{\nu_4(x)}$ 分别代表差、中等、较好、好 4 种评语的隶属度函数，有：

$$\mu_{\nu_1(x)} = \begin{cases} 1 & (x < 1) \\ \left(\dfrac{3-x}{2}\right)^2 & (1 \leqslant x < 3) \\ 0 & (x \geqslant 3) \end{cases} \tag{8.117}$$

$$\mu_{\nu_2(x)} = \begin{cases} 0 & (x < 1) \\ \left(\dfrac{x-1}{2}\right)^2 & (1 \leqslant x < 3) \\ 1 & (3 \leqslant x < 5) \\ \left(\dfrac{7-x}{2}\right)^2 & (5 \leqslant x < 7) \\ 0 & (x \geqslant 7) \end{cases} \tag{8.118}$$

$$\mu_{\nu_3(x)} = \begin{cases} 0 & (x < 3) \\ \left(\dfrac{x-3}{2}\right)^2 & (3 \leqslant x < 5) \\ 1 & (5 \leqslant x < 7) \\ \left(\dfrac{9-x}{2}\right)^2 & (7 \leqslant x < 9) \\ 0 & (x \geqslant 9) \end{cases} \tag{8.119}$$

$$\mu_{\nu_4(x)} = \begin{cases} 0 & (x < 7) \\ \left(\dfrac{x-7}{2}\right)^2 & (7 \leqslant x < 9) \\ 1 & (x \geqslant 9) \end{cases} \tag{8.120}$$

定性指标通过现场专家评判,定量指标通过比对行业标准,按照一定比例进行隶属度的取值。将每个评价指标的分数带入隶属度函数(5)~(8),得到整体的模糊评价矩阵 $\boldsymbol{R}$:

$$\boldsymbol{R} = \begin{bmatrix} r_{11} & r_{12} & \cdots & r_{1n} \\ r_{21} & r_{22} & \cdots & r_{2n} \\ \vdots & \vdots & \vdots & \vdots \\ r_{m1} & r_{m2} & \cdots & r_{mn} \end{bmatrix} \tag{8.121}$$

(5)模糊综合评判。

将注采系统评价指标权重向量 $\boldsymbol{W}_{总}$ 与模糊评价矩阵 $\boldsymbol{R}$ 相乘,可以得到模糊综合评价结果 $\boldsymbol{B}$ 向量。$\boldsymbol{B}$ 向量中各元素的值表示被评价对象对应于评判集 $\boldsymbol{V}$ 中不同评价等级的隶属度。

$$\boldsymbol{B} = \boldsymbol{W}_{总} \cdot \boldsymbol{R} = (w_1, w_2 \cdots w_m) \cdot \begin{bmatrix} r_{11} & r_{12} & \cdots & r_{1n} \\ r_{21} & r_{22} & \cdots & r_{2n} \\ \vdots & \vdots & \vdots & \vdots \\ r_{m1} & r_{m2} & \cdots & r_{mn} \end{bmatrix} = (b_1, b_2, \cdots, b_n) \tag{8.122}$$

把评判结果向量进行归一化处理:

$$c_i = \frac{b_i}{\sum_{k=1}^{n} b_k} \qquad (i = 1, 2, 3, \cdots, n) \tag{8.123}$$

(6)模糊评价结果处理与分析。

模糊综合评价的结果是被评价对象对各等级模糊子集的隶属度,其一般是一个模糊矢量,需要进一步进行处理,常用的处理模糊综合评价矢量的方法有两种:最大隶属度原则与加权平均原则,本文采取最大隶属度原则。

最大隶属度原则,即若模糊综合评价矢量结果中 $c_r = \max_{l \le k \le n} \{c_k\}$,则被评价对象总体上来讲隶属于第 r 级。

8.7.4.2　基于 AHP + 模糊综合评价的储气库注采系统用能分析

对储气库注采系统应用建立的评价模型进行评价。

(1)因素分类及评语集的建立。

本次模糊评价的因素集 $U = \{u_1, u_2, \cdots, u_m\}$ 里包括了 B_1、B_2 和 B_3 两个一级指标及 $C_{11} \sim C_{35}$ 17 个二级指标,评语集 $V = \{v_1, v_2, v_3, v_4\}$ 采用 4 种评语,其中,v_1 为差、v_2 为中等、v_3 为较好、v_4 为好。

(2)因素权重集的构建。

① 一级指标权重的确定。根据呼图壁储气库采气系统的能耗占比可以得到一级指标权重,见表8.29。

表8.29 一级权重

一级指标	权重
采气系统 B_1	0.117
注气系统 B_2	0.811
公服系统 B_3	0.072

② 二级指标权重的确定。

采气系统 B_1 的二级指标权重的计算如下：

$$
\begin{array}{c|ccccccccc|c}
B_1 & C_{11} & C_{12} & C_{13} & C_{14} & C_{15} & C_{16} & C_{17} & C_{18} & C_{19} & \text{权重} \\
\hline
C_{11} & 1 & 2 & 2 & 2 & 3 & 1/3 & 1/2 & 1/3 & 1/2 & 0.0945 \\
C_{12} & 1/2 & 1 & 2 & 1/2 & 3 & 1/4 & 2 & 3 & 2 & 0.1169 \\
C_{13} & 1/2 & 1/2 & 1 & 1/2 & 1/3 & 1/4 & 1/3 & 1/4 & 1/4 & 0.0387 \\
C_{14} & 1/2 & 2 & 2 & 1 & 2 & 1/2 & 1/4 & 1/2 & 1/3 & 0.7502 \\
C_{15} & 1/3 & 1/3 & 3 & 1/2 & 1 & 1/3 & 1/4 & 1/3 & 1/3 & 0.0481 \\
C_{16} & 3 & 4 & 4 & 2 & 3 & 1 & 1/2 & 1/2 & 1/2 & 0.1472 \\
C_{17} & 2 & 1/2 & 3 & 4 & 4 & 2 & 1 & 2 & 1 & 0.1773 \\
C_{18} & 3 & 1/3 & 4 & 2 & 3 & 2 & 1/2 & 1 & 1/2 & 0.1303 \\
C_{19} & 2 & 1/2 & 4 & 3 & 3 & 2 & 1 & 2 & 1 & 0.1717 \\
\end{array}
$$

同理，可得出注气系统 B_2 的二级指标权重向量：

$$W_{B_2} = (0.5748, 0.2551, 0.1741)$$

$$W_{B_3} = (0.2522, 0.1625, 0.0793, 0.3609, 0.1449)$$

储气库注采系统评价指标权重向量 $W_{总}$：

$W_{总} = (0.0111, 0.0137, 0.0045, 0.0877, 0.0056, 0.0172, 0.0207, 0.0152, 0.0200, 0.4661,$
$\quad 0.2069, 0.1411, 0.0181, 0.0117, 0.0057, 0.0259, 0.0104)$

(3)评价指标评判矩阵的构建。

专家评分值见表8.30。

表8.30 专家评分值

C_i	C_{11}	C_{12}	C_{13}	C_{14}	C_{15}	C_{16}	C_{17}	C_{18}	C_{19}
分值	7.2	7.5	7.5	6.3	3.5	7.2	7	8	7
C_i	C_{21}	C_{22}	C_{23}	C_{31}	C_{32}	C_{33}	C_{34}	C_{35}	
分值	8.5	7	5	8	7.5	6	5.5	4	

带入隶属度函数后得到模糊评价矩阵：

$$
\boldsymbol{R}^{\mathrm{T}} = \begin{bmatrix} 0 & 0 & 0 & 0 & 0 & 0 & 0 & 0 & 0 & 0 & 0 & 0 & 0 & 0 & 0 & 0 & 0 \\ 0 & 0 & 0 & 0.1225 & 1 & 0 & 0 & 0 & 0 & 0 & 0 & 1 & 0 & 0 & 0.25 & 0.5625 & 1 \\ 0.81 & 0.5625 & 0.5625 & 1 & 0.0625 & 0.81 & 1 & 0.25 & 1 & 0.0625 & 1 & 1 & 0.25 & 0.5625 & 1 & 1 & 0.25 \\ 0.01 & 0.0625 & 0.0625 & 0 & 0 & 0.01 & 0 & 0.25 & 0 & 0.5625 & 0 & 0 & 0.25 & 0.5625 & 0 & 0 & 0 \end{bmatrix}
$$

矩阵 $\boldsymbol{R}^{\mathrm{T}}$ 中每一列向量表示各评价指标的隶属度向量。

$$
\boldsymbol{B} = \boldsymbol{W}_{\text{总}} \cdot \boldsymbol{R} = (w_1, w_2 \cdots, w_{17}) \cdot \begin{bmatrix} r_{11} & r_{12} & \cdots & r_{14} \\ r_{21} & r_{22} & \cdots & r_{24} \\ \vdots & \vdots & & \vdots \\ r_{17-1} & r_{17-2} & \cdots & r_{17-4} \end{bmatrix} = (0, 0.0427, 0.5881, 0.2783)
$$

把评判结果向量进行归一化处理：

$$
c_i = \frac{b_i}{\sum\limits_{k=1}^{n} b_k} = (0, 0.0469, 0.6469, 0.3061) \qquad (i = 1, 2, 3, \cdots, n)
$$

（4）模糊评价结果处理与分析。

该储气库系统的评价结果向量 $\boldsymbol{c} = (0, 0.0469, 0.6469, 0.3061)$，由最大隶属度原则可知 $c_r = \max\limits_{1 \leqslant k \leqslant n} \{c_k\} = 0.6469$，根据最大隶属度原则，该储气库系统评价结果为较好。

（5）储气库注采系统能耗评价体系的建立。

基于储气库注采工艺系统指标层的分析，建立详细的储气库注采系统能耗评价体系见表8.31。

表8.31　储气库注采系统能耗评价体系表

系统	指标类型	指标名称	单位
采气系统	生产参数	采气量	$10^4 \mathrm{m}^3$
		井口压力	MPa
		井口温度	℃
		产油量	t
		产水量	t
	效率指标	泵	%
		热媒炉	%
	能耗指标	集注站用电	$10^4 \mathrm{kW} \cdot \mathrm{h}$
		天然气(处理用气)	$10^4 \mathrm{m}^3$
		折算标煤	t(标煤当量)
	单耗指标	电	$\mathrm{kW} \cdot \mathrm{h}/10^4 \mathrm{m}^3$
		天然气	$\mathrm{m}^3/10^4 \mathrm{m}^3$
		折算标煤	kg(标煤当量)$/10^4 \mathrm{m}^3$

系统	指标类型	指标名称		单位
采气系统	其他指标	甲醇损耗量		t
		乙二醇损耗量		t
		水		m^3
	成本指标	总成本		万元
		单位成本		元/10^4m^3
注气系统	生产参数	下载压力		MPa
		压缩机出口压力		MPa
		注气压力		MPa
		注气量		10^4m^3
	效率指标	压缩机		%
		注气系统		%
	能耗指标	集注站用电		$10^4kW \cdot h$
		折算标煤		t(标煤当量)
		压缩机用电		$10^4kW \cdot h$
		折算标煤		t(标煤当量)
	单耗指标	单位注气量能耗	电	$kW \cdot h/10^4m^3$
			折算标煤	kg(标煤当量)/10^4m^3
		（压缩机）单位注气能耗	电	$kW \cdot h/10^4m^3$
			折算标煤	kg(标煤当量)/10^4m^3
		单位压力注气能耗	电	$kW \cdot h/(MPa \cdot 10^4m^3)$
			折算标煤	kg(标煤当量)/$(MPa \cdot 10^4m^3)$
		（压缩机）单位压力注气能耗	电	$kW \cdot h/(MPa \cdot 10^4m^3)$
			折算标煤	kg(标煤当量)/$(MPa \cdot 10^4m^3)$
	其他指标	润滑油		t/10^4m^3
		水		m^3
	成本指标	总成本		万元
		单位成本		元/10^4m^3
公服系统	效率指标	采暖炉		%
	能耗指标	公寓用电		$10^4kW \cdot h$
		处理站用电		$10^4kW \cdot h$
		天然气		10^4m^3
		柴油		t
		气油		t
		折算标煤		t(标煤当量)

续表

系统	指标类型	指标名称	单位
公服系统	单耗指标	电	$kW \cdot h/10^4 m^3$
		天然气	$m^3/10^4 m^3$
		折算标煤	$kg(标煤当量)/10^4 m^3$
	其他指标	水	m^3
	成本指标	总成本	元
		单位成本	$元/10^4 m^3$
储气库总系统	能耗指标	电	$10^4 kW \cdot h$
		天然气	$10^4 m^3$
		柴油	t
		气油	t
		折算标煤	t(标煤当量)
	单耗指标	电	$kW \cdot h/10^4 m^3$
		天然气	$m^3/10^4 m^3$
		折算标煤	$kg(标煤当量)/10^4 m^3$
	其他指标	水	$m^3/10^4 m^3$
		润滑油	$t/10^4 m^3$
		甲醇	$t/10^4 m^3$
		乙二醇	$t/10^4 m^3$
	成本指标	总成本	万元
		单位成本	$元/10^4 m^3$

本指标体系结合储气库注采工艺系统运行及能耗的特点,提出 3 套系统、5 类指标,具体的能耗评价的指标参数包括:耗电、耗水、甲醇注入量、天然气消耗量、润滑油消耗量、乙二醇消耗量及成品油消耗量等,其中部分指标定义说明如下:

① 采气系统。

能耗指标:定义为采气过程与工艺相关的能耗,分为两类:电和天然气的消耗,电消耗包括集注站及集配站等各类工艺泵及相关设备的电耗。天然气消耗包括集注站等热媒炉及放空等工艺相关的天然气消耗。

单耗指标:为单位采气所消耗的能耗。

② 注气系统。

能耗指标:定义为注气过程与工艺相关的能耗,主要为电耗,包括注气压缩机及集注站内相关设备的电耗。

单位注气能耗:定义为单位注气量的能耗。

单位压力注气能耗:定义为单位注气量单位压力增量的能耗,其反映了天然气在注入储气库过程中获得单位能量消耗的外部能耗,其定义式如下:

$$压力流量积 - 下载压力流量积 = 净增压力流量积$$

$$注气压力 \times 注气流量 - 下载压力 \times 注气流量 = 净增压力流量积$$

$$单位压力注气能耗 = 电／净增压力流量积$$

③ 公服系统。

能耗指标:定义为注气及采气过程中站场及公寓供暖、供水及与工艺无关的人员生活等的能耗,主要包括电耗,采暖炉的天然气消耗,水消耗及成平有消耗等。

单位注气能耗:定义为单位注气量的能耗。

第9章 天然气地下储气库的风险分析和经济评价

建设天然气地下储气库,是一项需要长期运营、一次性投资巨大的工程,从开发的决策阶段到投入运营需要长达15年左右的时间。一般说来要几千万美元到数十亿美元不等。一方面,从储气库的设计、建设、运行期间都必须保证安全,在设计的使用寿命内任何情况下都不会发生事故;另一方面,资本的投入是一个必须解决的问题,应将其纳入已确定的管理战略计划中加以综合考虑,因此,从储气库的设计建设初期,就应该进行储气库建设的风险分析和经济性评价。

9.1 地下储气库的风险分析

风险是某一特定危险情况发生的可能性和后果的组合,是对项目主体的预期目标产生不利影响的可能性。风险分析一般包括风险识别、风险评估及制订风险防范对策。

地下储气库建设的风险分析,是必须保证储气库在设计、建设和运行期间的安全,确保储气库在设计使用寿命内在任何情况下都不会发生事故。一般来说,由于各类型地下储气库建设的地点、用途、工艺水平各不相同,所以其运行风险的来源、内容和分析评价的结论都存在一些差异。但总的说来,地下储气库建设的风险主要包括自然灾害风险、设备故障风险和第三方破坏风险等3个方面,储气库的设计和运行工作人员可根据实际情况,有针对性地分析选择。

9.1.1 自然灾害风险

操作失误风险和设备故障风险可以称为内在的风险,自然灾害风险是泛指一切外在风险。自然灾害的发生,对储气库地面及地下设备的破坏一般都是毁坏性的。一旦自然灾害发生,可导致储库内管道断裂,地下设备失效、引发火灾、喷射物引起破坏等大型事故,不但造成巨大的经济损失,而且会严重污染环境。因此,要加强对自然灾害的预测,并做好防备。自然灾害风险的来源与分析评价见表9.1。

9.1.2 设备故障风险

地下储气库的设备组成主要分为地面设备和地下设备两类,一般传统认为地下设备的风险较小,但也不能掉以轻心。地下储气库的地下设备出现故障的原因主要源于设计和建设的缺陷,一旦出现故障,其后果不仅较为严重,且难以解决。而地面设备的检修和维护属于日常维护的范畴,相对风险值低。设备故障风险的来源和分析评价见表9.2。

表 9.1　自然灾害风险的来源和分析评价表

来源	具体内容	分析评价	评价指标
周边地区设施	地面工业设备、地下采矿活动等	设备的可靠性与储气库的距离是否安全	距离工业区的距离； 周边地区的发展规划； 是否存在自然保护区、湿地等环境敏感地区
交通	飞机、火车、汽车等	是否存在事故的风险（飞机失事、火车出轨等）与储气库的距离是否安全	距离公路、铁路、机场的距离； 道路是否通畅，是否有利于紧急情况下开展救援活动
自然灾害	灾害性天气（风雨雷电）、地震、火山喷发等	是否采取了保护措施	该地区的气候类型
外来人员	人的流量和距人口密集区的距离	是否有围栏、标志、监测和报警装置	距离居民区的距离

表 9.2　设备故障风险的来源和分析评价表

来源	具体内容	评价目的	评价指标
储气库	储气库地层地质参数、井间干扰、运行压力温度等	稳定性、密封性	储气库地质构造、断层等情况和异常活动； 地表至地下所有地层特性； 地表沉降、地层闭合、地应力研究、封闭性研究、渗透层的影响； 储气库及周围地层动力学研究，机械、化学性质研究
地面设备井下设备	地面泵、压缩机、集输管线、阀门、井口装置、井下套管、油管、工具等	设备的质量检验、安装、维护和是否采取了有效的防腐措施	套管、管柱是否采用气密封螺纹； 套管、管柱是否满足抗内压、抗外挤和螺纹抗拉强度的安全要求； 固井第一界面和第二界面胶结质量良好；水泥环不因交变应力产生微裂缝； 井下管柱是否包含井下安全阀、封隔器和安全简； 井口底法兰、油管四通、油管帽、双主阀、双翼双阀、采气树的完整性 地面管线安全阀、气体探测器、易熔塞、高低压传感器的完整性
监测装置	地面仪表和线路	设备的质量检验、安装、维护和是否采取了有效的防护措施	是否安置了井下和地面气体流量监控、井下溶腔形状监测和地表沉降监测设备
储存介质	储存的介质类型和注采参数	气体类型、注采量、注采周期	气体储存的安全性要求和生产计划
动力源	发电机	应急电源	储气库内是否具有发电设备

9.1.3　第三方破坏的风险

第三方破坏的风险主要来源于外来人员和工作人员，归根结底是管理上的问题。其预防措施包括加强管理、加强培训。在美国，对于油气储库都有相应的法令保护，而我国在这方面的法律法规显得较为薄弱，究其原因，与法律的健全和实施力度、人们对安全法规和安全操作步骤的了解、周边经济水平以及政府的干预等因素都有很大关系。因此，我国在地下储气库的建设和实施过程中,应抓紧研究安全运行方案,降低第三方破坏的风险。

此外地下储气库系统还存在:

(1)气源风险。在我国,由于储气库的资源是属于上游中国石油西气东输和中国石化,上游气源给予储气库的输气量决定于储气库注气量以及储气量,地下储气库系统存在着气源风险。

(2)建设规模风险。储气库的建设规模与用气量、用气时间及可用储气库注采井数量等均有关系,下游用气量主要是规划用气量,预测的气量与将来实际发生的用气量必然会存在一定的差异,因此地下储气库系统建设,也存在建设规模风险。

9.2 地下储气库的经济效益

在天然气的管线输送中,建设地下储气库具有广泛的经济和社会效益。根据对国外地下储气库建设及经营情况的调查,其巨大的经济效益主要体现在以下两个方面:

(1)节约天然气输送管道总投资和输气管道的运营费用。

天然气的消费具有小时、日、月及冬夏季的不均匀性,而气源的供气量是不能随用气的不均衡性同步供给的。例如我国的北京,到 2000 年 12 月,用气高峰时平均每天用气量达到 $1236 \times 10^4 m^3$,陕京管线即使满负荷运行,也不能满足要求;而在 2000 年 4 月的低峰,平均每天用气量只有 $377.6 \times 10^4 m^3$,陕京管线只能低效运行。若采用地下储气库进行用气不均衡性的调峰,就可以使输气管线按城市用气量的平均值设计输气管径,这样就可大大节约天然气输送管道总投资和输气管道的运营费用。

在天然气长距离输送中,建造地下储气库具有十分显著的经济效果,据国外资料统计,地下储库的建造能使输气线投资降低 30%,使输气成本降低 15%~20%,可减少气田开采井的数量,降低输气压缩机功率 15%。

(2)平衡供气获取天然气季节差价。

国外天然气价格是随季节不同而发生波动。所经营的地下储气库有两种情况:一类是与输气公司联合经营,共同担负输气干线的风险与下游用户风险,所获取的经营利润是天然气的季节差;另一类是自呈体系的经营,不承担输气风险,获取天然气的储存费,收益稳定。

在美国,由于天然气季节差价较大,按热值折算成当量柴油每磅的差价可达 0.2 美元,而注采气成本及其他浮动费用每磅仅为 0.103 美元,以折旧期十年计算,地下储气库的经营利润一般可达 33%。

1987—1988 年,加拿大尤宁气体公司从"横贯加拿大管线"输气公司购买并销售的天然气的价格结构特征见表 9.3。

供气最终用户的出厂价包括气田销售价、干线输气费用和配气公司费用。就尤宁气体公司而言,气田价(包括从气田到艾伯塔省,即到横贯加拿大管线首站的输气价)的价差,为按 1987 年 7 月中止的短期合同气体销售价与 1988 年 1 月长期合同销售价二者之间的价差。地下储气库实现的经济效益约为 1.23 美元/GJ,收益率为 40%,考虑到向个人用户供气的气体量为 $19 \times 10^8 m^3$,1988 年总共创利 8700 万美元。

表9.3 天然气价格结构(加拿大尤宁气体公司) 单位:美元/GJ

价格	"高峰"气	"低峰"气	价差
气田销售价输气价(按管线100%负荷计)出厂价经济效益	0.09	0.02	0.07
	0.98	0.83	0.147
	3.07	1.85	1.227
	40%(8700万美元)		

各种类型地下储气库经济特性的比较,见表9.4。

表9.4 地下储气库的经济特性(最有代表性的范围)

指标		衰竭油气田型	含水层型	盐穴型
有效气量,$10^6 m^3$		300~500	200~300	50~500
投资费用	美元/m^3(有效气)	0.05~0.25	0.3~0.5	0.4~0.7
	美元/$10^6 Btu$[1]	1~6	7~12	10~19
运行费用[2],美元/$10^6 Btu$		0.3~0.5	0.3~0.5	0.3~0.25[3]

① $10^6 Btu$ 相当于 $1000 ft^3$($28.3 m^3$)的标准天然气。
② 包括资本费用。
③ 取决于每年有效气周转次数。

9.3 地下储气库的总费用

地下储气库的总投资费用主要决定于以下3个因素:
(1)垫层气、井、地面设备、管网系统等成本;
(2)操作费用;
(3)工作气体的投资。

储气库容积、深度和底层质量(渗透率)、气库与主管网的连接程度等,这些参数影响着储气库产能、开采井数及垫层气与工作气之比,因而也间接影响储气库的总投资费用。

在中等质量的地层中,建设一座季节调峰储气库,其投资约为每立方米工作气2.5法国法郎,其中不包括工作气体本身的成本。气库成本可分解为:勘探费用10%、钻井费用10%、垫层气费用40%、其他费用及管线连接费用30%、机动费用10%。

含水层型地下储气库垫层气的费用超过总投资的1/3,有时因构造的原因可达1/2。20世纪80年代初,世界天然气价格上涨,垫层气的成本超过总成本的2/3,所以用惰性气体来代替垫层气具有重要的经济意义。

9.3.1 投资费用

建造一座地下储气库需要投入大量资金,其投资费用包括垫层气费用、勘探费、钻井费、地下和地上设备费、连接管网建设费等。投资费用取决于储气量、最大采气速度和地质构造的适宜性。

地下储气库的投资费用一般在1000万美元至1亿美元范围内,如美国的罗泽尔弗储气库投资为 2000 万美元。但就整个天然气工业系统而言,建造地下储气库的投资所占比重是相当小的。表 9.5 对苏联和美国地下储气库基建投资在天然气工业总投资中所占的比重做了对比,并与输气干线投资做了比较。

表 9.5 地下储气库投资与天然气工业总投资的比较

指标			1980 年	1985 年	1990 年
投资	天然气工业总体	苏联,10^6 卢布	4836.5	9479.2	6128
		美国,10^6 美元	5350	5671	5571
	输气干线	苏联,10^6 卢布	2647.3	5196.2	2773.5
		美国,10^6 美元	1583	1562	1563
	储气库	苏联,10^6 卢布	40.7	274.7	156.7
		美国,10^6 美元	396	175	220
储气库投资占天然气总体投资,%		苏联	0.8	2.9	2.6
		美国	7.4	3.1	3.9
储气库投资占输气干线投资,%		苏联	1.5	5.3	5.6
		美国	25	11.2	14.1

当储气库建在含水层或盐穴内时,勘探工作将是关键。在开发之前,要对每个可能选择的库址进行地震勘探,至少应钻 4 口勘察井,这些工作一般要大范围进行,但其费用不超过总投资的 15%。

钻井所需的投资取决于钻井的数量和储气库的储层深度,其计算公式如下:

$$C_w = N_w(a + bD) \tag{9.1}$$

式中 C_w——钻井总费用,10^6 美元;

$\qquad N_w$——钻井总数;

$\qquad D$——平均深度,m;

$\qquad b$——表示钻井费用的常数,取决于地层的物理特性,特别是硬度;

$\qquad a$——与钻井有关的固定费用(人员、设备租金)。

井的数量与储气库容量直接相关,库容量越大,可建越多的抽气井。对含水层储气库,为控制泄漏(一般是由于与圈闭构造不一致,导致上部含水层泄漏),还需在储气库周围钻若干口辅助观察井。井的数量与库容量大致成一次函数关系。

对于利用衰竭气藏建储气库,不需要勘探费用。加上气田原有部分设施(井、地面设备等)可转用于储气库,故枯竭油气田储气库的投资费用要低得多。

在储气库库区地面、需要建压缩机站、气体处理装置、计量装置等设施,其费用取决于最大抽气量,可用式(9.2)表式:

$$C_s = m + nQ_{max} \tag{9.2}$$

式中 C_s——钻井总费用,10^6 美元;

$\qquad m$——固定成本;

n——处理每立方米天然气的费用；

Q_{max}——最大采气量，m^3。

在盐穴内建设储气库时，还需建设一个淋溶站，用于注水和抽出盐水。必须找到水源，可以是河流或深部水层。盐水可排放到河流或注入深含水层，更好的办法是将其输送到化工厂，必须建设管网运送水和盐水，距离越远、费用则越高。淋溶的费用取决于作业时间，需要淋溶的体积，净水的注入速度以及盐水的排出速度。根据经验，所要的注水量是溶解盐量的 8～10 倍。

与管网系统连接可能需要很高的费用，这取决于分支管线的长度和运送气体的最大流量。因而，最好在管网附近考虑建设储气设施。管网费用取决于管线长度和输送气体的最大流量。

投资费用中，垫层气费用相当大。按气体价格计，这项费用可能占总投资费用的 30%。为降低这项费用，国外专家正在研究用惰性气体替代天然气作为部分垫层气。

在美国，几种类型储气库的投资费用如下：

（1）枯竭油气藏型储气库的单位投资成本最低，平均约为 141 美元/$10^3 m^3$；

（2）含水层储气库的单位投资费用为 247～424 美元/$10^3 m^3$，主要包括勘探占 15%、钻井占 30%、垫层气占 30%、其他设备和管道连接占 25%。

（3）盐穴型储气库的投资费用最高，单位投资费用约为上述两种储气库的 2 倍，估算约为 353～671 美元/$10^3 m^3$。

9.3.2　运行费用

包括人员费、安装维护费、压缩机能耗费、消费品等费用。其中人员费和维护费属于固定费用，压缩机费用和消费品费用为可变费用。

表 9.6 列出了地下储气库运行费用的构成及所占比例。从表中可以看出：

（1）在运行费用中，人工工资及附加费只占 3%，而物质资源与技术资源费用合计占 97%。说明节约使用物质资源和技术资源，即节约物化劳动，是降低储气成本的关键。

（2）垫层气费用约占 20%，说明用惰性气体替代天然气作垫层气十分必要，既能保持储层压力，保证气井产量，又是降低地下储气库运行费用的主要途径之一。

表 9.6　地下储气库运行费用构成及所占比例

费用项目	所占比例，%
垫层气	19.6
人工工资及附加费	3.0
压缩机站操作费用	37.2
气井折旧费	9.0
储气库装备费	23.0
其他费用	8.2
合计	100

在美国,20 年间,几种类型地下气库的运行费用为:枯竭油气藏型储气库 10.6 ~ 17.6 美元/$10^3 m^3$;含水层型储气库为 1.6 ~ 19.6 美元/$10^3 m^3$;盐穴型储气库为 10.6 ~ 88.3 美元/$10^3 m^3$。

对地下储气库各项运行费用的评价要结合具体条件。例如,根据美国联邦能源调节委员会资料,美国在 1985—1986 年取暖期间,$1000 m^3$ 天然气的平均注气价为 110.1 美元,平均抽气价为 104.1 美元。根据服务区域的不同,地下储气库的运行费用是不一样的。对向美国西南地区供气的管线,气库的运行费用为 4.2 美元/$10^3 m^3$,对向比较寒冷的东北各州供气的管线,其运行费用则高达 21.1 美元/$10^3 m^3$。针对这种具体情况,要降低地下储气库的运行费用,只有对具体的负荷进行更加仔细的平衡,并在消费淡季尽可能以较低价格买进天然气,予以储存。

盐穴型储气库的费用相对较高,但多次循环降低了单位维护费用,使他与其他类储气库的费用不相上下。

9.3.3 投资回收期

投资回收期是评价地下储气库经济性的重要指标之一。根据地下储气库规模的大小,一般可在 0.5 ~ 3 年期收回投资费用。

盐穴地下储气库的投资回收期可按下式计算

$$T = \frac{K_m - K_n}{f - g} \tag{9.3}$$

式中 T——投资回收期,a;

K_m——地下储气库投资,10^6 卢布;

K_n——输气管线停输到恢复运行造成的损失,$K_n = qeat$,10^6 卢布;

f——储气库运行效益,10^6 卢布;

g——储气库运行费用,10^6 卢布;

q——输气管线供气量,$10^6 m^3$/昼夜;

e——因短期停止向城市工业用户供气所造成的损失,卢布/$10^3 m^3$;

a——工艺耗气量所占比例;

t——储气库投入运行占用时间,$t = 0.25$ 昼夜。

f 值按下式计算:

$$f = \eta t_1 eq \tag{9.4}$$

式中 η——故障频次(按统计数据);

t_1——排除故障时间,昼夜。

表 9.7 是 1999 年根据上述公式计算的某一盐穴型地下储气库投资回收期的实例。

表9.7 盐穴型地下储气库投资回收期实例计算结果

序号	指标	数值
1	储气库中有效气量,$10^6 m^3$	300
2	投资额,10^6 卢布	29
3	采气和输气经营费用,10^6 卢布	5.9

续表

序号	指标	数值
4	储气库运行费用,10^6 卢布	2.0
5	输气管线供气量,$10^6 m^3$/昼夜	15
6	因短期停止向城市工业用户供气造成的损失,卢布/$10^3 m^3$	450
7	工业耗气量所占比例,%	0.2
8	储气库投入运行占用时间,昼夜	0.25
9	输气管线故障频次,次/10^3 km	0.9
10	排除故障时间,昼夜	3.5
11	储气库运行效益,10^6 卢布	13.61
12	投资回收期,a	5.14

从表9.7可看出,该储气库的投资回收期为5.14年,比标准回收期6.7年要短。

9.4 地下储气库的单位成本

总费用与工作气体积之比用来计算单位成本,也可用来对不同储气库进行经济性比较。计算出单位投资和运行费用、年单位投资费用可较准确地表示相对费用。

一座地下储气库的装备和开发需要持续若干年,在此期间运营资金是逐步的,而地下储气库建设费和垫层气的投资则要提前几年预先投入。因此,在计算单位成本时需双重贴现,这笔费用相当于总的贴现投资费用(包括垫层气费用)除以每年发生的工作量的贴现总费用。美国采用的是平均年服务费用,根据储气库的各种用途,可表示为每采出 $1000 m^3$ 天然气的费用。

以下参数会对单位成本产生影响:

(1)储气库的库容。储气库的库容会影响固定费用(勘探和基础设施)。对于盐穴型储气库,在基础设施安装完成后,多次循环逐步增加库容,则按立方米计的储存费用会显著下降。

(2)储库的深度(影响储气的压力)和地层的渗透性。储库深度和地层渗透性等参数影响储气库的生产率,也影响生产井的数量以及垫气与工作气的比例。最好选择不太深的储层,以便控制钻井、设备及操作管理费用。对水深度要求的最小范围是 500~1000m。

(3)储气库与主管网的距离。储气库与主管网的距离影响联网连接费用。淋溶一座盐穴气库需要大量的水,因此将盐穴选址在河流附近尤为重要,并要处理淋溶出的盐水,最好设在化工厂附近,就能利用盐水,降低成本。

(4)最大采出量。抽气时间短,储气库单位费用高。若储气库的构造和储存气量不变,那么采气时间越短则意味着要么增加产气井的数量,要么提高垫层气比例,防止水流入井中(含水层),或者提高井下压力,从而增加单井产量(盐穴)。

(5)采气季节储气库周转库存气的次数。地下储气库一般的合同供气能力是 15~120 天。如果用于季节性储存,大部分枯竭气藏型和含水层型储气库每年循环不到一次。如果大于一次的周转率,则单位成本明显降低。这对盐穴型储气库尤为有利,因为这种库的特点是采气速度快,在同一采气阶段能循环若干次,对盐穴型储气库来说,盐穴构造及其厚度、不溶解矿物的含量和水平扩展性都将是决定性的因素。如果盐层较厚,则可溶出的洞容量较大,从而降低成本。对厚度稳定的盐层而言,不溶解矿物的含量越低,每个独立盐穴的容量则越大,盐层构造的水平扩展将决定一个库址可溶成单位体积洞穴的数量。

9.5 各种储气方式成本对比

在各种储气形式中,利用枯竭油气田作为地下储气库成本最低,每立方米气只需 0.7 美元;利用盐穴层储气,每立方米气需 5 美元;利用含水层储气,每立方米需 1.88 美元。另外一个统计也表明枯竭气田费用最低,见表 9.8。

表 9.8 不同储气类型的费用

储气类型	费用,美元/$10^3 ft^3$
球形罐	227
钢管($2240 lb/ft^3$)	207
钢管($980 lb/ft^3$)	110
地面钢罐(液化)	4.85
矿穴(液化)	5.50 ~ 6.45
盐穴(液化)	4.20 ~ 4.30
含水层型储气库	0.41
枯竭油气田型储气库	0.27

注:$1 ft^3 = 0.0283 m^3$。

储气库的类型和采出速度将极大地影响投资和运行费用。因此,对每种储气库方案测算其费用是非常必要的。

9.5.1 利用枯竭油气田建造储气库的费用

利用枯竭油气田储气库单位投资成本最低,因为部分现有的基础设施能够在利用。然而,并不是所有的地方都可以获得这种类型的储气库,而且这种储气库的有效工作气量与总储气量之比较低,且峰值采气速度也不是很快。

在美国,枯竭油气田储气库的开发费用一般为有效工作气量 1 ~ 6 美元/$10^3 ft^3$,平均约为 4 美元/$10^3 ft^3$。20 年间,年运行费用为 0.3 ~ 0.5 美元/$10^3 ft^3$。

9.5.2 含水层储气库的费用

用含水层构造建一座季节性调峰储气库的典型投资费用包括:
(1)勘探(直接费用)15%;
(2)钻井 30%;
(3)垫气 30%;
(4)其他设备和管道连接 25%。

在 20 世纪 80 年代初期,随着天然气在国际市场价格的走高,垫气费用达到相当于总费用的 2/3,于是人们开始尝试利用便宜的惰性气体替代部分垫层气。

开发含水层储气库的单位投资费用为 7 ~ 12 美元/10^3ft^3,20 年间的年运行费用为 0.3 ~ 0.5 美元/10^3ft^3。

对含水层型地下储气库的经济性产生影响的因素有:地下储气库主要参数(容量、量大昼夜抽气量),储层的矿山地质条件(储层深度、影响气井产量的孔隙度和渗透率),储气库建造和操作工艺参数,注气与抽气计划,垫层气与有效气的比例,最大压力,气井数量和结构,压缩机功率,储气库与用户之间的距离等。因此,含水层地下储气库的经济指标波动范围相当大。

9.5.3　盐穴型储气库费用

盐洞的开发费用远远高于其他类型。按单位工作气量计费约是用枯竭油气田或含水层建库所需费用的 2 倍,据估算约为 10 ~ 19 美元/10^3ft^3。因此从经济上讲,盐穴应满足以下条件,使用上才有优势:

(1)按每个单位的工作容量计,可提高较高的值;

(2)每年需要多次循环(平衡作用);

(3)需要较高的输送速率。

盐穴型储气库 20 年间的年运行费用为 0.3 ~ 2.5 美元/10^3ft^3,多次循环降低了有效的维护费用,使得盐穴型储气库与其他储气方式不相上下。

9.5.4　美国和苏联地区地下储气库成本核算

美国人认为,合理使用枯竭油气藏建设地下气库在经济上非常合算。建设 1m^3 气库的资金仅为开采和输送 1m^3 气的 1/6 ~ 1/5,所以应扩大气库的有效容积和气库的生产能力,多建枯竭油气藏型地下储气库。

目前,美国有上百万英里长的输气管线,价值 640 亿美元。据 Keith. H. coats1996 年统计,储气库的固定费用为总储气库费用的 80%。固定费用包括固定资产折旧费、投资费用和税款。用于垫气的费用大约占总投资费用的 1/3。1966 年,Coats 研究了全年 181 座储气库的投资情况。采气的费用是 0.92 美元/10^3ft^3,储气费用是 0.27 美元/10^3ft^3。11 座含水层储气库的投资情况是:采气投资 1.26 美元/10^3ft^3,注气投资 0.413 美元/10^3ft^3。181 座枯竭油气田储气库每日输气投资费用是 46.5 美元/10^3ft^3,11 座含水层储气库的费用是 66 美元/10^3ft^3。

储气库的设计容量是储层特性和地面设备的函数。为了说明天然气价格上涨的影响和枯竭油气田与水层的影响,NI 天然气公司储气库总经理 C. G. Nelson 把 1972 年和 1982 年枯竭油气田型储气库和含水层型储气库单位储气费用做了比较(表 9.9)。

假设枯竭油气田储气库有 100×10^8ft^3 总储气量,每年注气和采气均为 25×10^9ft^3。从投资效益来看,枯竭油气田储气库有 43×10^9ft^3 的顶气,含水层储气库有 33×10^9ft^3 的顶气。利用 Handy Uhitman 指数逐年提高设备费用,则根据中西部典型储气库的储气费用逐年提高,具体为:1972 年统计的 20 年平均费用(1952—1971 年)= 0.289 美元/10^3ft^3;1978 年统计的 10 年平均费用(1968—1977 年)= 0.581 美元/10^3ft^3;1982 年统计的 10 年平均费用(1973—1982 年)= 1.170 美元/10^3ft^3;1985 年统计的 5 年平均费用(1978—1982 年)= 2.210 美元/10^3ft^3。

按照联邦能源管理委员会所使用的计算方法,以固定费用为15%(包括:收益费6%;联邦所得税4%;折旧费3%;杂项税款及其他2%)。再加上使用费用和维护费用,得到表9.9的计算结果。其中1982年的预算是根据1978年的数字加上每年9%的物价上升率推算出来的。

表 9.9　单位储气费用　　　　　　　　　　　　　　　　单位:美元/$10^3 ft^3$

时间	枯竭油气田型储气库	含水层型储气库
1972 年	0.146	0.162
1982 年(10 年储气费用)	0.461	0.515
1985 年(5 年储气费用)	0.639	0.724

设备费用与垫气费用所占份额。见表9.10。

表 9.10　各类型储气库中设备费用与垫气费用所占份额

储气库类型	时间	设备费用,%	垫层气费用,%
枯竭油气田型	1972 年	52	48
	1978 年	49	51
	1982 年	27	73
含水层型	1972 年	48	52
	1978 年	45	55
	1982 年	24	55

1972 年,美国能源署有关地下储气库的报告表明,美国东部枯竭油气田型储气库的费用是 0.1786 美元/$10^3 ft^3$,含水层型储气库是 0.2256/$10^3 ft^3$。

总储气费用的百分比有所变化。Coats 在 1966 年的研究表明,设备占总储气库平均费用的 62%,垫层气占 38%。1972 年联邦能源管理委员会的研究数字表明,枯竭油气田型储气库的垫气费用占 48%;含水层型储气库设备费用占 48%,垫层气费用占 52%。根据 C. G. Nelson 假设的气库费用分配情况见表 9.10 所做分析结果。

这些费用是按联邦能源委员会 1976 年提出井口价计算的。1978 年,国家天然气政策执行委员会允许提高井口气价。当然有人认为有必要重新调整储气费用。用于垫气费用的百分比,毫无疑问地将进一步增加。同时应该注意到,随着储气费用的增加,对储气库的需求量将更大。

在 20 世纪 80 年代中期,苏联曾对不同类型的地下储气库建库费用进行了对比,认为尽管建库所需费用受不同条件影响,但利用枯竭油气藏建库费用最低、时间最短。

总之,建设地下储气库,从投资上看,无论是美国人还是苏联人都认为利用枯竭油气藏作为地下库是最经济的(表 9.11),其次是利用含水层作为地下储气库。

从有效气体的单位投资和采出有效气体的折算费来看,枯竭油气藏型储气库的有效气体单位投资最小,采出有效气体的折算费用最低。

从建设地下储气库所用时间来看,枯竭油气藏型储气库的建设周期最短,建设周期的缩短意味着投资的减少。

表 9.11　苏联地区各种类型储气库的费用和周期

类型	单位投资 卢布/$10^3 m^3$（有效气）	采出 $10^3 m^3$ 有效气的折算费用 卢布/a	建设周期 a
地面低/高钢罐	100~140	100~170	
盐岩层型储气库	50~100	15~30	>5
含水层型储气库	25~40	5~8	5~12
枯竭油气藏型储气库	15~30	3~6	3~5

在地下储气库中,垫层气所占费用比例常常超过 50% 以上,所以尽可能使用惰性气体替代部分垫层气是解约储气库投资的重要途径。

建设地下储气库尽可能利用现存的地面设施,包括供电设备、地面管线、处理站等,也是节约成本的方法。

参 考 文 献

阿衣加马力·马合莫,李玉星,车熠全,等,2017. 呼图壁储气库水合物控制方案及优化[J]. 油气储运(9):
    1024 - 1029.

班凡生,2008. 盐穴储气库水溶建腔优化设计研究[D]. 廊坊:中国科学院研究生院(渗流流体力学研究所).

班凡生,高树生,2007. 岩盐储气库水溶建腔优化设计研究[J]. 天然气工业(2):114 - 116.

北京市统计局,国家统计局北京调查总队,2018. 北京市统计年鉴(2018)[M]. 北京:中国统计出版社:
    129 - 130.

卜宪标,2008. 天然气吸附储存及热效应模拟研究[D]. 哈尔滨:哈尔滨工业大学.

卜宪标,谭羽非,李炳熙,等,2009. 盐穴地下储油库热质交换及蠕变[J]. 西安交通大学学报,43(11):
    104 - 108.

曹琳,2009. 盐穴储气库及其循环注采运行配产优化[D]. 哈尔滨:哈尔滨工业大学.

曹琳,谭羽非,李娜,2005. 盐穴地下储气库注采热工性能模拟[J]. 天然气工业(8):103 - 105,14 - 15.

晁宏洲,王赤宇,马亚琴,等,2007. 乙二醇循环系统的工艺运行分析[J]. 石油与天然气化工,36(2):
    110 - 113.

陈晓源,谭羽非,2011. 地下储气库天然气泄漏损耗与动态监测判定[J]. 油气储运,30(7):513 - 516,473.

丁国生,李春,王皆明,等,2015. 中国地下储气库现状及技术发展方向[J]. 天然气工业,35(11):107 - 112.

董建辉,袁光杰,申瑞臣,等,2009. 盐穴储气库腔体形态控制新方法[J]. 油气储运(12):35 - 37.

冯涛,宋承毅,李玉星,2001. 水合物形成预测及防止措施优化研究[J]. 油气田地面工程,20(5):16 - 17.

官庆卿,2014. 老油田集输系统节能降耗评价分析研究[D]. 青岛. 中国石油大学(华东).

国家能源局石油天然气司,国务院发展研究中心资源与环境政策研究所,国土资源部油气资源战略研究中
    心,2018. 中国天然气发展报告(2018)[M]. 北京:石油工业出版社.

国利荣,2016. 燃煤电厂烟气二氧化碳吸脱附实验及热质传递性能研究[D]. 哈尔滨:哈尔滨工业大学.

胡娣,2018. 天然气储调峰方式的思考[J]. 现代国企研究(16):194 - 195.

雷鸿,2018. 中国地下储气库建设的机遇与挑战[J]. 油气储运,37(7):728 - 733.

李明,温冬云,吴艳,等,2011. 相国寺地下储气库采出气脱水方案的选择[J]. 天然气与石油(8):32 - 36.

李玮,秦小荣,余志成,等,2007. 声呐测量技术在盐穴储气库中的应用[J]. 油气井测试(4):65 - 66.

李玉星,程树林,1999. 油气混输管网的水力计算[J]. 石油大学学报(自然科学版),23(4):59 - 61.

李玉星,冯叔初,1999. 管道内天然气水合物形成的判断方法[J]. 天然气工业,19(2):99 - 102.

李玉星,冯叔初,范传宝,2001. 多相混输管道温降的计算[J]. 油气储运,20(9):32 - 35.

李玉星,邹德永,冯叔初,2002. 高压下预测天然气水合物形成方法研究[J]. 天然气工业,22(4):91 - 94.

李紫宸,2018. 应对"气荒":中国将加快地下储气库建设,保障天然气长期稳定供应[EB/OL]. 经济观察网.
    http://www. eeo. com. cn/2018/0317/324769. shtml. 2018 - 03 - 17.

李紫宸,2018. 中国布局地下储气库建设运营难题待解[EB/OL]. 经济观察网. http://www. eeo. com. cn/
    2018/0324/325201. shtml. 2018 - 03 - 24.

林涛,2010. 二氧化碳做储气库垫层气注采动态模拟及优化运行控制[D]. 哈尔滨:哈尔滨工业大学.

柳雄,云少闯,黄玮,2013. 节能技术在储气库地面工程中的应用[J]. 资源节约与环保(7):149 - 149.

吕建,罗长斌,付江龙,等,2014. 长庆储气库合理注气压力的确定[J]. 石油化工应用,33(9):46 - 50.

牛传凯,2016. 裂缝型天然气地下储气库渗流驱替与运行模拟[D]. 哈尔滨:哈尔滨工业大学.

牛传凯,谭羽非,2016. CO₂做低渗气藏储气库垫层的气水边界稳定性分析[J]. 哈尔滨工业大学学报,48(8):
    154 - 160.

牛传凯,谭羽非,宋传亮,2013. 盐穴型战略储油库参数选择及稳定性分析[J]. 油气储运,32(11):
    1217 - 1222.

牛传凯,谭羽非,宋传亮,2013. 盐穴型战略储油库参数选择及稳定性分析[J]. 油气储运,32(11):

1217 - 1222.

牛传凯,谭羽非,宋传亮,2014. 盐穴战略储油库注采运行方案的优化分析[J]. 西安交通大学学报,48(3):72 - 78.

潘亚东,郭翔宇,陈金金,2018. 地下储气库建设的发展趋势分析[J]. 中国石油和化工标准与质量,38(24):100 - 101.

秦浩,2013. 天然气地下储气库的地面工艺技术研究[J]. 化工管理(6):20 - 20.

屈丹安,杨海军,徐宝财,2009. 采盐井腔改建储气库和声呐测量技术的应用[J]. 石油工程建设(6):25 - 28.

宋传亮,2012. 盐穴型战略储油库储存运行特性分析及模拟[D]. 哈尔滨:哈尔滨工业大学.

宋光春,李玉星,王武昌,等,2016. 油气管道水合物解堵工艺及存在问题[J]. 油气储运,35(8):823 - 827.

谭羽非,1998. 枯竭气藏型天然气地下储气库数值模拟研究[D]. 哈尔滨:哈尔滨建筑大学.

谭羽非,2003. 动态校核枯竭气藏型地下储气库的存气量[J]. 油气储运(6):36 - 40,60 - 63.

谭羽非,2003. 基于数值模拟方法计算天然气地下储气库的渗漏量[J]. 天然气工业(2):99 - 102,2.

谭羽非,2003. 基于数值模拟方法计算天然气地下储气库的渗漏量[J]. 天然气工业(2):99 - 102,2.

谭羽非,2003. 天然气地下储气库混气问题的数值求解方法[J]. 天然气工业(2):102 - 105,99 - 2,1.

谭羽非,曹琳,2006. 盐穴天然气地下储气库运行过程的关键技术问题[J]. 管道技术与设备(3):19 - 21.

谭羽非,曹琳,李娜,2005. 盐穴地下储气库注采系统软件的开发[J]. 油气储运(7):9 - 12,61 - 63.

谭羽非,曹琳,林涛,2006. CO_2作天然气地下储气库垫层气的可行性分析[J]. 油气储运(3):12 - 14,61,8 - 9.

谭羽非,陈家新,2002. 天然气地下储气库最优设计方案的确定[J]. 哈尔滨工业大学学报(2):207 - 210.

谭羽非,陈家新,2002. 夏季天然气地下储气库的优化运行分析[J]. 哈尔滨工业大学学报(4):525 - 528.

谭羽非,陈家新,2003. 城市燃气管网日负荷预测的灰色神经网络模型[J]. 哈尔滨工业大学学报(6):679 - 682.

谭羽非,陈家新,2003. 地下储气库冬季调峰双目标优化模型[J]. 哈尔滨工业大学学报(12):1483 - 1485.

谭羽非,陈家新,肖湘俊,2004. 盐穴地下储气库注采过程热工参数的计算[J]. 油气储运(5):16 - 18,61 - 3.

谭羽非,陈家新,余其铮,2001. 天然气地下储气库规划设计的要点分析[J]. 油气储运(7):13, - 16,58.

谭羽非,廉乐明,严铭卿,1998. 枯竭气藏型储气库注采动态模拟的优化分析[J]. 油气储运(9):3 - 5,62.

谭羽非,林涛,2006. 利用地下含水层储存天然气应考虑的问题[J]. 天然气工业(6):114 - 117,170.

谭羽非,林涛,2008. 凝析气藏地下储气库单井注采能力分析[J]. 油气储运(3):27 - 29,62.

谭羽非,牛传凯,2016. CO_2用作低渗透裂缝性气藏储气库垫层气的扩容分析[J]. 天然气工业,36(7):48 - 56.

谭羽非,宋传亮,2008. 利用盐穴储备战略石油的技术要点分析[J]. 油气储运(8):1 - 4,15.

谭羽非,展长虹,曹琳,等,2005. 用 CO_2作垫层气的混气机理及运行控制的可行性[J]. 天然气工业(12):105 - 107,4.

谭羽非,赵金辉,曹琳,2010. 盐穴天然气地下储气库腔群优化配产模型[J]. 中国矿业大学学报,39(3):449 - 452.

王武昌,李玉星,樊栓狮,等,2010. 管道天然气水合物的风险管理抑制策略[J]. 天然气工业,30(10):69 - 72.

魏东吼,屈丹安,2007. 盐穴型地下储气库建设与声呐测量技术[J]. 油气储运(8):58 - 61.

徐孜俊,班凡生,2015. 多夹层盐穴储气库造腔技术问题及对策[J]. 现代盐化工(2):10 - 14.

严宇,谭羽非,张碧波,2009. 盐穴型地下储气库调峰优化控制[J]. 油气储运,28(3):7 - 9,79,83.

喻西崇,赵金洲,邬亚玲,等,2001. PVT状态方程的选择和分析[J]. 油气储运,20(9):24 - 27.

袁光杰,申瑞臣,袁进平,等,2007. 盐穴储气库密封测试技术的研究及应用[J]. 石油学报(4):119 - 121.

袁光杰,田中兰,袁进平,等,2008. 盐穴储气库密封性能影响因素[J]. 天然气工业(4):105 - 107.

袁光杰,杨长来,王斌,等,2013. 国内地下储气库钻完井技术现状分析[J]. 天然气工业(2):61 - 64.

袁进平,李根生,袁光杰,2009. 盐穴储气库溶腔促溶工具的研究[J]. 石油机械(2):12 - 14.

展长虹,2001. 含水层型天然气地下储气库有限元数值模拟研究[D]. 哈尔滨:哈尔滨工业大学.

张刚雄,李彬,郑得文,等,2017. 中国地下储气库业务面临的挑战及对策建议[J]. 天然气工业,37(1):

153 – 159.

张金冬,2019. 孔隙型天然气地下储库扩容运行反问题理论及达容规律研究[D]. 哈尔滨:哈尔滨工业大学.

张金冬,谭羽非,2019. 中国天然气市场发展特点及调峰需求分析[J]. 煤气热力,11.

张启阳,史培玉,李玉星,2004. 基于遗传算法的油气混输管网参数优化[J]. 石油规划设计,15(3):25 – 28.

赵德芬,2004. 乙二醇再生系统的优化运行[J]. 油气田地面工程,23(6):47 – 47.

赵金辉,2011. 燃气管道泄漏检测定位理论与实验研究[D]. 哈尔滨:哈尔滨工业大学.

赵鹏飞,王武昌,李玉星,等,2016. 管道内水合物浆流动的数值模型[J]. 油气储运,35(3):272 – 277.

郑得文,张刚雄,魏欢,等,2018. 中国天然气调峰保供的策略与建议[J]. 天然气工业,38(4):153 – 160.

郑得文,张刚雄,魏欢,等,2018. 中国天然气调峰保供的策略与建议[J]. 天然气工业,38(4):153 – 160.

郑贤英,2012. 克拉美丽气田地面处理工艺的改进与优化[D]. 成都:西南石油大学.

中国地下储气库建设技术国际领先[N/OL]. 经济参考报(2018 – 01 – 5),新华网. http://www. xinhuanet. com/energy/2018 – 01/05/c_1122213238. htm.

Bai M,Shen A,Meng L,et al,2018. Well Completion Issues for Underground Gas Storage in Oil and Gas Reservoirs in China[J]. Journal of Petroleum Science and Engineering,171: 584 – 591.

BP Statistical Review of World Energy; June 2018. Available at:https://www. bp. com/content/dam/bp – country/ zh_cn/Publications/2018SRbook. pdf. Data provided by Beyond Petroleum (2018).

Chen S,Zhang Q,Wang G,et al,2018. Investment Strategy for Underground Gas Storage Facilities Based on Real Option Model Considering Gas Market Reform in China[J]. Energy Economics,70: 132 – 142.

Mazarei M,Davarpanah A,Ebadati A,et al,2019. The Feasibility Analysis of Underground Gas Storage during an Integration of Improved Condensate Recovery Processes[J]. Journal of Petroleum Exploration and Production Technology,9(1): 397 – 408.

Niu Chuankai,Tan Yufei,2014. Numerical Simulation and Analysis of Migration Law of Gas Mixture Using carbon dioxide as Cushion Gas in Underground Gas Storage Reservoir [J]. Journal of Harbin Institute of Technology (New Series),21(3): 121 – 128.

Niu Chuankai,Tan Yufei,Feng Liyan,2014. Stability Analysis of Multi – well Gas Injection for Storing CO_2 in Underground Aquifer [J]. Advanced Materials Research,869 – 870: 803 – 807.

Niu Chuankai,Tan Yufei,Fu Juan,2013. Thermodynamic Characteristics Investigation of the In – situ Gas Pipelines Welding Process [C]. International Conference on Pipeline and Trenchless Technology (ICPTT 2013),Xi'an: 844 – 854.

Niu Chuankai,Tan Yufei,Li Jianan,et al,2015. Simulation Analysis for the Operation Scenario of Jintan Salt Cavern Strategic Oil Storage [J]. Journal of Petroleum Science and Engineering,127(3): 44 – 52.

Pan L,Oldenburg C M,Freifeld B M,et al,2018. Modeling the Aliso Canyon Underground Gas Storage Well Blowout and Kill Operations using the Coupled Well – reservoir Simulator T2Well[J]. Journal of Petroleum Science and Engineering,161: 158 – 174.

Tan Y,Niu C,2017. Capacity Expansion Analysis of UGSs Rebuilt from Low – permeability Fractured Gas Reservoirs with CO_2,as Cushion Gas[J]. Natural Gas Industry B,28(4):133 – 139.

Yu W,Gong J,Song S,et al,2019. Gas Supply Reliability Analysis of a Natural Gas Pipeline System Considering the Effects of Underground Gas Storages[J]. Applied Energy,252: 113418.